Mme J. LE BRETON

A TRAVERS CHAMPS

BOTANIQUE POUR TOUS

HISTOIRE

DES PRINCIPALES FAMILLES VÉGÉTALES

DEUXIÈME ÉDITION

REVUE PAR J. DECAISNE

Membre de l'Institut, Professeur au Muséum

AVEC 746 VIGNETTES

PARIS

J. ROTHSCHILD, ÉDITEUR

13, RUE DES SAINTS-PÈRES, 13

1884

BOTANIQUE POUR TOUS

HISTOIRE

DES PRINCIPALES FAMILLES VÉGÉTALES

Charles UNSINGER, Imprimeur, 83, Rue du Bac, Paris.

Mme LE BRETON

A TRAVERS CHAMPS
BOTANIQUE POUR TOUS

HISTOIRE

DES PRINCIPALES FAMILLES VÉGÉTALES

REVUE

Par J. DECAISNE

Membre de l'Institut, Professeur au Muséum

OUVRAGE ORNÉ DE 746 VIGNETTES

DEUXIEME ÉDITION

J'ai entrevu avec Admiration
à travers toute chose le Dieu
éternel, qui sait tout et qui
peut tout.

LINNÉ.

PARIS

J. ROTHSCHILD, ÉDITEUR

13, RUE DES SAINTS-PÈRES, 13

1884

A
LA MÉMOIRE
DE MON PÈRE
A
MA MÈRE

PRÉFACE

E livre, que M. Decaisne, Membre de l'Institut, Professeur au Muséum, a bien voulu revoir, n'est qu'une Introduction à l'étude de la Botanique. Son but, modeste, est de faire aimer les plantes, d'introduire la jeunesse, sans fatigue, dans ce monde végétal si intimement mêlé au nôtre, si plein d'intérêt et pourtant si peu connu.

L'enseignement de la Botanique avait tenu peu de place jusqu'à ce jour dans l'éducation française, quoique notre Flore soit d'une richesse incomparable et que nous aimions à appeler la France le « Jardin de l'Europe ».

On ne saurait convier trop tôt les enfants à l'étude de la nature, qui élève l'âme à Dieu et donne à l'esprit exactitude et sérénité. Je serais heureuse d'éveiller en quelques-uns le goût des champs, la curiosité de la science, de leur faire comprendre ce que nous devons aux rudes travaux du laboureur, qui fécondent et embellissent la terre, et aux patientes investigations des savants qui nous découvrent les mystères de la vie végétale.

J'ai pris la plante à sa naissance, au moment où la vie cachée qui existe dans la graine commence à se manifester. J'ai suivi son développement depuis l'enfance jusqu'à l'état adulte, indiqué sa structure et les fonctions de ses organes, ses différents moyens de reproduction, ses mœurs, son rôle si considérable dans le monde. Et, après avoir exposé les principaux essais de classification, j'ai passé en revue, d'après l'ordre adopté par Adrien de Jussieu, quatre-vingts et quelques familles végétales dont j'ai indiqué les caractères distinctifs, les propriétés, les principaux représentants. En même temps j'ai tâché de faire comprendre les différences de végéttaion, et, par suite, d'aspect de la terre, selon les saisons, les climats, les hauteurs, les divers âges du monde.

J. Le Breton.

TABLE
DES
SOMMAIRES

TABLE DES SOMMAIRES

ANATOMIE — PHYSIOLOGIE — ORGANOGRAPHIE

LE
PRINTEMPS

CHAPITRE I. — ROCHE-MAURE

SOMMAIRE : Ce que c'est que la plante. — Organes élémentaires. — Distribution de la sève. — Importance du monde végétal.

Le temps a laissé son manteau
De vent, de froidure et de pluie,
Et s'est vêtu de broderie,
De soleil luisant, clair et beau.

CHARLES D'ORLÉANS.

AR une belle matinée du commencement d'avril, deux jeunes garçons accompagnés de leur père suivaient à pied le chemin qui s'en va entre monts et vallées de Gap à Barcelonnette. On était à ce moment de l'année où la terre, ranimée par les rayons d'un soleil déjà chaud, manifeste avec exubérance son inépuisable fécondité. Les champs de blé et les prairies resplendissaient de ce vert éclatant et joyeux qui n'appartient qu'au printemps et sur lequel se

détachaient les têtes bleuâtres des saules (fig. 6), les fuseaux dorés
des peupliers et les cimes d'un roux sombre des noyers couverts
de longs chatons. Les érables dépliaient leurs feuilles élégantes
encore toutes tendres et plissées, et les troncs argentés des bouleaux scintillaient à travers les feuilles naissantes de leurs branches
flexibles. Les mélèzes, déjà parés de leur verdure nouvelle qui

Fig. 6. — Rameau de Saule.   Fig. — 7. Fleurs de Pommier double.

réjouit les yeux, luttaient d'éclat avec les marronniers d'Inde aux
larges feuilles découpées, qui se serrent pour faire un ombrage
épais. Les pommiers entr'ouvraient leurs boutons roses (fig. 7),
tandis que les têtes blanches des cerisiers et des poiriers laissaient
tomber leur neige, et que les amandiers et les abricotiers montraient au bout des branches leurs petits fruits déjà formés. Les
violettes, les anémones (fig. 8), les primevères jaunes, les ancolies
(fig. 9) couvraient les pentes, et dans les haies d'aubépine déjà

feuillées les oiseaux faisaient leurs nids en chantant. Jamais plus fraîche, plus riante matinée n'avait resplendi sur ce coin du Dauphiné (fig. 10).

Que tout cela est beau! dit l'aîné des jeunes gens, qui s'appelait Marcel. La vue de ce pays met le cœur en joie. Quel plaisir, père, de voyager avec toi, à pied, en liberté; et d'aller à la découverte de ce domaine inconnu que nous devons habiter désormais!

Notre nouvelle propriété de Roche-Maure, dit le père, qui se nommait M. des Aubry, quoique placée dans un site admirable, ne présente pas en ce moment l'aspect florissant de la campagne si bien cultivée qui nous entoure.

Fig. 8. — Anémones.

L'état d'abandon dans lequel elle a été laissée depuis plusieurs années a stérilisé la terre; mais des soins intelligents lui rendront promptement sa valeur et sa beauté. Nous allons nous mettre à l'œuvre, et dans quelques années vous pourrez vous apercevoir, je l'espère, des heureuses transformations que peut amener une culture bien entendue.

Nous commencerons par rendre la maison habitable, n'est-ce pas, père? dit André, le plus jeune garçon, afin que maman et mes sœurs puissent bientôt venir nous rejoindre.

Fig. 9. — Ancolis.

Nous travaillerons même avec les ouvriers, s'il le faut, répondit M. des Aubry, pour hâter ce moment de notre réunion.

Pendant des heures nos voyageurs suivirent gaiement un chemin fleuri et découvert, respirant à pleins poumons l'air pur et les bonnes senteurs du matin et faisant mille projets pour l'avenir. Mais le paysage ayant peu à peu changé d'aspect, les enfants subirent l'impression que cause involontairement le milieu environnant, et perdirent leur bonne humeur à mesure que disparaissaient les fleurs et les cultures. Ils s'aperçurent de leur fatigue et de la longueur de la route entre les rochers ou les hauts talus qui leur cachaient l'horizon, et demandèrent à se reposer.

Voyez quelle domination la nature exerce sur nous, leur dit leur père! ses différents aspects éveillent en nous des sentiments tout divers; vous voilà tristes avec le paysage qui vous entoure; votre gaieté reparaîtra avec les fleurs. Les plantes se mêlent à notre existence non seulement à cause de leur utilité, mais aussi à cause du charme, de l'animation que leur vie ajoute à la nôtre. Examinez ce grand sapin (fig. 11) sous lequel nous allons reprendre haleine; ne fait-il pas naître en nous un sentiment de respect, de même que cette petite pâquerette (fig. 12) qui a poussé à son ombre, épargnée par les troupeaux, nous inspire de la sympathie? Comme elle est jolie avec sa couronne blanche et rose et son cœur d'or! Comme elle dresse joyeusement sa petite tête au-dessus de sa rosette de feuilles! Elle cherche le soleil, elle aspire à la lumière, quoiqu'elle n'ait pas d'yeux; elle se pénètre de l'humidité de l'air, et paraît, comme vous, tout heureuse de vivre; elle sent, à sa manière, le bienfait de l'existence. Si nous la cueillions, elle se flétrirait bien vite et perdrait le charme qui nous la fait aimer; c'est surtout parce que la plante est vivante que nous nous intéressons à elle.

Le sapin sous lequel nos voyageurs s'étaient assis était un de ces grands arbres qui, dans la montagne, servent le soir d'abri aux troupeaux; et, contre son vieux tronc crevassé s'appuyait une petite hutte, demeure passagère du berger. Il enfonçait son pied dans le sol et dressait sa haute pyramide vers le ciel d'un air

superbe, comme s'il se sentait le maître de la montagne. Ses
longues branches inclinées vers la terre s'étendaient chargées de
feuilles menues et serrées au-dessus d'une herbe fine.

Quel bel arbre! dit André en s'asseyant. Pourquoi l'avoir
planté ici, loin de toute habitation?

C'est lui-même qui a choisi sa place, dit M. des Aubry; il aime
l'air pur des hauteurs. La toute petite graine dont il est sorti trouvant ici tout ce qu'il lui fallait pour germer, un peu de terre humide, de l'air et du soleil, s'y est arrêtée et a poussé une racine,
une tige, des feuilles. Dès lors les fonctions de nutrition et de respiration sont devenues possibles; la tige a grandi peu à peu, les
racines se sont développées, les branches se sont produites, et, par
une lente croissance de plusieurs siècles, l'arbre est arrivé à la
magnificence que vous admirez.

Nous ne vivons pas si vieux que les arbres, dit Marcel.

Non, mais nous agissons davantage, reprit M. des Aubry.

Les *plantes* ou *végétaux* sont des êtres organisés qui se
nourrissent, respirent et se reproduisent, comme les animaux;
mais ils ne sont pas comme eux doués de mouvement volontaire.
Ils naissent, grandissent et meurent à la même place, attachés par
leurs racines à cette terre qui leur fournit les sucs nourriciers dont
ils ont besoin, baignés par l'air qui contient les gaz nécessaires à
leur existence. Sous cette immobilité apparente il se produit pourtant chez les plantes l'action incessante de la vie. Elles empruntent
certaines matières au milieu qu'elles occupent et rejettent celles
qui ne leur conviennent pas; la sève circule dans leurs tissus
comme le sang dans nos veines, et la cessation de tout mouvement est le signal de mort. Ce beau sapin n'est point inerte, la vie
l'anime; le voilà qui renouvelle son feuillage et montre à l'extrémité de ses rameaux des pousses d'un vert doré qui égaient sa
masse sombre, et si je fendais son tronc je ferais couler un liquide
blanchâtre qui est sa sève, son sang.

Mais lui ne souffrirait pas de sa blessure comme un animal? dit
Marcel.

Non, dit M. des Aubry, les plantes sont insensibles, ou du

moins leur sensibilité est toute différente de la nôtre; elles n'ont
pas d'idées, pas de volonté, et on les définit : « Des êtres vivants
qui ne peuvent ni se mouvoir, ni sentir, ni vouloir. »

Fig. 10. — Jamais plus fraîche Matinée n'avait resplendi.

Les plantes me paraissent aussi très frugales, dit André; si
nous ne nous nourrissions comme elles que d'air et d'eau, nous ne
serions pas gras.

Les animaux et les plantes se nourrissent de matières qui ne
sont pas de même nature, répondit M. des Aubry. Les plantes

empruntent leurs aliments aux corps bruts qui font partie de ce
monde sans vie que nous appelons le *règne minéral* ou *inorganique*.
A notre tour, nous leur empruntons les aliments qu'elles ont organisés avec ces matières
minérales, qui, directe-
ment, n'auraient pu servir
à notre nourriture; car il
nous faut, à nous, de la
matière organisée, animale
ou végétale. Et le mou-
vement nous a été donné
parce que, ne trouvant pas
autour de nous comme la
plante nos aliments tout
préparés, il nous faut les
aller chercher, les créer
pour ainsi dire, par nos
soins.

Le *monde végétal*,
comme le *monde animal*,
se compose d'espèces fort
nombreuses et très diffé-
rentes les unes des autres.
La surface du sol est couverte d'une multitude
d'êtres organisés, de l'aspect le plus varié, les uns
microscopiques, les autres
gigantesques, qui tous ce-

Fig. 11. — Sapin.

pendant sont des *plantes*, c'est-à-dire des créatures vivantes et immobiles, ayant un développement prévu, une carrière à accomplir,
après laquelle elles se décomposent et rendent à l'air et à la terre
ce qu'elles leur ont emprunté.

Cette carrière et fort courte pour les plantes *annuelles*, qui naissent au printemps pour mourir tout entières à l'automne, comme

le froment; les plantes *vivaces*, comme la pâquerette, la campanule, (fig. 13) le plantain, (fig. 14) vivent plus longtemps et résistent à l'hiver, au moins dans leur partie souterraine; les plantes *ligneuses*, arbres ou arbrisseaux, se construisent une charpente ferme et durable et peuvent vivre des siècles.

Dans nos climats, dit M. des Aubry en reprenant sa marche, c'est aux mois de mars et d'avril que la végétation se fait avec le plus d'activité. Les plantes annuelles dont la semence est en terre se hâtent de pousser, n'ayant que quelques mois pour accomplir leur évolution: les plantes vivaces développent au soleil leurs tiges aériennes; dans les arbres circule une sève abondante qui nourrit les feuilles naissantes et prépare les fleurs nouvelles.

Le printemps est comme une ascension de la matière végétale endormie; la terre pousse alors hors d'elle toute espèce de verdure; une vie sort de son sein, qui entraîne en haut ce qui n'était que germe et mystère. Mais comme ces tissus naissants sont tendres! Un rayon de soleil trop chaud, une matinée trop froide, les détruiraient, s'ils n'étaient protégés par un duvet protecteur, un feutrage roux, argenté ou bleuâtre. Le printemps étend partout des tapis d'herbes et de fleurs; en quelques heures il revêt comme d'une neige l'épine noire ou prunellier (fig. 15) d'une multitude de petites fleurs blanches; il entr'ouvre la corolle des pervenches, des jonquilles, des jacinthes, des giroflées; il remet la vie sous l'écorce sèche des vignes et en fait sortir ces boutons cotonneux d'où s'échapperont les nouveaux rameaux, puis les fleurs parfumées qui formeront les fruits de l'automne.

Ces gouttes transparentes qui paraissent au bout des sarments nouvellement taillés et scintillent au soleil, c'est la *sève* du printemps qui s'écoule en pleurs.

D'où vient cette eau? pourquoi la vigne pleure-t-elle quand on la coupe, père? demanda Marcel.

Cette eau vient de la terre, où les poils des racines de la vigne l'ont pompée, répondit M. des Aubry. Elle s'est répandue dans la tige principale et dans les branches, pour nourrir la plante et lui fournir de quoi développer ses bourgeons. Elle s'échappe en ce moment parce qu'elle est en surabondance, les jeunes bourgeons qui l'attirent n'en absorbent encore qu'une partie. Mais lorsque les feuilles seront plus grandes, elles la consommeront pour leur nourriture ou la laisseront évaporer, et la vigne ne pleurera plus.

Cette eau est bien limpide, dit André; la vigne ne doit pas y trouver beaucoup de nourriture.

La *sève ascendante* n'est que de l'eau, reprit M. des Aubry; mais elle s'épaissit en montant et change de nature au contact de l'air; et, devenue *sève élaborée* ou *descendante,* elle constitue un suc mieux organisé qui se répand dans la plante pour la nourrir et former de nouveaux tissus.

Mais comment, demanda Marcel, l'eau de la terre monte-t-elle jusqu'au bout des branches? et pourquoi monte-t-elle plutôt dans ces ceps que dans les échalas qui les soutiennent et qui sont aussi enfoncés dans le sol?

C'est là le grand mystère de vie, mon cher enfant, répondit M. des Aubry; les uns sont du *bois vivant* et les autres du *bois mort.* La science ne sait pas tout : il lui faut des siècles d'observation patiente pour découvrir quelques-uns des secrets de cette nature mystérieuse qu'elle ne cesse d'étudier! Mais je vais te dire comment elle explique en ce moment l'ascension des liquides dans les végétaux.

En général, la plante est formée d'une *racine* qui la maintient dans le sol, et d'une *tige* qui se dresse vers le ciel et supporte des *branches,* des *feuilles* et des *bourgeons.*

Le rôle des racines est de pomper l'eau de la terre dans laquelle elle s'enfonce; c'est ce qu'on appelle *l'absorption.* Les *poils* mous, spongieux qui les couvrent se laissent pénétrer par les liquides qui les entourent; ceux-ci montent de proche en proche dans les tissus de la plante jusqu'au bout de la tige et des branches, puis redescendent vers la racine; c'est là ce qui constitue la *circulation.*

Mais à quelles lois obéissent ces sucs inertes de la terre? Quelle force les fait monter et descendre ainsi?

Pour pouvoir me comprendre, il faut que vous sachiez d'abord que tous les tissus de la plante sont faits de *cellules*, de *fibres* et de *vaisseaux*.

Les *cellules* (fig. 16 et 17), éléments rudimentaires et indispensables de toute plante, ressemblent à de petits ballons de caoutchouc; ce sont de petits sacs ronds, devenant pentagones avec l'âge, invisibles à l'œil nu, faits d'une substance inaltérable, insoluble dans l'eau, appelée *cellulose*, et contenant une substance vivante, demi-fluide, albumineuse, c'est-à-dire de la nature du blanc d'œuf, le *protoplasma*, principe de tout ce qui existera plus tard dans la plante, dans lequel se trouve un petit corps arrondi appelé le noyau ou *nucleus*.

Les cellules sont complètement closes, mais leurs parois minces et poreuses se laissent traverser par les liquides qui les entourent. Leurs développements sont très dissemblables (fig. 18 et 19) : les *fibres* sont des cellules allongées en fuseaux, plus épaisses que les cellules proprement dites, mais comme elles perméables aux liquides. Les *vaisseaux* (fig. 20) sont formés de cellules *mortes*, c'est-à-dire dépourvues de protoplasma, encore plus allongées que les fibres, qui se superposent et constituent de longs tubes ou canaux fort minces, étranglés de distance en distance au point de jonction de chaque cellule, et dans lesquels ne subsiste aucune cloison intermédiaire pouvant s'opposer à la circulation des gaz et des liquides.

Fig. 12. — Pâquerette.

Par suite d'une loi physique, *l'endosmose*, les liquides de densité différente, séparés par une membrane organisée, tendent à aller de l'un vers l'autre pour s'équilibrer, et ce sont les plus fluides qui filtrent le plus rapidement à travers les plus épais. Le protoplasma qui remplit les poils de la racine étant plus dense que l'eau de la terre où ils sont plongés, c'est cette eau limpide qui le pénètre et arrive ainsi jusqu'aux vaisseaux; et avec une force de pression si grande, qu'un tube libre placé au-dessus d'une racine peut s'emplir d'eau jusqu'à dix, et même vingt mètres de hauteur, selon les plantes.

Ainsi parvenue aux vaisseaux, l'eau obéit à une nouvelle loi, la loi de la capillarité : les tubes capillaires, c'est-à-dire déliés comme des cheveux (et les vaisseaux de la plante sont de cette nature), ont un pouvoir d'attraction qui oblige les liquides dans lesquels ils sont plongés à toujours monter.

D'autres causes activent encore la circulation de la sève

Fig. 13. — Campanules.

au printemps; les *bourgeons*, ces petits corps charnus qui se trouvent à l'extrémité des tiges ou le long des branches, là où étaient les feuilles tombées à l'automne, jouent le rôle de pompe aspirante, à cause de la grande quantité de sève dont ils ont besoin pour former des branches nouvelles. Ils absorbent le contenu des cellules qui les avoisinent, produisant ainsi des vides qui appellent la sève. Plus tard les feuilles, arrivées à tout leur développement, rejettent par la transpiration et l'évaporation la partie la plus aqueuse de la sève qui afflue vers elles; l'épaississement de la partie restante augmente l'inégalité de la densité des liquides et par suite la force de l'endosmose. La sortie d'une goutte de sève appelle l'entrée d'une autre goutte et accélère le courant; de sorte que la transpiration règle l'absorption malgré la grande distance qui peut exister entre les parties feuillées et les racines de la plante.

La sève du printemps monte limpide comme l'eau d'un fleuve; elle se mélange avec le contenu des cellules, laisse évaporer dans

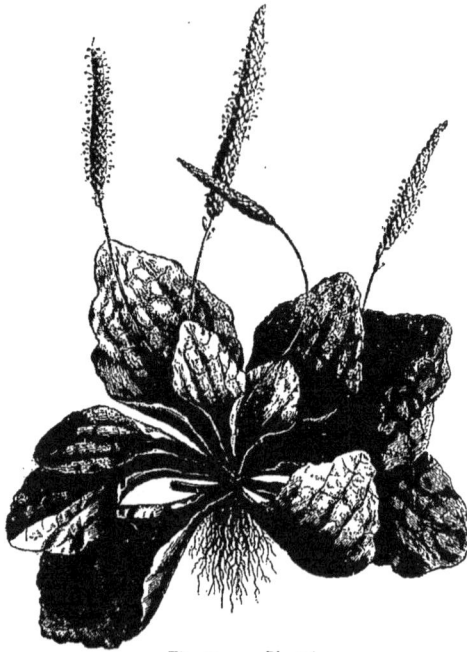

Fig. 14. — Plantain.

les feuilles au contact de l'air sa partie la plus aqueuse et s'épaissit; alors devenue sève *élaborée*, *descendante*, elle s'en va lentement, par des vaisseaux spéciaux, porter dans toutes les parties du végétal des éléments de vie pour les formations nouvelles.

Père, dit André, la route commence à me paraître longue; ne serons-nous pas bientôt arrivés à Roche-Maure ?

Nous n'avons plus qu'un coup de collier à donner, dit M. des

Aubry. Vois-tu, au sommet de la colline, cette forêt de chênes et de châtaigniers aux cimes roussies par les jeunes bourgeons ? C'est à ses pieds que s'abrite notre maison ; elle est ainsi garantie des mauvais vents qui viennent trop souvent dans ces régions gâter les récoltes et désoler les habitants.

Après avoir suivi une avenue de marronniers d'Inde, déjà couverts de leurs belles fleurs précoces, nos voyageurs arrivèrent devant

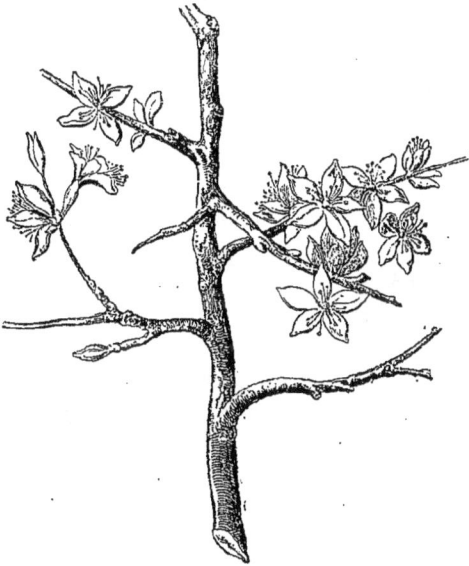

Fig. 15. — Prunellier.

une grande maison carrée, noircie par le temps, dont les portes et les volets étaient fermés. Des plantes grimpantes tombaient en désordre le long des murs, et devant le perron s'étendait un immense jardin où les cytises (fig. 21), les lilas (fig. 22), les pivoines, fleurissaient au milieu des herbes, sans souci de leur abandon.

Voilà Roche-Maure, dit M. des Aubry à ses fils.

La vue s'étendait au loin vers la rivière, et l'on apercevait à l'est les hauts sommets des Alpes. Le soleil avait achevé de dissiper les brouillards du matin et faisait tout resplendir, les glaces éternelles, la rivière, les tapis d'herbe et les fleurs. M. des Aubry et ses fils restèrent un instant en silence, regardant ce magnifique spectacle.

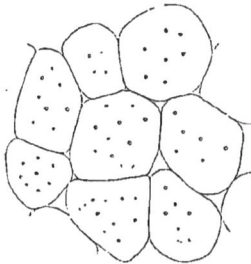

Des aboiements vinrent les arracher à leur contemplation. Un chien de berger, aux oreilles dressées, au poil noir et rude, les pattes et le museau couleur de feu, accourut vers eux en grondant, suivi d'une petite fille d'une douzaine d'années, qui par ses cris et ses appels répétés tâchait de le retenir.

Ici, Bas-Rouge! Te tairas-tu? Excusez, monsieur, dit-elle en prenant son chien par le collier et en faisant une petite révérence à M. des Aubry. Il n'est pourtant pas méchant, mais il ne vous reconnait pas.

Fig. 16. — Cellules.

Je lui pardonne, dit M. des Aubry en souriant; il ne m'a vu qu'une fois. Emmène-le, Claudie, et apporte-nous les clefs de la maison. Tu diras à ta mère de nous préparer à déjeuner.

La petite fille se mit à courir du côté de la ferme, et reparut bientôt avec un gros trousseau de clefs.

Fig. 17. — Cellules.

Voici celle qui ouvre la grande porte, dit-elle à M. des Aubry, en lui en présentant une.

M. des Aubry fit entrer ses fils dans les pièces humides et nues du rez-de-chaussée. L'étage était élevé et le plafond formé de belles poutres en bois de chêne; de hautes et larges cheminées de marbre garnissaient le salon et la salle à manger; mais les lambris, altérés par l'humidité, tombaient en lambeaux; une odeur de moisi saisissait l'odorat; la première impression était triste et les enfants se sentirent le cœur oppressé. Je ne sais

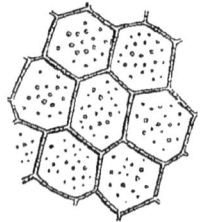

quel sentiment mélancolique s'empare de l'âme lorqu'on pénètre dans une maison inhabitée qui ne rappelle aucun doux souvenir, où nulle figure aimée ne vient avec un sourire vous souhaiter la bienvenue.

Le premier étage offrait un aspect plus riant. La lumière entrait à flots par les grandes fenêtres d'où la vue plongeait au loin sur la campagne. Les parquets et les boiseries étaient en bon état, et dans une des chambres se trouvaient encore deux lits à colonnes torses, avec des rideaux de serge, et quelques grands fauteuils en vieille tapisserie.

C'est ici que nous allons nous établir provisoirement, dit M. des Aubry; et pour assainir l'air vous ferez bien d'allumer du feu en attendant que notre déjeuner soit prêt.

Marcel et André se mirent aussitôt à l'ouvrage et, après avoir réuni dans le jardin et sous le hangar des bûches et du bois menu, ils les placèrent dans la cheminée avec un peu de paille et tâchèrent de faire prendre leur feu. Mais ce ne fut pas sans peine! Le bois vert pétillait et noircissait sans s'allumer, en laissant couler un jus jaunâtre; les brindilles pourries s'embrasaient et s'éteignaient aussitôt sans même former de charbon.

Fig. 18 et 19.
Cellules et Fibres.

Fig. 20.
Vaisseau.

Père, dit Marcel, viens à notre secours! je ne croyais pas qu'il fût si difficile d'allumer du feu!

Il ne faut employer que du bois sec et le disposer de façon à ce que l'air, indispensable à sa combustion, puisse circuler autour de lui; voilà tout, dit M. des Aubry. La grande difficulté n'existe que pour ceux qui n'ont pas, comme nous, ces précieuses allumettes chimiques dont nous ne pourrions plus nous passer et que nous

2

avons pourtant été des siècles sans connaître. Car alors, comment créer l'étincelle première ? Nos pères étaient obligés de battre le briquet, c'est-à-dire de frapper du fer contre un caillou ; puis ils recueillaient précieusement l'étincelle ainsi obtenue sur l'amadou qui s'allumait facilement.

Qu'est-ce que l'*amadou?* demanda André.

C'est une matière spongieuse provenant d'un gros champignon en forme de sabot de cheval, qui pousse sur les saules, les marronniers, les chênes, etc., etc., dit M. des Aubry. Il vit plusieurs années et devient très coriace ; mais on enlève les couches extérieures durcies, et on coupe en plaques

Fig. 21. — Cytise.

minces la partie tendre de l'intérieur. On bat ces plaques avec un maillet, on les fait bouillir, puis sécher. Elles conviennent alors pour arrêter l'écoulement du sang ; pour les rendre plus facilement inflammables on les imprègne de nitrate de potasse.

Les sauvages savent obtenir du feu en frottant deux morceaux de bois bien secs l'un contre l'autre. Le plus dur est taillé en pointe et introduit dans un trou creusé dans le plus tendre. On l'agite vivement, et comme le frottement développe de la chaleur, il se produit bientôt de la fumée, puis des étincelles.

Savez-vous qu'il n'y a que l'homme qui sache allumer et entretenir le feu ? c'est un de ses privilèges. Aucun animal n'en est capable, pas même le singe, si adroit et qui sait si bien nous imiter. Les bêtes féroces les plus audacieuses reculent devant le feu comme devant quelque chose de mystérieux qu'elles ne peuvent s'expliquer.

Je le comprends, dit André; n'est-il pas étrange de voir ces bûches se mettre à flamber, puis se changer en beaux charbons rouges, et disparaître enfin en ne laissant que quelques cendres? Que deviennent-elles?

Elles rentrent, sous la forme de gaz et de vapeurs, dans l'atmosphère, dans le grand réservoir de la vie, dit M. des Aubry, et pourront encore servir à organiser des plantes ou d'autres êtres vivants. Car rien ne meurt dans la nature, mais tout se transforme et se renouvelle incessamment. Pour vivre, la plante emprunte à l'air et à la terre des principes inertes qu'elle organise en matières vivantes, par une chimie merveilleuse que la science ne peut reproduire. Elle les rend à l'air et à la terre lorsque l'heure de la décomposition lente ou vive est venue.

N'en est-il pas de même pour nous, mes chers enfants? Ce que nous appelons la mort est le commencement d'une vie nouvelle; tandis que le corps de l'homme, se décomposant doucement, fait fleurir la rose et verdir le cyprès, son âme immortelle retourne à Dieu : nous sommes changés, mais nous ne mourons point.

M. des Aubry s'arrêta en entendant frapper à la porte. C'était Marianne, la fermière, qui venait avertir que le déjeuner était servi chez elle.

Nous vous suivons, dit M. des Aubry, en descendant aussitôt suivi de ses enfants.

Ils trouvèrent, sur une nappe bien blanche, une omelette appétissante, une purée de châtaignes au lait, des pommes de terre cuites au four, du fromage de chèvre, des figues et des raisins secs. Ils se mirent gaiement à table. Bas-Rouge s'approcha d'eux; il n'aboyait plus et tâchait au contraire, non sans gaucherie, de se rendre aimable pour obtenir quelques bouchées de pain. Ce pain était dur et le vin n'était pas excellent; mais l'appétit donne bon goût à tout ce que l'on mange. Marcel et André assurèrent qu'ils n'avaient jamais fait un meilleur repas.

Vous rendez-vous compte, leur dit M. des Aubry, de l'importance du monde végétal et de tout ce que nous devons aux
plantes ? Ce sont elles qui ont réjoui notre vue ce matin tout le
long de notre route ; elles qui nous ont permis de faire du feu ;

Fig. 22. — Lilas.

elles qui nous nourrissent en ce moment. C'est à elles que nous
devons ces chaises de bois et de paille sur lesquelles nous nous
reposons, la table qui soutient les mets que nous mangeons, le
plancher qui nous porte, le toit qui nous abrite. Vous êtes-vous
quelquefois demandé ce que deviendrait l'homme sans la plante ?
comment ferait-il pour se nourrir ?

Il pourrait toujours manger de la viande, s'écria André étourdiment.

Bien imaginé! reprit Marcel. Crois-tu qu'on pourrait élever des bœufs et des moutons sans herbe?

En effet, dit M. des Aubry, la viande se fait avec les végétaux : la poule n'a pu donner ses œufs qu'en échange du grain qui l'a nourrie, la chèvre, son lait qu'après avoir brouté l'herbe. Les animaux supérieurs ne peuvent exister sans les plantes ; aussi celles-ci ont-elles été créées avant eux. Elles ont été chargées d'assainir l'air qu'ils devaient respirer, et d'organiser en matières nutritives les principes de vie partout répandus, mais dont ils n'auraient pu tirer parti sans elles.

Les plantes jouent donc un grand rôle dans notre vie. Aussi la *botanique*, qui nous fait connaître tout ce qui a rapport aux végétaux, et l'agriculture, qui est l'art de bien cultiver la terre, sont-elles des connaissances d'une haute importance. Je tâcherai, mes chers fils, de vous y initier peu à peu, tout en cherchant à améliorer les terres de ce domaine et à obtenir d'elles des produits plus variés et plus considérables. Ce sont là de douces et nobles occupations, car on l'a dit avec beaucoup de sagesse : « Celui qui fait croître deux brins d'herbe là où il n'en poussait qu'un seul a bien mérité de l'humanité. »

CHAPITRE II. — LA SORCIÈRE DU ROC MAUDIT

Sommaire : Comment poussent les fleurs. — Différentes natures du sol, amendements, engrais. — Jachère, chaume, guéret. — Assolement ou rotation. — Germination, formation des cellules. — Organes de nutrition : la racine.

Le frais lilas sortait d'un vieux mur entr'ouvert ;
Il saluait l'aurore, et l'aurore charmée
Se montrait sans nuage et riait de l'hiver.

Mᵐᵉ DESBORDES-VALMORE.

ES Aubry et ses fils achevaient de déjeuner lorsque la rude voix de Jacques, le fermier, se fit entendre dans la cour. Il ramenait du labourage deux grands bœufs à l'œil doux; et dès qu'il eut délié le lourd joug de bois qui les asservissait, il vint saluer M. des Aubry.

Ce n'est pas pour vous faire un compliment, not'maitre, dit-il, mais je suis bien content que vous soyez arrivé. L'ancien propriétaire vivait loin d'ici et ne voulait s'occuper de rien. Vous allez trouver nos champs en souffrance, et pourtant je sais mon métier. Mais sans avances, que peut faire un cultivateur ? Il me faut des animaux, des engrais et d'autres bras que les miens pour améliorer le sol et entreprendre des cultures avantageuses. N'est-ce pas pitié, dans un pays de bénédiction comme le nôtre, où tout vient à souhait, de laisser des terres en friche ?

Vous avez raison, mon brave Jacques, dit M. des Aubry ; il ne faut pas laisser perdre, sans profit pour personne, les trésors que renferme le sein de la terre. Nous allons donc mettre tous nos soins à bien cultiver ce domaine. Occupez-vous dès aujourd'hui de prévenir les ouvriers dont j'ai besoin : jardiniers, menuisiers, maçons ; demain j'irai avec vous parcourir votre ferme.

Le lendemain matin, en effet, Jacques vint chercher ses nouveaux maîtres pour les conduire dans les champs.

Dites-moi, lui demanda M. des Aubry, si je pourrai trouver à acheter près d'ici des graines de fleurs et de légumes pour nos jardins ; il serait grand temps de faire nos semis.

Vous en trouverez bien chez la vieille Pierrette, la sorcière du Roc Maudit, dit Jacques, mais elles ne pousseront que si elle le veut bien. Aussi tout le monde ne va pas s'approvisionner chez elle : c'est une femme puissante, qui sait jeter un mauvais sort sur les animaux aussi bien que les guérir, et diriger les nuages de grêle sur les champs de ses ennemis.

Comment pouvez-vous croire de pareilles sottises, Jacques ? reprit M. des Aubry. Nous irons chez elle et je lui achèterai ses graines sans crainte. Si je les sème dans un terrain bien préparé et qui leur convienne, elles prospéreront, soyez-en sûr.

Peut-être bien, dit Jacques.

Marcel et André admiraient les longs et profonds sillons faits par la charrue (fig. 26).

Mon champ est labouré droit, n'est-ce pas, mes jeunes messieurs ? dit Jacques. Cette terre est facile à travailler ; mais il y en a d'autres si chétives qu'on y casse sa charrue sans rien faire de bon.

Les terres n'ont pas toutes les mêmes qualités, dit M. des Aubry à ses fils, étant formées par la désagrégation de roches de natures diverses. Les terres glaises ou *argileuses* qui retiennent l'eau, les terres grasses et fortes, sont plus difficiles à labourer que les terres *calcaires* dont le principe est la chaux, et que les terres *siliceuses*, c'est-à-dire mêlées de sable, qui laissent l'eau s'écouler et sont plus légères. L'épaisseur de la couche *arable* ou labourable, qu'on appelle aussi couche *végétale* parce que c'est elle qui soutient et nourrit les végétaux, importe comme sa nature ; car si la

Fig. 26. — Charrue.

couche est mince et que le *sous-sol*, partie inférieure et infertile de la terre (fig. 27), soit rocailleux, il peut gêner le travail du laboureur en arrêtant la charrue.

C'est-il vrai que les terres ne se ressemblent guère ! reprit Jacques ; mais il y a moyen de les amener toutes à produire en les modifiant par des *amendements* et des *engrais*. Ne peut-on pas assainir par le *drainage* celles qui sont trop humides ; diviser celles qui sont trop compactes par des mélanges de sable ; fortifier les terres sablonneuses par des apports d'argile ?

Et aussi, dit M. des Aubry, améliorer les terres qui manquent de chaux par les *marnes*, roches calcaires que l'action de l'eau réduit en bouillie, qui rendent solubles les principes nutritifs contenus dans le sol, et, en le divisant, produisent le même effet qu'un bon labourage.

Ce qu'il nous faudra avant tout, ce sont des *engrais*. Nous demandons chaque année à la terre des récoltes nouvelles; elle s'épuiserait à force de produire et deviendrait inféconde si nous ne réparions, par de bonnes fumures, les emprunts que lui font les plantes. Les *fumiers* de basse-cour sont les meilleurs de tous les

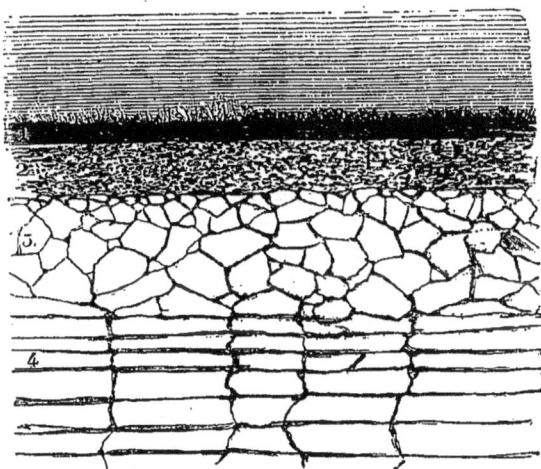

Fig. 27. — Couche végétale et Sous-sol.

engrais; mais, à leur défaut, on peut employer le *guano*, les *eaux grasses*, les *cendres*, la *suie*, les *chiffons de laine*, les *herbes enfouies*, etc., etc. Les principes nutritifs contenus dans ces engrais pénètrent dans la terre, dissous dans l'eau qui tombe des nuages, et lui rendent sa fertilité. Le sel ne convient pas : un pour cent ajouté dans le sol le stérilise. Ainsi enrichie de principes amoniacaux, de chaux, de magnésie, de silice, de fer, etc., (car les végétaux contenant tout cela doivent le trouver dans le milieu où on les place), la terre peut encore alimenter des plantes à condition d'être bien ameublie par de bons labourages : une terre bien remuée permet aux racines de se développer librement et de mieux recevoir l'air et l'humidité.

On donne le nom de *guéret* à la terre qui a été bien préparée, bien nettoyée, et celui de *chaume,* à celle qui n'ayant pas été labourée conserve encore des débris de la dernière récolte.

Il est d'usage de laisser de temps en temps les terres en *jachère,* c'est-à-dire en repos, afin qu'elles puissent reprendre au contact de l'air les principes de vie qu'elles ont perdus par un trop long rapport.

Il faut aussi varier les cultures, pour utiliser toutes les richesses du terrain ; les plantes, selon leur espèce, empruntent à la terre des principes différents ; chaque racine choisit les sels qui lui plaisent et plonge dans le sol à des profondeurs plus ou moins grandes.

Arrache un brin de blé et un brin de luzerne, Marcel ; tu verras que les fines racines du blé, quoique longues, ne dépassent pas un mètre comme celles de la luzerne qui vont chercher au fond de la couche arable des sucs qui seraient perdus si on n'ensemençait que des plantes à racines courtes.

L'expérience a prouvé que tel champ, appauvri par plusieurs récoltes de froment, n'en saurait produire avantageusement une nouvelle, tandis qu'il donnera une riche moisson de betteraves, de pommes de terre ou de sainfoin ; de là le principe de l'*assolement* ou rotation, d'après lequel on alterne les cultures. Dans les terres incultes, les plantes livrées à leur propre instinct agissent de même : aux genêts succèdent les bruyères, etc. ; dans les régions septentrionales, on voit les bouleaux reparaître après cinquante ans si on abat les forêt de pins et de sapins, et réciproquement ; ce qui prouve non seulement que les graines se conservent dans le sol, mais qu'elles ne poussent que lorsque la terre reposée renferme les principes dont elles ont besoin.

Quand j'aurai des bras à mon service, reprit Jacques, je vous réponds que je ne laisserai pas d'épines au bord des champs, ni d'arbres morts occupant la terre sans profit, ni de fossés comblés par les mauvaises herbes, ni de vieilles prairies artificielles ne rapportant plus rien et ayant besoin d'être renouvelées.

Vous ferez bien, dit M. des Aubry ; les terres de ce domaine me semblent excellentes ; il faut les amener par nos soins à donner des produits plus considérables que ceux qu'on en a retirés jusqu'ici.

Nous voilà arrivés au bout de la propriété, dit Jacques ; c'est là, dans le rocher, à l'entrée de cette gorge étroite qui s'enfonce dans la montagne, que demeure Pierrette. Tenez, la voyez-vous, ses cheveux gris au vent, son tablier tout chargé des plantes qu'elle vient de ramasser ? Si elle vous voit, elle va rentrer dans sa grotte ; elle n'aime pas les messieurs de la ville.

Elle suppose avec raison, dit M. des Aubry, que nous n'avons pas grande confiance dans sa sorcellerie. Ce n'est pas moi qui viendrai lui demander de prononcer des paroles magiques sur un bœuf malade ou sur un pied foulé, comme vous faites dans ce pays.

De fait, dit Jacques, on vient plus souvent la consulter qu'on ne va chez le médecin ou chez le vétérinaire. Elle a débarrassé ma femme d'une mauvaise fièvre, rien qu'en lui faisant prendre du jus d'herbes. Et elle a guéri, il n'y a pas longtemps, le bœuf du fermier de Vilamur, et sans le voir encore. Il avait un fi, une sorte de lèpre, et tout le monde sait bien que ça ne se guérit pas, un fi ; et pourtant depuis qu'elle a donné un remède et dit les paroles qu'il fallait dire, il est aussi sain que ma main !

Les plantes renferment des sucs précieux, dit M. des Aubry ; si Pierrette connaît leurs *vertus*, elle a pu s'en servir pour vous guérir, vous et vos bêtes, sans être sorcière pour cela.

Ça se peut, dit Jacques ; il vaut tout de même mieux ne pas se mettre mal avec elle.

M. des Aubry gravit le petit sentier qui conduisait à la grotte de Pierrette, et la trouva occupée à suspendre, pour les faire sécher, les *simples* ou plantes médicinales qu'elle venait de cueillir.

Pierrette, lui dit Jacques, voilà des messieurs qui viennent t'acheter des graines.

Entrez, messieurs, dit Pierrette, j'en ai de toutes les espèces à votre service.

Et elle ouvrit une armoire où étaient rangés des sacs, des boîtes
et des gourdes pleines de graines, et aussi quelques animaux caba-
listiques, un crapaud et un lézard desséchés.

Choisissez, dit-elle à M. des Aubry, et gardez-vous de faire

Fig. 28. — Bûcherons.

vos semis quand les cornes du croissant de la lune sont tournées
par en bas. Voulez-vous que je vous apprenne les paroles qui
aident les graines à pousser ?

Merci, dit M. des Aubry, elles se contenteront des soins
que je leur donnerai ; mais choisissez des graines de l'année, celles
qui sont vieilles mettent trop longtemps à germer, et dites-moi ce
que je vous dois.

Et après avoir payé la sorcière, il se retira avec ses fils, qui
étaient enchantés d'avoir des graines et faisaient de beaux projets
de jardinage.

Je suis très content que vous preniez goût à vos nouvelles

Fig. 29. — Bignonia.

occupations, leur dit M. des Aubry; tâchez d'y porter le soin
quotidien et la persévérence sans lesquels on ne réussit à rien.

Dès le lendemain les ouvriers, prévenus par Jacques, se mettaient à l'ouvrage, et l'ordre et la vie reparaissaient à Roche-
Maure. Les maçons relevaient les brèches des murs; les menui-

siers remettaient les parquets et les lambris altérés par l'humidité ;
des charretées de bois arrivaient de la forêt, où des bûcherons
(fig. 28) faisaient une coupe considérable ; dans les jardins, la
terre fraîchement remuée répandait une bonne odeur et faisait
mieux ressortir les fleurs et les feuillages. M. des Aubry mettait
lui-même la main à l'œuvre ; il coupait les fouillis de branches
désordonnées qui s'enchevêtraient autour de la maison, ne laissant que les rameaux utiles pour garnir les murs et les assujettis-
sant à des fils de fer tendus par de gros clous. Les tiges *sarmen-
teuses*, c'est-à-dire à la fois fermes et grimpantes des *vignes-vierges*,
des *bignonia* (fig. 29), des *jasmins* et des *chèvrefeuilles* (fig. 30),
montaient jusqu'au premier étage et préparaient aux fenêtres des
encadrements de fleurs pour l'été. Sur un des côtés de la maison
une *glycine* de la Chine, aux longues et innombrables grappes d'un
bleu pâle, déjà fleuries au milieu de leurs jeunes feuilles poilues et
blanchâtres, formait un long berceau. Et au-dessus du perron se
trouvaient groupés les plus beaux *lilas* qu'on pût voir : de grands lilas
à gros bouquets de fleurs dressés et à feuilles cordiformes ; des
lilas de Perse, aux feuilles en fer de lance, dont les branches souples se penchaient sous le poids de leurs grosses panicules de
fleurs ; des lilas blancs, des lilas pourpres entremêlant leurs branches fleuries, etc.

M. des Aubry, le sécateur (fig. 31) à la main, parcourait les
bosquets et coupait sans pitié les branches qui gênaient la vue ou
détruisaient, par l'exagération de leur développement, les proportions harmonieuses de l'arbre.

Il ne faut pas, disait-il à ses fils, imposer aux arbres des formes
étranges, contraires à celles que leur donne la nature ; mais il est
nécessaire de les aider à être beaux, bien faits, de les dégager de
leur bois mort, de retrancher les branches trop vigoureuses qui
tirent à elles toute la sève et détruiraient l'harmonie, d'agir enfin
avec eux comme avec les enfants qu'il faut diriger doucement sans
leur faire violence.

Marcel et André ne restaient pas oisifs non plus ; ils prenaient
tour à tour la bêche et l'arrosoir, transportaient dans leur brouette

les pierres poreuses qu'il fallait mettre au fond des massifs pour faciliter l'écoulement de l'eau, puis leur donnaient cette forme bombée qui fait valoir les fleurs et permet mieux à l'air d'arriver jusqu'aux racines ; ils les recouvraient de terreau, ou d'une terre légère appelée *terre de bruyère*, selon les espèces de plantes qu'ils devaient recevoir.

L'influence du terrain sur la croissance, la beauté, la couleur des plantes est immense, leur disait le jardinier. Ainsi, l'*hortensia* passe du rose au bleu par suite de la terre qu'on lui compose, et revient au rose si on ne lui fournit plus les aliments qui l'ont bleui.

Lorsqu'on eut fini d'ameublir la terre, de dessiner les jardins et de tracer les allées à l'aide du *cordeau*, petite corde tendue par deux piquets, qui rend le travail des bêcheurs plus régulier ; lorsque les *couches* pour les légumes furent garnies du fumier destiné à engraisser et à échauffer la terre, il fallut semer ; c'était là ce que les enfants attendaient avec impatience. Leur père leur remit de petits paquets de graines de différentes plantes : radis, haricots, petits pois, laitue, réséda, volubilis, capucines, etc., etc., en leur recommandant de ne les enterrer qu'en proportion de leur volume, et de recouvrir les graines *rondes* d'une plus grande épaisseur de terre que les graines *plates*. Puis il leur conseilla de semer à la *volée*, c'est-à-dire en les répandant avec la main, les graines de radis, de persil, de carotte, de chou, etc. ; et de semer *en ligne*, c'est-à-dire dans un sillon préalablement creusé et à des distances égales, les fleurs qu'ils désiraient voir régulièrement disposées, et qui, plus espacées, pourraient recevoir un *binage* ou second labour.

Après avoir dispersé ces semences menues qui devaient donner naissance à toute sorte de fleurs et de légumes, Marcel et André les recouvrirent d'une mince couche de terreau, par-dessus laquelle ils étendirent un bon *paillis* destiné à préserver la terre de l'ardeur du soleil et à l'empêcher d'être trop battue par les fréquents arrosages dont les graines ont besoin.

Et pendant quelques jours ils attendirent avec anxiété.

— Es-tu bien sûr que nos graines pousseront ? dit André à son père. Elles étaient si dures, si sèches ! c'est comme un conte de fées !

C'est vrai, dit M. des Aubry ; il ne se passe dans les contes de fées rien de plus merveilleux que ce qui s'accomplit tous les jours sous nos yeux dans la nature, sans que nous y fassions attention. Soyez sans inquiétude, la vie existait bien réellement dans vos petites graines, et dans quelques jours vous la verrez se manifester. Elles ont fait les mortes pendant l'hiver, heureusement, car si elles avaient germé trop tôt, le froid aurait tué les jeunes pousses qu'elles auraient émises. Mais elles ne sont bien qu'endormies ; leur enveloppe coriace va se ramollir dans la terre humide et s'entr'ouvrir pour laisser sortir une racine, une tige et des feuilles.

En effet, dans la terre bien remuée, que l'air et l'humidité pénétraient facilement et que le fumier échauffait, les petites *graines* ne tardèrent pas à se gonfler, et le travail mystérieux qui s'accomplissait dans leur sein devint visible. Les enfants, qui chaque jour se penchaient sur leurs plates-bandes pour saisir sur le fait la graine (fig. 32) devenant une plante nouvelle, virent enfin la terre se soulever par endroits, et, sous la petite motte déplacée, on distinguait une pousse blanchâtre.

Fig. 30. — Chèvrefeuille.

Êtes-vous contents ? leur dit leur père ; vous voyez que je ne vous ai pas trompés et que vos graines étaient bien vivantes ; les voilà qui *germent*. Voulez-vous savoir comment naissent les

plantes et ce qui se passe dans l'intérieur d'une graine en germination ? Arrachons un de vos haricots.

En voilà un tout gonflé d'humidité, mais encore enveloppé de
sa peau; elle se détache facilement et
laisse à découvert un *corps blanchâtre*,
l'*embryon*, formé de deux *petites feuilles*
épaisses et pâteuses, les *cotylédons*, et d'un
tout *petit bourgeon* ou *gemmule* où la vie est
concentrée. La gemmule s'abrite entre les
cotylédons bien pourvus de fécule, qui sont
chargés de lui fournir la première nourriture. Mais cette *fécule* est insoluble dans
l'eau, et la plante ne peut absorber que
de l'eau et les matières dissoutes dans
cette eau ; alors sous l'influence d'un ferment, la *diastase*, la fécule se change en

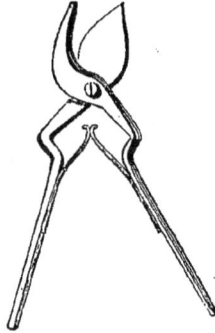

Fig. 31. — Sécateur.

une bouillie sucrée appelée *dextrine*, qui peut se dissoudre dans
l'eau et arriver ainsi jusqu'à la gemmule.
Celle-ci organise en tissus vivants les éléments inanimés qu'elle reçoit, se hâte de
former des cellules, et l'on voit se développer la *radicule*, la *tigelle* et les petites
feuilles de la nouvelle plante ou plantule.

Les *cellules* se produisent avec une
étonnante rapidité : la jeune feuille de haricot en fait éclore deux mille par heure.
Des bambous, des agaves poussent encore
plus vite; l'œil peut suivre leur allonge-
ment. On a calculé que la multiplication
des cellules était si rapide chez certains
champignons, qu'ils en formaient jusqu'à
soixante millions par minute; le fruit de
la citrouille peut augmenter d'un kilo-

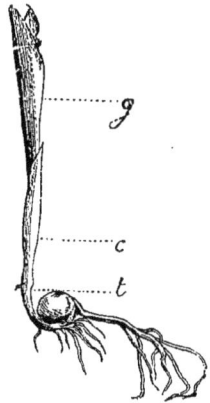

Fig. 32.
Maïs en Germination.

G. gemmule. — C. cotylédon.
T. tigelle.

gramme par jour, et il y a bien des cellules dans un kilogramme
de citrouille !

La multiplication des cellules se fait de deux façons : soit intérieurement par la subdivision d'une première cellule, ou bien extérieurement, par le développement de nouvelles cellules s'accolant aux premières. Ces cellules, appelées encore *utricules* ou petites outres, et qui constituent le tissu *cellulaire*, ou *moelle*, ou *parenchyme*, se serrent les unes contre les autres ; malgré cela, il reste

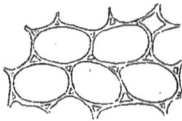

Fig. 33.—Lacunes aérifères.

dans ce tissu des *méats* ou *lacunes* qui communiquent entre elles et forment des *canaux aérifères* (fig. 33).

Tiens, père, dit André, en désignant un haricot qui avait déjà des feuilles vertes, voici un ouvrier qui a travaillé plus vite que les autres ; sa tige, encore recourbée, soulève de terre les cotylédons amincis et étalés, et supporte un petit bouquet de feuilles (fig. 34).

Et tu peux dire avec certitude, quoique tu ne la voies pas, qu'il a en terre une racine bien formée, dit M. des Aubry ; car dans une graine en germination, c'est la radicule qui se développe le plus vite ; elle sort par un petit trou de la graine, appelé *micropyle*.

Mais alors il faudrait, lorsqu'on sème, faire attention à placer ce point de la graine du côté de la terre, dit André.

Oh ! la plante sait bien se tirer d'affaire, dit M. des Aubry. De quelque façon qu'on s'y prenne, on ne l'obligera jamais à pousser sa tige par en bas et sa racine par en haut. Le corps principal de la racine est *géotropique*,

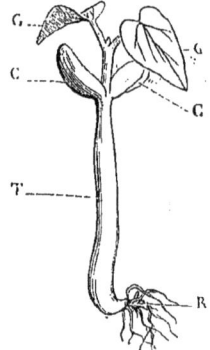

Fig. 34. — Haricot en Germination.

c'est-à-dire qu'il a une tendance naturelle et invincible à se diriger vers le centre de la terre, tendance qu'on ne peut expliquer que par la loi de la pesanteur ; car ce n'est pas l'humidité seule qui attire la racine, quoiqu'elle ne puisse s'en passer. Si on place une jeune plante entre des touffes de mousse humide, on ne voit point sa racine se diriger à droite ou à gauche dans cette mousse qu'elle pourrait pénétrer, mais en dessous, dans l'air qui ne peut la nour-

rir. Ce n'est pas non plus l'attrait de la terre qui la fait descendre ;
car si dans une caisse suspendue, pleine de terre, dont le bas est
à jour, on place une graine qui germe, c'est la racine qui paraît
en bas, dans l'air où elle va se dessécher, et la tige qui essaie de
pousser dans cette terre où elle ne peut qu'étouffer. Tige et racine
obéissent d'une façon inconsciente à la loi qui leur a été donnée.

Elles devraient se dire que
puisque la position relative de
l'air et de la terre est changée,
elles doivent aussi changer
leurs habitudes afin de ne pas
mourir, dit Marcel.

Les plantes n'ont pas de
discernement comme nous, dit
M. des Aubry. Les jeunes racines, composées d'abord uniquement de cellules, forment
peu à peu des faisceaux de fibres
et de vaisseaux, et se recouvrent
d'une peau ou *épiderme* ; la racine principale donne souvent
naissance intérieurement à des
branches latérales qui sortent
en entr'ouvrant l'épiderme et
se ramifient à leur tour en
radicelles dont les ramifica-

Fig. 35. — Racine traversant un ravin.

tions, fils délicats ou *fibrilles*, composent le *chevelu* de la racine.
Le chevelu se flétrit chaque année comme les feuilles, un nouveau
le remplace ; lorsqu'on le retranche, en faisant une transplantation, il ne tarde pas à se reformer.

Les radicelles ne sont pas géotropiques comme la racine principale ; elles prennent toutes les directions possibles, et vivent en
dehors même de la terre, dans l'air s'il est humide. On en voit traverser des ravins (fig. 35) pour aller trouver la terre ou l'eau qui
leur convient ; d'autres s'enrouler ou se ramifier dans les pots où

elles sont emprisonnées, afin de pouvoir absorber tous les principes
nutritifs contenus dans le peu de terre qui est à leur disposition.

La racine principale émet d'abord des poils qu'elle perd, et les
racines secondaires seules en conservent; ces poils sécrètent un
liquide acide et visqueux qui, non seulement aide à l'adhérence
de la racine au sol, mais encore attaque et désorganise les corps
les plus durs pour se les assimiler; le verre est dépoli, la pierre
rongée, le marbre sculpté en creux par cet acide des poils qui marquent ainsi sur eux leur empreinte.

On appelle *simples* (fig. 36) ou *pivotantes* (fig. 37 et 38), les racines qui ont un axe principal, soit rameux,
comme celui de la guimauve ou de la giroflée,
soit simple, comme celui du radis et de la
carotte; et racines *composées* ou *fasciculées*,
celles dont le pivot principal semble avoir
avorté, et qui forment un faisceau de rameaux partant du même point et ayant à
peu près tous une grosseur égale. Les racines
composées peuvent être *fibreuses* comme
celles du blé (fig. 39), ou *noueuses* comme
celles de la filipendule (fig. 40), ou *tubéreuses*
comme celles du dahlia (fig. 41). Les racines
composées s'enfoncent moins avant dans le
sol que les racines pivotantes, et attachent
moins solidement la plante à la terre; de
grands arbres, comme les palmiers, s'en
contentent cependant.

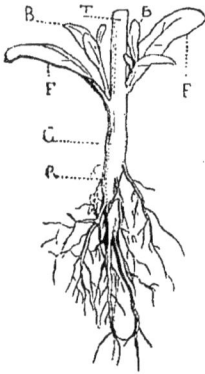

Fig. 36. — Racine simple
rameuse de Giroflée.

B. bourgeon. — T. tige. —
F. feuille. — C. collet. —
R. racine.

On donne le nom d'*adventives* ou *accessoires* aux racines qui
naissent de divers points de la surface de la tige et ne partent point
du *collet*. Pour que la racine absorbe et fournisse de la sève à la plante
il faut que ses parties garnies de poils plongent dans la terre. Elle
ne peut croître en longueur que par son extrémité inférieure; si on
la coupe, elle ne s'allonge plus, elle ne peut plus que grossir.

Dans ce jeune haricot, où donc commence la tige et finit la
racine? dit Marcel.

Rien de bien visible ne l'indique, dit M. des Aubry ; le ras de
la terre marque à peu près le point de jonction des deux parties de
l'*axe* de la plante ; ce point ou *collet* sépare l'axe descendant ou
racine de l'axe ascendant ou *tige*. Mais ces deux parties de l'axe
végétal ont assez d'analogie, comme l'a démontré Duhamel (1758),
pour qu'on ait pu voir se transformer en racines quelques branches
d'un jeune arbre placées en terre, et une partie de ses racines,

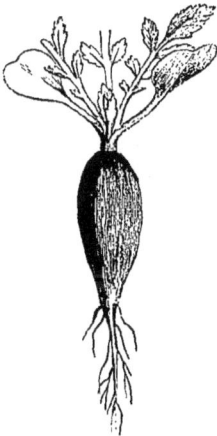

Fig. 37.   Fig. 38.   Fig. 39.
Racine pivotante de Radis.   Racine pivotante de Carotte.   Racine fibreuse de Paturin.

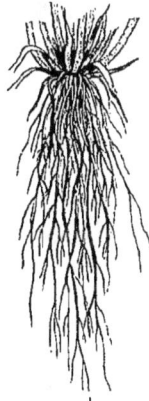

mises à l'air, développer des feuilles et des bourgeons. *Tige* et
racine sont formées d'un même tissu de fibres et de vaisseaux,
recouvert d'un épiderme percé de trous appelés *stomates* dans la
tige pour que l'air puisse y pénétrer, dépourvu de stomates dans
la racine destinée à rester en terre. Mais ces fibres et ces vaisseaux
ne sont pas disposés de la même manière ; la racine a un centre
fibreux résistant, et la tige un centre cellulaire, une *moelle* qui peut
être résorbée et disparaîtra ; le radis rose qui devient creux en
vieillissant est donc bien une tige, sauf la partie fibreuse inférieure
que nous ne mangeons pas. La racine n'a point de feuilles ni de
bourgeons et ne se colore point en vert comme la tige.

La tige du petit haricot n'est pas verte, dit Marcel.

Pas encore, dit M. des Aubry, elle n'est que sortie de terre; mais à présent qu'elle peut recevoir la lumière, elle va verdir. Chez quelques plantes, comme le *maïs*, l'*oranger*, les cotylédons sont *hypogés*, c'est-à-dire qu'ils restent sous terre pendant que la jeune tige s'élève au-dessus du sol; chez d'autres plantes, comme le *haricot*, le *radis*, les cotylédons sont *épigés*; ils s'élèvent au-dessus de terre avec la tige. Quelquefois même, comme chez le radis, les cotylédons, au lieu de se dessécher ou de disparaître, deviennent des feuilles d'une structure particulière, appelées feuilles *séminales* ou de la semence. Les premières véritables feuilles qui se développent, et que l'on nomme *radicales* ou venant près de la racine, ont souvent aussi une forme qui les distingue de celles qui paraissent plus tard tout le long de la tige, et que l'on appelle *caulinaires*, de *caulis*, mot latin qui veut dire tige.

Père, dit Marcel en riant, je crois que Pierrette a jeté un sort sur nos graines; je n'en vois lever qu'un petit nombre.

Les graines, suivant leur espèce, ont besoin de plus ou moins de chaleur et ne mettent pas toutes le même temps à germer, répondit M. des Aubry; celles qui ont une dure enveloppe restent longtemps en terre avant de la ramollir et de la percer; les *noisettes*, les *graines de rosier* mettent jusqu'à deux ans à germer; les *choux* et les *radis* lèvent au bout d'une dizaine de jours; les *céréales* au bout d'une semaine; la *laitue* au bout de quatre jours; les *épinards*, les *haricots*, les *navets* après trois jours. Le *cresson alénois* va plus vite encore; il tressaille et produit de nouvelles cellules au bout d'un jour; aussi couvre-t-on de ses graines des vases poreux qui laissent filtrer jusqu'à elles l'eau dont ils sont pleins, et qui se trouvent promptement revêtus d'une robe verte.

Toutes les plantes n'ont pas cette régularité de végétation; les graines d'une même espèce et dans un même terrain ne mettent pas toujours le même temps à germer, et par suite à arriver à maturité, ce qui rend la récolte difficile à faire : pour qu'une espèce soit cultivable en grand, il faut que toutes ses graines germent d'un coup.

Combien mes sœurs s'amuseront à voir pousser tous nos semis ! dit André. Si tu le voulais bien, père, chacun de nous aurait son jardin tout à fait à lui, qu'il arrangerait comme bon lui semblerait.

Je le veux bien, dit M. des Aubry ; partagez-vous l'espace compris entre le verger et la maison : je vous l'abandonne.

Mais, père, c'est là que les jardiniers ont entassé les mauvaises herbes et les vieilles racines, dit Marcel.

Il vous sera facile, dit M. des Aubry, de les transporter dans la fosse destinée à faire le terreau. En se décomposant à l'air, elles répandraient autour de la maison une humidité malsaine. Enfouies dans la terre, elles deviendront un engrais qui aidera à faire pousser des plantes nouvelles, et la vie renaîtra ainsi de la mort. Il faut savoir tirer parti de tout, et changer par nos soins le mal en bien.

Si nous attellions Bas-Rouge à la brouette ? dit André à son frère. Il nous aiderait à faire l'ouvrage.

C'est une idée ! répondit Marcel. Allons le chercher.

Le bon chien vint à leur appel, les laissa attacher à son cou les cordes qui retenaient la brouette, et sous leurs caresses et leurs encouragements, se décida à marcher, poussé par l'un, tiré par l'autre. Il avait déjà fait deux ou trois tours lorsqu'il entendit la voix de Claudie qui l'appelait pour aller aux champs ; son instinct de chien de berger se réveillant aussitôt, il renversa la brouette et s'en alla au galop. Marcel et André continuèrent leur travail, mais moins gaiement; et après avoir fait plusieurs tours, fatigués, ayant chaud, ils retournèrent vers leur père en s'essuyant le front.

Père, dit André, tu nous disais l'autre jour que les plantes étaient de bonnes ouvrières qui travaillaient pour nous ; mais elles ont besoin aussi de bons serviteurs qui travaillent pour elles. Que de peine à prendre avant qu'elles aient tout ce qu'il leur faut ! Bêcher, préparer les engrais, les étendre, semer, arracher les mauvaises herbes, faire la guerre aux limaces et aux chenilles, mettre des cloches, des châssis, arroser sans relâche ! C'est à n'en plus finir !

Si nous nous contentions des plantes qui poussent spontanément et que nous appelons *sauvages*, dit M. des Aubry, il ne faudrait pas tous ces soins. Mais nous les voulons plus productives,

plus belles et meilleures, et la loi du travail est attachée à tout per-
fectionnement. Le *blé* qui fait le fond de notre nourriture n'est

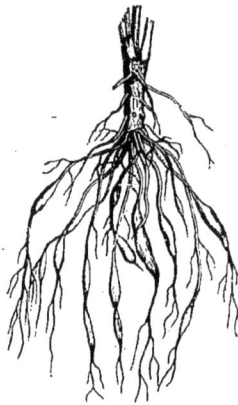

arrivé à donner autant de fécule que par
suite d'une longue et intelligente culture, la *vigne* n'a produit un raisin abondant et délicieux, le *chou* (fig. 42) et la
salade ne sont devenus tendres et pom-
més, la *carotte* et la *betterave* n'ont développé leur chair sucrée, qu'après des
soins prolongés ; ces plantes telles que
vous les connaissez aujourd'hui sont le
produit de la *civilisation*. A force de précautions nous obtenons des plantes ce
que nous voulons ; mais il faut d'abord
nous soumettre aux conditions de leur
développement que nous ne pouvons
changer : tantôt leur composer le terrain

Fig. 40.
Racine noueuse de Filipandule.

qu'elles préfèrent, tantôt leur créer, à
l'aide de serres ou de châssis, la chaude température qui hâte leur
croissance.

Mais, père, dit Marcel, ce n'est
pas le terrain et le climat seuls qui
donnent naissance aux plantes ?

Non, dit M. des Aubry, il est
nécessaire qu'un *germe* existe. Pour
qu'un *être organisé* se développe,
il faut qu'il y ait eu avant lui au
moins un ou deux êtres semblables
à lui sous l'influence desquels il a
pris naissance. Si riche et bien préparé que soit un terrain, il ne peut
développer que ce qui a déjà un
germe de vie, *graine* ou *bourgeon*.

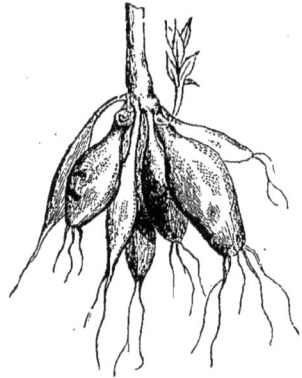

Fig. 41.
Racines tuberculeuses de Dahlia.

Eh bien ! reprit Marcel, l'autre
jour Jacques disait devant un de ses champs : Ah ! la mauvaise

terre ! j'ai beau la bien labourer et l'ensemencer de mon meilleur blé, elle ne produit que de l'herbe.

Si l'herbe a poussé, c'est qu'elle avait sa graine en terre, dit M. des Aubry ; et en croissant plus tôt et plus vite que le froment, elle l'a étouffé. Lorsque, à la fin de l'automne, les graines mûres se détachent de la plante et se dispersent, beaucoup sont enfouies trop profondément pour recevoir l'air qui leur permet de germer ; mais elles peuvent se conserver plusieurs années sans s'altérer, et si un labour plus profond les ramène à la surface du sol, elles se mettent à pousser, et le cultivateur voit dans

Fig. 42. — Chou pommé.

son champ des plantes qu'il n'a pas semées et qui n'y avaient point paru depuis longtemps.

Mais enfin, dit André, comment les premières plantes ont-elles fait pour se produire ?

L'origine de la vie nous échappe, mon cher enfant, il existe dans la graine une vie latente dont le principe est caché dans le passé ; nos observations ne peuvent commencer que lorsque la vie se manifeste ; il se produit alors une suite de phénomènes inévitables, et nous pouvons nous en rendre compte ainsi que des conditions nécessaires au développement des plantes.

CHAPITRE III. — LES ENFANTS D'ADOPTION

SOMMAIRE : De la tige. — Tiges souterraines. — Tubercules, souches, rhizomes, drageons, turions, bulbes. — Différents moyens de reproduction des plantes. — Rôle important du bourgeon. — Marcotte, bouture, greffe. — Taille des arbres.

La lierre après la neige blanche
Reparait aux crêtes des murs ;
Point de feuille au bois, sur la branche ;
Mais la sève en bourgeons s'épanche,
Et les rameaux sont déjà mûrs.

SAINTE-BEUVE.

MARCEL et André firent subir bien des transformations à leur jardin avant d'arriver à lui donner une forme définitive. Leur imagination leur suggérait des plans sans nombre ; tantôt ils voulaient des carrés et des bordures de buis, tantôt l'irrégularité d'un jardin anglais. Ils finirent par creuser un bassin, sur lequel un arbre renversé, tout garni de lierre, simulait un pont rustique. Et sur un des côtés ils amassèrent la terre qu'ils avaient retirée du bassin, pour former une montagne au sommet de laquelle ils transplantèrent un jeune sapin (fig. 46) avec toute sa racine. Ils garnirent leurs corbeilles des fleurs que leur père et le jardinier purent leur donner, et n'en trouvant jamais assez, ils se mettaient chaque jour en quête de quelque chose de nouveau.

Qu'avez-vous donc là dans votre charrette ? demanda un matin André à Jacques qui s'en allait vers les champs ; n'y a-t-il rien qui soit bon pour nos jardins ?

Non, monsieur André, dit Jacques ; ce sont des *carottes* et des *betteraves* (fig. 47) que je vais replanter pour la graine ; vous ne sauriez que faire de ça dans vos plates-bandes.

Comment, reprit André, vous les avez arrachées en automne et vous allez maintenant les remettre en terre ?

Il fallait bien les arracher avant l'hiver, dit Jacques ; elles auraient gelé et pourri si on les avait laissées dans les champs. Mais comme ce sont des plantes *bisannuelles* qui ne fleurissent point l'année où on les a semées, on est obligé de les repiquer après les froids pour qu'elles arrivent à grainer.

A leur état sauvage, dit M. des Aubry, les carottes sont des plantes *annuelles*, c'est-à-dire qu'elles poussent, fleurissent et grainent dans la même saison, et meurent tout entières à l'automne ; et leurs racines ne sont alors que dures, sèches et légèrement sucrées. Pour les obliger à former plus de chair et de principes sucrés que nous trouvons bons, on imagina de les semer trop tard pour qu'elles pussent, pendant la belle saison, développer leurs bourgeons en tiges, en feuilles et en fleurs. La plante ne veut pas mourir tant qu'elle n'a pas amené ses graines à bien, car le vœu de la nature c'est de reproduire l'espèce. Les carottes, sentant que leur mission n'était pas remplie, se mirent à amasser des sucs pour que leurs bourgeons pussent passer l'hiver, et l'année suivante développer des fleurs et des graines. Forcées par la culture à changer leurs habitudes, elles sont devenues bisannuelles. Nous arrachons les racines *fusiformes* ou gros fuseaux des carottes et des betteraves dès la première année pour en extraire du sucre ou les faire manger aux animaux. Celles que nous repiquons, s'épuisant pendant que la plante fleurit et graine, ne nous offrent plus de grandes ressources.

On donne le nom de *tubéreuses* ou de *tuberculeuses*, du mot latin *tuber*, qui signifie *bosse*, aux racines ou aux branches qui, à force d'amasser ainsi des réserves, deviennent comme bossues, telles que le dahlia, la patate ou batate, la pomme de terre, etc.

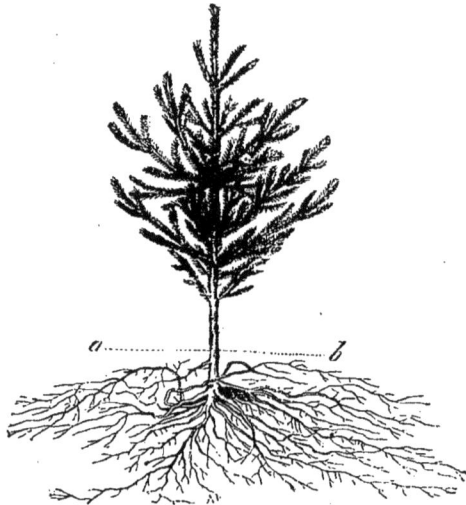

Fig. 46. — Jeune Sapin.

Qu'est-ce donc que ces *tubercules* rouges et irréguliers que l'on a entassés près des étables ? demanda André.

C'est-il bien possible que vous ne connaissiez pas le *topinambour* ? (fig. 48) s'écria Jacques. C'esr pourtant une bonne plante et belle. A l'automne, ce champ était tout garni de longues tiges, avec des feuilles un peu rudes que j'ai fait manger aux bestiaux, et de grandes fleurs jaunes comme des soleils, dont les graines noires donnent de l'huile. J'ai laissé en terre les tubercules qui ne craignent pas le froid et qui ont passé là tout l'hiver, sans se geler

et sans se pourrir ; à mesure que j'en ai eu besoin pour mes
bêtes, qui en sont friandes quand il n'y a plus d'autre nourriture fraîche, je les ai arrachés. Aujourd'hui je fais enlever tout
ce qui reste ; il est grand temps maintenant que le soleil échauffe
la terre.

Au premier moment, j'ai cru que c'étaient des pommes de
terre (fig. 49), dit Marcel.

Ah oui! dit Jacques, ce
ne seraient pas des *pommes
de terre* qui passeraient
comme ça l'hiver en terre.
Il faut les arracher avant
les froids, et les serrer dans
un endroit où il ne gèle
pas et qui soit sombre, parce
qu'elles verdissent à la lumière, et qui ne soit pas
trop humide, parce qu'elles
germent à l'humidité et
poussent alors de longs rejets blancs qui les épuisent.
Nous allons bientôt mettre
en terre celles que nous
avons gardées pour la se-
mence et qui sont bien
fermes, avec des *yeux*.

Fig. 47. — Betterave.

Pourquoi ? demanda André à son père.

Ces yeux des pommes de terres sont des petits *bourgeons* cachés
derrière de toutes petites feuilles membraneuses, et tout disposés
à développer une tige, répondit M. des Aubry. Les *rejets* ou gourmands déjà émis sont de véritables tiges étiolées, qui n'ont pu
prendre ni force ni couleur dans l'obscurité de la cave, mais qui
ont dépouillé le tubercule d'une partie de sa puissance de végétation.

Les pommes de terre qui verdissent à la lumière et ont des

bourgeons ne sont donc point des racines, quoi qu'elles se tiennent sous terre. Ce sont, comme les topinambours, des *branches souterraines* que la fécule, en s'y amassant, a rendues tuberculeuses ; cela est si vrai qu'en *buttant* les basses branches, c'est-à-dire en les couvrant de terre, elles développent des tubercules, et qu'à la suite d'une grande humidité, on en a vu se produire sur les branches aériennes elles-mêmes.

La pomme de terre, originaire du Chili, n'avait que de tout petits tubercules avant d'être cultivée ; de nos jours c'est une des plantes qui rend le plus de services à l'humanité, et on la cultive partout maintenant. Elle fut introduite en Espagne vers le milieu du xvie siècle, et de là en Italie, puis en Allemagne, en Angleterre et en France ; mais elle eut chez nous bien de la peine à devenir populaire. Turgot chercha vainement à faire comprendre aux agriculteurs français les ressources immenses qu'elle peut offrir pour notre alimentation et surtout pour celle des animaux. Il fallut tous les efforts d'un homme de bien, Parmentier, secondé par le roi Louis XVI, pour en propager la culture. Le roi la mit à la mode en portant une de ses fleurs à sa boutonnière ; et Parmentier apothicaire-major des Invalides, à Paris, sachant l'attrait du fruit défendu, fit garder avec soin pendant le jour, comme une chose rare et très précieuse, les pommes de terre qu'il avait fait ensemencer dans la plaine du Gros-Caillou. La curiosité étant éveillée, on en vint dérober dans la nuit, on les trouva bonnes, on se convainquit qu'elles n'étaient pas un aliment malsain : Parmentier avait atteint son but.

La petite fermière qui voyait Marcel et André prendre tant d'intérêt à leur jardin s'avança vers eux avec une jacinthe rose dont le pied baignait dans une carafe d'eau et la leur offrit en faisant une petite révérence.

Je vous apporte ma jacinthe (fig. 50) pour fleurir votre jardin, dit-elle.

Je te remercie bien, Claudie, dit Marcel. Est-ce toi qui as élevé cette jolie fleur qui sent si bon ?

Elle ne m'a pas donné grande peine, monsieur, dit Claudie ;

elle est restée au chaud sur la cheminée pendant les froids, et je lui donnais seulement un peu d'eau nouvelle à mesure qu'elle buvait celle de la carafe.

Ce serait dommage de la mettre en terre, dit M. des Aubry ; elle souffrirait de la transplantation.

Eh bien, dit Claudie, si ces messieurs n'en veulent pas pour leur jardin, ils la mettront telle qu'elle est sur la cheminée de leur chambre.

Peut-on faire venir toutes les plantes dans l'eau comme la jacinthe ? demanda Marcel à son père.

Les plantes *bulbeuses* s'accommodent mieux que d'autres de

Fig. 48. — Topinambours.

ce régime épuisant, répondit M. des Aubry, et encore ne leur convient-il pas longtemps. Les *bulbes* sont des tiges souterraines portant des bourgeons charnus, qui peuvent se passer d'emprunter au dehors une nourriture très substantielle. Ils ne vivent point en famille comme ceux de l'arbre, mais isolés ; obligés de se tirer d'affaire tout seuls, ils s'approvisionnent si abondamment que, parfois, sans terre, sans eau, on les voit pousser dès qu'un peu d'humidité les pénètre. N'avez-vous jamais trouvé dans la cuisine quelque ognon cuivré vulgaire (fig. 51), de ceux qui servent à nos ragoûts, ayant une longue pousse verte ? Grâce à son magasin de vivres, que la cuisinière comptait utiliser à notre profit, il avait pu subvenir à la nourriture de cette pousse. Lorsque les *ognons* ont ainsi employé leurs sucs, ils deviennent flasques et n'ont plus aucune des qualités qui nous les font rechercher. Aussi a-t-on le soin de les placer, dès qu'ils sont récoltés, dans un lieu très sec où ne puisse leur arriver l'humidité qui les fait pousser.

Tous les *bulbes* ne sont pas organisés de la même manière que l'*ognon* vulgaire et que l'*ognon* de jacinthe (fig. 52) ou de tulipe qui sont dits *tuniqués*, étant formés de feuilles enveloppantes ou tuniques, les intérieures succulentes, les extérieures membraneuses abritant les bourgeons.

Le bulbe du lis (fig. 53) est dit *écailleux*, étant formé de feuilles

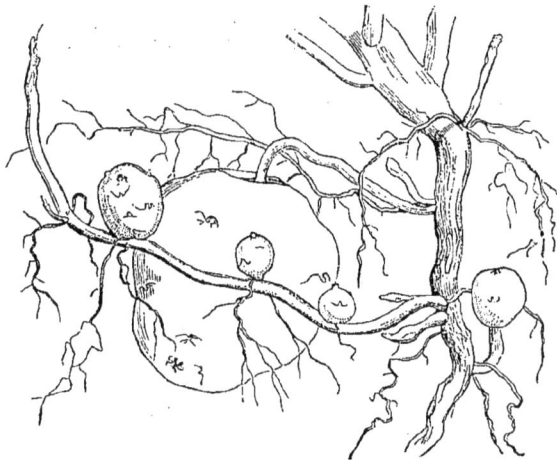

Fig. 49. — Pommes de Terre.

étroites imbriquées sur plusieurs rangs comme sont les tuiles d'un toit. Les *bulbes* de l'ail et du safran (fig. 54 et 55) sont au contraire *pleins* et solides comme des tubercules entourés de feuilles.

Les bulbes ont une tige vivace fort courte appelée *plateau*, d'où descendent de longues racines fibreuses, comme celles que vous voyez baigner dans l'eau de la carafe; la tige aérienne, sans nœuds, sans rameau et généralement sans feuilles, qui soutient la fleur herbacée, est annuelle et s'appelle une *hampe*.

Sur le plateau des bulbes, à l'aisselle des feuilles, se développent de petits bulbes ou *caïeux* qui sont les enfants du bulbe, et

que l'on peut détacher pour les planter et reproduire la plante-
mère. Sur la tige aérienne
même de certains lis, à l'aisselle des feuilles vertes, paraissent aussi de petits bourgeons charnus et reproducteurs appelés *bulbilles*.

Où donc vas-tu mainte-
nant, Claudie ? demanda André
à la petite fille qui s'éloignait.

Pas loin d'ici, monsieur
André, dit Claudie ; je vais
cueillir des asperges. Voulez-
vous venir me voir faire ?

Claudie se dirigea vers un
carré de terre dans lequel poin-
taient par endroits des pousses
vertes ou purpurines. Et tout
aussitôt elle se mit à l'ouvrage ;
elle enfonça en terre une longue cuiller en fer, tranchante à
son extrémité, avec laquelle elle
amena une asperge, puis une
autre, habilement, sans les casser ; et en peu d'instants elle
en eut assez pour faire une
belle botte qu'elle lia avec un
brin d'osier.

Voilà qui est fait, dit-elle,
je vais les porter à ma mère ;
ce sera pour votre dîner.

Ces *asperges* ont-elles été
semées cette année ? demanda
Marcel à son père.

Fig. 50. — Jacinthe en Fleur.

Non, dit M. des Aubry ; elles proviennent d'une tige *vivace*

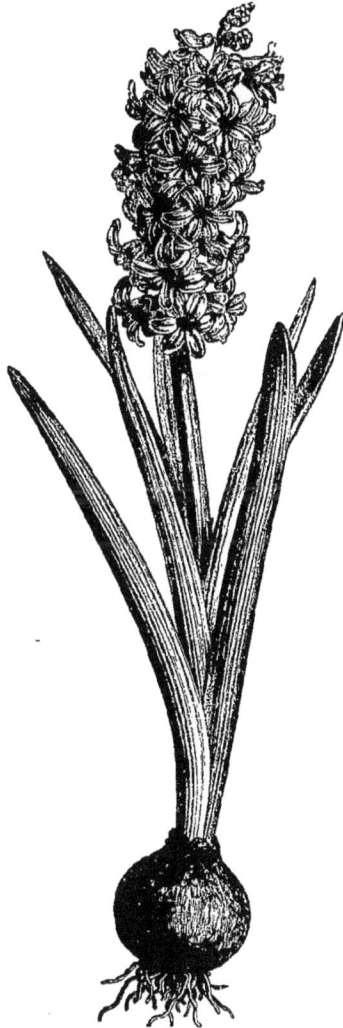

4

garnie de racines adventives, appelées *souche* (fig. 56), qui reste toujours sous terre à l'abri du froid. Cette souche émet au printemps des tiges aériennes annuelles, blanches et tendres, terminées par un bourgeon garni d'*écailles* (ou feuilles transformées) que l'on coupe dès qu'elles se montrent si on veut les manger. Autrement elles verdissent, durcissent, s'allongent, et développent à l'aisselle de leurs petites feuilles scarieuses des rameaux grêles et délicats (fig. 57) qui portent de jolis fruits ressemblant à des perles rouges.

Fig. 51.
Ognon cuivré.

Le *panicaut*, l'*yèble,* l'*yucca*, la *pivoine* et bien d'autres plantes ont, ainsi que l'asperge, des *souches* frileuses qui demeurent sous terre, comme la marmotte, pendant l'hiver, des bourgeons charnus et écailleux, appelés *turions*, et des tiges aériennes chargées de respirer, d'élaborer la séve et de grainer, qui disparaissent à l'automne dès que leur mission est finie. On donne aux souches qui occupent une position horizontale le nom de *rhizomes*, ce qui veut dire semblables aux racines ; elles en ont tout l'air, quoiqu'elles n'en soient pas puisqu'elles donnent naissance à des bourgeons. Le beau *canna*, la primevère, le grand *muguet* ou *sceau de Salomon*, quelques *iris*, les *carex*, ont des rhizomes (fig. 58) qui les font voyager sous terre; leur partie antérieure qui émet des racines fibreuses, des feuilles et des bourgeons, s'allonge et amène la tige aérienne toujours un peu plus en avant, tandis que leur partie postérieure se détruit peu à peu.

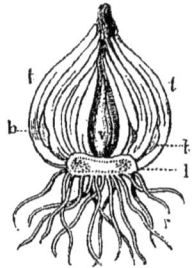

Fig. 52.
Bulbe tuniqué de Jacinthe
(coupé).

Les *pommes de terre,* les *bulbes*, les *rhizomes* sont des *tiges souterraines* et non des racines.

Voyez-vous au pied des grands lilas toute une famille de petits lilas qui se serrent les uns contre les autres ? Voulez-vous en arracher quelques-uns pour votre jardin ?

Ce ne sera pas difficile, dit André en se mettant aussitôt à l'œuvre.

Pas si facile que tu le crois, dit M. des Aubry ; ils ne sont pas venus de graine ; ce sont aussi des branches souterraines, parties de la souche des grands lilas, qui les ont produits, et ils tiennent encore au pied-mère.

En effet, André eut beau tirer, il fit bien sortir de terre une longue branche garnie de racines, mais il ne put la détacher de l'arbre.

Coupe-la, lui dit son père, il n'y a pas d'inconvénient ; elle

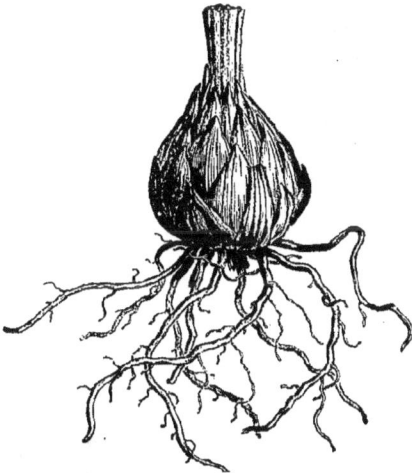

Fig. 53.— Bulbe écailleux du Lis.

Fig. 54. — Bulbes d'Ail.

peut vivre par elle-même désormais, puisqu'elle a des racines. On donne le nom de *surgeons* ou de *drageons* à ces branches souterraines qui se chargent de multiplier l'arbre.

Je vais aller planter mon lilas contre le mur de notre jardin, dit André.

Et le voilà qui prend sa course. Il y avait près des lilas un tapis de pervenches (fig. 59) d'un bleu tendre qui entremêlaient leurs longues branches flexibles et formaient un fourré d'une admirable fraîcheur. Pour ne pas faire de détour, André s'élança étourdiment au milieu d'elles ; son pied s'embarrassa dans les tiges et il tomba.

Mes pervenches se vengent comme elles peuvent de ton irrévérence, dit M. des Aubry en souriant. Leurs tiges aériennes, souvent enracinées par les deux bouts, forment de véritables collets où tes pieds se sont pris.

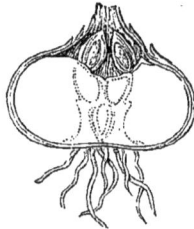

Il y a bien d'autres plantes qui, trop faibles pour se tenir droites, s'allongent ainsi sur le sol et à leur extrémité émettent un bourgeon qui développe des racines adventives, se fixe en terre et produit une tige nouvelle. Le *fraisier* (fig. 60), le *chiendent*, la *violette* (fig. 61) et autres plantes dites *traçantes* ou *rampantes*, par un long jet, appelé *stolon* ou *coulant*, envoient des vivres au bourgeon qui le termine, jusqu'à ce qu'il soit bien enraciné; le coulant peut se flétrir alors et le nouveau pied se trouve indépendant.

Fig. 55.
Bulbe ouvert de Safran.

En voyant certaines plantes se multiplier ainsi *naturellement*, on se demanda si on ne pourrait pas amener celles qui n'y pensaient pas à agir de même et à se reproduire *artificiellement*. Les essais que l'on tenta réussirent sur un assez grand nombre d'espèces : c'est ce qu'on appelle faire une *marcotte* (fig. 62). Les marcottes de la vigne prennent le nom particulier de *provins*. Voyez comment

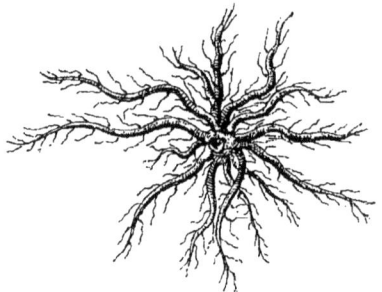

Fig. 56. — Souche d'Asperge.

je m'y suis pris avec ma belle glycine. J'ai choisi une de ses branches aussi souples que des cordes; je l'ai couchée dans la terre après lui avoir fait une incision destinée à provoquer l'émission de racines *adventives*, et j'ai redressé l'extrémité qui portait le bourgeon. Sentant une bonne terre fraîche autour d'elle, ma branche formera des racines à l'endroit de l'incision, le bourgeon développera une tige nouvelle, et l'année prochaine je séparerai du pied-mère ce pied nouveau qui pourra vivre par lui-même.

Il existe dans les régions chaudes de la terre des grands arbres qui se reproduisent par le même procédé que le fraisier et la pervenche ; tels sont les *figuiers des banians* qui forment une forêt ayant pour point de départ un seul arbre, les *palétuviers* ou *mangliers* qui croissent dans les sables humides des bords de la mer. Leurs racines s'élèvent au-dessus de l'eau et y forment des arcs-boutants ; et de leurs branches tombent de longs jets qui vont s'implanter dans le sol et forment de nouveaux troncs qui, se reproduisant à leur tour, finissent par composer des bosquets impénétrables, sous lesquels s'établissent des multitudes d'insectes et d'oiseaux et même de quadrupèdes que rien ne vient troubler dans leur retraite.

On connaît un autre moyen artificiel de multiplier les plantes, encore plus simple que celui-ci. Venez voir avec moi ce que fait en ce moment le jardinier.

Fig. 57. — Asperges.

Il s'occupe, dit Marcel, à détacher de jeunes branches bien fraîches d'un grand géranium qui est en pot.

Mais à quoi pense-t-il maintenant ? s'écria André ; le voilà qui met en terre ces branches sans racines, comme si elles allaient pousser !

Pourquoi pas ? dit M. des Aubry. Ces branches de géranium sont pleines de sève ; le jardinier va bien les arroser et les préserver pendant quelques jours de l'ardeur du soleil ; elles voudront vivre, et comme une plante ne peut vivre sans racines, elles en formeront d'adventives.

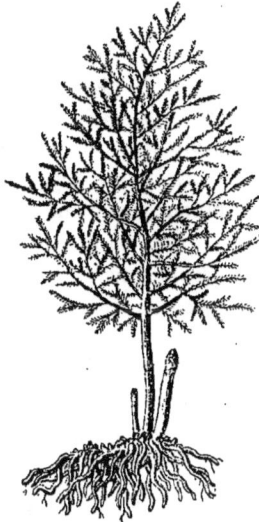

C'est là ce qu'on appelle faire une *bouture*. Toutes les plantes ne se prêtent pas à ce genre de reproduction; quelques arbres, le *saule*, le *peuplier*, le *tilleul*, etc., se multiplient facilement de bouture, la *vigne* aussi; mais il ne faut pas demander une pareille complaisance aux arbres à bois dur et résineux, comme le *chêne* ou le *pin*.

Certaines feuilles, comme celles du bégonia, de l'oranger, (fig. 63) incisées et mises en contact avec une terre humide, peuvent développer aussi des racines et des bourgeons; des rondelles de la racine du paulownia et du cognassier du Japon, convenablement cultivées, ont donné naissance à des arbres identiques à ceux dont elles provenaient; ainsi la plante n'est pas un être unique, mais une collection d'êtres.

Les plantes peuvent donc se reproduire autrement que de graine; mais il faut toujours un *germe*, le *bourgeon-branche* à défaut du *bourgeon-graine*. C'est encore grâce au bourgeon qu'on a pu planter une plante sur une autre plante, c'est-à-dire faire une *greffe*, le plus curieux de tous les moyens de reproduction artificielle.

Les *bourgeons* sont les petits-enfants de l'arbre; fixés sur la tige ou la branche, ils trouvent dans la sève élaborée qui circule sous l'écorce tout ce qui est nécessaire à leur vie. Mais, quoique se nourrissant à la même table, ils sont indépendants les uns des autres; chacun a sa vie propre et peut être considéré comme une plante complète en miniature. Aussi a-t-on pensé qu'on pourrait séparer le bourgeon de la branche qui le supporte, et le transporter sur une autre branche ayant à lui offrir une sève analogue à celle à laquelle il était habitué, et les essais qu'on a faits ont amené les plus heureux résultats.

Voilà justement un églantier (fig. 64) bien venant que je vais greffer devant vous, quoiqu'il vaille mieux faire les greffes en août ou en septembre. Je veux l'obliger, lui qui ne m'a donné jusqu'à présent que de petites fleurs simples d'un rose pâle, à produire des roses admirables d'un pourpre velouté comme celles du rosier appelé *Général Jacqueminot*.

M. des Aubry coupa les branches de l'églantier, ne laissant sur
la tige qu'un court rameau fort et plein de sève, sur lequel il fit
une fente en croix, de façon à pouvoir soulever l'écorce; et dans
cette fente il introduisit, non une branche de rosier pourpre, mais
le bout d'un pétiole avec le petit *œil* ou *bourgeon* qu'il portait et
un peu de l'écorce de la tige; puis il lia la blessure de l'églantier
avec un peu de laine.

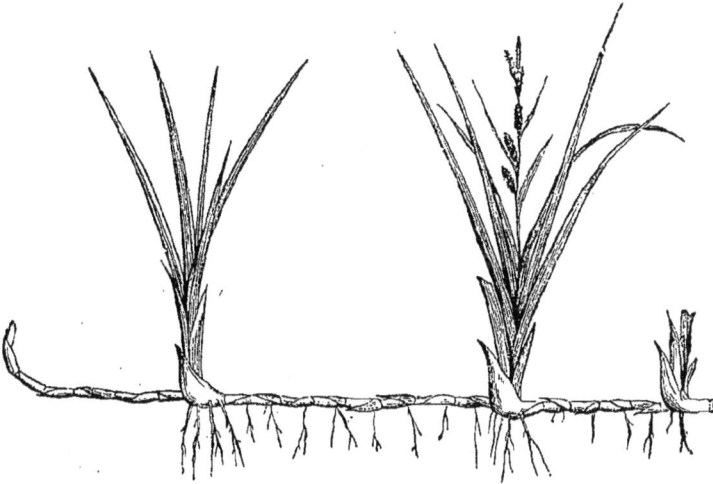

Fig. 58. — Rhizome de Carex des Sables.

Maintenant, dit-il, la sève de l'églantier, continuant à circuler
dans la tige, ira nourrir le petit bourgeon que je viens de mettre en
nourrice chez lui, et qui va se développer en branches, en feuilles,
en fleurs semblables à celles du rosier d'où je l'ai détaché. Cette
greffe-là est dite en *écusson* ou par *bourgeon*. On arrive à un même
résultat par la greffe par *rameau* ou *en fente*. Ainsi voilà un amandier que j'ai voulu transformer en pêcher. Je l'ai dépouillé de
toutes les branches qui lui étaient propres, et au sommet de la
tige tronquée de ce *sujet*, j'ai pratiqué une fente dans laquelle j'ai
introduit la *greffe*, c'est-à-dire un petit rameau de pêcher bour-

geonné et bien vivant, aminci et taillé en biseau. J'ai fait bien
attention à ce que les vaisseaux de l'écorce de la greffe coïncident
exactement avec ceux du sujet, car c'est entre les deux écorces
que passe cette *sève élaborée* qui doit nourrir et souder les deux
plantes destinées à n'en faire plus qu'une seule. Après avoir liga-
turé la tige, j'ai recouvert ses plaies d'un mastic spécial fait de
cire, de poix et de suif, destiné à les préserver de l'air, de la pluie
et des atteintes des insectes. Désor-
mais mon amandier ne donnera plus
que des branches, des feuilles, des
fleurs de pêcher; s'il tentait de se
révolter et de pousser au-dessous de
la greffe quelque branche de son
espèce, je retrancherais bien vite ce
gourmand qui prendrait pour lui une
partie de la sève destinée à ma
greffe; car mon amandier ne doit
plus travailler que pour l'*enfant d'a-
doption* que je lui ai confié.

Fig. 59. — Pervenche.

La greffe dite en *approche* peut
se pratiquer sur les branches d'un
même arbre pour changer sa forme
ou sur celles de deux arbres voisins
pour les unir. On rapproche deux
branches après avoir enlevé l'écorce
des parties qui doivent se toucher;
puis on les lie afin que la sève de l'une se mêle à la sève de l'autre
et que, se soudant peu à peu, elles ne forment plus qu'une seule
branche. L'on peut donner ainsi à un arbre une forme artificielle
toute particulière; c'est par ce procédé que l'on fait des portes, des
tonnelles, etc. La greffe en approche se fait naturellement dans les
forêts entre les branches et les racines de deux arbres voisins.

Toutes ces opérations sont fort curieuses et fort délicates, dit
Marcel. Mais où est le grand avantage de la greffe, puisque toute
plante peut se reproduire de graine?

D'abord, mon cher fils, dit M. des Aubry, on obtient la plante que l'on veut reproduire beaucoup plus rapidement par la greffe que par le semis. Il faut des années à un pépin ou à un noyau pour devenir un arbre qui donne des fruits. Mon *ente*, au contraire, m'en donnera l'année prochaine.

Puis il y a des plantes à fleurs doubles qui ne donnent pas de graine, je vous expliquerai pourquoi un autre jour; la greffe en ce cas est fort précieuse. Elle a encore l'avantage de reproduire exactement les plantes perfectionnées qui, moins vigoureuses que

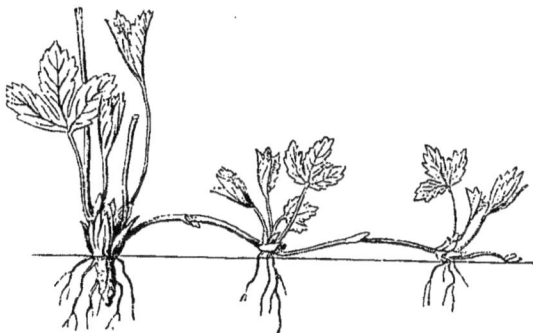

Fig. 60. — Tiges rampantes de Fraisier.

le type principal, se perdraient par suite de la concurrence vitale; la nature veut toujours retourner à son idéal et ne conserve point une forme qu'elle n'a point créée. Les variétés de fleurs ou de fruits que l'on a obtenues par une culture prolongée tendent toujours à revenir à leur état sauvage primitif; le pépin d'une belle poire savoureuse peut donner naissance à un poirier épineux aux fruits âcres; la graine d'un rosier rouge peut donner naissance à un rosier rose, etc. Avec la greffe on n'a pas à craindre ces altérations. De plus, elle fixe définitivement certaines variétés naturelles que le hasard fait naître. Il arrive parfois qu'une plante, sans qu'on sache pourquoi, tout à coup, sans transformations successives, s'organise autrement que ses sœurs, et crée une variété qui disparaîtrait si on ne pouvait la fixer par la greffe. On ne connaissait, il y a une centaine d'années, que le frêne à rameaux dressés ; un jour on s'aperçut qu'un frêne dirigeait ses rameaux par en bas ; on le multiplia par la greffe et les *frênes-pleureurs* furent créés. Les choses se sont passées de même pour le *houx* et le *buis panachés*. Le *faux acacia* ou *robinier* se couvre au printemps de jolies grappes de fleurs blanches ; quelques pieds se mirent à ne plus fleurir ; on fixa encore ce caprice par la greffe et l'on parvint à obtenir une variété à tête ronde qui ne fleurit jamais, mais qui perd plus tard

Fig. 61. — Violettes.

son feuillage touffu et que des fruits brunâtres ne viennent jamais déparer, etc., etc. La greffe ne peut se pratiquer qu'entre des individus de même famille ; il faut tenir compte des affinités des plantes et de l'analogie de la sève. Le rosier se greffe sur l'églantier, le pêcher sur l'amandier, le cerisier sur le prunier, le poirier sur le cognassier, l'oranger sur le citronnier, etc.,

Tout le long du mur du verger (fig. 65) dans lequel se trouvaient M. des Aubry et ses fils, des *poiriers* et des *pêchers*, étalés comme de très

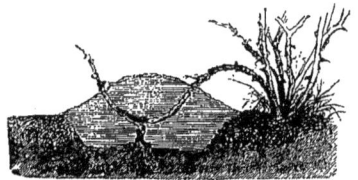

Fig. 62. — Marcottes de Rosier.

grands éventails, se trouvaient disposés avec une symétrie parfaite. De la tige principale se détachaient, à droite et à gauche, des branches d'égale longueur, sur lesquelles on n'avait laissé que les jeunes rameaux chargés de bourgeonner et de donner fleurs et fruits.

Comment, père, dit Marcel, peut-on obtenir une régularité aussi grande et obliger ainsi des arbres à prendre la forme que l'on veut ?

C'est encore à l'aide des bourgeons qu'on en vient à bout, répondit M. des Aubry ; on retranche ceux qui gênent et on laisse pousser ceux qui conviennent. Le but qu'on se propose en établissant un *espalier*, c'est de bien exposer des arbres fruitiers au soleil et de les abriter du vent contre un mur ; et pour perdre le moins de place possible, il faut chercher à garnir de branches toute la surface du mur et à obliger la sève à se répartir d'une façon égale dans toutes ces branches. On arrive à ce résultat par la *taille* intelligente de l'arbre. Lorsqu'une branche se fortifie trop par rapport aux autres, on la

Fig. 65.
Feuille d'Oranger.

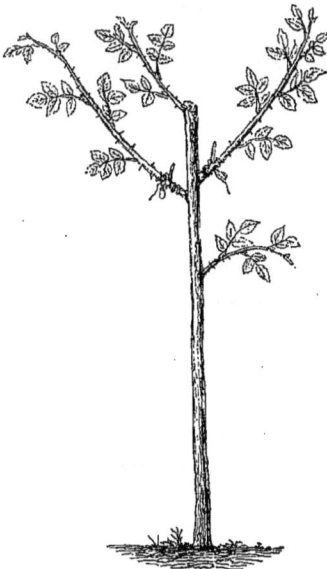

retranche ou on lui enlève ses bourgeons, et la sève qu'ils attiraient s'en va d'un autre côté (fig. 66). Si l'on veut au contraire qu'une branche se développe dans un certain endroit, on y laisse venir un bourgeon ; et pour que toute la sève aille vers lui, on enlève ceux qui l'avoisinent.

Vous remarquez bien que les bourgeons qui paraissent sur les arbres, sur ces poiriers par exemple, n'ont pas tous la même grosseur ni la même forme. Les uns sont longs et pointus : ce sont les *bourgeons à bois* (fig. 67), qui n'amènent qu'une branche et des feuilles.

Fig. 64. — Églantier avec deux Greffes.

Les autres sont plus gros et arrondis : ce sont les *bourgeons à fruits* d'où sortiront les bouquets de fleurs qui donneront des poires. La connaissance de ces deux espèces de bourgeons me permet de diriger l'arbre à ma fantaisie ; si je trouve les rameaux assez nombreux, je retranche les bourgeons à bois pour laisser la sève affluer vers les bourgeons à fruits ; si ceux-là même me paraissent en trop grand nombre, j'en enlève une partie pour que l'arbre ne s'épuise pas en produisant trop en une année.

Le bourgeon joue donc un grand rôle dans l'*accroissement*, la *reproduction* et le *port* des végétaux. Il est vraiment tout l'avenir

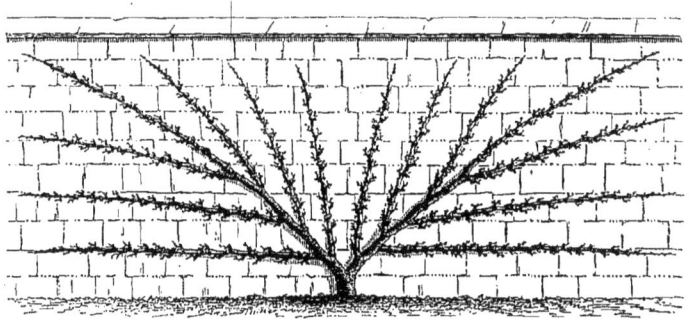

Fig. 65. — Pêcher en Espalier.

de l'arbre ; aussi de quels soins l'arbre ne l'entoure-t-il pas pendant l'hiver ! Car il naît au printemps et doit affronter dès sa jeunesse les rigueurs de la mauvaise saison. Ce n'est d'abord qu'un amas de cellules, un petit *œil*, qui paraît à l'aisselle des feuilles ou à l'extrémité de la tige et des branches ; il se développe pendant l'été, et à l'automne, quand les feuilles tombent, il est devenu un *bourgeon*. Il dort là pendant tout l'hiver, sans grossir ; au printemps il se réveille, rougit, se gonfle, s'entr'ouvre, et laisse voir ce qui s'est ébauché dans son sein : une branche, des feuilles, des fleurs, d'abord toutes petites et qui prennent peu à peu tout leur développement.

Mais que de précautions sont nécessaires pour préserver du froid et de l'humidité ces tissus délicats à peine formés ! L'arbre

les revêt d'*écailles*, petites feuilles durcies afin de devenir protectrices, et les couvre (fig. 68 à 70) d'une *cire* imperméable à
l'air et à l'eau et d'un épais *duvet*. Ces soins sont inutiles dans les
pays chauds où il n'y a pas d'hiver. Aussi les arbres des régions
tropicales ont-ils des bourgeons *nus*, sans écailles ni résine. Et il
en est de même pour nos plantes herbacées qui naissent, grandissent et meurent du printemps à l'automne.

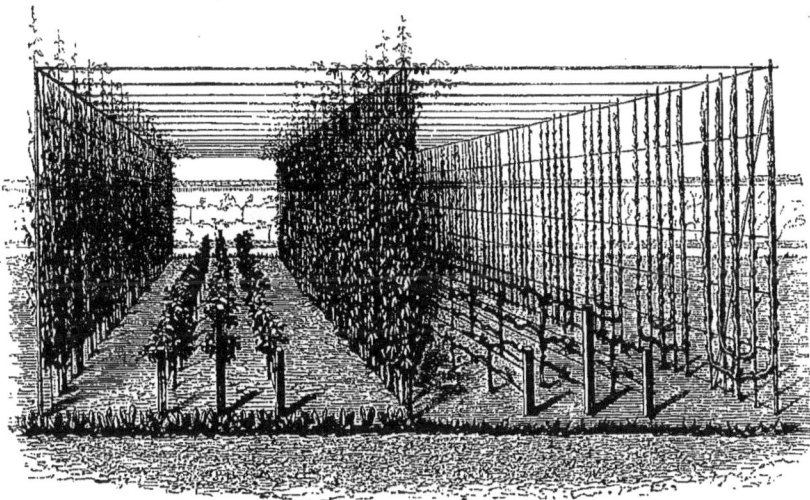

Fig 66. — Poiriers en Palmettes.

Mais l'arbre de nos régions, qui est comme mort lorsqu'il a
perdu son feuillage et que les bourgeons seuls peuvent rajeunir,
ne saurait mettre trop d'*ouate*, de *cire* et d'*écailles* autour de ses
bourgeons. Beaucoup avortent cependant ou sont détruits par la
sécheresse ou le froid, et c'est fort heureux : le nombre des bourgeons qui paraissent au printemps, comme celui des graines que
produit l'automne, est si grand, que la plante envahirait bien vite
le globe s'il n'existait pour tous ces germes de nombreuses causes
de destruction. Un seul arbre, en quelques siècles, suffirait à
couvrir la terre.

On appelle *scion* la pousse d'un an, et l'on donne le nom de *préfoliaison* à la disposition des feuilles dans le bourgeon avant leur développement ; elles y sont *pliées* comme la feuille de chêne, ou *plissées* comme la feuille d'érable, ou *roulées* comme la feuille d'abricotier, etc., toujours arrangées de façon à tenir le moins de place possible, avant que leur heure soit venue de s'étaler, de verdir et de respirer.

Que c'est intéressant de causer avec toi, père ! dit Marcel ; que de choses nous apprenons en t'écoutant, sans être obligés d'ouvrir nos livres !

Le jardin suffisait en effet depuis un mois à occuper les deux enfants ; ils se plaisaient à constater chaque jour les progrès rapides de la végétation de leurs plantes. Aussi éprouvèrent-ils un grand chagrin en s'apercevant un matin que les jeunes feuilles de leurs radis avaient disparu, et que de petits cytises qu'ils avaient transplantés sur leur montagne étaient rongés près de terre.

Qui peut avoir ainsi ravagé nos jardins ? dit André tristement.

Ce sont sans doute les limaçons, répondit Marcel.

Non, monsieur, dit le jardinier, on verrait sur le sol leur trace brillante ; et puis la matinée n'est point humide, ils ne sont point sortis de leurs cachettes. Ce sont plutôt des lapins. Et tenez, voilà qui vous prouve que je ne me trompe pas, ajouta-t-il, en montrant de petites crottes noires.

Fig. 67
Rameau d'Orme avec Bourgeons.

Ah ! les vilaines bêtes ! s'écria Marcel. Si j'avais un fusil !...

Tu tirerais à côté, dit André en riant.

Oh que non ! dit Marcel ; je me mettrais à l'affût et je prendrais bien mon temps pour ajuster, et pan !..., j'en attraperais au moins un, et les autres, effrayés, ne reviendraient plus.

Vous ferez mieux de mettre un piége, dit le jardinier.

Marcel et André ne se le firent pas dire deux fois ; ils coururent à la ferme et en rapportèrent un piége, qu'ils prièrent leur

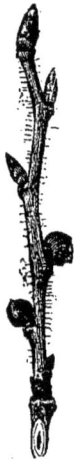

père de les aider à tendre. Ils lui racontèrent avec animation le
malheur arrivé à leur jardin et les méfaits des lapins.

Il faut bien que tout le monde vive, répondit tranquillement
M. des Aubry.

Comment, père, dit Marcel, mais pas à nos dépens! La forêt
est grande ; ces lapins peuvent bien y manger à leur aise sans venir
ravager nos fleurs.

Ils les trouvent plus tendres, ils ont bon goût, dit M. des Aubry.
Vous avez certainement le
droit de vous défendre,
mais faites-le sans colère.
Il faut que je vous raconte
une coutume touchante
qui existait au moyen âge
dans quelques provinces
de la France; elle vous
rappellera que, tout en défendant son propre droit,
on doit respecter celui des
autres, toujours trop facilement oublié. Avant de
tendre un piège aux ani-
maux, on leur adressait

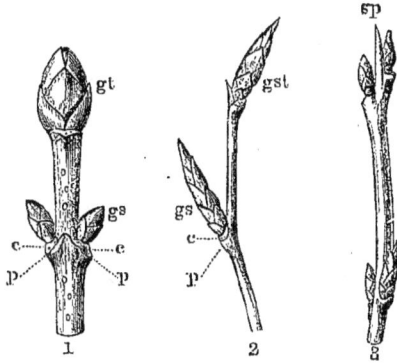

Fig. 68, 69 et 70. — Bourgeons revêtus d'Écailles.
C. Coussinet. — P. Pétiole.

une sorte d'évocation ou de prière : « Ma sœur la taupe, ou mon
frère le lapin, disait-on, c'est Dieu qui t'a créé comme nous, tu
as donc bien le droit de vivre et de chercher ta nourriture; mais
que ce soit sans nous nuire, ou nous te déclarerons la guerre. Si
tu veux que nous vivions en paix, ne viens point manger ce que,
par mon travail, j'ai préparé pour ma nourriture; la terre est
grande, va-t'en ailleurs; autrement je te tuerai, je t'en avertis. »

Oui, oui! s'écria André, tenez-vous le pour dit, messieurs les
lapins ; si vous revenez manger nos radis, nous vous ferons la
guerre !

Le lendemain matin, lorsque les enfants descendirent au
jardin, ils poussèrent des cris de joie en voyant un lapin pris au

piége. Il paraissait plein de vigueur et faisait de brusques mouvements pour se détacher ; mais après de vains efforts la douleur
l'obligeait à s'arrêter. André le tint par les oreilles pendant que
Marcel ouvrait le piége pour le délivrer, et le porta triomphale-
ment à son père.

Ses pattes de derrière ont souffert, dit M. des Aubry, mais je
crois qu'il pourra guérir. Il est jeune, nous l'éléverons.

Les enfants étaient au bonheur d'avoir pris leur ennemi vivant.
Il avait l'œil vif, le poil doux et fauve, le dessous du corps blanchâtre avec le bout des oreilles noir ; sa tête était grosse, et avec
ses pattes de devant il tambourinait avec rage.

Appelons-le *Tambour*, dit André. Comme il a l'air méchant !

Il vous mordra fort bien si vous n'y prenez garde, dit M. des
Aubry ; il n'a pas l'humeur douce des lapins élevés à l'étable.

Il fut convenu qu'on lui bâtirait une cabane à l'angle du mur
du jardin des enfants, là où ils voulaient en placer une pour leurs
outils. En attendant on le mit dans un panier couvert, et Marcel
et André cueillirent des herbes tendres qu'ils lui apportèrent. Il
bouda d'abord ; il souffrait de ses pattes blessées et encore plus de
sa liberté perdue ; mais il finit pourtant par se décider à manger,
et les enfants furent enchantés de voir qu'il paraissait plus calme
et plus heureux.

M. des Aubry les regardait en souriant s'empresser autour du
lapin.

Qu'est devenue votre grande colère ? leur dit-il. Je crois que
pour le décider à manger, vous lui offririez ces radis mêmes pour la
conservation desquels vous vous êtes mis en campagne !

CHAPITRE IV. — LA CABANE RUSTIQUE

SOMMAIRE. — Tiges herbacées et ligneuses. — Organes accessoires et transformés : poils, aiguillons glandes. — Vrilles et épines. Composition du bois et de l'écorce.

> *La sève débordant d'abondance et de force,*
> *Coulait en gomme d'or des fentes de l'écorce.*
>
> LAMARTINE.

'AI quelque chose à te demander, père, dit Marcel peu de jours après la capture du lapin. Nous voudrions bien construire notre cabane, et nous ne savons comment nous y prendre. Si tu voulais bien nous aider ?

Je vous aiderai volontiers, mes chers enfants, mais nous ferons bien de demander d'abord le secours du maçon. Lorsqu'il aura élevé une petite clôture de pierre que votre lapin ne

5

pourra ni ronger ni franchir, nous la surmonterons de cloisons de branchages et de mousse, et sur le toit de chaume, nous planterons quelques fleurs.

Les ordres furent donnés au maçon qui avait des pierres toutes préparées et du mortier tout fait; il se mit aussitôt à l'ouvrage, assurant qu'il n'en aurait pas pour longtemps.

Quant à nous, dit M. des Aubry, occupons-nous de réunir nos matériaux. Si cela vous va, nous allons atteler, et avancer jusqu'à la sapinière pour choisir quelques jeunes troncs de sapins : leur écorce fendillée, les sucs résineux qui imprègnent leur bois et assurent sa durée, les rendent précieux pour une construction rustique.

La proposition sourit à Marcel et à André; ils préparèrent la scie et la cognée, et prirent place avec leur père dans la carriole. Le mulet partit au grand trot, Bas-Rouge le suivit en aboyant. Le chemin conduisait, par une pente assez raide et de brusques tournants, au sommet de la colline couronnée d'un bois d'arbres verts. La rapidité de la course avivait la fraîcheur de l'air; les enfants tout joyeux se mirent à causer de leurs projets.

Il faut que notre cabane soit terminée dans deux jours, dit André, avant l'arrivée de maman et de nos sœurs.

Pour qu'elle soit plus jolie, dit Marcel, nous la garnirons de lierre; nous trouverons bien dans la forêt quelques-uns de ces longs brins qui grimpent aux arbres; je les détacherai avec soin, sans endommager leurs crampons pour qu'ils puissent reprendre.

Ils mourront si tu les apportes sans racines, dit M. des Aubry; le lierre n'est point une plante *parasite* vivant aux dépens de l'arbre sur lequel il s'attache; il ne se sert de ses *griffes* ou *crampons* que pour se soutenir dans une position verticale; et si l'on veut en débarrasser l'arbre dont il gêne parfois le développement, il suffit de le couper près de terre, au-dessus de sa racine : les vivres ne lui arrivant plus il ne tarde pas à mourir. Il est possible cependant d'amener les crampons de lierre à jouer le rôle de racines adventives en le plaçant dans de bonnes conditions, sur la terre humide.

Les tiges aériennes, *herbacées* ou *ligneuses*, ont le plus souvent une tige *ferme* et *dressée* qui les maintient au milieu de l'air et de la lumière. Quelquefois cependant les tiges trop faibles restent *couchées* ou *étalées* sur le sol ; d'autres sont *rampantes*, comme le fraisier, et produisent de distance en distance des bourgeons et des racines adventives ; d'autres sont *grimpantes* ; ne pouvant se soutenir qu'à l'aide des corps environnants, elles emploient toute sorte de moyens pour se soulever de terre : nous avons vu que le lierre se fait des *crampons;* la capucine et la clématite affermissent et contournent les pétioles de leurs feuilles pour s'appuyer sur ce qui les entoure. D'autres tiges grimpantes deviennent *volubiles :* elles s'enroulent autour des corps voisins, et dans un certain sens qu'il n'est pas possible de changer ; le liseron des haies (fig. 74) forme sa spirale de droite à gauche, le houblon (fig. 75), de gauche à droite ; et si au moment où la tige commence son évolution on l'enroule dans le sens opposé à celui qu'elle préfère, la douce entêtée a l'air d'obéir, mais on peut s'apercevoir au bout de quelques jours qu'elle a silencieusement refait sa spirale à sa guise.

Les pois cultivés, les coloquintes, les vignes, etc., se font des *vrilles* pour s'accrocher aux supports voisins et se maintenir debout. Ils transforment soit leurs feuilles, soit leurs rameaux, en petites mains aux doigts déliés qui s'enroulent en spirale ou s'appliquent comme des ventouses sur les corps qu'ils peuvent atteindre ; si ces petits doigts ne peuvent rien saisir, ils ne forment point de spirale, restent comme inertes, laissant bien voir qu'ils n'ont point d'autre rôle à jouer. Chez les petits pois, les gesses (fig. 76), ce sont les folioles supérieures de la feuille qui, au lieu de s'élargir en limbe, allongent et contournent leurs pétioles ; dans la vigne, c'est le pédoncule qui forme une spirale pendant que le fruit avorte.

Ces transformations d'organes sont assez fréquentes chez les plantes ; les *épines* sont, comme les vrilles, des *organes transformés* : ce sont des feuilles chez l'épine-vinette, qui s'aiguisent en pointe (fig. 77) ; chez le poirier, le prunellier (fig. 78), l'aubépine, c'est l'extrémité du rameau qui se durcit et devient un poignard ; la culture fait disparaître ces armes défensives et ramène le bourgeon terminal à sa place normale, au bout des branches.

Le rosier, qu'on entoure pourtant de bien des soins, n'a point renoncé à ses épines, lui dit Marcel.

Les *piquants* du rosier ne sont pas des épines, dit M. des Aubry, on peut les enlever sans endommager les tissus de la bran-

Fig. 74. — Liseron des Haies.   Fig. 75. — Houblon.

che sur laquelle ils ne sont que posés : ce sont des *poils* épaissis, durcis et aiguisés : on les appelle *aiguillons* (fig. 79 et 80).

Les *poils* sont des productions cellulaires qui se rencontrent fréquemment sur les tiges et sur les feuilles, surtout dans leur jeunesse, et qui appartiennent à l'épiderme. Ils préservent les jeunes tissus du contact trop brusque de l'air et du soleil; les uns sont longs, laineux, soyeux; d'autres sont courts, raides, épineux.

Certains poils ont à leur base un organe sécréteur appelé *glande* (fig. 81). Vous connaissez les orties ?...

Particulièrement, père, dit André; hier encore j'en ai cueilli involontairement avec d'autres herbes pour mon lapin ; ma main est devenue brûlante et s'est couverte d'ampoules.

Il fallait te frotter avec une herbe aromatique pour détruire l'effet de leur piqûre vénéneuse, dit M. des Aubry; ils sont creux et reçoivent de la glande au-dessus de laquelle ils se développent une liqueur brûlante qu'ils laissent dans la peau avec l'extrémité de leur pointe recourbée.

Les *crampons*, les *poils*, les *aiguillons*, les *glandes,* sont des organes *accessoires;* on peut concevoir une tige qui n'en serait pas pourvue. La tige qui ne présente aucun poil est dite *glabre;* on la dit *pubescente, laineuse, cotonneuse, velue, hérissée, hispide,* selon qu'elle est couverte de poils plus ou moins longs, plus ou moins raides. Elle peut être *ailée* comme celle de la con-

Fig. 76. — Vrilles de Gesse.

soude, *noueuse* comme celle de l'*œillet, striée* comme celle de l'oseille. La tige est *ronde* le plus souvent; mais elle peut être *comprimée, triangulaire, carrée* ou *tétragone, pentagone.*

M. des Aubry n'avait point encore visité les bois vers lesquels il se dirigeait, quoiqu'ils dépendissent du domaine de Roche-Maure. Il fut étonné, en arrivant près de la sapinière, de découvrir dans un endroit aussi isolé et aussi sauvage, un petit jardin bien soigné et une maison basse d'étage, mais parée de plantes

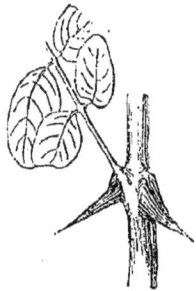

Fig. 77. — Épine-Vinette.

grimpantes et de corbeilles rustiques supendues et pleines de fleurs.

Au bruit de la voiture, un vieillard avait paru sur le seuil; il portait la blouse bleue du paysan, mais sa taille droite et ses mains

délicates annonçaient d'autres habitudes que celles du cultivateur.
Il salua M. des Aubry et leur offrit d'entrer.

Je vous remercie, dit M. des Aubry, j'attacherai mon cheval
sous votre hangar si vous le permettez, pendant que j'irai dans le
bois avec mes fils.

Je puis vous y guider, dit le vieillard; je suppose que vous êtes
le nouveau propriétaire de Roche-Maure, et je suis heureux de
l'occasion qui m'est donnée de vous offrir mes services. J'habite
près de la forêt depuis de longues années et j'en connais tous les
détours : c'est là que je vais choisir les racines, les tiges, les
écorces qui me sont nécessaires pour mon travail. Et il désigna
une collection de jardinières, de tabourets, de boîtes de différentes
formes qui étaient disposées sur des étagères.

M. des Aubry se mit à examiner ces divers objets et loua le
soin, le goût avec lesquels ils étaient travaillés.

Ils dénotent un sentiment artistique bien remarquable, dit-il;
vous pouvez, mes enfants, vous rendre compte des heureux effets
que l'on obtient par le mélange de différents bois, et des aspects
très variés d'un même bois, selon qu'il est scié en long, en large
ou en biais. Voyez quel bon parti on a su tirer des jolies veines de
l'érable, du frêne, du platane (fig. 82), du beau poli du bois de
l'if, du poirier.

André remarqua, au milieu de boîtes d'un travail délicat, de
petites bûches de merisier d'une extrême légèreté dont il ne comprenait pas l'usage.

Ce sont aussi des boîtes, lui dit l'ouvrier, mais des boîtes très
rustiques, tout en écorce, que j'ai obtenues en retirant le bois avec
précaution, comme d'un étui.

Comment cela vous a-t-il été possible, dit André ?

J'ai dû choisir le moment où la sève qui circule entre le bois
et l'écorce est encore bien liquide, reprit l'ouvrier. Ne vous est-il
pas arrivé souvent au printemps, lorsque vous vouliez casser une
branche, de sentir l'écorce se détacher et venir seule sous votre
effort, laissant à nu la branche humide et gluante ? Cette eau
gommeuse, c'est la sève élaborée qui nourrit les bourgeons; lors-

qu'elle s'est épaissie, qu'elle est devenue une gelée, une couche génératrice de nouveaux tissus, appelée *cambium*, on ne pourrait plus aussi facilement séparer le bois de l'écorce.

Ces boîtes d'écorce doivent avoir peu de solidité, dit Marcel ?

Plus que vous ne le supposez, répondit l'ouvrier; l'écorce, comme le bois, se compose de plusieurs couches s'emboîtant les unes dans les autres. Mais peut-être ne vous rendez-vous pas bien compte de l'organisation d'une tige et de la manière dont se forment le bois et l'écorce. Si cela vous intéresse, je mettrai sous vos yeux quelques tiges d'âge différent.

Toutes les tiges s'organisent d'abord de la même manière, qu'elles doivent rester herbacées ou devenir ligneuses. Au début de leur existence, elles ne sont qu'un amas de cellules où se forment peu à peu des fibres et des vaisseaux d'un blanc mat qui se groupent en faisceaux (fig. 83). Chez les plantes dicotylédonées, ces faisceaux se disposent régulièrement en cercle autour d'un centre qui reste celluleux et qu'on appelle *moelle centrale*. A mesure que la plante croît, les fibres et les vaisseaux se multiplient et se serrent, et ne sont bientôt plus séparés que par d'étroites bandes de moelle appelées *rayons médullaires*. Ils forment une zone *fibro-vasculaire* (fig. 84) au delà de laquelle existe une zone de cellules vertes appelée *moelle extérieure* ou *corticale*, qui est mise en communication avec la moelle centrale par les rayons médullaires. Elle est recouverte par une couche de cellules plus sèches, serrées et aplaties, qui constitue l'*épiderme*, parsemé de petits trous semblables à des boutonnières qu'on nomme *stomates* ou petites bouches (fig. 85) et tout garni de *poils;* l'épiderme et les poils sont revêtus d'une mince *cuticule* transparente.

Les tiges herbacées disparaissent à l'automne, avant d'avoir rien changé à cette constitution.

Les tiges qui doivent devenir ligneuses consolident leurs tissus dès la fin de la première année; l'année suivante elles forment une nouvelle couche de fibres et de vaisseaux, extérieure à la première, pour former leur bois, et chaque été elles recommencent de même. Ces couches annuelles du bois ayant, dans nos climats, un développement limité par l'hiver, sont assez distinctes les unes des autres pour qu'il soit facile de les compter : l'âge de l'arbre se lit sur son tronc coupé. Nous pouvons savoir combien de temps ont vécu toutes les bûches que nous brûlons (fig. 86). Si vous enfonciez une mince lame de métal jusqu'au bois d'un de ces jeunes arbres, vous la trouveriez dans dix ans séparée de l'écorce exactement par dix couches fibro-vasculaires qui se seraient formées par-dessus elle.

J'ai vu au muséum de Paris, dit M. des Aubry, un tronçon de hêtre qui porte la date 1750 inscrite sur la partie extérieure de son écorce et dans l'intérieur de son bois. Ces deux dates n'en faisaient qu'une lorsqu'elle fut gravée; elles sont séparées maintenant par 55 zones ligneuses, faciles à compter, et autant de couches d'écorce, qui indiquent que 55 ans se sont écoulés entre le moment où la date fut inscrite et celui où l'arbre fut abattu.

Fig. 78. — Épine de Prunellier.

Ainsi s'expliquent ces trouvailles, qui ont semblé miraculeuses aux ignorants, de médailles, d'os, de croix, dans le bois de vieux arbres qu'on abattait.

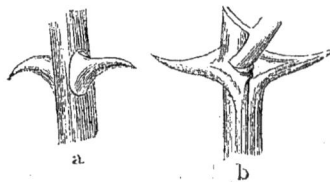

Fig. 79 et 80.
Aiguillons de Rosier et de Robinier.

Pendant que le bois forme ses zones l'écorce se développe, composée elle aussi de couches qui s'emboîtent les unes dans les autres, mais qui ne sont pas homogènes comme celles du bois ; elles s'augmentent intérieurement, tandis que le bois croît du centre à la circonférence, si bien que les couches d'écorce et de bois les plus jeunes sont aussi les plus voisines, n'étant séparées que par la zone essentiellement vivante de l'arbre, le *cambium*.

L'épiderme ne se développant pas ne peut pas longtemps
recouvrir une tige qui grossit ainsi intérieurement : il se fendille et
tombe. La couche corticale qui se trouve immé-
diatement après l'épiderme est formée de cellules
séches et brunâtres de la nature du liège, et on lui
donne le nom de *subéreuse*, suber voulant dire liège
en latin. Le suber est une enveloppe protectrice,
presque nulle sur le jeune mérisier, très épaisse chez
le chêne-liège et l'ormeau subéreux, que l'on peut
enlever sans nuire à l'arbre; il s'en dépouille quelquefois de lui-même, et peut en reformer d'autre.
La vigne, les bouleaux, les platanes laissent ainsi
tomber naturellement une partie de leur écorce.

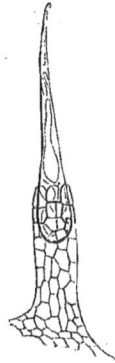

Fig. 81.
Poil d'Ortie.

Au-dessous du suber se trouve la zone cellulaire
verte appelée *moelle corticale* ou *écorce verte*, en communication avec la moelle centrale par les rayons
médullaires ; puis vient la couche *corticale fibreuse ou libérienne*,

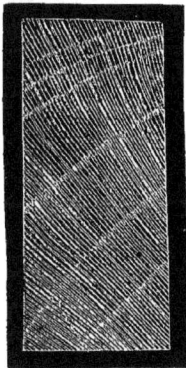

Fig. 82. — Bois de Platane.

qui chaque année s'augmente d'un nouveau
feuillet et n'est séparée du bois que par le
cambium, source de vie pour l'écorce comme
pour le bois.

Les anciens, dit M. des Aubry, se servaient pour écrire de ces feuillets d'écorce
qu'ils appelaient *liber*, d'où est venu le nom
conservé à nos livres, quoiqu'ils ne soient
plus faits de feuilles de liber, mais de feuilles
de papier. L'homme, dès qu'il a pensé et su
quelque chose, a éprouvé le besoin de com-
muniquer aux autres et de rendre durables sa
pensée et sa science. Aux premiers temps
historiques on grava sur la pierre, puis sur
des écorces préparées, sur des tablettes de bois enduites de cire ;
on put enfin écrire sur la moelle du *papyrus*, coupée en lames
minces et collée avec de la gélatine ; puis sur des peaux apprêtées
ou *parchemin* que l'on râclait lorsqu'il était couvert d'écriture pour

s'en servir encore, car il était rare. On est enfin arrivé après des
milliers d'années à faire du papier de soie, puis du papier de coton,
du papier de toile ; et le chiffon ne suffisant plus de nos jours pour
l'immense fabrication de papier qui est nécessaire à nos besoins,
on fait de la pâte à papier avec de la paille, avec les fibres de la
noix de coco et surtout avec celles d'une plante algérienne, *l'alfa*.
On en fait principalement avec le bois : des millions de tonnes de
sapin ou autres bois sont converties en papier chaque année.

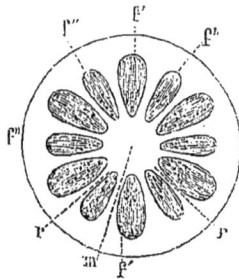

Fig. 83. — Coupe d'une jeune tige.

f. Faisceau fibro-vasculaire.
r. Rayon médullaire.
m. Moelle.

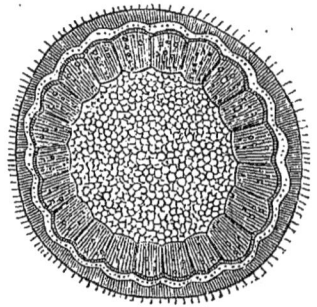

Fig. 84.
Coupe d'une tige d'un an.

Au Japon on fait un papier fort joli pour fleurs artificielles,
appelé *papier de riz*, avec la moelle d'une araliacée coupée en lames
très minces.

Les cellules sont composées d'une membrane de cellulose qui
peut rester simple, ou se doubler inégalement de membranes intérieures qui leur donnent des aspects très différents pouvant se
modifier : ces doublures forment des *spirales*, des *anneaux*, ou ne
laissent que des *points* transparents (fig. 87 et 88).

Les vaisseaux, qui proviennent de cellules ou de fibres aboutées,
sont aussi revêtus intérieurement de ces doublures qui forment de
véritables *sculptures*. Les parties de leur paroi qui restent transparentes, affectant la forme de raies, de points, d'anneaux, de spirales ;
ces vaisseaux sont dits *rayés, ponctués, annulaires, spiralés*, ou d'une

façon générale, *sculptés* (fig. 89 et 90). Ils sont spécialement destinés à la montée de la sève, ne renferment que de l'air et de l'eau, et constituent, avec les fibres, les faisceaux ligneux ou de sève ascendante (fig. 91).

On donne le nom de vaisseaux *criblés* ou simplement de *tubes* aux vaisseaux de cellulose pure qui ne se sculptent pas, servent à la descente de la sève et constituent les faisceaux libériens ; ils tirent leur nom des cloisons obliques, percées de trous comme des cribles, qui s'interposent de distance en distance à leur intérieur.

On appelle encore les vaisseaux sculptés *fausses-trachées*, par opposition avec les *vaisseaux-trachées* (fig. 92) qui sont formés d'une membrane doublée

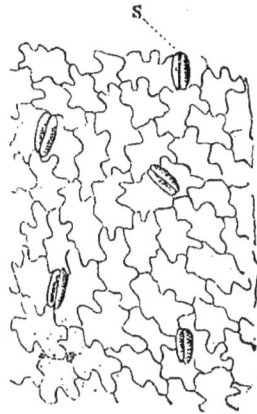

Fig. 85. — Stomates.

d'un fil plein, serré en spirale que l'on peut dérouler. Les *trachées* n'existent dans le bois qu'autour de la moelle, dans la partie intérieure de la première zone fibro-vasculaire, appelée *étui médullaire*. Ce sont les premiers vaisseaux qui apparaissent lorsque la plante forme ses tissus ; ils existent dans les feuilles, dans les fleurs.

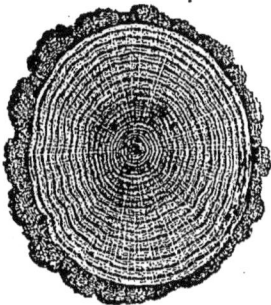

Fig. 86.
Coupe d'un Chêne de 25 ans.

Les longs tubes des vaisseaux, et les fibres moins longues mais plus épaisses, se groupent en faisceaux, soudés les uns aux autres seulement par de la moelle ; aussi peuvent-ils se disjoindre assez facilement dans le sens de la longueur. Il est plus difficile de les rompre ; il faut la hache ou la scie pour partager un tronc d'arbre en plusieurs billes ; pour partager la bille en long, il suffit d'y faire entrer des coins qui la font éclater. Lorsque l'on fait séjourner dans l'eau du chanvre, de l'ortie, de la ramie, le parenchyme qui reliait les fibres se corrompt et la tige perd sa forme, mais les longues fibres ne s'altèrent point.

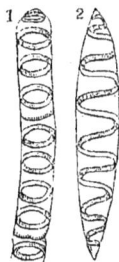

Fig. 87 et 88.
Cellules avec Anneaux et Spirales.

Quoique l'arbre produise tous les ans une couche de ligneux à peu près identique, il se modifie pourtant avec l'âge. A mesure que le volume de la tige augmente, la moelle, qui ne croît pas, se trouve proportionnellement plus petite ; elle est à peine visible dans les vieux troncs. Puis les fibres et les vaisseaux se multiplient, se serrent, et les rayons médullaires diminuent d'épaisseur. Les *fibres*, qui d'abord servaient à la circulation de la sève ascendante, s'encroûtent de *ligneux*, substance dure, colorée, de même nature que la cellulose, qui constitue le bois, et de diverses autres matières solides et colorantes retenues à la sève. Les *vaisseaux* seuls, qui ne contiennent jamais que des gaz et de l'eau, ne s'encroûtent point et restent libres. Tant que les couches de fibres servent à la circulation de la sève, le bois qu'elles constituent est imparfait; on lui donne le nom d'*aubier* ou de *bois blanc ;* étant encore tout imprégné de liquides, il s'altère et se gondole facilement; aussi ne peut-il servir à aucun travail solide ou délicat. Lorsqu'après un nombre plus ou moins long d'années, selon l'espèce de l'arbre, les fibres se sont complètement oblitérées, elles constituent un *bois parfait,* au grain dur, solide, plus coloré que l'aubier, que l'ouvrier peut employer avec sécurité. S'il lui a fallu des siècles pour se former dans une grande épaisseur, les meubles qu'il servira à fabriquer dureront des siècles à leur

Fig. 89.
Vaisseau rayé.

Fig. 90.
Vaisseau ponctué.

tour. Ce *bois parfait* ou *cœur du bois* ou *duramen* est impropre à la

vie, la circulation de la sève ne s'y fait plus ; mais il constitue
une bonne charpente à l'arbre, exposé à bien des assauts, et l'aide
à tenir tête à l'orage.

Mais je réponds à vos questions par de trop longues explications peut-être, continua le vieillard ; le plaisir que j'éprouve à
causer avec des jeunes gens qui cherchent à
s'instruire m'entraîne trop loin.

Je vous ai écouté avec intérêt, répondit
M. des Aubry, et j'ajouterai, avec étonnement. Il serait bien à souhaiter que tous
les ouvriers eussent comme vous l'intelligence et l'amour de leur état : les profes-
sions les plus humbles sont ennoblies par la
science. Vous n'avez pas toujours habité
cette solitude ?

Non, monsieur, répondit l'ouvrier; la
mort de ceux que j'aimais et la perte du
peu de fortune que je possédais m'ont fait
chercher cette retraite. J'y vis de mon travail sans ennui, épris de ces bois sauvages
qui m'entourent, et où je ne cesse d'ob-
server et d'apprendre encore malgré mon
grand âge.

Au revoir, dit M. des Aubry ; je suis
sûr que mes fils auront du plaisir à revenir
vers vous, et que ma femme et mes filles
voudront visiter votre curieuse collection
d'objets rustiques.

Fig. 91.
Tissu fibreux-
ligneux.

Fig. 92.
Vaisseau-
trachée.

Après avoir pris congé de l'ouvrier, M. des Aubry se dirigea
du côté de la *sapinière*. A ce moment de l'année les pins laissent
tomber le pollen jaune de leurs innombrables étamines, comme
une poussière dorée. Au pied de *pins maritimes* et de *pins sylves-
tres*, qui donnent une *résine* abondante, étaient placés des vases en
bois ou en terre cuite, dans lesquels s'était amassée une substance
pâteuse et blanchâtre, assez semblable au miel. André y porta la

main avec sa vivacité ordinaire, et la pâte molle s'attacha à ses doigts.

Qu'est-ce donc que cette espèce de glu ? demanda-t-il à son père, en essayant de s'en débarrasser.

Ces matières résineuses sont particulières aux arbres verts, dit M. des Aubry ; elles s'écoulent par les entailles pratiquées dans leur écorce. On leur donne le nom générique de *térébenthine,* et par la distillation on en extrait l'*essence* de térébenthine, employée dans la peinture ; la *résine,* qui sert à l'éclairage du pauvre ; le *goudron,* la *poix,* etc. Recueillir et distiller les térébenthines est une industrie considérable dans quelques-uns de nos départements baignés par la Méditerranée et par l'Océan, où de vastes *landes* sont maintenant couvertes de plantations de pins.

Mais ces arbres blessés, dont la sève s'échappe, vont mourir ? dit Marcel.

Ce n'est pas leur sève génératrice qui s'écoule, répondit M. des Aubry, mais une sorte de réserve formée avec la sève élaborée et dont on peut les priver lorsqu'ils sont arrivés à un certain âge, sans que leur vie ni même leur croissance en souffre, quoiqu'elle puisse servir à la nutrition de la plante. On renouvelle la saignée tous les ans au printemps et on laisse les sucs résineux, alors liquides, couler tant qu'ils le veulent ; les pins savent bien en fabriquer d'autres.

Les *sucs propres,* qui ont, selon les végétaux, des qualités et des aspects fort divers, sont désignés sous le nom général de *latex.* Ils sont contenus dans des vaisseaux d'une structure et d'une origine toutes différentes de celles des vaisseaux du bois que vous avez examiné tout à l'heure. Les *vaisseaux propres* ou *laticifères,* (fig. 93) où le *latex* se fabrique et s'amasse, ne proviennent pas des cellules aboutées, mais de *lacunes* qui subsistent entre les cellules. Ces *méats intercellulaires,* communiquant entre eux, forment des canaux qui se ramifient et qui, dans les racines, dans l'écorce du bois, dans les feuilles, dessinent un vaste réseau. Ces vaisseaux (fig. 94), placés dans le bois à l'extérieur des fibres corticales, n'ont pas d'abord de paroi propre ; mais les sucs qui y circulent finissent par se solidifier et par leur créer une enveloppe. Quelques-uns de ces sucs sont incolores; d'autres laiteux, ou colorés ; celui du pavot, du figuier, du réveil-matin, du laitron, est *blanc ;* celui de la chélidoine est *orangé,* etc. La plupart de ces *latex* ont des propriétés particulières fort précieuses pour nous. C'est le *suc* laiteux et visqueux de certains *figuiers* et de certaines *euphorbes* qui, en se desséchant, donne le *caoutchouc,* matière élastique fort utile, que l'on sait de nos jours employer à toute sorte d'usages ; le voyageur La Condamine nous le fit connaître en 1751. Le lait du *pavot,* de la *laitue,* de la *chicorée,* renferme un principe calmant et amer dont la médecine tire parti. Le suc de certains *palmiers* est rafraîchissant et sucré, d'autres fois laiteux ; celui de l'*érable* contient du sucre en assez grande quantité pour que dans l'Amérique du Nord on le puisse extraire avec profit. Un des arbres les plus curieux des régions chaudes, l'*arbre à la vache,* laisse couler abondamment, par les incisions qu'on lui fait, un *lait blanc* qui a la couleur, le goût, les qualités nourrissantes du lait animal : c'est une véritable vache végétale qui se nourrit toute seule sans qu'on ait besoin de renouveler son foin ni sa litière.

La *gomme* qui s'amasse sur l'écorce des amandiers, des abricotiers, des pruniers, etc., provient-elle également d'un suc propre ? demanda Marcel.

La gomme est une excrétion, une altération des tissus du végétal.

On donne le nom général de *sécrétions* aux matières spéciales fabriquées et émises par la plante en des points déterminés, comme les liquides particuliers des poils de la racine ou de la tige, la *cire* qui protège les bourgeons, la poussière résineuse ou *fleur* qui couvre les prunes, la liqueur qui s'échappe des stigmates, etc. On donne le nom particulier d'*excrétions* aux rares substances absolument impropres à la vie de la plante, à celles qui ne peuvent ni la nourrir ni la protéger.

M. des Aubry prit la cognée et abattit deux jeunes pins ; il fit remarquer à ses fils la constitution toute particulière du *bois* des

arbres résineux. Il est tendre, dépourvu de vaisseaux, et entièrement formé de *fibres* marquées de grands *pores* régulièrement disposés.

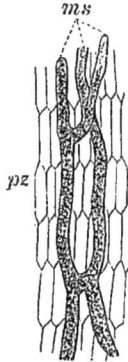

Fig. 93.
Vaisseaux latici-
fères.

Lorsque la provision de tiges et de branchages
fut faite, on se mit en quête de mousse bien verte.
Les recherches des enfants les conduisirent près
d'un terrain marécageux bordé de vieux *saules*
(fig. 95) à moitié renversés. Il y en avait un dont
l'énorme tronc, creux et ouvert d'un côté, inspira
à André l'idée d'une espièglerie. Il s'y blottit pendant que son frère était baissé pour cueillir de la
mousse; et lorsque Marcel, relevant la tête et ne
l'apercevant plus, se mit à l'appeler, il se garda bien
de répondre. La voix de Marcel, d'abord joyeuse,
devint inquiète et ses appels plus pressants; la disparition de son frère lui semblait inexplicable.

M. des Aubry accourut en entendant cette voix éplo-
rée; Bas-Rouge, qui le suivait, n'eut pas un moment d'hésitation; comme un bon chien, que
son nez et son instinct ne trom-
pent jamais, il se dirigea vers le
saule creux en agitant sa queue.

Tu me trahis, vilain monstre,
lui dit André, sortant de sa ca-
chette et lui passant les deux bras
autour du cou.

Et toi, tu t'amuses à m'inquiéter, dit Marcel.

Ne te fâche pas, dit André,
courant à lui et l'embrassant; que
pouvais-tu craindre, franchement? que l'arbre ne m'eût mangé ou que je ne me fusse envolé?

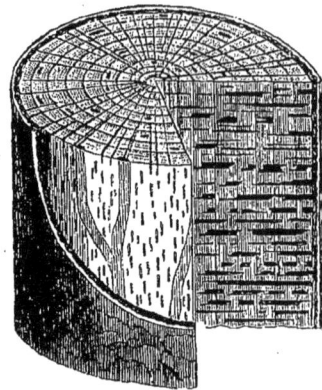

Fig. 94. — Tige dont l'Écorce enlevée
laisse voir les Vaisseaux laticifères.

Il pourrait y avoir des fondrières dans ce terrain marécageux,
dit Marcel. Père, ce *vieux saule* ne semble-t-il pas contredire

que l'ouvrier nous a expliqué relativement à la dureté et à la solidité du *cœur des arbres* ? Les couches les plus intérieures du tronc
ont disparu ; celles qui restent sont tendres et comme pourries,
elles tombent en miettes.

Tous les arbres ne forment pas du *bois parfait*, répondit M. des
Aubry ; le *tilleul*, le *peuplier*, le *saule* surtout, n'arrivent jamais à

Fig. 95. — Vieux Saules.

produire que du bois *blanc* imparfait, qui s'altère facilement lorsque arrive la vieillesse. Ils n'en continuent pas moins à pousser
des branches et des feuilles vertes, car la vie ne réside pas au
cœur de l'arbre, mais entre le bois et l'écorce, là où pousse le
cambium.

M. des Aubry et ses fils portèrent leur récolte de mousse et de
branchages jusqu'à la carriole, et après avoir remercié l'ouvrier,
ils reprirent le chemin de Roche-Maure.

6

Le lendemain matin ils réunirent tous leurs matériaux dans le jardin des enfants, avec quelques brassées de paille de seigle ferme et longue.

A l'ouvrage maintenant! dit M. des Aubry en ôtant son habit.

Il coupa les pins à la longueur voulue, les fendit et les disposa en forme d'X au-dessus du petit mur de pierres; en travers, il plaça quelques branches plus minces et remplit les intervalles de mousse et de mortier, sur lequel les enfants incrustèrent de jolis petits cailloux de toutes les couleurs.

Apportez-moi une échelle; je vais m'occuper de la toiture, vous me tendrez les lattes à mesure que j'en aurai besoin, dit alors M. des Aubry à ses fils.

Fig. 96. — Orpins.

Il disposa le toit en pente, et au-dessus il plaça la paille par étages, en commençant par le bas, de façon à ce que le pied de chaque rangée fût recouvert par la rangée supérieure, et sur la dernière il mit de la terre glaise recouverte de tuiles courbes.

Sur cette épaisse couche de paille, dit-il, nous pouvons mettre avec leurs mottes quelques plantes vivaces qui n'ont pas besoin d'un sol profond, des *violettes*, des *joubarbes*, des *orpins* (fig. 96), des *iris*; ce sera d'un très joli effet. Au pied de chaque montant, vous planterez du lierre qui aura bien vite couvert vos cloisons de ses gracieuses guirlandes.

Marcel et André remercièrent leur père avec effusion, assurant que leur cabane faisait l'ornement de leur jardin; puis ils apportèrent leur lapin qu'ils posèrent doucement sur la bonne litière de

paille étendue au fond de la cabane. Par les jours laissés entre les
branchages on pouvait lui jeter de l'herbe et suivre tous ses mouvements sans l'effaroucher. Il paraissait heureux, et, tout en dressant les oreilles avec inquiétude, il faisait honneur au repas qu'on
lui avait préparé.

CHAPITRE V. — RAYONS DE SOLEIL.

Tout ce que l'air touchait s'éveillait pour verdir,
La feuille du matin sous l'œil semblait grandir.

LAMARTINE.

L E printemps avait achevé de couvrir la terre de sa plus fraîche parure ; mai resplendissait de fleurs et de rayons. Les bois et les prairies, les coteaux et les vallons, revêtus de cette verdure éclatante qui parle de jeunesse et d'espérance, semblaient heureux de vivre et de respirer.

M. des Aubry et ses fils se promenaient un matin en aspirant avec délices l'air sain et printanier, et les bonnes senteurs qui sortent des champs cultivés. Des gouttes d'eau d'une pureté idéale, émises par chaque brin d'herbe, décomposaient admirablement la lumière du soleil et donnaient au paysage un brillant aspect. Des nuages roses et légers ondulaient au-dessus de la rivière.

Quelle harmonie douce aux regards et à la pensée règne dans cette splendide nature qu'il nous est permis d'admirer! dit M. des Aubry. Tout se prête un mutuel appui. Du sein des mers et des fleuves s'élèvent des vapeurs qui s'amassent en nuages; ces nuages se résolvent en pluie fécondante qui rafraîchit la terre et nourrit la plante; elle, à son tour, assainit l'air que nous respirons et prépare la nourriture dont nous avons besoin.

Fig. 100
Feuille de Houx.

Comment la plante peut-elle assainir l'air? demanda Marcel.

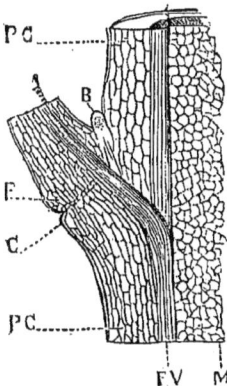

L'air est composé de plusieurs gaz, reprit M. des Aubry : de gaz azote, de gaz oxygène ou gaz vital, nécessaire à notre vie, que nous absorbons par la respiration, et d'une petite quantité de gaz acide carbonique qui nous est contraire et que nous rejetons. Ce gaz *acide carbonique* est produit incessamment par une foule de causes : éruptions volcaniques; combustion de la houille et du bois; respiration des animaux, véritable combustion; émanations de la terre et des végétaux en putréfaction, etc., etc. Il serait bien vite en trop grande quantité dans l'atmosphère, si la plante n'avait pas la faculté de le décomposer à la lumière du soleil, d'en retenir le *carbone* pour en fabriquer une foule de substances, et d'en rejeter l'*oxygène*. L'air se trouve ainsi maintenu dans les proportions qui le rendent sain à l'homme.

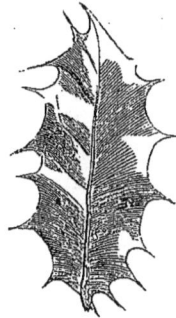

Fig. 101
Feuille sortant de la Branche.
M. moelle.
F. V. fibres et vaisseaux.
P. C. parenchyme cortical.
C. coussinet. — F. feuille.
B. bourgeon.

Aussi les lieux cultivés et plantés sont-ils plus salubres que les parties de la terre nues et arides.

Cette propriété des plantes leur vient d'une matière résineuse nommée *chlorophylle* ou *chromule*, qui ne peut s'organiser que sous l'influence de la lumière du soleil et qui teint en vert les tiges, les feuilles et les jeunes fruits. Les graines en germination, les bourgeons, les fleurs, ne la possédant pas, ne peuvent décomposer l'acide carbonique. Mais à mesure que la plante grandit, le protoplasma des cellules donne naissance à la *cellulose,* à la *fécule,* à l'*aleurone,* corps gras, et à la *chlorophylle;* et dès que la plante est pourvue de chlorophylle, elle peut retenir le carbone, se l'assimiler aussi bien que l'hydrogène et l'oxygène, et former des produits ternaires.

Ainsi, sans chlorophylle, pas de vie puissante pour les végétaux; et sans soleil, pas de chlorophylle. La plante sans soleil ressemble à un pauvre qui languit l'hiver sans feu et sans pain dans sa chambre humide. Voyez-vous, sous ce banc brisé que je soulève, une herbe molle et décolorée? Elle a poussé sans air et sans lumière, sans pouvoir former de chlorophylle; elle ne se redressera, ne verdira, ne sera heureuse que lorsqu'elle aura reçu les bons rayons du soleil régénérateur. Aussi, comme toutes les plantes tendent vers lui! Les plantes grimpantes s'aident d'une tige volubile, ou de vrilles, ou de crampons pour se hausser et mieux recevoir ses rayons; les feuilles se disposent de différentes façons pour ne pas se le cacher les unes aux autres. Les plantes renfermées dans une chambre dirigent leurs tiges, leurs feuilles et leurs fleurs vers la fenêtre, du côté d'où vient la lumière.

La plante est vraiment la fille de l'air et du soleil; dans l'air elle puise la matière; le soleil est la force qui la met en mouvement.

Ce beau soleil est donc bien l'âme de la nature, mes chers fils; notre globe n'est animé que par lui. Toutes les sources de chaleur et de mouvement de la terre dérivent du soleil : c'est lui qui produit les vents en échauffant plus que d'autres certaines parties de l'air qui tendent alors à se déplacer; c'est lui qui pompe l'eau des mers et des forêts et l'amasse en nuages sur la montagne, d'où elle retombe en neige qui se glace, et des glaciers s'écoule en fleuves qui distribuent partout la vie et le mouvement; c'est lui qui rend la vie au germe endormi d'où sortent l'arbre et la fleur, et qui forme dans la plante les aliments qui nous nourrissent; c'est lui qui nous échauffe et nous éclaire, et qui, chaque année, ramène le printemps.

Les enfants écoutaient leur père avec l'intérêt qu'inspire toute vérité qui se dévoile. Ils étaient arrivés dans le voisinage de la forêt où les grands chênes achevaient de déplier leur feuillage et où les derniers bourgeons se hâtaient d'éclore sous les chauds rayons du soleil de mai. Dans l'ombre des sapins, des nerpruns, des viornes et des coudriers, les rameaux d'or des genêts semblaient mettre des rayons. La lumière se jouait à travers les branches des arbres et faisait briller les *feuilles argentées* des trembles, les *feuilles légères* des bouleaux, les *feuilles luisantes* des houx et des lierres, et les *feuilles étroites* des conifères.

Quelle variété dans la *forme* et la *couleur* de tous ces feuillages! observa Marcel.

Tu peux ajouter : et dans leur *consistance*, dit M. des Aubry; la feuille *coriace* du houx (fig. 100) n'est pas la même au toucher que la feuille douce et *veloutée* du coucou, ni que la feuille *rugueuse* de la bourrache. Et pourtant elles ont entre elles un rapport qui fait que tu n'hésites pas à dire que ce sont des feuilles.

Elles sont toutes *vertes*, quoique de verts différents, dit Marcel.

Oui, en général, dit M. des Aubry; pourtant tu as vu des plantes à feuilles *pourpres* ou *blanches*, qu'on cultive beaucoup maintenant à cause du bel effet qu'elles produisent dans les massifs, et tu as su reconnaître malgré cela que c'étaient des feuilles.

A cause de leur position sur la tige, reprit Marcel.

Oui, lui dit son père, et aussi à cause d'une certaine constitution qui leur est propre et qui n'est ni celle des racines ni celle des tiges, ni celle des fleurs. Il y a *trois* parties distinctes dans une feuille : la *charpente*, formée d'un réseau de fibres et de vaisseaux qui sont comme le prolongement de la branche (fig. 101); le *parenchyme*,

qui les unit les uns aux autres et constitue le *limbe* ou partie mince
et aplatie de la feuille, et l'*épiderme*. Je vous ai fait examiner quelquefois, à la fin de l'automne, des feuilles mortes de poirier,
d'orme ou de tilleul ressemblant à une *toile d'araignée*, ou au *réseau*
d'une dentelle. C'est qu'elles avaient perdu leur *parenchyme*, leur
partie tendre et verte, et n'avaient conservé que leur charpente de
nervures ramifiées.

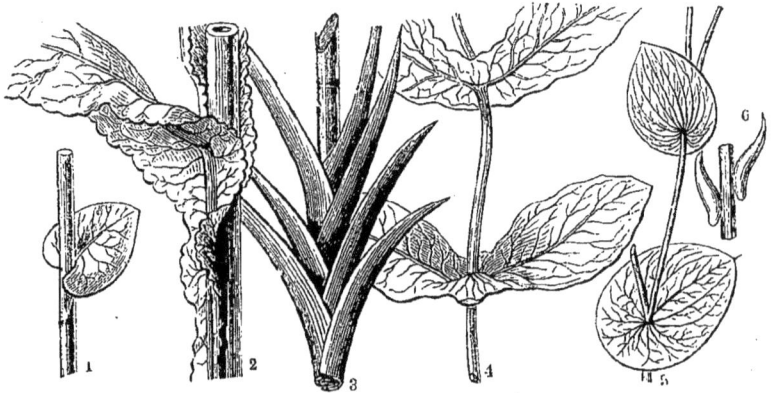

Fig. 102, 103, 104, 105, 106 et 107

1. Feuille embrassante.
2. Feuilles décurrentes.
3. Feuilles engaînantes.

4. Feuilles connées.
5. Feuilles perfoliées.
6. Feuilles subulées.

Le réseau de fibres et de vaisseaux où circule la sève s'étale
quelquefois dès la sortie de la branche ; la feuille sans queue est
alors dite *sessile,* et *embrassante* (fig. 102) si elle entoure la tige ;
décurrente (fig. 103), si le limbe se continue sur la tige ; *engaînante*
(fig. 104), si l'une recouvre l'autre ; *connée* (fig. 105), si l'une se
soude à l'autre ; *perfoliée* (fig. 106), si le limbe est traversé par la
tige, et *subulée* (fig. 107), si le limbe est cylindrique. Mais le plus
souvent les fibres et les vaisseaux, resserrés en faisceau, forment,
avant de se dilater, une queue ou *pétiole* qui se ramifie au milieu du
limbe. Cette *ramification* des nervures de la feuille, ou *nervation,*

peut varier de trois manières. Le chêne, l'ormeau, le lilas, le cerisier, ont une *nervation pennée;* c'est-à-dire une nervure centrale qui se ramifie à droite et à gauche, disposant ses nervures secondaires comme les barbes d'une plume d'oiseau. La *nervation* des feuilles de vignes, de platane, de marronnier d'Inde, de ricin, est dite *palmée* ou *digitée;* le pétiole se ramifie en nervures d'égale importance, qui se disposent comme les doigts de la main. Le pétiole des feuilles de capucines se ramifie circulairement, en parasol, de

façon à soutenir la feuille non par une de ses extrémités, mais par dessous, à son milieu; cette *nervation* est dite *peltée* (fig. 108), du nom d'un petit bouclier romain que les anciens tenaient ainsi par dessous; quelquefois le pétiole se dilatant prend la place du limbe qui avorte; on lui donne alors le nom de *phyllode.*

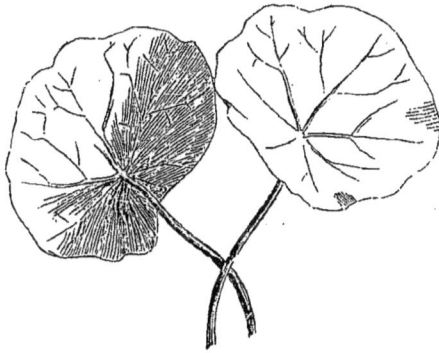

Fig. 108. — Feuilles peltées de Capucine.

Le rôle de la mince pellicule ou *épiderme* qui recouvre la feuille est de la préserver du contact trop brusque de l'air qui dessécherait les cellules; il faut pourtant qu'il leur arrive, puisque c'est lui qui doit vivifier la sève et lui donner les qualités nutritives qu'elle n'avait pas en montant. Aussi cet épiderme est-il percé de *stomates* dont l'ouverture ou *ostiole* communique avec les canaux aérifères formés entre les cellules, et permet à un courant de s'établir entre cette atmosphère intérieure de la plante et l'atmosphère extérieure. La partie la plus aqueuse de la sève s'évapore par les stomates, et cette *évaporation* ou *transpiration indirecte* est très considérable le jour, sous l'influence du soleil; la nuit, elle s'arrête, mais les racines ne cessant point de pomper l'eau du sol, les feuilles en émettent encore par une *transpiration directe* qui se fait par des stomates plus grands et moins nombreux que les stomates aérifères, et le courant d'eau se continue. Cette transpiration directe peut se comparer à la transpiration cutanée des animaux ; elle est très abondante sur les graminées, le chou, la capucine, le pavot, le ricin, les fougères, et couvre la plante de gouttelettes encore plus pures et plus transparentes que celles de la rosée. Certaines plantes qui transpirent peu, au contraire, font des réserves d'eau considérables : ainsi de gros cactus deviennent de véritables fontaines végétales, et certaines lianes, lorsqu'on les coupe à leurs deux extrémités, laissent couler assez d'eau pour désaltérer le chasseur fatigué.

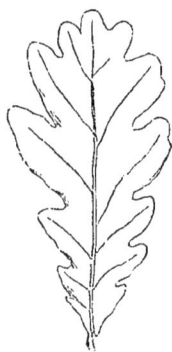

Fig. 109.
Feuille sinuée du Chêne.

Le nombre des stomates varie beaucoup selon les plantes et selon la *face* des feuilles. La face supérieure du limbe, tournée vers le ciel comme avide de lumière, a peu ou point de stomates ; la face inférieure, toujours dirigée vers la terre, en est mieux pourvue ainsi que de poils de nature et de nuances très diverses qui semblent destinés plutôt à modérer l'évaporation qu'à tenir chaud à la plante, car ils abondent surtout sur les plantes croissant sans abri, sous l'ardent soleil du midi. Les feuilles de chêne et de tilleul n'ont pas de stomates sur leur face supérieure ; celles de l'iris en ont des deux côtés, et l'on peut en obtenir la photographie en faisant passer par une des faces des vapeurs mercurielles qui marquent des points noirs sur un papier sensibilisé appliqué sur l'autre face. Par suite de la transpiration on peut encore se rendre compte de la fréquence et de la grandeur des stomates d'une feuille

Fig. 110.
Feuille sagittée
du Liseron.

qui n'en possède que sur une de ses faces ; en la posant sur un papier préparé avec du protochlorure de fer, il se produit des points

noirs là où les petits pertuis ont laissé sortir la vapeur d'eau.

Selon la longueur, l'épaisseur, la qualité des poils qui les couvrent, les feuilles sont dites *pubescentes, hispides, velues, veloutées, laineuses, soyeuses, feutrées,* etc.

Mais toutes les feuilles ne sont pas *poilues;* il y en a qui sont *glabres,* c'est-à-dire complétement dépourvues de poils, comme les feuilles du lilas, du houx, du laurier; ces deux dernières, qui semblent couvertes comme d'un vernis, sont dites *luisantes.*

Il ne ferait pas bon de se frotter aux feuilles du *houx,* dit André.

Non, dit M. des Aubry; elles ont, comme les *chardons,* durci l'extrémité de leurs nervures saillantes de manière à s'en faire des armes défensives; elles sont *épineuses.*

Le bord du limbe des feuilles est quelquefois tout uni; on les dit alors *entières;* telles sont les feuilles de lilas, d'olivier, de laurier. Mais souvent ce bord est découpé plus ou moins profondément et offre des *sinuosités,* des *dents,* des formes particulières. Ainsi, la feuille de l'ormeau est *dentée,* celle du chêne est *sinuée* (fig. 109), celle de la violette est *crénelée,* celle du liseron, *découpée* en forme de fer de flèche, est dite *sagittée* (fig. 110); celle de l'oseille

Fig. 111.
Feuille pennifide
du Pissenlit.

découpée en forme de fer de pique est dite *hastée,* etc., etc. Lorsque les *découpures* sont plus accentuées, les feuilles reçoivent des noms particuliers selon le plus ou moins de profondeur des divisions; les termes *pennifide* (fig. 111), *pennipartite* (fig. 112), *penniséquée* (fig. 113), indiquent la gradation pour les feuilles à nervation *pennée;* de même que les termes *palmifide* (fig. 114), *palmipartite* (fig. 115), *palmiséquée* (fig. 116), l'indiquent pour les feuilles à nervation *palmée.* On donne le nom de *lobes* aux découpures arrondies.

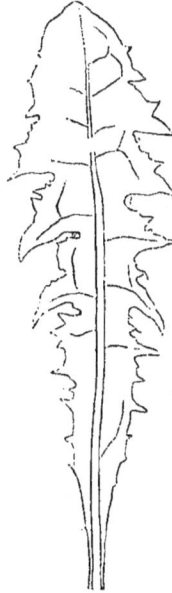

Si profondes que soient les découpures, la feuille est dite *simple*
tant que le parenchyme qui entoure les nervures secondaires se
relie par quelques cellules à la nervure principale. Ainsi, la feuille
de l'aconit est *simple* et *palmipartite;* la belle feuille du ricin est
palmifide; celle du fraisier est une feuille *simple palmiséquée.* Mais
lorsqu'il n'existe plus de parenchyme reliant entre elles les différentes parties de la feuille, les nervures
secondaires forment des *folioles* séparées,
assez indépendantes les unes des autres
pour pouvoir se désarticuler du pétiole
à des moments différents, et la feuille
est alors *composée.* Telles sont les feuilles
digitées (fig. 117) du marronnier, les
feuilles *pennées* (fig. 118) du noyer, du
frêne, de l'acacia, de sainfoin. Il arrive
que les folioles des feuilles composées
se subdivisent à leur tour et forment des
feuilles *doublement composées* (fig. 119)
comme celles du mimosa, ou *laciniées*
comme celles de la carotte et du fenouil,
qui se subdivisent indéfiniment en fines
lanières.

Fig. 112. — Feuille pennipartite
du Coquelicot.

M. des Aubry finissait de parler lorsque Jacques, la faux sur l'épaule, passa
près de lui et de ses enfants, et s'arrêta
pour les saluer.

Un beau temps, dit-il; il a fait froid cette nuit et je craignais
que la lune rousse ne fît des siennes; Dieu merci, ça n'a pas été
de la gelée blanche.

Pas de cette fois, dit M. des Aubry; mais qui sait si ça ne sera
pas pour la nuit prochaine ? Avez-vous disposé en petits tas, dans
vos vignes, les herbes arrachées, afin d'y mettre le feu si le vent
tourne au nord-est et que la fin de la nuit soit froide et sereine ?

Baste ! dit Jacques; je l'ai fait pour vous obéir ; mais c'est pas
ça qui échauffera l'air.

Non, sûrement, dit M. des Aubry; mais il suffit que la sérénité de la nuit soit troublée par des nuages ou de la fumée pour que la gelée blanche n'exerce pas ses ravages.

Quel rapport la lune peut-elle avoir avec la gelée? demanda Marcel.

Aucun, répondit M. des Aubry; la gelée blanche provient du rayonnement nocturne des corps célestes qui, dégageant leur chaleur dans l'espace sans recevoir de compensation, se refroidissent ainsi que la couche d'air qui les entoure où les vapeurs amassées se condensent. Les gouttelettes d'eau ainsi formées se déposent sur les plantes et forment la *rosée,* qui devient de la *gelée blanche* si un certain degré de froid est dépassé. Les nuages naturels de vapeurs,

Fig. 113.
Feuille penniséquée
du Cresson d'eau.

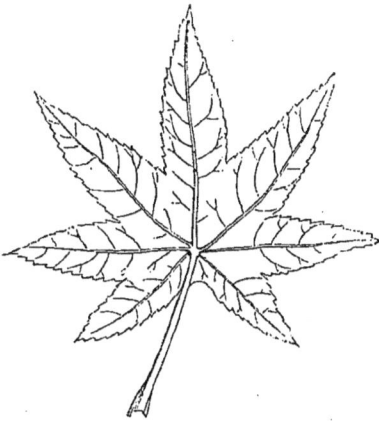

ou même les nuages artificiels de fumée, ralentissent le rayonnement nocturne et par suite le refroidissement; mais par un ciel serein qui fait paraître la lune brillante, rayonnement et refroidissement étant considérables, la gelée peut être assez forte pour causer de grands dégâts que les ignorants attribuent à la lune, pourtant fort innocente. Le nom de *lune rousse* est donné à la lune d'avril, alors que les bourgeons encore tout jeunes ont le plus à souffrir de la gelée qui les *roussit.*

Fig. 114. — Feuille palmifide
du Ricin.

Où donc allez-vous, Jacques? lui demanda André.

Je vais faucher ma luzerne, répondit Jacques; il commence à
être temps.

Les enfants et M. des Aubry suivirent Jacques, et prirent plaisir
à le voir aiguiser sa faux et, d'une main assurée, la diriger dans
l'herbe épaisse qui tombait en formant des rangées circulaires.

L'herbe tombe comme de peur, presque sans qu'on y touche,
dit André; il me semble que je saurais faucher.

Oh! que non, dit M. des Aubry; le fauchage est un travail rude
et fatigant. Aussi l'industrie s'est-elle occupée de créer des
machines qui le rendent à la fois plus rapide et moins pénible.
Depuis quelques années on se sert de faucheuses mécaniques, mises
en mouvement par des animaux ou par la vapeur.

Pauvres fleurs ! dit Marcel; comme les voilà tristement couchées par terre. Et leurs sœurs voient le sort qui les attend
et ne peuvent s'enfuir!

Heureusement pour nos bestiaux, qui seront bien contents de
manger le bon foin qu'elles préparent, dit M. Aubry. Il ne faut
pas souhaiter d'ailes à la plante; c'est son immobilité qui rend
possibles notre mouvement et celui des animaux. Si elle consom-
mait pour elle-même les provisions qu'elle amasse, comment
ferions-nous pour nous nourrir ?

Pourquoi consommeraient-elles plus si elles avaient le mouvement ? demanda Marcel.

La chaleur qui produit le mouvement et nous permet d'agir
est entretenue en nous par la combustion intérieure des aliments
que nous absorbons. Si les plantes dépensaient au profit de leur
propre mouvement les substances qu'elles élaborent, elles n'auraient plus rien à nous offrir pour entretenir le nôtre.

Père, dit André, qu'est-ce donc que ces petites feuilles étroites
et pâles, d'une forme toute particulière, qui se trouvent au bas des
feuilles à trois folioles de la luzerne?

Ce sont des organes accessoires appelés *stipules*, qui existent à
la base de bien d'autres feuilles, répondit M. des Aubry. Ces
stipules sont formés par la dilatation du pétiole qui se resserre de
nouveau au-dessus d'elles, de façon à les séparer de la véritable

feuille. Elles sont souvent *foliacées*, comme dans la luzerne ou le rosier (fig. 120), c'est-à-dire de la nature de la feuille ; d'autres fois elles sont sèches, *membraneuses*, ou même *épineuses ;* les deux épines qui accompagnent la feuille de l'acacia sont des stipules durcies (fig. 121).

Dans le blé, le pétiole de la feuille se dilate dès son apparition et d'une manière uniforme, de façon à former une *gaîne* autour de la tige ; ce n'est qu'au-dessus de cette gaîne que le véritable limbe s'éloigne de la tige pour prendre la *position horizontale,* position or-

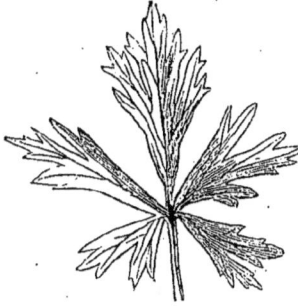

Fig. 115. — Feuille palmipartite de l'Aconit.

dinaire des feuilles ; les feuilles ainsi organisées sont dites *engaînantes.*

Jacques avait déjà fauché un coin de son champ et se reposait, appuyé sur sa faux.

Peut-être bien, dit-il aux enfants, que vous n'avez jamais vu faner non plus ; on ne voit rien dans les villes. Il faudra que vous apportiez des fourches pour éparpiller notre luzerne et la retourner afin qu'elle sèche, et après cela faire les meules ; ça vous amusera et ce n'est pas fatigant.

Très volontiers, dit André, et comme mes sœurs arrivent demain elles seront de la partie.

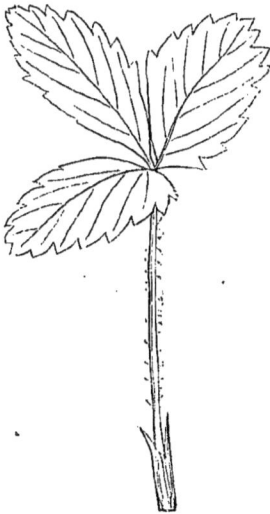

Fig. 116. — Feuille palmiséquée de Fraisier.

J'ai là-bas dans les prés du foin naturel qui sera bon à mettre dans les charrettes (fig. 122) et à rentrer dans deux jours, dit Jacques.

Est-ce que le foin que donnera cette luzerne n'est pas du foin naturel ? demanda Marcel.

On donne le nom de *foin naturel* à celui qui provient de l'herbe poussant naturellement dans les prairies, dit M. des Aubry. Autrefois il n'y avait point d'autres prairies que celles-là, en général établies dans le voisinage de l'eau; elles suffisaient pour nourrir le peu de bestiaux qu'on élevait. Mais à présent que l'agriculture est mieux comprise, on voit l'avantage d'élever un grand nombre

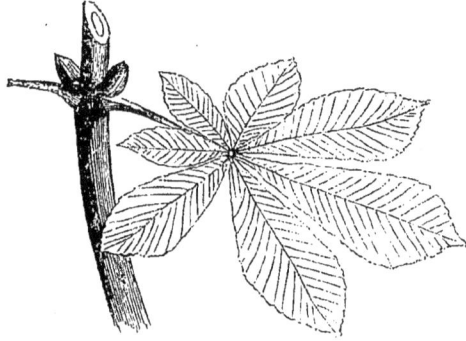

Fig. 117. — Feuille digitée de Marronnier.

d'animaux qui fournissent à la terre les engrais dont elle ne peut se passer, et à l'homme la viande qui lui est si utile. Et les *prairies naturelles* ne suffisant plus, on en a créé d'*artificielles* avec des plantes particulièrement propres à nourrir les bestiaux, comme la *vesce*, qui se fauche l'année où on la sème; le *sainfoin* et l'*esparcelle*, qui sont bisannuels; la *luzerne*, qui reste plusieurs années en terre et donne chaque année plusieurs récoltes; la *minette*, qui réussit dans les plus mauvais terrains calcaires de la Champagne, etc.

Les prairies artificielles sont améliorées par le plâtre; Franklin, voulant en convaincre ses compatriotes, disposa sur un jeune semis du plâtre formant ces mots : « Ceci a été plâtré. » Et lorsque la prairie eut poussé, ces mots ressortirent nettement sur le reste en herbe plus haute et plus foncée. La chaux convient mieux aux prairies naturelles.

On ne peut songer à avoir de belles récoltes de froment sans *prairies artificielles,* dit Jacques. Mon père ne cessait de me le répéter : « Si tu veux avoir de bon et beau blé, sème de la luzerne! »

Je comprends très bien pourquoi, dit Marcel ; la luzerne que

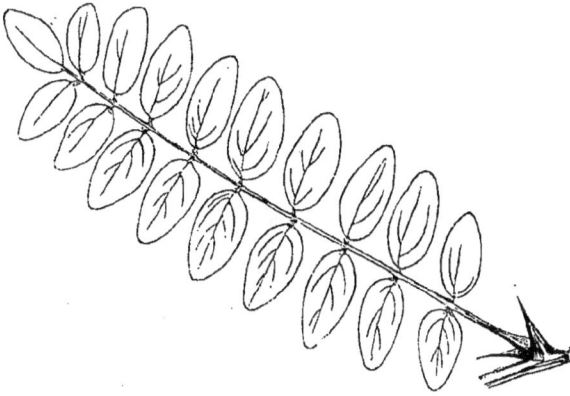

Fig. 118. — Feuille pennée de l'Acacia.

mangent les vaches et les bœufs retourne aux champs sous forme de fumier, leur rend leur fécondité et permet ainsi au blé de pousser.

Et c'est pourquoi la *corne* est l'attribut de l'*abondance*, dit M. des Aubry ; il faut de l'engrais à nos champs. Ce qu'il leur faudrait aussi, c'est plus d'*humidité*. L'eau qui tombe du ciel ne suffit pas aux besoins de la plante ; si les agriculteurs pouvaient détourner à leur profit cette eau des fleuves qui descend des montagnes et s'en va se perdre dans la mer, ils en retireraient de grands avantages : le secret de bien des cultures réside là. Il faut tant d'eau à la plante ; non seulement elle en consomme, mais elle en *évapore* une grande quantité ! Que deviendrait-elle lorsque le soleil darde sur elle ses

chauds rayons, si elle ne pouvait s'entretenir dans une sorte de
fraîcheur par l'évaporation qui est une cause de froid, l'eau ne se
transformant en vapeurs qu'en empruntant de la chaleur aux corps
qui l'avoisinent? On calcule qu'un hectare de maïs ou de froment
évapore par jour *vingt-cinq mètres cubes* d'eau. Plus le feuillage est
pâle et jaunissant, plus il évapore d'eau; celui d'un vert foncé
où abonde le chlorophylle en laisse moins échapper.

Comment peut-on savoir tout cela? demanda André.

Pour te convaincre de l'*évaporation* des plantes, dit M. des Aubry,
fais toi-même une expérience. Place une branche bien feuillée

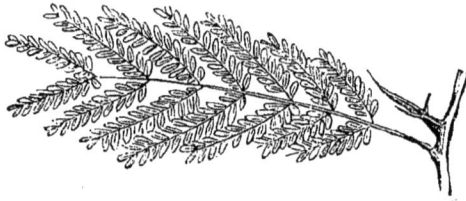

Fig. 119. — Feuille bipennée.

sous une cloche de verre bien sèche et exposée au soleil; au bout
de quelque temps tu verras de petites gouttelettes d'eau se former
à la surface intérieure de la cloche; elles ne peuvent provenir que
de l'évaporation de la plante. C'est ainsi que, lorsque notre souffle
rencontre une vitre froide, la vapeur qu'il contient se condense
et produit d'abord une légère humidité, puis de véritables gouttes
d'eau.

Vous pourrez vous assurer par une expérience aussi simple,
que les parties vertes des plantes décomposent l'acide carbonique
et nous renvoient de l'oxygène, ce gaz qui renouvelle notre sang
et nous fait vivre. Vous n'aurez qu'à placer des feuilles dans un
bocal de verre plein d'eau, ouvert par le haut et exposé au soleil;
presque aussitôt vous verrez de petits globules d'air sortir des
feuilles et traverser l'eau pour venir s'échapper par l'ouverture
du bocal, et ceci se renouvellera tant que le bocal sera exposé

au soleil; sitôt qu'on le mettrait à l'ombre, le phénomène cesserait.

Je vous quitte pour retourner à mes affaires, continua M. des Aubry; j'ai encore quelques dispositions à prendre afin que votre mère trouve tout en ordre à son arrivée. Mais vous, mes chers enfants, faites ce que vous voudrez.

Marcel et André restèrent avec Jacques, regardant les andains ou rangées de luzerne tomber sous sa faux les uns par-dessus les autres et l'interrogeant sur tout ce qui les entourait.

Quel est donc ce château que l'on aperçoit de l'autre côté de l'Ubaye, et dont le toit d'ardoises se cache à moitié derrière de grands arbres? lui demanda Marcel.

Fig. 120. — Feuille de Rosier avec stipules foliacées.

C'est le château de Vilamur, à M. de Féris, répondit Jacques. C'est là qu'il y a de beaux jardins et des maisons de verre où se trouvent des fleurs qu'on n'a jamais vues! Et de bon monde! Un monsieur veuf qui a été dans les colonies et qui en est revenu depuis quelques années avec ses deux enfants et une vielle négresse qui les a élevés. On l'aime bien dans le pays; il fait travailler les ouvriers et les paye bien, et n'a jamais refusé de rendre service à personne.

Fig. 121. — Stipules épineuses de l'Acacia (Robinier.)

Sais-tu à quoi je pense? dit André à son frère. Je cherche comment nous pourrions fêter l'arrivée de maman; j'avais bien pensé à une illumination dans le jardin, mais elle arrive le matin.

Que faire, en effet? dit Marcel. Je me l'étais déjà demandé.

Après de mûres réflexions, les enfants imaginèrent de décorer la chambre destinée à leur mère de branchages et de bouquets de fleurs. Ils cueillirent dans les champs une multitude de fleurs légères et choisirent dans la forêt et dans le jardin les plus beaux feuillages, chêne, laurier, érable, lierre, coleus (fig. 123), nicotiane (fig. 124).

Fig. 122. — Foin naturel placé sur la Charrette.

Alors, réunissant les vases de toute forme que put leur fournir une recherche minutieuse, ils disposèrent leurs bouquets sur la chemi-née et dans le foyer, sur les fenêtres et dans les angles de la cham-

bre; leur grand désir de plaire à leur mère leur donnait du goût ;
l'effet général était très satisfaisant.

Maman qui aime tant les fleurs sera contente, dit André.

Et les enfants, enchantés de leur œuvre, allèrent soigner Tambour

Fig. 123. — Coléus.

et jouer avec Bas-Rouge, et tachèrent d'occuper, de façon à les
trouver moins longues, ces heures qui les séparaient encore de
l'instant de la réunion.

Le soir, en rentrant dans cette demeure depuis un mois transformée par ses soins, M. des Aubry dit à ses fils en les embrassant :

C'est donc demain, mes chers enfants, que nous aurons le bonheur de voir votre mère reprendre sa place au milieu de nous ! Je
pourrai lui rendre ce témoignage que vous avez su bien employer

votre temps et diriger votre vie comme des hommes. Nous parti-
rons de bonne heure pour aller au-devant d'elle.

Je réponds que tu n'auras pas besoin de nous réveiller, dit André ;
je serai levé avant l'aurore.

En même temps sera plus que suffisant, dit M. des Aubry en
souriant. Mais quelle atmosphère m'avez-vous faite ? ajouta-t-il en
entrant dans la chambre si soigneusement décorée par ses fils. Cet
air est tout *vicié* par les fleurs et les feuillages que vous avez entassés ici à profusion.

Comment nos bouquets ont-ils pu vicier l'air ? dit Marcel. Tu
nous a dit que ce sont les plantes qui assainissent l'air que nous
respirons.

C'est vrai, mais il faut s'entendre, répondit M. des Aubry ; je vais
tâcher de mieux vous faire comprendre ce qui se passe et ce qu'on
appelle les *deux respirations* des plantes : leur respiration *diurne* et
leur respiration *nocturne.*

Les plantes, en tout temps, respirent absolument comme nous et
comme tous les êtres vivants ; elles absorbent de l'*oxygène* et rejettent de l'*acide carbonique.* C'est là leur véritable et constante respiration
prouvée par de Saussure en 1804. Les graines en train de germer
les bourgeons et les jeunes feuilles, les fleurs, les feuilles vertes
même, prennent à l'air de l'oxygène et lui renvoient de l'acide
carbonique, et cela la nuit comme le jour, à l'ombre comme au
soleil. Mais à côté de cette fonction qui s'exerce en *tout temps,* dans
toutes les parties du végétal, il en existe une autre très distincte dont
je vous ai parlé, qui a son siège uniquement dans les parties *vertes*
et ne s'exerce que lorsque ces parties vertes sont exposées à la
lumière du soleil : c'est l'*assimilation du carbone.* Et dans des conditions favorables, dans les conditions ordinaires, cette assimilation
du carbone est si considérable qu'elle suffit pour purifier l'air et
pour dissimuler la *véritable respiration,* qui ne cesse jamais d'exister cependant.

Mais ici, dans cette chambre aux volets fermés où n'entrait point
la lumière, vos feuilles ne pouvaient qu'absorber la partie vitale de
l'air, et l'ont vicié. Nous allons ouvrir les fenêtres pour le renou-

veler et retirer vos vases que nous remettrons demain avant l'arrivée de votre mère. Dans l'obscurité de la nuit ces feuilles seraient de véritables empoisonneuses.

Les feuilles, qui assimilent le carbone, l'hydrogène, l'oxygène, qui rejettent par l'évaporation et la transpiration, les matières impropres à la végétation, qui sont le siège principal de l'élaboration de la sève se trouvent être, avec les racines, les organes principaux de la *nutrition*, et en même temps les organes essentiels de la *respiration*.

L'oxygène pur ne convient point à la plante; l'excès aussi bien que la privation d'oxygène amène l'asphyxie, et alors le mouvement du protoplasma s'interrompt, la rigidité intervient, le sucre des cellules se décompose en alcool et en acide carbonique. L'anesthésie par le chloroforme ou par l'éther prive d'abord les feuilles de la faculté de décomposer l'acide carbonique, et empêche en dernier lieu l'absorption de l'oxygène.

La respiration des feuilles, c'est-à-dire la combustion de certains produits par l'oxygène, n'amène pas seulement un dégagement d'acide carbonique, mais aussi un dégagement de chaleur.

La chaleur des plantes est surtout sensible pendant la germination et pendant la fructification, alors que la vie est plus active. La plante reçoit et dégage aussi de la lumière, surtout chez les végétaux inférieurs; certains champignons répandent une lumière douce dans l'obscurité, et sont phosphorescents comme les animaux inférieurs. En général, l'arbre est plus chaud que l'air pendant la nuit et moins chaud que l'air pendant le jour, l'évaporation entraînant pour se former une quantité de chaleur considérable. Il est vrai que le rayonnement nocturne refroidit considérablement les plantes, mais il est surtout sensible pour les herbes qui peuvent descendre au-dessous de zéro alors que le thermomètre de l'air marque trois ou quatre degrés au-dessus.

Le lendemain matin Marcel et André, tout joyeux, montèrent près de leur père dans le char-à-bancs qui devait les conduire à la ville où s'arrêtait la diligence. Il faisait beau, ils allaient au-devant d'un bonheur, leur cœur débordait d'allégresse; ils riaient et par-

laient comme les oiseaux chantaient dans les branches, parce qu'ils
étaient heureux. La route leur parut courte.

Que d'exclamations, que de baisers, quelle joie sans mélange,
lorsque la diligence arriva enfin dans la cour où ils l'attendaient,
et que Mme des Aubry en descendit avec ses deux filles, Marguerite
et Marie ! Qu'ils avaient de choses à raconter à cette mère adorée
dont ils venaient de se séparer pour la première fois, et qui les
serrait sur son cœur, fière de trouver sur leurs fronts brunis la
trace d'un travail sérieux et quelque chose de viril qu'elle ne leur
connaissait pas !

Après la première effusion, Mme des Aubry présenta à son mari
un monsieur à cheveux grisonnants qui venait de descendre comme
elle de la diligence. Près de lui se tenaient un jeune garçon de l'âge
d'André et une jeune fille d'une quinzaine d'années aux épais cheveux noirs tombant en tresses sur ses épaules ; une vieille négresse,
dont les yeux et les dents blanches brillaient sous son madras aux
vives couleurs, les accompagnait.

Monsieur a été notre compagnon de route depuis Lyon, dit
Mme des Aubry. N'est-il pas singulier que ce soit moi qui, la première, me trouve avoir fait la connaissance d'un de nos voisins de
campagne ? M. Édouard de Féris habite Vilamur, à quelques kilomètres seulement de Roche-Maure, paraît-il.

Mais de l'autre côté de l'Ubaye, dit M. de Féris en saluant,
ce qui rend plus difficile de franchir la distance qui sépare nos deux
propriétés.

J'espère cependant, dit M. des Aubry, qu'il nous sera possible de profiter du voisinage, et de continuer des relations que
ma femme et mes filles paraissent heureuses d'avoir commen-
cées.

On se dit donc au revoir, et chaque famille prit place dans la
voiture qui l'attendait. Les enfants, dans l'exubérance de leur joie,
parlaient tous à la fois et se questionnaient sans attendre de réponse.
Marguerite, qui avait seize ans, s'extasiait sur la beauté de la route
et la fraîcheur de la campagne ; Marie, qui n'avait que cinq ans,
s'étonnait de tout ce qui passait sous ses yeux ; Marcel et André,

fiers de faire les honneurs d'un pays qu'ils commençaient à connaître, nommaient les villages que l'on traversait et expliquaient
comment était Roche-Maure et tout ce qu'on y avait fait depuis
leur arrivée. M. et Mme des Aubry contemplaient avec émotion ce
groupe formé des quatre
têtes aimées enfin réu-
nies.

La voiture s'arrêta de-
vant le perron ; Mme des
Aubry admira beaucoup
l'étendue de la vue et
le riant aspect des jar-
dins ; et lorsqu'elle eut
pénétré dans la maison
elle la trouva plus agréable et plus commode
qu'elle ne s'y attendait.

Quel nid charmant
vous m'avez préparé !
dit-elle à son mari et à
ses fils avec un sourire
reconnaissant ; comme
nous serons bien ici !

Après les premiers
moments donnés à l'in-
stallation, au va-et-vient
qui suit une arrivée,

Fig. 124. — Nicotiane.

l'heure du repas rassembla autour de la même table le père, la
mère et les quatre enfants. Devant tous ces visages qui rayonnaient
de santé et de bonheur, l'âme du chef de famille s'éleva vers Dieu
avec une gratitude infinie, et sa voix émue murmura quelques
paroles d'actions de grâce. Quelles joies terrestres peuvent surpasser ces pures joies de la famille, cette entente des cœurs, ce
bonheur de se retrouver encore tous réunis après de longs jours
de séparation !

Qu'ils sont rares et doux ces moments sans nuage dont chaque existence est pourtant favorisée à son heure, qui nous rendent plus forts et meilleurs, et nous reposent des fatigues et des tristesses de la vie ! Ne sont-ils pas pour notre âme comme ces rayons de soleil qui donnent à la plante vigueur et beauté ?

CHAPITRE VI. — LES VERS A SOIE DE CLAUDIE.

Sommaire : Sensibilité végétale. — Insectes nuisibles et utiles. — Parasites. Sommeil et réveil des plantes.

Jours naïfs, plaisirs purs emportés par le temps
Ainsi que le parfum des fleurs par les autans !

REBOUL.

a-t-il rien de plus doux pour des enfants qui arrivent de la ville, que de s'ébattre en liberté dans la campagne ? Les jeunes des Aubry étaient réunis de bonne heure le lendemain de leur arrivée, malgré la gelée blanche et le froid du matin, et continuaient à explorer les jardins et la ferme. Marguerite trouvait la cabane rustique bien jolie ; Marie aurait voulu caresser Tambour, mais il se retirait tout au fond de son domaine dès qu'elle s'approchait de lui.

Il ne te connaît pas encore, lui dit André ; et puis il n'est pas heureux d'être enfermé, cela le rend méchant. Mais il s'habituera bien vite à toi si tu lui apportes souvent de l'herbe fraîche. Je t'apprendrai à connaître celle qu'il aime, et je te ferai une petite brouette avec laquelle tu la transporteras sans te salir.

Marguerite parcourait les jardins avec ravissement, sans se lasser d'admirer tout ce qui l'entourait ; elle allait des weigelias (fig. 128) aux spirées blanches, des pommiers roses à fleurs doubles aux mérisiers neigeux, des aubépines (fig. 129) aux cytises à longues grappes jaunes, en se demandant à laquelle de ces plantes charmantes on pourrait donner la préférence. Elles entremêlaient si gracieusement leurs guirlandes fleuries, formaient des bosquets si touffus et ressortaient toutes si bien sur la jeune verdure brillante de la pelouse !

Marie était moins sensible aux poésies de ce monde des fleurs ; aussi, lorsque la voix aiguë de Claudie revenant du champ se fut fait entendre, se dirigea-t-elle aussitôt du côté de la bassecour.

Ta, ta, ta, Bas-Rouge ! à la vache, mon valet ! criait Claudie, en indiquant à son chien l'endroit où il devait porter sa surveillance. Elle-même, la quenouille à la main, allait des chèvres aux moutons et des vaches aux mulets.

Fig. 128. — Weigélia.

Marcel et André suivirent Marie ; le retour des animaux à l'étable les intéressait comme au premier jour ; il survenait presque toujours quelque incident nouveau qui variait le spectacle : c'était un jeune cheval qui s'échappait et galopait follement autour de la cour, malgré les efforts du berger pour le

ramener à l'écurie ; les chèvres se suspendaient aux lierres des
murs qu'elles dégradaient, ou dévoraient les pousses tendres des
jeunes arbustes et les feuilles basses des ormes et des érables; il
fallait aller bien vite arrêter leurs dégâts. Ou bien encore les moutons, pris d'une panique subite, faisaient tout à coup volte-face
au moment de rentrer à l'étable, et se dispersaient, au grand désespoir de Claudie, obligée de se remettre à courir à droite et à gauche
pour les rassembler.

Ce mouvement de la basse-cour causa des transports de joie à
Marie. Les jeunes veaux restés à l'étable mugissaient en appelant
leurs mères, qui répondaient par leurs beuglements et se hâtaient
de leur porter leurs mamelles gonflées de lait. Dans la bergerie
les agneaux, trop jeunes pour être conduits aux champs, attendaient le retour des brebis en poussant des bêlements lamentables.
Marie alla les trouver ; il y en avait un tout petit, à la laine blanche et frisée, aux jambes encore tremblantes, qui vint vers elle
familièrement, avec un air si caressant, si doux, qu'elle se mit tout
de suite à l'aimer. Elle s'assit près de lui sur la paille et le prit dans
ses bras pour le caresser; l'agneau se laissa faire et lui lécha les
mains; mais lorsque sa mère entra dans la bergerie, il courut vers
elle, se suspendit à sa mamelle et laissa sa nouvelle amie toute
triste et prête à pleurer.

Tu reviendras le voir quand sa mère sera aux champs, lui dit
André ; tu lui apporteras du son dans du lait, il s'attachera à toi,
et lorsqu'il pourra se passer de téter, tu demanderas à papa de
te le donner et tu le soigneras toi-même, tu le conduiras aux
champs.

Qu'est-ce que les moutons vont faire aux champs ? demanda
Marie.

Ils vont brouter l'herbe, qui est leur pain quotidien à eux, dit
André ; et tu verras qu'il ne faut pas longtemps à un troupeau
comme le nôtre pour tondre un champ bien vert.

André et Marie se dirigèrent du côté des grands marronniers où
se trouvaient déjà Marguerite et Marcel.

Venez voir un peu, leur cria Marcel, les ravages faits par les *hannetons* (fig. 130) ! Les bourgeons sont dévorés et les feuilles déjà grandes percées à jour comme des cribles.

Et il secouait une branche tout en parlant, et en faisait tomber une pluie de hannetons qu'il écrasait sous son talon.

Tu n'as pas l'idée, dit-il à Marguerite prête à s'apitoyer, du mal que font ces rongeurs : ils dépouillent de leur feuillage des forêts entières, et ce n'est pas seulement la beauté de l'arbre qu'ils détruisent ainsi, mais sa santé ; l'arbre a besoin de ses feuilles pour respirer, élaborer sa sève et former sa couche annuelle de bois et d'écorce. Et puis le hanneton, qui subit des métamorphoses comme tous les insectes, passe une partie de sa vie caché dans la terre à l'état de *ver blanc*, et ronge alors les racines des plantes. Les *taupes* heureusement leur font la guerre et mangent tous ceux qu'elles rencontrent en creusant leurs souterrains ; aussi papa ne les fait-il pas détruire dans ses jardins.

Non, mais il leur fait une belle chasse dans les prés, dit André, à cause de tous les petits monticules de terre qu'elles soulèvent et qui rendent le fauchage très difficile. Sais-tu qui est-ce qui a inventé le drainage, Marguerite ?

Je ne sais même pas ce que c'est que le drainage, répondit Marguerite.

Drainer une terre, c'est y faire des rigoles pour l'assainir en enlevant l'excès d'eau, dit André ; et ce sont les conduits souterrains faits par les taupes qui ont donné l'idée du drainage.

Vois donc, André, dit Marie en se rapprochant de son frère, là-bas au bout de l'avenue ! Que fait donc ce petit garçon qui se baisse, qui se relève ? Il a l'air de ramasser quelque chose.

Nous allons bien le savoir, dit André.

Et les enfants marchèrent dans la direction indiquée. Ils trouvèrent un petit bonhomme de sept ou huit ans, les pieds dans des sabots, la tête nue et n'ayant pour tout vêtement qu'une chemise et un pantalon rapiécé retenu par des ficelles. Il portait sur son dos une petite hotte pleine de *mouron*, cette plante aimée des oiseaux, qui pousse pour eux partout et dans toutes les saisons, et il tenait dans sa main une boîte en carton dans laquelle il introduisait les hannetons qu'il venait de ramasser.

Il ne se troubla point à l'approche des enfants ; et tirant un fil de sa poche, il l'attacha à la patte d'un hanneton qu'il fit voler au-dessus de sa tête en criant :

V'là des hannetons, des hannetons, j'en donne deux pour un sou !

Nous donnerions bien tous les nôtres pour rien, nous, dit André en riant.

Où vas-tu donc ? demanda Marguerite au petit garçon en l'arrêtant par le bras.

Je vais à la ville vendre mon mouron et mes hannetons, mademoiselle.

Mais elle est bien loin la ville, reprit Marguerite. Comment pourras-tu aller et revenir avec tes petites jambes pas plus longues que rien ?

Eh ! mademoiselle, mes jambes y sont habituées, dit l'enfant. Faut-il pas travailler et tâcher de gagner sa vie quand on a huit ans, comme dit mon père ?

Que fait-il donc, ton père ? dit Marcel.

Il fait de la toile ; nous habitons dans le rocher au delà des sapins, dit l'enfant. Autrefois c'était maman qui portait au marché des herbes pour les oiseaux et des plantes pour guérir ; mais elle est malade, c'est à mon tour de travailler.

Sais-tu lire ? lui demanda Marguerite.

Non, Mademoiselle.

Tu n'as jamais été à l'école ?

Non, mademoiselle.

Viens avec nous, dit Marguerite, je vais aller demander à papa s'il ne pourrait pas t'occuper à la ferme. Et moi je t'apprendrai à lire et je t'expliquerai bien des choses que tu ne sais pas, si tu n'as jamais été à l'école.

Et tous les enfants, suivis du petit garçon, se mirent à courir vers le jardin où était leur père, et lui racontèrent ce qu'il venaient d'apprendre.

Tu as donc bon courage, mon garçon ? dit M. des Aubry à l'enfant. Eh bien ! je te ferai travailler à Roche-Maure et tu n'auras plus à aller si loin pour gagner ta vie. Pour commencer, tu vas prendre un panier et tu iras l'emplir de hannetons dans les bosquets ; ensuites tu les jetteras dans un trou où on a mis de la chaux pour les détruire. Comment t'appelles-tu ?

Richard, monsieur, pour vous servir.

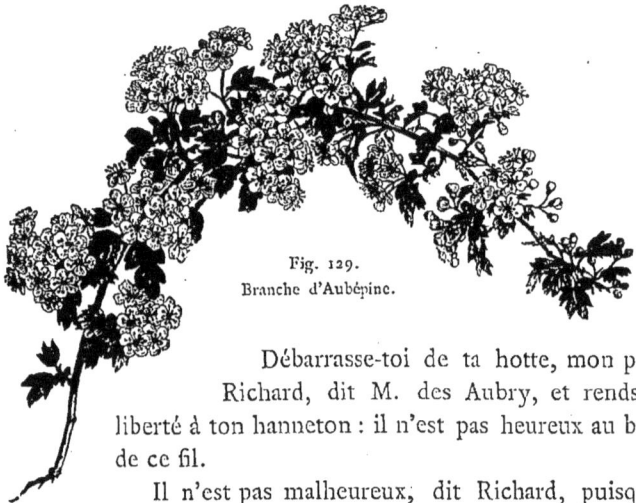

Fig. 129.
Branche d'Aubépine.

Débarrasse-toi de ta hotte, mon petit Richard, dit M. des Aubry, et rends la liberté à ton hanneton : il n'est pas heureux au bout de ce fil.

Il n'est pas malheureux, dit Richard, puisqu'il chante (il prenait pour un chant le bruit que le hanneton faisait avec ses élytres) ; et puis qu'est-ce que ça fait, puisque vous allez les faire tuer tous ?

Nous sommes obligés, lui dit M. des Aubry, de détruire les animaux qui nous nuisent, sous peine de voir nos récoltes dévorées par eux ; mais nous ne devons pas leur faire du mal sans nécessité.

Cette lutte incessante avec les *animaux nuisibles*, continua M. des Aubry pendant que Richard s'éloignait, est pénible à coup sûr. Nous nous trouvons en guerre, sans le vouloir, avec une multitude de créatures qui n'ont d'autre tort que celui d'exister avec des instincts, des besoins qui nous gênent. Mais ces ennemis infimes

sont si nombreux, chaque espèce pullule si rapidement, que c'est
nous qui bientôt serions dévorés par eux si nous ne nous oppo-
sions à leurs envahissements. Chaque plante a sa famille d'*insectes*
qui vivent d'elle, enfoncent silencieusement dans ses tissus leurs
pompes, leurs tarières ou leurs dents, et déposent sous sa protec-
tion les œufs qui n'éclosent qu'après la feuille, la fleur ou le fruit
qui doit les nourrir. Ces animaux chétifs, qui semblent au pre-

Fig. 130. — Hanneton et sa Larve.

mier abord devoir être dédaignés par l'homme, se multiplient aussi
vite que les cellules de la plante, et forment des légions ennemies
dont on ne sait comment arrêter les ravages. Un *charançon* ronge
le blé dans nos greniers ; un autre dépose ses œufs dans la poire
encore en fleur (fig. 131 et 132) ; un petit *ver* se met au cœur de
l'olive et la gâte (fig. 133 à 135) ; un insecte fait enrouler la
feuille du pêcher, maladie appelée *cloque* (fig. 136 et 137) ; l'invisible *phylloxera* détruit des vignobles entiers ; des myriades microscopiques s'attaquent à nos arbres ; les feuilles disparaissent
sous la dent des *hannetons*, des *chenilles*, des *limaces*, etc. ; les *mouches cantharides* ne laissent aux feuilles ailées des frênes que leurs

8

grosses nervures. De petits pucerons vivent sur les rosiers et servent de vaches laitières aux fourmis qui s'établissent dans leur voisinage et viennent chaque jour sucer la liqueur qu'ils fabriquent (fig. 138). Les coccinelles, ou petites bêtes à bon Dieu détruisent les pucerons.

Les plantes exotiques, c'est-à-dire originaires des pays étrangers, ont, dans le nôtre, l'avantage de ne pas avoir leur insecte destructeur; le sophora, l'acacia, etc., conservent jusqu'à présent leur feuillage intact; la pomme de terre n'avait d'abord été suivie que du papillon qui lui est particulier, le sphinx de la pomme de terre, qui aime à enfoncer sa trompe dans ses fleurs mais ne lui nuit point; et voilà qu'on annonce maintenant l'arrivée de son véritable ennemi, le *doryfera*, un gros insecte qui la fait dépérir.

Il y a pourtant longtemps déjà que j'ai entendu parler de la maladie de la pomme de terre, dit Marcel.

Elle n'était pas causée par un insecte, mais par un *champignon* parasite qui poussait sur sa chair, comme l'*oïdium* sur la vigne, et altérait ses tissus, dit M. des Aubry. Ainsi, non seulement des insectes, mais des *plantes parasites* s'établissent sur d'autres plantes pour sucer leur sève, comme la *rouille*, le *charbon*, l'*ergot* des céréales; et même sur nous, comme la *teigne* qui se développe sur la racine des cheveux, et le *muguet* qui paraît dans la bouche des petits enfants, et qui sont des *champignons*.

Mais c'est affreux d'être ainsi la proie de tant de plantes ou d'animaux! s'écria Marguerite.

Nous le leur rendons bien, dit en riant M. des Aubry; ne nous plaignons pas trop haut, de peur que la voix des bœufs, des perdrix, et même celle du blé de s'élève contre nous. Hélas! nous vivons les uns des autres, il faut le reconnaître, mes chers enfants, et n'user qu'avec modération du droit que Dieu nous a donné de nous soumettre la nature.

Les parasites ont leur utilité; ils refont la vie sur les corps qui commencent à se décomposer, et préparent une végétation supérieure en s'établissant sur les terrains infertiles où rien avant eux n'avait pu pousser. Mais il est sage de ne pas laisser une culture

quelconque devenir trop prépondérante dans un pays; autrement
arrivent ces invasions de *parasites* ou *d'insectes destructeurs* qui
semblent chargés de rétablir l'harmonie détruite. Le vœu de la
nature est mieux rempli par un heureux équilibre entre les
produits de la terre, céréales, racines, tubercules, vignes, arbres à
fruits, etc.

Le jardinier était occupé à *écheniller* les arbres fruitiers, opération si utile que la loi l'impose chaque année aux cultivateurs. Il
coupait et brûlait les bran-
ches empestées. M. des
Aubry arrosa avec une
eau de savon bien forte
les petites chenilles qui se
trouvaient sur de jeunes
arbustes; elles s'agitèrent
dans leur nid enveloppé
d'un fin réseau, puis bientôt restèrent immobiles;
chaque petit nid était devenu un tombeau !

On emploie une foule
de préparations pour dé-
truire les insectes, dit
M. des Aubry; *l'eau de*

Fig. 131 et 132. — Charançon de la Fleur du Poirier.

chaux, des infusions d'*ail*, de *sureau*, de *chanvre*, etc.; la multipli-
cité des essais prouve qu'aucun moyen n'est complétement satisfaisant. J'ai cependant préservé des *limaces* mes jeunes plants de
fleurs et de légumes, en les entourant de *cendres* et de *suie*.

Qu'arrive-t-il donc à Claudie? demanda André en voyant la
petite fermière descendre d'un mûrier, le tablier tout gonflé
de feuilles qu'elle venait de cueillir, et se diriger en toute hâte vers
la ferme.

Où vas-tu si vite, Claudie? lui dit M. des Aubry.

Monsieur, je porte à manger à mes petits *vers à soie* qui sont
sortis depuis deux jours de leur coquille, répondit Claudie.

Oh! allons les voir! s'écria Marie.

Et les enfants suivirent Claudie, qui se remit à marcher rapidement.

Les vers à soie ne mangent-ils que des feuilles de *mûrier blanc?* demanda André.

Aucune autre nourriture ne leur convient aussi bien que celle-là, répondit M. des Aubry. En Chine, d'où le mûrier est originaire, c'est dans l'arbre même que le vers à soie file son cocon et dépose ses œufs.

Claudie fit monter les enfants par un petit escalier en échelle qui conduisait à une chambre bien propre, bien claire, exposée au levant, où, sur des toiles tendues elles-mêmes sur des châssis superposés, s'agitaient les nouveeau-nés, petits vers couverts de poils bruns. Ils se mirent à manger les feuilles tendres que Claudie déposa devant eux après avoir pris soin de les couper.

Fig. 133 à 135. — Un petit Ver se met au Cœur de l'Olive.

Est-tu obligée de donner souvent à manger à tes vers? demanda Marcel.

Toutes les deux heures dans ce moment, jour et nuit, dit Claudie.

C'est bien de l'embarras, dit André.

Eh! monsieur, ça rapporte gros, les vers à soie, et c'est bien la peine de se gêner un peu, dit Claudie; et puis, ça ne sera pas si long; dans trente jours nous les vendrons. Mais c'est quand ils sont gros qu'il faut passer du temps à cueillir toutes les feuilles dont ils ont besoin! Ils vont changer de peau quatre fois, et après chaque mue ils auront plus d'appétit. Au dernier âge, lorsqu'ils seront devenus de grosses chenilles blanches (fig. 139 à 141), il leur faudra des centaines de kilogrammes de feuilles en vingt-quatre heures pour préparer leur soie!

Quand nous les verrons disposés à faire leur cocons, nous placerons près d'eux des branches rameuses de bruyère, de genêt ou de bouleau, et lorsqu'ils y seront montés, ils ne mangeront plus; ils ne seront plus occupés qu'à filer la soie dont ils s'enveloppent. Et alors tout notre travail sera fini. Nous vendrons nos cocons au filateur, qui les échaudera pour les tuer, afin que le papillon ne coupe pas la soie. Nous n'en garderons que quelques-uns pour la graine, afin de pouvoir faire une autre éducation l'année prochaine.

Qu'appelles-tu de la *graine* de vers à soie? demanda André.

Fig. 136 et 137.
Insecte de la Feuille du Pêcher.

Monsieur, dit Claudie, ces cocons font les morts pendant une vingtaine de jours; alors il en sort de gros papillons blancs qui se mettent à pondre de petits œufs et meurent dès qu'ils ont fini. Ce sont ces petits œufs qu'on appelle la graine, parce que l'année suivante il en sort les nouveaux vers à soie.

Et les cocons évidés fournissent cette soie brillante avec laquelle sont faits les plus beaux tissus qui existent, dit M. des Aubry; il y a donc des *insectes* qui ne sont pas nuisibles et qui, au contraire, nous rendent de très grands services, comme les *vers à soie*, les *abeilles*, la *cochenille,* etc., etc. On cherche depuis un demi-siècle à tirer parti d'un ver à soie, le *Bombyx cynthia*, plus rustique que le *bombyx* du mûrier. Il vit sur l'*ailante* ou *vernis du*

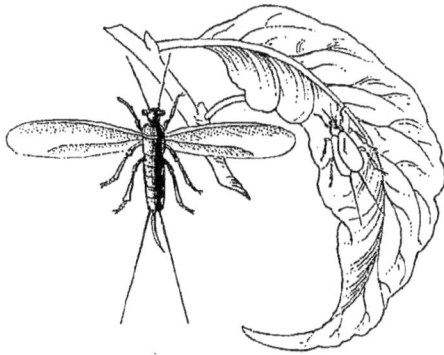

Japon, au vent et à la pluie, et peut donner deux ou trois récoltes par an. Sa soie grise est moins fine et moins brillante que celle de l'autre ver à soie, mais elle est solide et durable, et l'arbre qui le nourrit réussit dans les terrains les plus pauvres. Dans la Champagne pouilleuse même, sur la craie, se trouvent des ailantes magnifiques qui servent à l'éducation peu coûteuse du *Bombyx cynthia*.

Ils peuvent venir en aide à ces regions déshéritées, de même que la culture en grand du mûrier blanc a très heureusement changé la physionomie de notre Dauphiné, depuis qu'Olivier de Serres, le père de l'agriculture en France, a naturalisé chez nous l'industrie de la soie. A sa suite se sont établis des *magnaneries*, des *filatures*, des *métiers* pour la fabrication de ces beaux tissus que la France excelle à faire; plus de bras ont été occupés et la richesse du pays a doublé. Le mûrier, qui s'accommode de tous les terrains, a aussi enrichi une partie de l'Auvergne.

Certains pays ont été transformés par la culture d'une seule plante bien choisie. Les *pêches* ont fait la fortune de Montreuil; les *figues* et les *asperges,* celle d'Argenteuil; le *chasselas,* celle de Fontainebleau; les *prunes,* celle de l'Agénois ; le *safran,* celle du Gâtinais ; la *garance,* celle de l'Avignonnais, etc., etc.

Voyez la puissance des infiniment petits! De même qu'un insecte microscopique comme le phylloxera peut, en détruisant un vignoble, ruiner un pays, une seule plante peut y amener l'abondance et changer le sort des habitants!

Jacques ramenait ses bœufs du labour, lorsque M. des Aubry et ses enfants, qui venaient de quitter Claudie, traversaient la cour.

Ah! not' maître! s'écria Jacques, je vous dois un beau cierge! Les vignes ont gelé dans tout le pays; il n'y a guère que les miennes qui aient été préservées, grâce à la fumée que j'y ai entretenue par vos conseils à l'approche du matin.

Je suis heureux de vous avoir évité un désastre, lui dit M. des Aubry: mais y a-t-il généralement beaucoup de mal?

Mes voisins disent que tout est perdu, quoi! répondit Jacques. Mais, il faut laisser faire, ça peut s'arranger.

Allons voir ce qu'il en est, dit M. des Aubry à ses fils, tandis que Marguerite et Marie retournaient près de leur mère.

Il se dirigea vers un coteau planté de vignes, au pied duquel quelques cultivateurs étaient réunis ; ils froissaient tristement entre leurs doigts les bourgeons et les petites grappes de fleurs, encore si bien venants la veille, et qu'une seule matinée avait noircis, brûlés !

Le bon Dieu n'a pas fait de bon ouvrage cette nuit ! disait l'un.

Que de peines perdues ! reprenait l'autre ; tant de travail, bêcher, tailler, rabattre, et tout cela pour ne pas récolter un raisin cette année !

Sans compter que nous n'en récolterons peut-être pas même l'année prochaine, dit un autre, le bois a l'air d'avoir souffert.

Je ne le crois pas, dit M. des Aubry ; le mal ne sera pas aussi grand que vous le craignez. Et puis, si le raisin nous manque cette année, nous ne mourrons pas de soif tout de même : ne pourrons-nous pas faire du *cidre* avec les pommes, du *poiré* avec les poires, d'autres bonnes boissons avec les nèfles, les cormes, etc., etc. ? Tout ne nous fera pas défaut d'un coup.

Et par quelques autres bonnes paroles, M. des Aubry tâcha de rendre le courage aux paysans.

Ces blés n'ont pas souffert du froid, dit Marcel ; comment se fait-il que la vigne seule ait gelé ?

C'est une plante impressionnable, dit M. des Aubry ; elle redoute autant les expositions trop chaudes que le froid ; il lui faut un climat tempéré. Trop d'humidité ne lui convient pas davantage ; si de grandes pluies surviennent au moment où elle est en fleurs, elle *coule,* c'est-à-dire que le pollen est entraîné avant d'avoir fécondé la fleur, et le fruit ne peut nouer. La *vigne* ne vient spontanément nulle part telle que nous la connaissons ; elle est le produit d'une longue et intelligente culture, comme le *blé ;* à l'état sauvage, elle ne donne qu'un fruit petit et acide. Vous savez qu'elle fut cultivée en Orient dès les temps les plus reculés, et que

Noé apprit aux hommes à l'améliorer par la *taille*. Les Romains l'introduisirent eu Gaule il y a deux mille ans; le sol et le climat lui convenaient, elle y réussit bien. Aujourd'hui elle est cultivée partout en France, sauf dans quelques départements du nord-ouest, où le raisin ne mûrit pas. Nos vins sont une de nos principales richesses; leurs qualités varient à l'infini avec la différence des espèces de raisin, des crus et des procédés de fabrication. Nos principaux *crus* sont ceux de *Bordeaux,* de *Bourgogne,* de *Cham-pagne* et du *Midi,* et nos meilleures eaux-de-vies sont fournies par les vignes plantées sur des couches calcaires, crayeuses et friables, comme celles qui constituent une partie du sol de la *Saintonge* et de l'*Armagnac.*

Qu'est-ce donc que l'eau-de-vie? dit André.

C'est la quintessence du vin obtenue par la distillation, dit M. des Aubry. Lorsque l'on fait chauffer le vin, ses parties les plus subtiles se vaporisent les premières, puis se condensent et retombent en eau-de-vie, en alcool ou esprit-de-vin. L'*alcool* rend de grands services à la science et à l'industrie, mais devient bien funeste à celui qui en boit avec excés.

Fig. 138
Puceron du Rosier.

En revenant à Roche-Maure, M. des Aubry dit à ses fils :

Les plantes, vous le voyez, supportent plus ou moins bien le froid et la chaleur; quelques-unes succombent à 55 degrés de chaleur, d'autres, des algues, peuvent être bouillies à 110 degrés et conserver la vie; certains végétaux résistent à 25 degrés de froid, d'autres meurent à zéro. Quelques plantes pleines d'eau, comme la bourrache, peuvent avoir leurs tissus pleins de glaçons sans en souffrir tant que le protoplasma de la cellule-vie n'est pas atteint. Les plantes n'acceptent pas toutes non plus la même sécheresse ; mais quelques-unes, sèches à pouvoir être réduites en poudre, reprennent vie si on leur donne de l'humidité.

Le soir de ce même jour, après avoir pris leur dernier repas, M. et
Mme des Aubry vinrent se promener dans le jardin tandis que leurs
enfants jouaient autour d'eux. Sous leurs yeux se déroulaient
les ondulations douces et
fleuries des collines voisines, et les lointains hori-
zons, l'Ubaye aux eaux
rapides, les montagnes aux
pentes couvertes d'une
sombre verdure, et les
sommets dorés par les
derniers rayons du soleil
couchant. Et dans leur
cœur, ému par la magni-
ficence de ce spectacle et
par la douceur de la réu-
nion, s'élevait un hymne
de reconnaissance infinie
si pur, si profond, que les
paroles humaines n'auraient pu le tra-
duire. Lorsque le soleil eut disparu
derrière l'horizon, une sorte de tristesse se répandit sur toute la nature,
et Marie, subissant cette influence et
fatiguée de jouer, se rapprocha de ses
parents. Mme des Aubry s'assit et prit
sa petite fille dans ses bras tandis que
ses autres enfants se groupaient autour
d'elle.

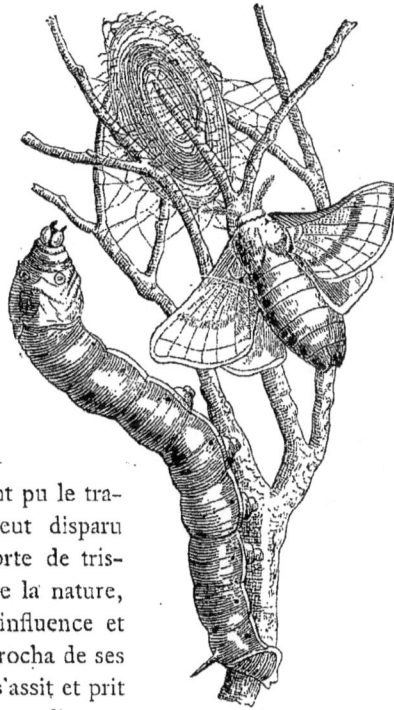

Fig. 139 à 141.
Ver à Soie, Papillon et Cocon.

Ma petite Marie fait comme les fleurs qui se disposent à mettre
leur bonnet de nuit, dit-elle gaiement.

Il est certain, dit Marguerite, qu'en ce moment les plantes ont
l'air de s'endormir : les fleurs se ferment, les tiges se penchent d'un
air tout alangui.

C'est l'heure de leur *sommeil*, dit Mme des Aubry, la lumière

disparue, elles s'arrangent pour le repos de la nuit. Le soleil règle
le moment de leur lever et de leur coucher. Le matin la nature se
réveille, la feuille se redresse et frissonne, les fleurs s'entr'ouvrent,
le monde des plantes semble vivre d'une vie joyeuse, tout autant
que les oiseaux qui gazouillent sous les branches et que les papillons qui vont de corolle en corolle. Le soir, tout prend un aspect
languissant; les fleurs se ferment, certaines feuilles changent leur
position ordinaire, deviennent rigides et s'endorment. Ce mouvement des feuilles avant le sommeil est si sensible, chez les *fèves* par
exemple, que Pythagore, un philosophe de l'antiquité, les a crues
vivantes et a défendu d'en manger. Quand vient la nuit, les feuilles
des *onagres* se dressent et celles des *balsamines* se rabattent sur leurs
tiges; celles du *trèfle* et du *baguenaudier* s'appliquent par leurs
faces supérieures, celles de l'*acacia* s'abaissent et se tournent le dos.

Et il est si vrai que c'est la privation de la lumière qui fait dormir les plantes, qu'on peut tromper les innocentes à l'aide d'une
lumière factice et, malgré l'heure avancée, les tenir éveillées à la
lueur des lampes. En les renfermant le jour dans une obscurité
profonde et en les éclairant la nuit, un botaniste de notre siècle,
de Candolle, a vu des mimosas, après bien des hésitations et des
tâtonnements, se décider à dormir pendant le jour et à déplier leur
feuillage pendant la nuit!

En plein air, chaque plante se réveille et s'endort à son heure
selon son espèce; le *liseron des haies* est une des plus matinales, il
s'entr'ouvre dès *quatre* heures du matin; le *pavot* fleurit vers *cinq*
heures; le *laitron*, vers *six* heures; le *nénuphar*, vers *sept* heures; le
miroir de Vénus, le *mouron* des oiseaux vers *huit* heures; le *souci
des champs* un peu plus tard, etc. La *belle de nuit* ne s'ouvre que
vers *six* heures du soir, et le *cactus* à grandes fleurs, de *huit* heures
à minuit. Les *graminées*, les *coquelicots*, les *primevères*, s'ouvrent
pendant la nuit. C'est à l'aide de ces observations que l'on s'est
amusé à composer des *horloges de Flore*. Chaque heure y est indiquée par l'épanouissement d'une fleur; mais vous vous imaginez
bien que ces horloges n'ont pas la précision de celles que meut
un rouage.

Les plantes sont des êtres *délicats, capricieux,* fort *sensibles* à l'influence d'un air plus ou moins humide, d'un rayon plus ou moins chaud.

Ainsi il arrive que, les jours de pluie, quoique l'heure de leur réveil soit venue, plusieurs fleurs, comme la *chicorée,* le *pissenlit,* le *souci,* le *nénuphar,* restent fermées abritant sous leurs corolles la poussière de leurs étamines que l'eau ferait couler. L'*héliotrope,* l'*hélianthe* ou fleur du soleil, suivent le mouvement de cet astre et se tournent d'orient en occident.

Ces plantes, que nous disons insensibles parce que leur sensibilité diffère de la nôtre, ont donc bien une *sensibilité* incontestable quoique limitée. Elles ne sont indifférentes ni au froid, ni au chaud, ni à la pluie, ni à l'heure du jour, ni au toucher. Quelquesunes même semblent douées d'un *mouvement volontaire,* quoiqu'il ne soit

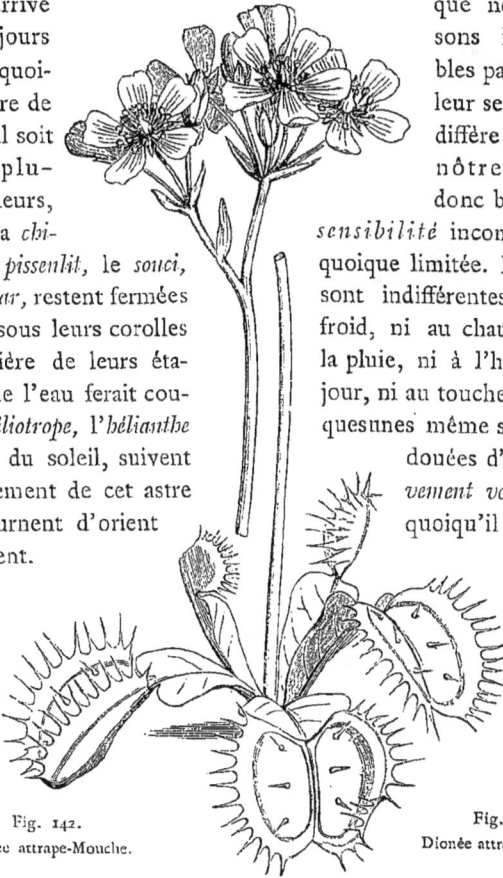

Fig. 142.
Dionée attrape-Mouche.

Fig. 142.
Dionée attrape-Mouche.

que [*mécanique* en réalité. Les mouvements des plantes sont provoqués par la lumière, la chaleur, les inégalités de nutrition qui développent plus un de leurs côtés que l'autre.

Les feuilles couvertes de cils irritables et glanduleux de la *dionée*

attrape-mouche (fig. 142) et celles d'une autre Droséracée surnom-
mée *rosée-de-soleil*, parce que ses poils rougeâtres sécrètent une

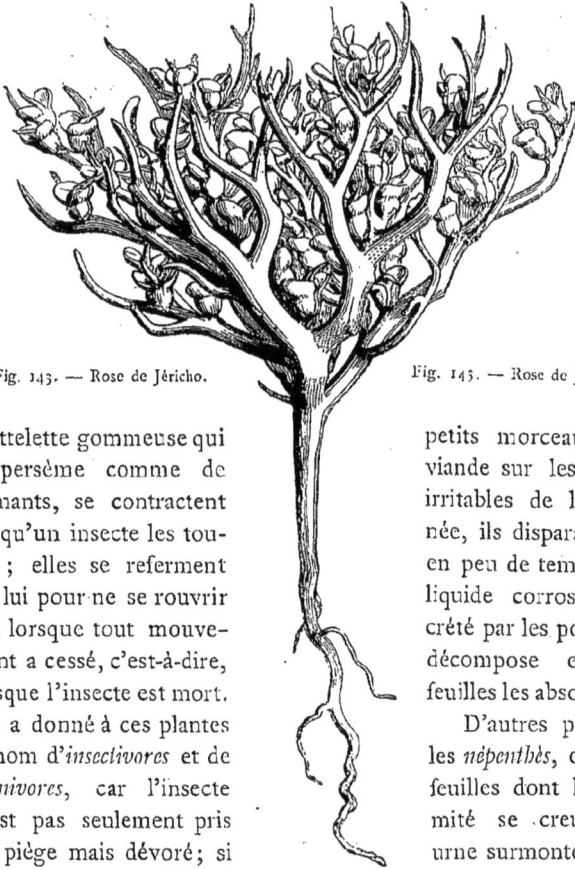

Fig. 143. — Rose de Jéricho.

Fig. 143. — Rose de Jéricho.

gouttelette gommeuse qui la persème comme de diamants, se contractent lorsqu'un insecte les touche ; elles se referment sur lui pour ne se rouvrir que lorsque tout mouvement a cessé, c'est-à-dire, lorsque l'insecte est mort. On a donné à ces plantes le nom d'*insectivores* et de *carnivores*, car l'insecte n'est pas seulement pris au piège mais dévoré; si l'on dépose à sa place de petits morceaux de viande sur les poils irritables de la dionée, ils disparaissent en peu de temps, le liquide corrosif secrété par les poils les décompose et les feuilles les absorbent.

D'autres plantes, les *népenthès*, ont des feuilles dont l'extrémité se creuse en urne surmontée d'un couvercle mobile qui se ferme pendant la nuit tandis que l'urne se remplit d'une sécrétion d'eau limpide ; cette eau attire les insectes et les tue; lorsque le couvercle s'est soulevé au retour du jour, elle s'évapore au soleil peu à peu, et la nuit ramène une nouvelle sécrétion d'eau.

Les voyageurs parlent d'une *liane* garnie de piquants qui se suspend dans les forêts touffues de l'Afrique et se coude ensuite comme volontairement pour mieux arrêter et blesser le voyageur.

Fig. 144. — Mimosa pudica.

L'*Anastatica* ou *rose de Jéricho* (fig. 143), de la famille des Crucifères, a des propriétés hygrométriques fort curieuses. C'est une petite plante de l'Arabie et de la Syrie, qui perd ses feuilles et courbe ses rameaux par-dessus ses fruits à la maturité; ainsi pelotonnée et toute sèche, le vent la déracine et l'emporte sur le rivage de la mer, où elle est recueillie avec soin, car on la vend fort cher en Europe. Il suffit de la mettre dans l'eau ou dans un air humide pour qu'elle se déroule et reprenne l'apparence de la vie ; placée dans un air sec, elle se contracte de nouveau, et semble ainsi mourir et renaître tour à tour.

Mais la plante qui paraît éprouver les sensations les plus réelles, se rapprochant de celles de l'animal, c'est le *Mimosa pudica* (fig. 144), plante herbacée tropicale, commune en Amérique, à grappes de fleurs violettes et à feuilles bipennées. Elle est si impressionable que la grande chaleur, le grand froid, le mouvement imprimé à l'air par le roulement d'une voiture ou le pas d'un homme dans son voisinage, suffisent pour lui faire refermer toutes ses petites folioles les unes après les autres ; le contact le plus léger, une piqûre faite à une de ses feuilles, le poids d'un oiseau-mouche à l'extrémité d'un buisson, provoquent comme un sentiment d'effroi sur toutes les autres feuilles, placées même à une très grande distance. Elles frémissent, semblent s'avertir les unes les autres du danger, se ferment et ne se rouvrent que lorsque le mouvement a disparu ou qu'elles s'y sont habituées. Ainsi, un mimosa placé dans une voiture en marche commence par replier ses folioles en toute hâte ; mais peu à peu, voyant qu'il ne lui arrive aucun mal, il les étend quoique le mouvement n'ait pas cessé : il s'y est fait.

Quelle fleur intéressante ! dit Marguerite ; je voudrais la connaître. Crois-tu qu'elle souffre réellement lorsque l'on cueille un de ses rameaux ?

Non, ma chère fille ; les plantes ne connaissent pas la douleur, qui semble être réservée aux êtres supérieurs pour les aider à se perfectionner ; elles ne peuvent ni vouloir, ni aimer, ni souffrir ; elles subissent ce qui leur arrive sans en avoir conscience, car elles n'ont pas d'*âme* !

CHAPITRE VII. — VISITE A VILAMUR.

Sommaire : Arbres et feuillages. — Disposition des feuilles sur la tige. — Feuilles aériennes et aquatiques. — Feuilles caduques, marescentes, persistantes. — Ramification. — Arbres séculaires et historiques. — Charbon de bois, charbon de terre.

> *Venez : le printemps rit, l'ombre est sur le chemin,*
> *L'air est tiède, et là-bas, dans les forêts prochaines,*
> *La mousse épaisse et verte abonde au pied des chênes.*
>
> VICTOR HUGO.

L y avait déjà quelques jours que Mme des Aubry et ses filles étaient arrivées ; mais ces jours s'étaient écoulés si vite qu'on n'avait pas su trouver le temps de faire une longue promenade hors de Roche-Maure. Un matin, lorsque le déjeuner finissait, M. des Aubry dit à ses enfants :

Votre mère se sent assez forte pour entreprendre un petit

voyage, et moi je me suis arrangé pour être libre aujourd'hui. Voulez-vous venir à Vilamur ?

Fig. 148. — Châtaignier.

Oui, oui ! s'écrièrent les enfants. Il fait si beau, et nous aurons tant de plaisir à revoir Henry et Mercédés !

Les préparatifs ne furent pas longs : les dames prirent leurs ombrelles, les messieurs leurs chapeaux de paille à larges bords, et l'on partit.

C'était une belle matinée pleine de soleil, les arbres proje-
taient sur la terre leurs ombres plus ou moins épaisses et les
découpures infinies de leurs feuillages. Les belles *feuilles larges* et
serrées des platanes, des marronniers, des châtaigniers (fig. 148)
ne laissaient pas passer les rayons du so-
leil qui glissaient facilement à travers les
feuilles ailées ou *légères* des acacias, des
sorbiers et des bouleaux. M. des Aubry
fit remarquer à ses enfants cette variété
des ombres qui provient de la variété des
formes des feuilles et de leur *disposition* sur
la tige.

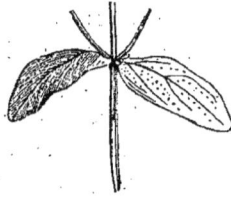

Fig. 149. — Feuilles opposées.

Cette disposition des feuilles mérite
d'être observée avec soin, leur dit-il; elle constitue un des caractères distinctifs des familles des plantes. Voilà des feuilles de lilas
et de millepertuis (fig. 149) qui
se placent bien en face l'une de
l'autre, deux par deux, en formant la croix avec celles qui paraissent au-dessus et au-dessous
d'elles, afin de ne pas se dérober
l'une à l'autre les rayons du
soleil; elles sont *opposées*. Celles
du laurier-rose, de la garance
(fig. 150), du gaillet, réunies par
trois ou par plus de trois à la
même hauteur, forment un anneau ou *verticille* autour de la

Fig. 150. — Feuilles verticillées.

tige. Les feuilles lisses du hêtre, les feuilles finement dentées des
ormes et des cerisiers, cherchent bien aussi à ne point se cacher
la lumière, mais elles s'y prennent autrement; elles s'étagent en
spirale sur la tige et paraissent, non plus deux ou plusieurs à la
fois, mais les unes après les autres, à des intervalles réguliers, en
formant un escalier tournant; elles sont dites *alternes*.

Les lois mathématiques qui règlent la disposition des feuilles

9

autour de la tige particulière à chaque végétal, ou *phyllotaxie,* n'ont été démontrées que dans notre siècle, par Bonnet. Les feuilles alternes du tilleul, de l'orme, par exemple, sont *distiques;* deux feuilles complètent le tour de spire, et la troisième se place exactement au-dessus de la première, la cinquième au-dessus de la troisième, etc., etc. Dans le carex les feuilles sont tristiques, trois feuilles pour un tour de spire. Dans le chêne, le prunier, le peuplier il faut cinq feuilles pour compléter deux tours de spire, et ce n'est que la sixième, puis la onzième qui viennent prendre place exactement au-dessus de la première ; cette disposition s'appelle *quinconciale* (fig. 151). Pour d'autres plantes il faut huit, treize feuilles pour compléter la spirale; si ces feuilles au lieu d'être espacées sont très rapprochées sur une tige très courte, elles simulent un verticille au lieu d'une spirale; c'est ce qui arrive pour les feuilles en rosette de la joubarbe, du plantain.

A la base de toute feuille, à l'endroit appelé *nœud vital,* se trouve toujours un *œil,* un bourgeon, la branche future; mais il ne s'en présente jamais, quelque soin que l'on prenne, sur le *mérithalle* ou entre-nœuds.

Après avoir traversé une prairie dont ni la sécheresse ni la poussière n'avaient encore terni la jeune et incomparable fraîcheur, la famille des Aubry arriva près de la rivière. Ses bords étaient garnis d'aulnes au feuillage sombre, de saules aux feuilles bleuâtres et velues, et de hauts peupliers. Sur les pierres humides et sur le pied des vieux troncs les mousses étendaient leurs tapis verts et veloutés.

Quel joli bruit font ces peupliers! dit Marguerite. On dirait le murmure d'un ruisseau qui coule sur des cailloux, et pourtant la brise souffle à peine.

Leurs feuilles *triangulaires,* dit M. des Aubry, sont attachées à la branche par un long *pétiole* qui offre au vent une lame mince tournée dans un sens opposé à celui de la feuille, ce qui rend celle-ci très mobile. Cette extrême mobilité a fait donner le nom de *trembles* à certains peupliers à feuilles argentées qui, en s'agitant, mettent des rayons blancs dans l'ombre des massifs.

Un petit moulin était bâti sur la rive, et à quelque distance se trouvait la maison du passeur ; car il n'y avait pas de pont à cet endroit de la rivière, il fallait se servir d'un bac pour la traverser.

Quel plaisir d'aller sur l'eau! s'écria Marie, tandis que ses frères hélaient le passeur.

Il ne se fit pas trop attendre et les enfants s'élancèrent dans le grand bateau plat, attaché à une longue chaîne qui l'empêchait d'aller à la dérive. Ils aidèrent à le pousser doucement d'une rive à l'autre, sous le soleil qui faisait scintiller les flots transparents. Puis, bercés par le mouvement de la barque, pénétrés de ces sentiments intraduisibles et délicieux qui inondent l'âme lorsque tout autour de nous est sérénité et poésie, ils regardèrent en silence le ciel bleu, les arbres frémissants, les martins-pêcheurs qui rasaient l'eau en cherchant leur proie, et la grande roue du moulin qui tournait avec son clapotis monotone.

Fig. 151. — Disposition quinconciale.

Les grandes feuilles ovales des nénuphars (fig. 152) soutenues par leur long pétiole, les feuilles à *cinq lobes* des renoncules aquatiques (fig. 153) et les feuilles en *fer de flèche* de la sagittaire, se montraient à la surface de l'eau. M. des Aubry arracha quelques-unes des tiges submergées qui les soutenaient, pour faire examiner à ses enfants leur double feuillage. La sagittaire a sous l'eau de longues feuilles taillées comme des rubans; la renoncule aux petites fleurs d'argent, de même que la mâcre ou châtaigne d'eau qui habite nos étangs, plantes *amphibies*, c'est-à-dire sachant, comme les grenouilles, vivre dans l'eau et hors de l'eau, ont, lorsqu'elles sont *submergées,* un second feuillage qui se divise, à l'instar des branchies des poissons, en une infinité de petites *lames,* pour mieux respirer l'air rare de l'eau. Ces minces lanières se réunissent en pinceau dès qu'on les sort de la rivière, comme incapables de supporter le grand air pour lequel elles ne sont pas organisées.

En général les feuilles *aquatiques,* c'est-à-dire destinées à vivre toujours sous l'eau, sont dépourvues d'épiderme ; elles n'ont que du *parenchyme,* au milieu duquel elles multiplient des lacunes pleines d'air qui allègent leur poids et les empêchent d'aller au fond de l'eau. Le long pétiole de la châtaigne d'eau devient *vésiculeux* au moment où la fleur s'épanouit, afin de la maintenir à la surface de l'eau ; lorsqu'elle est fécondée, il se dégonfle et le fruit descend mûrir sous l'eau.

Les feuilles des nymphéas ne sont pas submergées ; mais appliquées sur l'eau elles ne peuvent respirer que par leur face supérieure ; aussi, contrairement à ce qui se passe pour les feuilles *aériennes,* est-ce cette face supérieure qui est pourvue d'un plus grand nombre de stomates.

La plupart des plantes aquatiques, les plantes marines surtout, sont recouvertes d'un *vernis glaireux* qui les empêche de se pourrir, malgré le contact constant de l'eau. Ces fougères, aux frêles tiges noires, que l'on nomme *adiantes* ou *cheveux de Vénus;* et qui vivent au bord de l'eau, s'enveloppent d'une fine poussière résineuse qui les tient à l'abri de l'humidité. Les feuilles du *chou,* du *pavot* en font autant : l'eau glisse sur elles et s'amasse en boules sans les mouiller ; c'est cette poussière cireuse qui donne à certains feuillages la couleur *glauque* qui ressemble au *vert bleuâtre* de la mer.

Après être sortis du bateau, nos voyageurs suivirent la route qui longe l'Ubaye ; ils ne tardèrent pas à être frappés de la beauté de la campagne et du soin avec lequel la terre était cultivée. De belles prairies, assainies par des rigoles, portaient une herbe épaisse que ni joncs ni autres mauvaises plantes marécageuses ne venaient gâter; dans les champs poussait un blé vigoureux et s'alignaient des vignes bien taillées. Des figuiers aux feuilles *laiteuses,*

des grenadiers aux petites feuilles *luisantes*, des oliviers dont les
grappes de fleurs blanches commençaient à s'entr'ouvrir, annon-
cèrent bientôt le voisinage d'une habitation. Une avenue de beaux
platanes conduisait à un grand parc où les arbres et les arbustes
les plus variés formaient des massifs admirables. Près de *catalpas* à
la cime arrondie, aux larges feuilles d'un vert clair, s'élevaient des
paulownias déjà garnis de leurs fleurs rouges, des *camélias* (fig. 154)
en arbre; les belles coupes blanches des *magnolias*, les branches
légères et fleuries des *tamarix*, ressortaient dans toute leur beauté
sur le fond de verdure sombre formé par les *lauriers*, les *fusains*,

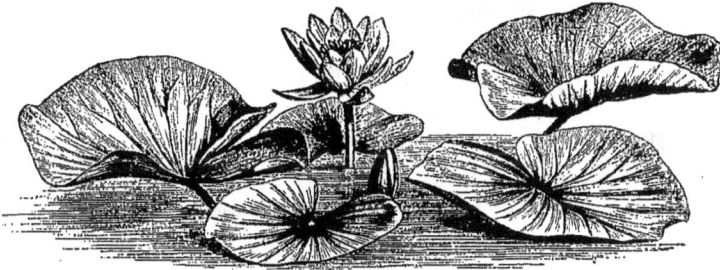

Fig. 152. — Nénuphars.

les *pistachiers* et les *jujubiers*. Des *cèdres* de verts différents
(fig. 155) posaient sur une pelouse la large base de leurs pyra-
mides; des *frênes* et des *sophoras* pleureurs y formaient des ber-
ceaux rustiques, tandis qu'au-dessus d'une pièce d'eau de grands
saules laissaient pendre mélancoliquement leurs branches flexibles.
Quelques *bambous* (fig. 156) et quelques palmiers-nains, *chamœ-
rops humilis*, dressaient même, à l'abri du nord, leurs belles touffes
de feuilles. Des *euphorbes* et des *cactus* (fig. 157) aux formes étranges se groupaient en massifs à côté d'*orangers* aux feuilles persistantes. Des *rhododendrons*, (fig. 158) des *azalées*, des *gynériums*,
de grandes *berces* exotiques se mêlaient à des plantes au feuillage
pourpre ou argenté pour former des corbeilles ravissantes.

La plupart de ces plantes étaient inconnues aux jeunes des

Aubry; ils les contemplèrent avec étonnement. La vue de ce
petit coin bien abrité de la Provence, où une végétation étrangère
était entretenue à force de soins, leur fit comprendre l'existence
de régions tout autres que celles qu'ils connaissaient.

Je n'avais jamais rêvé rien d'aussi beau! s'écria Marguerite;
quelle variété dans ces feuillages! Et puis on les a si bien groupés
qu'ils se font valoir les uns les autres !

Chacun a sa grâce et concourt à l'harmonie de l'ensemble, dit
Mme des Aubry. Les rubans étroits du *chiendent panaché ;* le chevelu sombre des pâles *nigelles ;* les dessins nacrés des feuilles de
begonia ; les teintes roses ou pourpres des *coléus,* des *cordylines,*
des *dracæna,* et les teintes argentées des *cinéraires* qui les entourent, produisent en se mêlant l'effet le plus heureux.

Quelles sont ces belles feuilles découpées, onduleuses, à dents
épineuses, qui forment de si riches touffes de feuillage ? demanda
Marguerite.

Ce sont des *acanthes* (fig. 159), répondit Mme des Aubry ;
elles ont servi de modèle pour une ornementation importante en
architecture. La feuille ample et gaufrée de pavot ne leur cède
point en beauté.

Père, dit Marcel, comment font les plantes à feuillage
rouge pour décomposer l'acide carbonique si elles n'ont pas de
chlorophylle ?

Elles ont de la chlorophylle cachée sous le liquide coloré qui
circule dans leurs cellules, répondit M. des Aubry, et elles peuvent
comme les autres assimiler le carbone. Il n'en est pas moins vrai
qu'on n'arrive souvent à multiplier les teintes des feuilles qu'aux
dépens de leur santé. Certaines tâches blanches qui semblent une
parure, comme celles de l'*aucuba,* ne sont même que l'effet de la
maladie. La couleur blanche peut aussi provenir de l'épaisseur des
poils ou d'un soulèvement de la pellicule épidermique; l'air qui se
glisse sous cette ampoule ne laisse pas apercevoir les cellules vertes
qui sont au-dessous : c'est là ce qui produit les tâches argentées
des *Bégonias.*

Cette précieuse chlorophylle sans laquelle la plante ne peut for-

mer ses produits s'altère à l'automne : c'est le signal de la chute des
feuilles. Elles se revêtent d'abord de nuances rouges et dorées,
puis de la couleur feuille-morte ; la vie se retire, elles tombent, il
se forme un bourrelet de suber qui tranche la *pétiole* et protège la
section. Les unes, les feuilles *caduques,* se détachent dès qu'elles
sont flétries, comme toutes les feuilles *composées* et même quelques
feuilles *simples,* peuplier, lilas, platane. Les autres, les feuilles

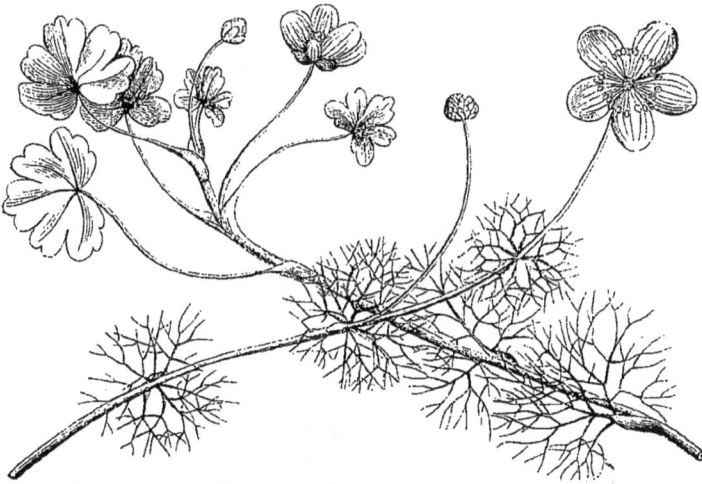

Fig. 153. — Renoncule aquatique.

marcescentes, celles du chêne par exemple, quoique desséchées,
restent sur l'arbre plus longtemps, et n'achèvent de tomber que
lorsque de nouvelles commencent à pousser.

Et celles des *arbres toujours verts* ne tombent-elles jamais ?
demanda André.

Elles restent plus longtemps sur l'arbre, puis elles finissent par
tomber comme les autres, dit M. des Aubry. Au lieu de ne vivre
que quelques mois, du printemps à l'automne, elles persistent pendant dix-huit mois, deux ans, et ne tombent que lorsque d'autres
feuilles plus jeunes garnissent l'arbre qui n'est jamais dépouillé de
sa robe verte. Ces feuilles-là sont *persistantes.*

Vous êtes frappés, mes chers enfants, par la diversité de tous ces feuillages; ne remarquez-vous pas aussi combien le *port* diffèrent des arbres concourt à leur donner des aspects variés ? La manière dont les rameaux s'écartent de la tige suffirait à les carac-

Fig. 154. — Camélias.

tériser, fussent-ils dépouillés de leurs feuilles. Ainsi les sapins émettent des rameaux dès leur base et développent les inférieurs bien plus que les supérieurs, ce qui leur donne une forme *pyramidale* (fig. 160). Les catalpas, les marronniers, les chênes étendent des branches puissantes au-dessus de nos têtes, après avoir formé un tronc nu, et *arrondissent* leurs *cimes*. L'orme a une cime divisée ;

les peupliers d'Italie rapprochent leurs rameaux de leur haute tige,
et ressemblent à de longs *fuseaux*. Les arbres *pleureurs* dirigent

Fig. 155. — Cèdres et Gynérium.

leurs branches, soit *flexibles* comme celles du saule, soit *rigides*
comme celles du frêne, vers la terre.

Ce port, cette *ramification* des arbres, provient de la manière
dont se développent leurs bourgeons. Le *bourgeon terminal*, par sa

croissance et son renouvellement annuel, élève *l'axe vertical* vers le ciel et développe l'arbre en hauteur. Le développement des bourgeons *latéraux* fait croître le végétal dans le sens *horizontal*. Si ces bourgeons latéraux, ou *axillaires*, c'est-à-dire paraissant à l'aisselle de chaque feuille, prenaient tous un égal développement, les branches seraient disposées régulièrement comme les feuilles, *opposées, verticillées* (fig. 161) ou *alternes;* la *ramification* reproduirait exactement la *foliation*. Mais il n'en est pas ainsi, certains bourgeons avortent constamment. L'avortement du bourgeon terminal ne permet le développement de l'arbre qu'en *largeur;* l'avortement des bourgeons latéraux ne laisse développer l'arbre qu'en *hauteur*. C'est ce qui arrive chez les palmiers, dont la tige simple, dépourvue de toute ramification, a reçu le nom particulier de *stipe*. (fig. 162).

Mais nous avons bien à Roche-Maure des arbres à haute tige nue, n'ayant de branches qu'à leur sommet? dit Marcel ; des chênes, des érables, etc.

Ces tiges *nues*, dit M. des Aubry, sont produites soit artificiellement, c'est-à-dire par le travail de l'homme qui a *élagué* les branches basses, soit par la chute naturelle des bourgeons ou des jeunes rameaux; mais tous nos arbres indigènes donnent des bourgeons latéraux. Nous changeons quelquefois pour notre convenance le port naturel des arbres; pour les faire pousser en hauteur nous les élaguons, ou bien, afin de les rendre plus productifs, nous les mutilons; vous avez bien vu des ormeaux ou des saules coupés en *têtards* (fig. 163). Le but qu'on se propose en enlevant ainsi la partie supérieure de la tige, c'est de faire développer, à l'endroit de la blessure, un grand nombre de bourgeons qui produisent promptement des branches latérales dont on peut tirer parti.

M. des Aubry cessa de parler en voyant paraître sur le perron du château M. de Féris et ses deux enfants, accompagnés d'un jeune chien épagneul noir et blanc que Henry retenait par une oreille pour l'empêcher de faire un accueil trop démonstratif aux visiteurs.

Soyez les bien-venus à Vilamur, dit M. de Féris, s'avançant vers ses hôtes et leur tendant la main. Nous avions hâte de vous voir tenir votre promesse ; et pour peu que vous eussiez tardé, je

Fig. 156 — Bambous.

. crois que nous aurions eu, mes enfants et moi, l'indiscrétion de
vous prévenir.

Nous pouvons donc espérer que nous vous verrons bientôt à

Roche-Maure, dit Mme des Aubry en acceptant le siège qu'on lui offrait; nous vous en ferons les honneurs avec grand plaisir en mettant tout amour-propre de côté; car vous n'y trouverez rien de comparable aux cultures, à la végétation riche et variée que nous admirons depuis que nous sommes sur les terres de Vilamur.

Il faut des années pour améliorer le sol d'une propriété et créer des jardins comme les miens, dit M. de Féris ; mais vos soins obtiendront des résultats aussi heureux que ceux que vous voulez bien louer, n'en doutez pas. Roche-Maure a pour lui dès maintenant de se trouver dans un des plus beaux sites que je connaisse.

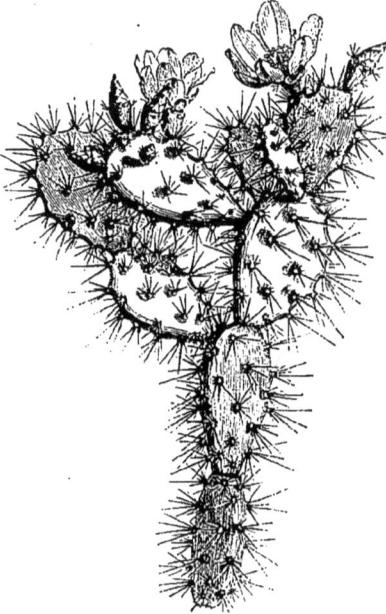

Fig. 157. — Cactus.

Pendant que leurs parents causaient, les enfants s'étaient éloignés ; Mercédès conduisit ses nouvelles amies près d'une volière où étaient réunis de jolis oiseaux qui mêlaient leurs chants et leurs plumages aux tons les plus variés. Tout auprès était suspendu un hamac en soie végétale ou *fibres d'agave*, où Marie fut tout heureuse de se blottir pour se reposer auprès des oiseaux dont la grâce et la vivacité la captivaient. Henry, suivi de Duck, le bel épagneul, parcourut les bosquets avec Marcel et André ; puis il leur proposa de venir voir le petit poney à la longue crinière, à la queue balayant la terre, à l'air mutin et un peu sauvage, qu'il avait l'habitude de monter. Il leur montra ses engins de pêche et une petite carabine Flaubert avec laquelle il chassait dans le parc. Duck, qui était un chasseur encore inexpérimenté mais plein d'ardeur, se mit à bondir et à aboyer en entendant armer le fusil.

Qu'il est beau votre chien ! dit André en caressant les longues soies de l'épagneul.

Et bon aussi, dit Henry. Regardez ses grands yeux doux ! Ces petites dents blanches là (il les mettait à découvert) n'ont jamais

Fig. 158. — Fleurs de Rhododendron.

mordu personne. N'est-ce pas, Duck, que vous êtes aimable et obéissant? Allez me chercher mon mouchoir, et tâchez de me l'apporter sans le déchirer.

Duck s'élança vers le mouchoir qu'on lui jetait et le rapporta aussitôt.

C'est bien, mon chien, dit Henry.

Vous êtes heureux d'avoir un pareil ami, lui dit Marcel.

Mais moi, je n'ai pas de frère comme vous, répondit Henry.

Maintenant que vous voilà établis dans notre voisinage, nous

Fig. 159. — Acantus Lusitanicus.

nous réunirons souvent, si vous le voulez, et Duck deviendra notre ami à tous les trois. La connaissance fut bien vite faite entre tous ces aimables enfants.

Une communauté d'habitudes simples et de sentiments élevés devait rendre l'entente également facile entre les parents et amener une prompte intimité. Aussi, lorsque le moment du départ fut venu, se sépara-t-on avec autant de regrets que si l'on était de vieux amis.

M. de Féris offrit à ses hôtes de les faire reconduire en voiture.

Je vous remercie, dit Mme des Aubry; nous nous sommes tout à fait reposés auprès de vous, et nous faisons le projet, en revenant à Roche-Maure, de passer par la forêt où mon mari veut examiner le travail des bûcherons qui touche à sa fin.

La famille des Aubry redescendit la vallée, traversa encore la rivière et s'achemina vers la forêt.

Il était près de quatre heures de l'après-midi; la chaleur du jour était encore dans toute sa force. Le soleil, en descendant vers le couchant, dardait ses rayons dans la figure de nos voyageurs qui avaient hâte de trouver l'ombre protectrice des grands arbres.

Dès qu'ils eurent pénétré sous les voûtes sombres de la forêt, ils éprouvèrent une délicieuse impression de fraîcheur. Sous les belles cimes doucement frémissantes, s'étendaient des tapis d'herbes fines et de petites fleurs charmantes; et les fourrés mystérieux, formés par les arbustes au feuillage touffu, étaient comme éclairés par les fleurs pâles des chèvrefeuilles et les grappes dorées des genêts (fig. 164).

L'aspect d'une forêt remplit l'âme d'un sentiment de respect; il semble qu'on entre dans un temple élevé par la nature à la gloire de Dieu. Chaque arbre a sa voix pour lui rendre hommage; dès que le vent s'élève, tout devient harmonie; des souffles légers passent à travers les branches, et chaque feuille murmure un son particulier.

Ne vous semble-t-il pas, mes chers enfants, dit Mme des Aubry après avoir marché quelque temps en silence, que nous entrons

Fig. 160. — Abies Pinsapo.

Fig. 161.— Araucaria excelsa.

dans une immense église ? Ces branches touffues en forment la voûte au-dessus de nos têtes, et ces gros troncs en sont comme les piliers ; les rayons du soleil filtrent en s'adoucissant à travers le feuillage comme à travers des vitraux, et le vent fait entendre comme les derniers accords d'un orgue lointain.

Aussi ce sont les *forêts* qui ont inspiré aux architectes du moyen âge le style ogival et la forme élancée de nos églises gothiques, dit M. des Aubry. Et, il y a deux mille ans, les forêts étaient les seuls temples de nos ancêtres les Gaulois. C'est là qu'ils se réunissaient pour prier ; là que leurs prêtres, les druides et les druidesses, les instruisaient et accomplissaient leurs cérémonies religieuses ; et que, vêtus de longues robes blanches, couronnés de verveine et armés de la faucille d'or, ils allaient cueillir sur les chênes le gui sacré, le gui toujours vert, symbole d'immortalité.

Les arbres de cette forêt doivent être bien vieux, père ? demanda Marcel.

Ils ne sont pas tous du même âge, répondit M. des Aubry ; tu vois que de jeunes tiges surgissent à côté des cadavres des vieux arbres : les générations se succèdent sans interruption. Les arbres même de grosseur égale n'ont pas tous un nombre égal d'années ; certaines *essences* croissent plus rapidement que d'autres. Le tilleul, l'acacia, forment annuellement des couches de bois plus épaisses que celles du chêne.

Puis l'épaisseur des couches de bois ne varie pas seulement selon l'espèce de l'arbre, mais dans le même arbre, selon les circonstances. Si l'arbre a froid, s'il reçoit peu de nourriture et de lumière, s'il s'est épuisé par une abondante émission de fruits, il ne produit qu'une mince couche de ligneux. De même, s'il est gêné d'un côté par un mur qui arrête ses branches, par un sol pierreux qui empêche ses racines de se développer, il ne formera de ce côté que des couches étroites, brunâtres et comme malades, et le tronc, ne s'accroissant pas régulièrement tout autour, se creusera du côté le moins bien nourri et perdra sa forme ronde. Quand vous voyez une bûche bien ronde, formée de zones bien régulières, vous pouvez dire que l'arbre qui l'a fournie a eu une belle vie, bien pondérée, qu'aucun accident n'est venu troubler.

Comme nous paraissons petits auprès de ces arbres qui nous

Fig. 162. — Palmier.

entourent! dit Marcel. Il y en a que nous ne pourrions embrasser qu'en nous réunissant deux ou trois et en nous donnant la main !

Et pourtant, dit M. des Aubry, les plus beaux arbres de nos forêts ont disparu peu à peu sous l'effort du temps, et par suite des défrichements faits pour mettre le sol en culture; par suite aussi des coupes périodiques qui renouvellent les forêts. Il ne reste plus dans nos pays que de rares échantillons de ces géants bien des fois centenaires (fig. 165) devant lesquels l'homme, qui vit pendant si peu d'années, reste confondu à l'idée des générations innombrables qu'ils ont vues passer, et des révolutions de toute espèce qui se sont accomplies sans troubler leur inaltérable sérénité!

Quelques-uns ont encore leur légende. Près de Saintes existe un des plus vieux chênes de l'Europe : on lui suppose deux mille ans; dans son tronc creusé par l'âge se trouve une chambre de trois à quatre mètres, où poussent des lichens et des fougères. On a pu construire une petite chapelle dans le tronc d'un vieux chêne d'Allouville en Normandie (fig. 166). Il y a peu d'années, on voyait encore dans le département des Deux-Sèvres un tilleul qui avait quinze mètres de circonférence, auquel on attribuait à peu près le même âge. Richelieu fit abattre près de Villers-Cotterets un chêne d'une grosseur prodigieuse, qu'on appelait le chêne du roi et qui avait plus de mille ans; il servait de rendez-vous aux malfaiteurs.

Fig. 163. — Têtard.

Des voyageurs racontent qu'en Sicile se trouve un châtaignier de cinquante mètres de circonférence, surnommé le châtaignier des *cinquante* chevaux, parce que cinquante cavaliers trouvèrent sous son épais feuillage, il y a plusieurs siècles, un abri contre un orage qui venait d'éclater. D'autres voyageurs parlent d'un platane merveilleusement gros existant non loin de Constantinople, et d'un noyer, énorme de plus de deux mille ans, vivant en Crimée; il est possédé par cinq familles, qui se partagent la récolte abondante de noix qu'il produit encore. Près de Morat se trouve un immense

tilleul qui avait dès 1408 soixante-sept branches supportées par
des piliers; il est encore vigou-
reux et bien feuillé et doit avoir
neuf cents ans. On dit qu'il
existe encore sur le mont Liban des cèdres du temps de
Salomon (fig. 167).

Si nous rattachons aux arbres des souvenirs historiques,
dit Mme des Aubry, il faut
mentionner le chêne de Vin-
cennes, sous lequel le roi
saint Louis allait s'asseoir pour
rendre la justice, écoutant avec
patience et bonté tous ceux qui
venaient lui exposer leurs demandes ou leurs plaintes. En
Lorraine, on parle avec un
pieux respect des arbres sous
lesquels Jeanne d'Arc, en gardant ses troupeaux, entendait
les voix qui lui disaient : « Il
faut aller chasser l'Anglais du
beau pays de France ! » Et dans
les plaines de Milan, on croit
qu'existent encore les châtaigniers sous lesquels Bayard, le
héros de notre Dauphiné, le
bon chevalier sans peur et sans
reproche, rendit son âme à
Dieu. Les grands ormes des
environs de Paris ont été plantés par Henri IV.

Fig. 164.
Genêt fleuri.

Fig. 164.
Genêt fleuri.

En Afrique, reprit M. des
Aubry, se trouvent des arbres plus gros qu'aucun des nôtres,

quoiqu'ils ne s'élèvent pas à une grande hauteur. Ce sont les baobabs ou *Adansonia* que le célèbre naturaliste Adanson, mort au

Fig. 165. — « Ces Géants bien des fois centenaires. »

commencement de ce siècle, a le premier sérieusement étudiés.
Ils sont pleins de vie, ils ont encore des siècles à vivre ; et d'après
le nombre des zones de leur bois, on suppose qu'ils doivent
avoir déjà six mille ans : ils ont résisté au déluge ; leur prodi-.

gieuse vitalité est telle qu'ils peuvent grandir et grossir encore
d'une façon très sensible après avoir été abattus. Et depuis peu
on a découvert en Californie des arbres verts géants dépassant
tout ce qu'on connaissait jusqu'ici, sauf l'eucalyptus de l'Australie.

Quelques-uns de ces *sequoia* ont plus de cent mètres de haut
et dix mètres de tour; l'un d'eux qui a été abattu (fig. 168), laisse
lire sur son tronc admirablement conservé plus de trois mille
ans de vie ; cent quarante enfants ont pu trouver place à la fois
dans son tronc évidé.

Ces exemples d'étonnante longévité sont fort rares, et nous
inspirent une sorte de vénération pour ces témoins des premiers âges de la terre, à nous, rois de la création par l'intelligence, mais qui disparaissons si vite !

On était arrivé à une vaste clairière où se faisait une coupe
considérable destinée à la fois à donner aux arbres l'air et la
lumière qui font leur force, et à fournir le bois nécessaire à la
consommation de l'année. Plusieurs ouvriers étaient à l'ouvrage ;
les uns frappaient avec la longue cognée sur le pied de l'arbre
condamné à mourir; lorsqu'il commençait à vaciller, ils le poussaient du côté où il devait tomber ; le gros tronc s'abaissait en
craquant, s'ouvrait un passage à travers le fourré, et tombait lour-
dement en ébranlant la terre. Des bûcherons coupaient aussitôt
ses branches et en formaient des fagots qu'ils liaient avec des
rameaux de *coudrier* (fig. 169). D'autres ouvriers équarrissaient les
troncs destinés à faire de belles poutres, ou entassaient en stères,
entre deux piquets, les arbres qui, moins sains, moins droits, ne
pouvaient servir qu'à faire du bois de chauffage. Les scieurs de
long, montés sur leurs échafauds, partageaient en planches les
épais madriers. En voyant les grands arbres qui restaient étendus
par terre, André s'écria :

Voilà le champ de bataille des géants ! que de morts sur le
terrain ! le combat a été rude !

C'est bien dommage d'abattre de si beaux arbres, dit Marcel
au moment où tombait un grand chêne.

Fig. 166. — Chêne d'Allouville.

Les arbres que nous abattons sont finis, monsieur, lui dit le
bûcheron ; ils ne poussent plus de la tête et ne peuvent plus rien

Fig. 167. -— Cèdre du Liban.

gagner à rester sur pied. En les coupant nous les rajeunissons ;
leurs *souches* sont encore pleines de vie, elles pousseront des rejetons qui, dans quelques années, formeront un joli coin de bois
taillis : c'est qu'il ne faut pas si longtemps pour faire un *taillis*

qu'une *futaie;* ces grands arbres que nous abattons n'ont pas été
plantés par nos pères, ni par nos grands-pères non plus !

Mais que fera-t-on de tout ce bois ? reprit Marcel.

On en brûlera une grande partie, dit M. des Aubry ; le *chêne*
et le *hêtre* sont de bons bois de chauffage, le *charme* flambe encore
mieux et l'*ormeau* (fig. 170) fait d'excellent charbon ; mais les

Fig. 168. — Sequoia abattu.

plus belles parties de ces bois serviront à faire des poutres et des
solives, des planchers, des portes et toute sorte d'ouvrages de
menuiserie. Les branches souples du *coudrier* seront employées
pour fourches et paniers ; le bois dur du *frêne* fera des manches
d'outil, des roues et des brancards de voiture ; celui du *châtaignier*,
des cercles et des tonneaux ; l'*acacia* au bois serré, qui ne se pourrit
point en terre, fournira de bons échalas et de solides barrières.

Tous ces arbres qui peuplent nos forêts et réussissent sous
notre heureux climat ne sont pas indigènes ; le *platane*, au port
majestueux, est un étranger ; l'*acacia*, aux feuilles légères, aux

gracieuses fleurs embaumées, nous vient d'Amérique, et le *mar-ronnier*, des Balkans ; tous les deux ont été introduits depuis deux siècles à peu près. Quant à l'*érable* aux feuilles découpées et rougissantes, au *hêtre* haut et touffu, au *frêne* aux feuilles ailées, et au *bouleau* au tronc argenté, ils sont indigènes comme le *chêne*, qui est un arbre bien français et d'une beauté incomparable. Comme il se tient droit quoique chargé d'années ! Comme ses branches s'étendent au loin d'un air protecteur ! Comme ses petites feuilles crénelées et ses glands brillants lui font une belle parure !

Père, dit André, que fera-t-on de ces écorces de jeunes arbres que l'on emporte de la forêt ?

On les expédiera dans des tanneries pour servir à la préparation des cuirs, répondit M. des Aubry. L'écorce du chêne, du châtaignier et de plusieurs autres arbres, renferme un principe astringent, le *tannin*, dont la propriété a été reconnue dès les temps les plus reculés, et découverte de la façon la plus simple. Les premiers hommes, qui vivaient de leur chasse dans les forêts immenses, se faisaient des chaussures avec la dépouille des animaux qu'ils avaient tués. Et comme ces peaux se déchiraient facilement, ils entouraient leurs pieds d'une première enveloppe faite avec la partie souple de l'écorce des arbres. Ils s'aperçurent que cette écorce, broyée par la marche, assouplissait la peau, en absorbait la partie grasse et la rendait plus forte et plus imperméable à l'eau. C'est là ce qui donna l'idée de tanner les cuirs ; il n'y eut plus qu'à perfectionner l'application du procédé.

Après avoir examiné le travail des ouvriers, nos voyageurs se remirent en marche et se trouvèrent bientôt au milieu d'un petit hameau placé à l'extrémité de la forêt. Des sabotiers et des charbonniers habitaient ces huttes éparses, près desquelles étaient entassées des branches de *hêtre* et de *noyer* bien veiné, destinées à faire des sabots. Des femmes s'occupaient à trier, selon les grosseurs et les qualités, et à mettre dans des sacs, du *charbon* amassé en gros monceaux sous des hangars. A quelque distance une fumée épaisse sortait d'un monticule de terre.

Qu'est-ce qui brûle là-dessous ? demanda Marie.

C'est du bois que l'on transforme en charbon, lui répondit son père. Pour le débarrasser de toutes ses parties gazeuses et volatiles sans consommer son carbone, on le fait brûler lentement, à l'abri de l'air, après l'avoir rangé par couches et recouvert de terre, en laissant seulement une ouverture pour servir de cheminée.

Fig. 169. — Rameau de Coudrier avec Chatons.

Vous voyez que partout le travail et l'industrie humaine s'ingénient à tirer parti des ressources que la nature a mises à notre disposition, dit Mᵐᵉ des Aubry. Pendant que le bûcheron fait tomber avec sa cognée ce bois que le charpentier, le menuisier, le sculpteur travailleront pour en tirer tant de partis divers, et que le charbonnier transformera en charbon, d'autres hommes, les *mineurs*, s'en vont courageusement dans les profondeurs de la terre, loin de l'air libre et de la lumière, retirer le charbon naturel, ou charbon de terre, enfoui depuis les premiers âges du globe.

Qu'est-ce donc que le charbon de terre ? demanda Marcel.

La *houille* ou *charbon de terre*, répondit M. des Aubry, de même que les *lignites* et la *tourbe*, provient des végétaux transformés, *minéralisés*. Les continents et les

Fig. 170. — Rameau d'Orme avec Fleurs et Fruits.

îles aujourd'hui à découvert ont longtemps séjourné sous les eaux ; par suite des soulèvements amenés par le feu central et des effondrements de la croûte terrestre, des parties du globe qui avaient produit des plantes abondantes et d'immenses forêts se sont trouvées englouties avec les provisions de carbone qu'elles

avaient accumulées. Malgré les modifications qui ont combiné
sous l'eau les éléments des plantes et les ont fait passer à l'état de
matières minérales, leurs caractères organiques subsistent encore
dans leurs débris. Ce n'est que depuis le quatorzième siècle qu'on
a commencé à exploiter les mines de houille.

Mais maintenant, père, dit André, les terres habitées ne dispa-
raîtront plus sous les eaux ?

Tu m'en demandes bien long, mon cher fils, reprit M. des
Aubry ; l'immutabilité n'est guère de ce monde. Que deviendront
cette terre qui nous porte et nous nourrit, et ce soleil qui nous
éclaire ? Ils subiront bien des transformations probablement, mais
ce n'est point nous qui les verrons.

Ifs centenaires de Fortingals, en Écosse.

CHAPITRE VIII. — LE PALAIS DES FÉES

> *La nature semblait n'avoir qu'une âme aimante ;*
> *La montagne disait : que la fleur est charmante !*
> *Le moucheron disait : que ce vallon est beau !*
>
> VICTOR HUGO.

'ÉTAIT une douce vie que celle que l'on menait à Roche-Maure. L'après-midi était prise par l'étude ; M. et Mᵐᵉ des Aubry s'occupaient avec régularité de l'éducation de leurs enfants ; et comme ils avaient eux-mêmes sérieusement travaillé pendant leur jeunesse, ils pouvaient goûter cette immense satisfaction de former à la fois l'esprit, le cœur, la raison de ces êtres chéris sans les éloigner d'eux. L'étude des langues et de l'histoire, les mathématiques, le dessin, la musique, exigeaient chaque jour plusieurs heures de travail. Mais les matinées, ces matinées si fraîches, si radieuses de l'été, et les soirées tièdes, dorées, pleines de poésie, étaient pour les enfants des moments d'entière liberté.

Le jardin était toujours, le soir surtout, le lieu de prédilection et de rendez-vous de toute la famille. M. des Aubry et ses fils le considéraient un peu comme leur œuvre, et trouvaient toujours quelque soin nouveau à lui donner. Avec les fleurs, il n'y a pas de repos : arroser, arracher les mauvaises herbes si vite repoussées, renouveler par de jeunes plants les corbeilles fanées ; c'est toujours à recommencer !

Marie faisait subir bien des transformations à son jardin ; elle déplaçait les bordures, transplantait ses fleurs d'un carré dans un autre.

On ne peut pas dire de tes plantes qu'elles n'ont pas le mouvement, lui disait André ; elles voyagent autant que si elles avaient des jambes ; je ne les vois pas deux jours de suite à la même place.

Fig. 174.— Pied d'Alouette.

Il lui arrivait de placer une allée et de la bien fouler, là où elle avait fait un semis qui ne poussait pas assez vite à son gré ; ou bien, lorsque la tigelle soulevait la terre, elle écartait la motte avec son petit doigt et tuait ainsi la pauvre plante qu'elle voulait aider. Elle arrachait les radis déjà feuillés, mais dont le collet n'avait pas encore eu le temps de s'arrondir en boule tendre et rose, et ne les trouvant pas plus gros qu'un fil, elle se hâtait de les remettre en terre, où ils se gardaient bien de reprendre. Avec son petit arrosoir elle suivait ses frères lorsqu'ils allaient donner de l'eau à leurs fleurs, ce qui ne l'empêchait pas de rentrer, les jours de pluie, un réséda qu'elle avait en pot, de peur qu'il ne se mouillât, disait-elle.

Richard était son ami : quoique plus âgé, il comprenait ses goûts et savait trouver des jeux qui lui plaisaient. Au mois de juillet il lui rapporta des champs des fleurs de pied-d'alouette (fig. 174), et il lui apprit à en retirer les pétales en forme de

Fig. 175. — Roses doubles.

cornet, très pointu d'un côté et évasé de l'autre, que l'on peut introduire les uns dans les autres pour en former de jolies petites couronnes. Marie passa bien longtemps à faire sa couronne, qui s'ouvrait d'un côté pendant qu'elle la fermait d'un autre; mais comme elle fut fière, lorsqu'elle l'eût enfin terminée, de pouvoir l'offrir à sa mère pour qu'elle la mît dans son livre de prières !

Un soir Marguerite, Marcel et André étaient assis près de leur mère sous une tonnelle où ne pouvaient pénétrer les rayons du soleil, grâce à l'épais rideau de houblon et de vigne-vierge qui l'enveloppait. M. des Aubry coupait les roses fanées afin que toute la sève se portât sur les boutons, et mettait un grand soin à ne les cueillir qu'à queue courte, au-dessous du premier œil qui se forme à la base du pédoncule, les deux yeux qui se rapprochent de la fleur étant les seuls qui donnent des rameaux remontants fleurifères. Richard et Marie se mirent à ramasser des pétales de roses. Ils en couvrirent une grande auge de pierre pleine d'eau de façon à former une belle nappe rose, au bas de laquelle ils étendirent d'autres tapis de pétales qu'ils entourèrent de branches vertes piquées en terre.

Mme des Aubry les regardait faire en souriant.

Marie, dit-elle, aura vu en rêve la vallée de Cachemire, ce berceau des roses qui se cache derrière les hautes cimes de l'Himalaya. Les voyageurs racontent que là existe un séjour enchanté, où les roses fleurissent toute l'année et ont un parfum plus pénétrant qu'ailleurs; aussi y fabrique-t-on, comme en Turquie, cette essence de rose si suave dont on n'obtient quelques gouttes qu'avec des milliers de pétales. Dans cette vallée, couronnée par de sombres forêts de pins et arrosée par une multitude de ruisseaux qui forment des lacs et des cascades, des touffes de rosiers émaillent les tapis d'herbe fine. Les toits plats et couverts de terre des maisons qui se cachent dans la verdure sont eux-mêmes des

Fig. 176. — Rose simple de Provins.

jardins pleins de fleurs. Lorsque la floraison est dans tout son épanouissement, on célèbre la fête des roses ; les habitants sortent en chantant de leur demeure et se promènent à la lueur de mille flambeaux qui se réflètent dans les eaux où l'on jette à poignée les pétales embaumés.

Que ce doit être joli ! s'écria Marguerite ; les roses sont de si charmantes fleurs !

Dans quelques années, lui dit M. des Aubry, tu verras que

Fig. 177. — Branche d'Églantier.

Roche-Maure sera devenu aussi un nid de roses : j'en plante, j'en sème, j'en greffe partout. J'obtiendrai peut-être par le semis quelque variété nouvelle ; je *créerai des roses* qui n'ont pas encore existé, et j'aurai le droit de les baptiser d'un nom nouveau. La plus belle s'appellera comme votre mère, et les autres porteront vos noms.

La rose (fig. 175) a été entourée de tant de soins depuis cent ans qu'elle est devenue comme une fleur nouvelle. On ne connaissait que vingt variétés de roses du temps de Louis XIV ; nous en possédons actuellement plus de deux mille, toutes issues de deux ou trois espèces. On n'a pas su pourtant en créer de bleues, ni de noires, ni de vertes. Le « général Jacqueminot », rose pourpre, a été créé de semis à Meudon en 1853 ; la belle « Louise Odier », rose rose, ne date que de quelques années, et « la France », l'incomparable, est encore plus récente ; la « rose

du roi » fut dédiée à Louis XVIII; la « baronne Prévost », de
toutes les roses la plus imitée artificiellement, est une création de
Desprez, amateur de Seine-et-Marne, qui mourut en respirant la
rose charmante à laquelle il a donné son nom. Les roses thé, noisettes, sont américaines; les roses du Bengale sont originaires de

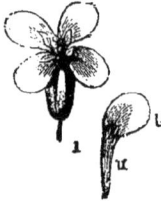

Fig. 178 et 179.
Fleur polypétale de
Giroflée.

l.. limbe. U. onglet.

l'Inde; la rose mal nommée des quatre saisons,
la rose rouge de Provins (fig. 176), et l'incomparable rose à cent feuilles, moussue ou non
moussue, sont originaires de l'Europe.

Les églantiers (fig. 177) sont presque aussi
jolis que les rosiers, dit Marguerite; il est dommage qu'il faille, pour les greffer, sacrifier leurs
longues tiges souples qui forment de si belles
guirlandes !

Mais les églantines ne durent qu'un jour et
ne paraissent que pendant une saison, dit M. des
Aubry. La rose varie bien plus ses nuances et
reste épanonie plus longtemps; les variétés
qu'on appelle remontantes ont même chaque
année deux floraisons; la rose du Bengale fait
mieux encore, elle fleurit pendant huit mois
de l'année sans interruption.

Mais commeut peut-on obliger la rose à produire un si grand nombre de pétales? demanda
Marcel.

Tu ne peux comprendre cette métamorphose
de la rose simple en rose pleine, dit M. des
Aubry, qu'en étudiant en détail une fleur, ce
palais de fées, ce palais enchanté où se passent

Fig. 180.
Fleur monopétale
de Liseron.

tant de choses merveilleuses. Faisons cette étude ensemble si vous
voulez. Regardez d'abord au microscope le tissu d'un simple *pétale*
de rose ou de géranium. Quelle pâte tendre et nacrée ! la lumière
y fait briller comme une poussière de diamants ! ces fins tissus ne
surpassent-ils pas en beauté le velours et le satin ? Il semble que la
vie anime cet amas de cellules, et qu'on voie la sève circuler dans

les fibres et les vaisseaux d'une teinte plus foncée qui les sillon-
nent! Ces pétales constituent la *corolle*, qu'on appelle vulgairement
la fleur, parce que, étant colorée, c'est elle qui la première attire
nos regards; mais elle n'est en réalité qu'une partie de la fleur, et
non la plus importante. En détachant ces pétales, je mets à découvert un *calice* vert qui les
soutenait et qui se divise en
cinq petites feuilles découpées, appelées *sépales*, formées, comme les feuilles de
la tige, de parenchyme sou-
tenu par un réseau de nervures qui s'entre-croisent,
et recouvert d'un épiderme.

Le *calice* et la *corolle*,
qui ne sont que les *enveloppes florales* de la véritable
fleur, sont tantôt d'une seule
pièce, tantôt de plusieurs.
En effeuillant une fleur
d'églantier, de giroflée (fig.
178 à 179), de géranium ou
d'œillet, je suis obligé de
m'y reprendre à plusieurs
fois, à quatre ou cinq fois,
selon le nombre des pétales,
tandis que j'enlève d'un
seul coup la corolle de ce

Fig. 181. — Œillet giroflier.

liseron (fig. 180) qui est toute d'une pièce. Il y a donc deux sortes
de corolles : les corolles *polypétales* ou *dialypétales* ou de plusieurs
pièces, et les corolles *monopétales* ou d'un seul pétale, qu'on
appelle aussi et plus exactement *gamopétales,* ce qui veut dire à
pétales soudés. Il en est de même pour les calices; ils peuvent être
polysépales et *monosépales,* ou mieux, *gamosépales.*

Les pétales et les sépales sont de véritables *feuilles* transformées d'une façon particulière dans le but de protéger la petite fée du logis. Pour le sépale, pourvu de chlorophylle comme les feuilles, le rapport est évident. Le pétale, coloré par un liquide qui remplit ses tissus, n'est jamais vert; mais il a comme les feuilles une partie élargie appelée *lame* ou *limbe*, et une partie plus pâle et plus étroite, très distincte dans l'œillet (fig. 181), qu'on nomme *onglet,* et qui rappelle le *pétiole.*

Fig. 182. — Fleur coupée de Cochlearia.

S. sépale. P. pétale. A. anthère. N. stigmate. G. gynécée.

Voyez-vous maintenant, au centre de mon églantine effeuillée, une multitude de petites têtes dorées au bout de délicats supports blancs? ce sont les *étamines,* dont l'ensemble constitue l'*androcée;* les têtes dorées sont les *anthères,* petits sacs à deux ouvertures, tout remplis d'une poussière généralement jaune appelée *pollen;* les supports délicats sont les *filets,* rattachant l'étamine à la gorge du calice.

L'*anthèse,* ou complet développement de la fleur, correspond au moment où les anthères s'ouvrent pour laisser passer le pollen contenu dans leurs loges, *extrorses,* c'est-à-dire s'ouvrant du côté de la corolle, ou *introrses,* c'est-à-dire s'ouvrant en lui tournant le dos. Un *connectif* réunit les deux loges de l'anthère quand elles sont séparées.

Fig. 183 et 184. — Cerisier Mahaleb.

Ces étamines entourent l'être mystérieux que j'appelle la fée, et qui, tout petit d'abord, presque invisible, finit par prendre selon

les fleurs toute sorte de formes et de couleurs, et même quelquefois des dimensions énormes ! Cette fée, c'est le *pistil* ou *gynécée*
(fig. 182), partie centrale de la fleur où s'accomplit le mystère de
vie lorsqu'il a reçu le pollen des étamines. Il est formé de trois
parties ; inférieure-
ment se trouve une
petite boule qu'on
découvre au fond du
calice en écartant les
étamines, et qu'on
nomme *ovaire* parce
qu'il renferme de pe-
tits œufs ou *ovules*.

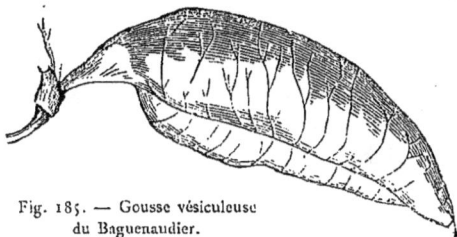

Fig. 185. — Gousse vésiculeuse
du Baguenaudier.

L'ovaire est souvent surmonté d'un tube appelé *style*, dont l'extrémité s'épanouit en tête spongieuse, appelée *stigmate*. C'est sur
ce stigmate que tombe le pollen des étamines ; une liqueur visqueuse l'y retient ; il s'allonge, et par le canal du style descend
jusqu'aux ovules pour les féconder.

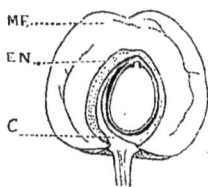

Fig. 186.— Cerise ouverte.
ME. mesocarpe.
EN. endocarpe.
C. cordon ombilical.

Une fois la fécondation opérée, la plante
n'a plus qu'un souci : fournir de la sève à ces
ovules pour qu'ils grossissent et deviennent
des graines capables de la reproduire. Toute
la vie de la plante se porte à l'ovaire ; *calice,
corolle, étamines, style* et *stigmate* tombent
alors ou se flétrissent ; la plante elle-même,
si elle est annuelle, meurt dès qu'elle a mûri
ses graines ; si c'est un arbre, ou un arbuste
comme le rosier, il se dépouille de ses feuilles
et prend l'apparence de la mort. Il semble
que la plante n'a grandi, n'a poussé ses feuilles et ses fleurs qu'en
vue de cette semence qui doit perpétuer son espèce.

Eh bien, mes chers enfants, les *étamines* et les *pistils* ne sont
eux-mêmes, comme les *sépales* et les *pétales,* que des feuilles transformées dans un but particulier, celui de créer la graine. En y
regardant de bien près il est facile de s'en convaincre. Ainsi la

culture change les étamines en pétales, le filet s'élargit, l'anthère disparaît, et la nature foliacée de l'étamine ne peut plus se méconnaître. C'est en obligeant les étamines à se transformer en pétales que nous obtenons les fleurs doubles. L'*églantine* à cinq pétales et à étamines indéfinies est devenue par nos soins une *rose* à pétales innombrables dont les étamines ont presque entièrement disparu; celles qui restent au cœur sont à moitié transformées en pétales. La fleur du mérisier double est bien jolie avec ses pétales multiples qui se serrent en petites têtes neigeuses; mais savez-vous ce qu'elle a été obligée de faire pour se parer ainsi?

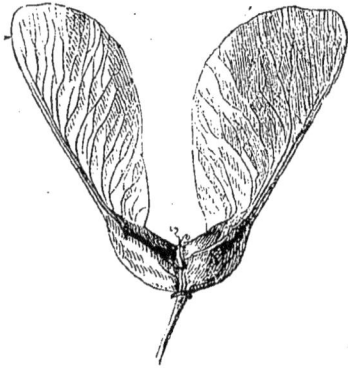

Fig. 187. — Fruit ailé de l'Érable sycomore.

métamorphoser ses étamines en pétales et, par suite, renoncer à la maternité; car sans étamines la fleur ne peut former de fruit; l'ovaire qu'elles n'ont pas fécondé se flétrit sans donner de graine.

Il existe, à ce qu'on raconte, près de Saint-Valéry-en-Caux, un pommier dont les fleurs, par une bizarrerie de la nature, sont toujours dépourvues d'étamines, et qui ne peuvent donner des pommes que si l'on vient secouer au-dessus d'elles la poussière d'autres fleurs de pommier mieux organisées. C'est ce que des jeunes filles s'amusent à faire tous les ans; chacune apporte sa branche prise sur des pommiers d'espèce différente, et à la maturité, le pommier de Saint-Valéry se trouve couvert de reinettes, de calvilles rouges ou blanches, etc.

Fig. 188.
Samare de Bouleau.

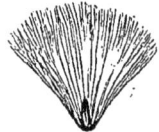

Fig. 189.
Graine aigrettée du Saule.

Pour obtenir des graines tenant de deux espèces de fleurs ou

de fruits dont on désire mêler les perfections, on s'y prend de la même manière :

On secoue le pollen de l'une sur le stigmate de l'autre ; la plante que l'on crée par ce croisement a quelque ressemblance avec ses deux parents, sans être identique ni à l'un ni à l'autre ;

Fig. 190. — Fraisier.

c'est une plante *hybride*. Rien ne peut mieux prouver que les hybrides le rôle important que jouent les étamines dans la fécondation de la graine.

La fleur du mérisier, ou cerisier double, peut aussi nous fournir la preuve de l'origine foliacée du pistil. A la place qu'il devrait occuper, au centre de la fleur, voilà deux petites feuilles vertes qui s'enroulent en dedans par les bords, et se rétrécissent vers le haut en simulant un style et un stigmate. Dans le cerisier simple (fig. 183 à 184), cette feuille centrale se soude par les bords et forme un corps renflé et creux, un *ovaire* pouvant abriter un *ovule;* mais on ne peut douter qu'il procède d'une feuille. La ressemblance du fruit et de la feuille se conserve complète dans certains fruits, par exemple dans celui du baguenaudier (fig. 185), dont vous vous amusez à faire éclater sous vos doigts la gousse vésicu-leuse, c'est-à-dire gonflée d'air comme une vessie : c'est une simple feuille verte soudée par les bords. Dans les cerises déjà mûres de ce cerisier précoce, dont je viens de cueillir une branche, l'origine foliacée du fruit est moins sensible ; et pourtant vous voyez qu'on distingue encore le sillon ou *suture* qui indique l'union des deux bords de la feuille *carpellaire,* bien plus, il est vrai, sur celles qui sont encore vertes, que sur celles qui sont déjà rouges et charnues.

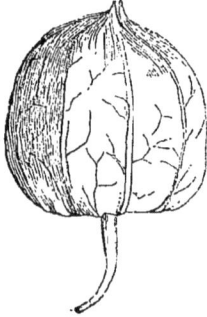

Fig. 191.— Calice accrescent de l'Alkékenge.

A l'intérieur de cette *suture,* sur les bords rentrants et fibreux de la feuille car-pellaire appelés *placentaires,* s'attachent les ovules par un filet composé de vaisseaux nourriciers, appelé *funi-cule* ou *cordon ombilical* (fig. 186). Le nom de *carpellaire,* donné à la feuille qui contient les graines, vient du mot grec *carpos,* qui veut dire *fruit.* Tantôt le fruit, formé d'une seule feuille carpellaire ou de plusieurs indépendantes les unes des autres, est dit séparé ou *apocarpé,* comme la cerise, le petit pois, etc. Tantôt le fruit est formé de plusieurs carpelles réunis, soudés de fa-çon à ne faire qu'un seul corps, comme l'orange, la pomme, l'œillet, etc., et il est dit *syncarpé.*

Fig. 192. Bouton de Pavot.

Lorsque les fruits sont mûrs, il y en a qui s'ouvrent d'eux-mêmes, comme si on poussait un ressort, et leurs graines se répan-dent sur la terre ; ce sont les fruits *déhiscents ;* on donne le nom d'*indéhiscents* à ceux qui ne s'ouvrent pas naturellement, et qui attendent, comme l'orange ou la pomme, que la décomposition, le bec des oiseaux ou quelque autre force étrangère donnent pas-sage aux graines qu'ils renferment.

Les fruits ont une infinité de saveurs, et leurs propriétés sont plus ou moins agréables et nourrissantes. Leurs formes ne sont pas moins variées; les uns développent une *aile*, comme ceux de l'érable (fig. 187) et du bouleau (fig. 188); d'autres s'entourent ou se couronnent d'*aigrettes*, comme ceux du saule (fig. 189) et du pissenlit ; les châtaignes se hérissent d'*épines*, le blé cache sa fécule sous une mince enveloppe ; la pêche se revêt d'un fin duvet; la fraise (fig. 190) rougit et se parfume ; le gros potiron arrondit sa chair dorée; le pavot gonfle sa capsule et y amasse ses *sucs* assoupissants; enfin, selon son caprice, la petite fée multiplie ses innombrables métamorphoses.

Fig. 193.
Estivation Valvaire.

Richard et Marie, qui m'ont écouté avec atention sans toujours me comprendre, continua M. des Aubry, méritent une récompense : je propose de leur partager les quelques cerises mûres qui se trouvent sur la branche.

Oui, oui! s'écrièrent Marguerite, Marcel et André.

Ce sont les premières que je mange de l'année, dit Richard, en faisant le signe de la croix selon le touchant usage de rendre grâce à Dieu des fruits que chaque été ramène.

Elles sont bien bonnes, dit Marie en jetant le noyau.

Ce *noyau* que tu jettes, reprit M. des Aubry, suffit pour reproduire le cerisier.

Fig. 194 et 195.
Estivation Torduc.
A. bouton.
B. coupe du Bouton.

D'abord tendre et gélatineux dans la jeune cerise encore verte, il s'organise et s'affermit à mesure que la cerise mûrit, et forme une *coque* ligneuse au dedans de laquelle se cache la graine composée de deux enveloppes protectrices ou *téguments*, des *cotylédons*, et de l'*embryon*, point vital vers lequel affluent les sucs nourriciers les mieux élaborés. A l'abri de ce noyau protecteur,

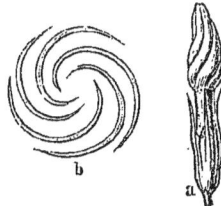

la graine peut subir bien des assauts sans s'altérer, résister au froid, au chaud, à l'humidité sans mourir; les animaux l'avalent

Fig. 196.
Estivation imbriquée.

sans la décomposer, et vont la resemer quelquefois bien loin du lieu de sa naissance. Qu'elle se trouve alors placée dans des circonstances favorables, elle entr'ouvre sa coquille et ses téguments ; la *radicule,* la *tigelle,* les feuilles de la *gemmule,* se développent; il ne leur faut plus que du temps pour se fortifier, grandir et devenir un *arbre.*

Fig. 197.
Estivation quinconciale.

Le cerisier sauvage ou merisier est originaire de l'Europe ; mais le cerisier domestique, dont les fruits abondants et délicieux mûrissent presque avant tous les autres fruits, fut introduit en Italie quelques années avant notre ère par Lucullus, général romain; il le rapporta de Cérasonte, ville du Pont, d'où lui est venu son nom. L'introduction d'un fruit nouveau ou d'une plante utile est un bienfait, mes chers enfants; il faut retenir le nom de ceux à qui nous le devons. Une belle variété de cerises a été baptisée par un Montmorency; et bien d'autres personnages illustres ont tenu à honneur de donner leur nom à des fleurs ou à des fruits nouveaux.

A ce moment, le jardinier vint prévenir M. et Mme des Aubry que quelques jeunes filles du village voisin demandaient à leur parler. Elles s'approchèrent, toutes gentilles, avec leurs robes d'indienne, leurs petits bonnets de mousseline garnis de dentelle par-dessus leurs épais chignons, et la croix et le cœur d'or attachés à leur cou par-dessus le fichu blanc croisé sur la poitrine.

Fig. 198.—Fleur en Entonnoir.
Datura.

Nous venons, dit la plus âgée, vous demander la permission

d'élever un reposoir à l'entrée de votre forêt, du côté le plus proche du village ; c'est après-demain la Fête-Dieu.

Bien volontiers, mes enfants, leur répondit M. des Aubry.

Et si cela vous faisait plaisir, reprit la jeune fille, vous nous prêteriez quelques flambeaux pour mettre des cierges, et vous nous donneriez des bouquets.

Marguerite, c'est ton affaire, dit M. des Aubry à sa fille aînée ; parcours les bosquets avec ces demoiselles, et tâche de trouver ce qui leur convient.

Marguerite emmena les jeunes villageoises, et cueillit de gros bouquets qu'elle leur donna.

Fig. 199.
Fleur en roue.
Bourrache.

Lorsqu'elle revint près de ses parents, elle tenait encore à la main quelques fleurs.

Père, dit-elle, j'examinais tout à l'heure des fleurs de lis et de tulipe ; elles n'ont donc pas de calice ?

Non, dit M. des Aubry, certaines fleurs n'ont qu'un *périanthe* simple, c'est-à-dire qu'une seule *enveloppe florale* qui n'est considérée ni comme un calice ni comme une corolle, et qu'on appelle *périgone*.

Le pavot n'a pas de calice non plus, dit André.

Fig. 200. — Bourrache.

Celui que tu examines ne l'a plus, parce qu'il l'a perdu, dit M. des Aubry ; le calice du pavot est *caduc*, c'est-à-dire qu'il tombe dès que la fleur s'épanouit ; mais il était bien là avec ses deux sépales verts et poilus pour la protéger lorsqu'elle n'était encore qu'en bouton. En général le calice persiste plus longtemps et continue à soutenir la fleur après son épanouissement. Chez quelques plantes même il est *accrescent*, c'est-à-dire qu'il continue à se développer après la fécondation comme chez le coqueret-alkékenge qui, après la chute de la fleur, entoure la baie d'une vésicule écarlate (fig. 191).

Avant leur épanouissemeut, c'est-à-dire pendant l'*estivation* ou *préfloraison*, les corolles s'arrangent le mieux qu'elles peuvent sous l'enveloppe protectrice du calice, comme font les feuilles dans le bourgeon, afin de tenir le moins de place possible ; elles se plissent, se chiffonnent comme le pavot (fig. 192), s'enroulent.

Fig. 201.
Fleur campanulée.

De même que les feuilles sur la branche, les pétales peuvent être disposés sur l'axe florifère ou en *verticille* vrai : telle est la disposition *valvaire* qui place les pétales bord à bord sur un même rang, sans qu'aucun soit recouvert ni recouvrant (fig. 193), et la disposition *tordue* qui ne laisse aucun pétale ni tout à fait découvert, ni tout à fait découvrant (fig. 194 et 195) ; ou en *spirale surbaissée* formant un *verticille apparent*, telles sont la disposition *imbriquée* (fig. 196) comme celle de la véronique, et la disposition *quinconciale* (fig. 197), rappelant la disposition des feuilles du chêne sur la tige, la première ne laissant qu'un pétale extérieur, les autres

Fig. 202.
Fleur en Grelot (Myrtille).

étant recouverts par un de leurs bords ; et la seconde laissant les deux premiers pétales tout à fait extérieurs, tandis que le troisième n'est découvert que par un de ses bords, et que les deux derniers sont tout à fait recouverts.

D'après la grande loi de *symétrie*, chaque verticille floral doit alterner avec celui qui le précède et celui qui le suit, corolle avec sépales, étamines avec corolle, carpelles avec étamines.

Fig. 203.
Fleur régulière
de Renoncule.

Lorsque les corolles des fleurs sont arrivées à leur épanouissement complet, elles nous offrent les aspects les plus divers. Chacune a sa forme, sa couleur, et se dispose sur la tige d'une façon différente. La tulipe forme une belle *coupe* aux nuances éclatantes ; la stellaire d'argent dispose ses

ciñq pétales en *étoile;* la giroflée, qui n'en a que quatre, les met
en *croix;* le datura (fig. 198) forme un *entonnoir;* la bourrache
(fig. 199 et 200), une *roue* bleue à cinq rayons; la campanule
s'évase en *cloche* (fig. 201); le muguet, comme la myrtille, se
rétrécit en *grelot* (fig. 202). Ces fleurs-là ont toutes une forme
régulière (203); il en est d'autres dont le calice et la corolle
sont *irrégulièrement* découpés; l'acacia et le haricot ont cinq
pétales de forme différente qui se déploient comme des *ailes de
papillon* (fig. 204 à 209); l'ancolie (fig. 210), enroule ses pétales

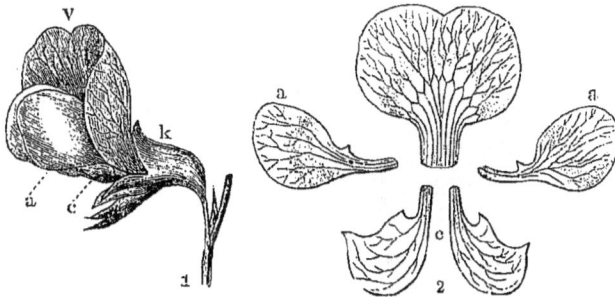

Fig. 204 à 209. — Fleur papilionacée.
K. calice. V. étendard. A. ailes. C. carène.

en *capuchon;* l'aconit, en *casque;* la violette, le pied-d'alouette,
la capucine (211), la linaire, les prolongent en *éperon;* la sauge
(fig. 212) et la gueule de loup (fig. 213) développent *deux
lèvres* au bout d'un tube, etc.

L'*inflorescence,* c'est-à-dire la disposition des fleurs sur l'axe
floral, est aussi variée que l'aspect de chaque fleur prise séparément.
Les fleurs qui sont seules sur la tige et la terminent, comme la
tulipe, sont dites *solitaires* et *terminales;* celles qui, comme les liserons, paraissent tout le long de la tige, à l'aisselle des feuilles,
sont appelées *axillaires.* En général les fleurs sont portées par une
queue ou *pédoncule* : celles qui n'en ont pas et sont posées directement sur la tige, sont dites *sessiles;* beaucoup n'en ont que de
toutes petites, appelées *pédicelles,* qui se rattachent de diverses

manières à un pédoncule commun de façon à former un assem-
blage de fleurs qu'on peut cueillir toutes à la fois, et qui porte
différents noms selon le genre de disposition du groupe. Ainsi la
groseille (fig. 214), le
réséda (fig. 215) ont
leurs fleurs disposées
en *grappe*, c'est-à-dire
supportées par des pé-
dicelles d'égale lon-
gueur s'étageant sur le
pédoncule commun; la
grappe du myosotis,
celle de l'héliotrope
ont ceci de particulier
qu'elles ne portent des
fleurs que d'un côté et
s'enroulent en crosse
par le bout.

Les grappes dont
les pédicelles sont si
courts que les fleurs
semblent posées im-
médiatement sur le pé-
doncule commun, ainsi
qu'il arrive pour le
plantain, la verveine
(fig. 216), pour l'aigre-
moine, dont les petits
fruits couverts d'aiguil-

Fig. 210. — Ancolie.

lons crochus s'attachent au bas des robes et au poil des chiens,
sont appelées *épis*.

Au contraire, si les pédicelles prennent plus de développement
que dans la grappe et se ramifient, les fleurs se trouvent disposées
en *thyrse,* comme celles du marronnier, ou en *panicule,* comme
celles de l'yucca, etc.

Il peut arriver que les pédicelles, quoique partant de différents points du pédoncule, amènent les fleurs qu'ils soutiennent à un même niveau, ce qui forme un *corymbe;* c'est là ce qui se passe chez le cerisier mahaleb ou arbre de Sainte-Lucie (fig. 217), et chez le sorbier des oiseaux, aux jolis fruits couleur de feu.

Le lilas, le troëne, l'aspérule (fig. 218), la spirée reine des prés, ont un mode d'inflorescence *définie* ou en *cyme,* c'est-à-dire que, contrairement à ce qui se passe lorsque l'inflorescence est *indéfinie,* l'axe primaire est terminé par une fleur aussi bien que les autres axes émanés de lui. Si les pédoncules vont toujours en se bifurquant lais-

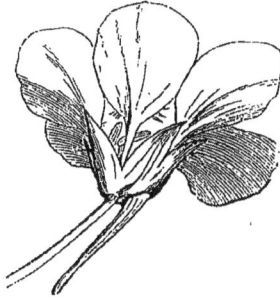

Fig. 211. — Fleur de Capucine.

sant une fleur entre chaque bifurcation, et formant une *grappe* définie de fleurs très régulièrement disposées, comme chez la petite centaurée rose, la cyme est dite *dicho-tome* (fig. 219).

Le cerisier (fig. 220), le fenouil, etc., se disposent en *ombelle,* c'est-à-dire que des pédicelles partent tous du même point et s'en vont en rayonnant, comme les baleines d'une ombrelle, et que leurs longueurs iné-gales se combinent de façon à ce que toutes les fleurs soient portées à une même hauteur. Lorsque chaque pédicelle se rami-fiant forme lui-même une petite ombelle,

Fig. 212.
Fleur labiée de Sauge.

la réunion de toutes ces petites *ombelles simples* constitue une *ombelle composée* (fig. 221).

La scabieuse, le pissenlit, la pâquerette, serrent leurs petites fleurs les unes contre les autres de manière à former une tête ou *capitule* (fig. 222) qui simule une seule fleur.

Que de caprices elles ont, ces charmantes fleurs! dit Marguerite ; ce n'est pas une petite affaire que de se mettre au courant de leurs mœurs, de leurs métamorphoses et de leurs caprices !

Le lendemain, le soleil resplendissait dans le ciel bleu, et les cloches sonnaient à toute volée au village voisin. La famille des Aubry s'y rendit, ainsi que tous les habitants de la paroisse. Les maisons étaient tendues de draperies blanches et garnies de bouquets de fleurs, et l'on avait placé de grandes branches vertes, comme des arbres, le long du chemin que devait suivre la procession.

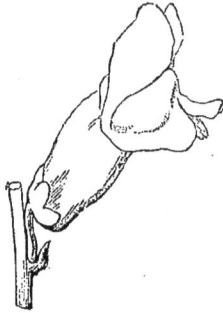

Fig. 213.
Fleur de Muflier.

Lorsque parut la croix du Sauveur, la foule pieuse, assemblée dans l'église et jusque sous le porche, se rangea à sa suite en deux longues files. Les enfants tenaient des branches de feuillage ; les hommes, la tête découverte, les femmes, parées de leurs costumes traditionnels, chantaient des hymnes. Tous les âges et tous les rangs étaient confondus ; une même prière s'élevait de tous les cœurs : « Hosanna à notre Père céleste, créateur du ciel et de la terre, qui nous a envoyé son divin Fils pour nous enseigner la loi d'amour et de miséricorde ! Qui nous a donné des cœurs pour l'aimer, une voix pour porter vers lui nos actions de grâce !

Fig. 214.
Grappe de Groseille.

A mesure qu'on avançait à travers les blés, les vignes, les prairies en fleurs, la prière des paysans devenait plus fervente devant ces terres arrosées de leurs sueurs. « Seigneur, c'est vous qui faites pousser les moissons dans nos champs ! Répandez donc vos bénédictions sur votre peuple et sur les biens de la terre, afin qu'après les avoir recueillis heureusement, nous en usions pour votre gloire! »

La route était longue; de temps en temps, les chants s'inter-
rompaient, mais le long cordon des villageois continuait à se
dérouler sous le soleil. Il arriva enfin à l'ombre de la forêt. C'est
là, sous les grands arbres, qu'était élevé le reposoir, se détachant
comme un bouquet de fleurs sur un fond de feuillage. Des clématites couvertes de leurs légères touffes
de fleurs blanches formaient au-dessus
de lui un berceau parfumé.

La foule se rangea avec recueille-
ment sous les arbres, et le vieux prêtre,
montant les degrés de l'autel, bénit au
nom de Dieu le peuple agenouillé.
Après avoir prié quelque temps en silence, les villageois reprirent leurs
chants et reformèrent la procession
pour retourner au village.

Marie était fatiguée; Mme des Aubry
décida qu'on se reposerait un moment
et qu'on reviendrait à Roche-Maure
par la forêt.

Que cette fête est belle! dit Marguerite. La nature entière semble glo-
rifier Dieu; les oiseaux et les insectes
chantaient avec nous tout le long du
chemin!

Fig. 215.
Grappe de Réséda.

Tout ce qui existe lui rend hommage à sa manière, dit
Mme des Aubry; mais l'homme seul peut comprendre ce qu'il lui
doit et chercher à connaître sa volonté pour l'accomplir courageusement.

Où est-il le bon Dieu? dit la petite Marie; est-ce qu'il nous
entend?

Il est partout et reçoit toutes nos prières, ma bien-aimée,
répondit Mme des Aubry. Vois-tu ces graines aigrettées et légères
qui sont emportées par le vent, on ne sait où? Elles semblent per-

dues, et pourtant elles finiront par se poser, germer et reproduire une plante nouvelle. Il en est de même de nos chants et de nos prières ; ils se sont dissipés dans l'air, et pourtant notre Père céleste les a recueillis et nous tiendra compte du moindre élan d'amour, d'espérance et de foi !

Au moment de s'asseoir au pied d'un charme que sa mère lui désignait, Marie poussa un cri et se releva.

Je ne veux pas m'asseoir là, dit-elle, il y a des chenilles !

Ah ! lui dit André en riant, ces chenilles-là ne te feront pas de mal !

Et ramassant des *chatons* (fig. 223) ver-dâtres qui étaient tombés des charmes, il lui fit voir que ce n'étaient pas de vraies chenilles.

Regarde-les bien, lui dit M. des Aubry,

Fig. 216. — Fleurs en Épi de la Verveine.

tu verras qu'il ne remuent pas ; ce sont les fleurs des arbres dont l'ombre nous protége.

Elles ne sont pas jolies, dit Marie.

C'est vrai, reprit M. des Aubry ; elles s'habillent plus simplement que le pavot ou la rose ; mais ce sont bien des fleurs. Tout à l'heure lorsque nous priions, les paysans et nous, nous sentions bien que nous étions tous frères, quoique nous ne fussions pas tous habillés de la même façon. Ces *chatons* ou *épis* sont des fleurs pauvrement vêtues, qui portent derrière de petites écailles plusieurs étamines groupées ; elles tombent dès que leur mission fécondante est remplie.

Mais, père, dit Marcel, si la fleur tombe maintenant, il n'y aura pas de fruit à l'automne ?

Ah ! voilà ce qui demande une explication, répondit M. des Aubry.

Fig. 217. — Corymbe de Cerisier Mahaleb.

Ces fleurs ne sont pas organisées comme celles que nous avons étudiées hier, qui étaient des fleurs *complètes*, c'est-à-dire contenant, sous une enveloppe florale *double*, des *étamines* et des *pistils*. Les fleurs en chaton n'ont pour enveloppe florale qu'une *écaille* et ne portent que des *étamines* ; mais sur le même arbre se trouvent d'autres fleurs renfermant l'*ovaire*. Les premières peuvent tomber dès qu'elles ont répandu leur poussière, leur rôle est fini; les secondes restent sur l'arbre pour organiser et mûrir le fruit qui ne tombe qu'à l'automne. On appelle plantes *diclines* ou à deux lits, les plantes qui ont ainsi deux espèces de fleurs ; des fleurs *mâles*

Fig. 218.
Inflorescence en Cyme de l'Aspérule.

staminées ou portant les étamines, et des fleurs *femelles pistillées* ou portant le pistil.

Parmi ces plantes diclines, il y en a qui, comme les *châtai-*

gniers, les *chênes*, les *pins*, les *noyers*, les *melons*, etc., portent les deux espèces de fleurs sur le même pied ; on les appelle *monoïques*, ou n'ayant qu'une maison. D'autres, comme le *saule*, le *chanvre*, le *houblon*, le *dattier,* etc., ont leurs fleurs staminées sur un pied et leurs fleurs pistillées sur un autre ; on les dit *dioïques*, ou ayant deux maisons.

Cela m'explique pourquoi on cueille le chanvre à deux fois, dit Marcel.

Sans doute, reprit M. des Aubry ; les pieds mâles jaunissent dès que leurs fleurs ont répandu le pollen, et on peut les arracher ; mais les

Fig. 219. — Cyme dichotome, petite Centaurée.

pieds femelles ont besoin de rester plus longtemps en terre pour mûrir leurs graines.

Les plantes *dioïques* poussent donc toujours deux par deux, à côté l'une de l'autre, puisqu'elles ne peuvent fructifier l'une sans l'autre ? dit Marcel. Et encore, même ainsi, comment le pollen si menu s'en va-t-il tomber justement sur le stigmate ?

Il y est porté par le vent, par les insectes qui volent de fleur en fleur, répondit M. des Aubry, et souvent à de grandes distances. Il s'en perd beaucoup certainement ; mais il suffit que quelques grains arrivent jusqu'à l'ovaire. Les plantes

Fig. 220. — Ombelle simple de Cerisier.

dioïques vivent généralement en famille, les unes près des autres, ou dans un voisinage qui rend leurs unions faciles.

Lorsque la fleur pistillée ne reçoit point de pollen, elle ne peut former de fruit, elle se dessèche, laissant dans l'ovaire des

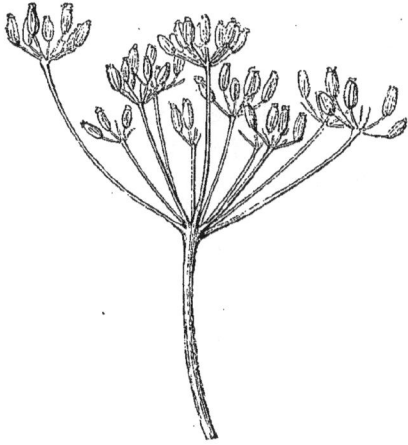

Fig. 221. — Ombelle composée du Fenouil.

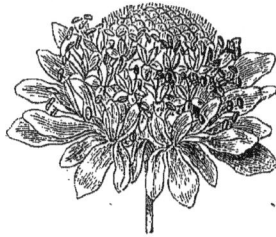

Fig. 222. — Capitule de Scabieuse.

graines imparfaites et improductives. Au commencement du siècle dernier, Linné et Bernard de Jussieu, ont su le prouver par de nombreuses expériences. Il y avait à cette époque, dans un jardin de la rue Saint-Jacques, à Paris, un pistachier femelle qui fleurissait tous les ans sans fournir aucun fruit capable de germer. M. Bernard de Jussieu y fit porter un pistachier mâle chargé de fleurs qui était en caisse, et cette année-là le pistachier put *nouer* et donna des fruits bien conditionnés qui germèrent fort bien. Mais les

Fig. 223. — Chatons de Charme.

années suivantes il ne forma encore que des graines imparfaites, le pistachier mâle ayant été enlevé.

Le saule pleureur, originaire des bords de l'Euphrate, apporté d'Orient par les croisés et fort bien acclimaté en France, ne s'y reproduit que de bouture ou de marcotte ; il ne donne point de graine, étant dioïque, et le pied pistillé seul ayant été introduit chez nous. L'aucuba ne fructifiait point il y a une vingtaine d'années, parce que nous n'avions pas encore de pieds mâles. Les arbres exotiques, du reste, ne savent pas toujours former des graines fécondes hors de leur pays, même lorsque leurs fleurs renferment étamines et pistils.

Mère, dit Marie, je ne suis plus fatiguée ; je puis marcher maintenant.

On se remit donc en route pour retourner à Roche-Maure.

CHAPITRE IX. — A QUI LA PREMIÈRE PLACE ?

SOMMAIRE : Classification végétale. — Plantes cryptogames ou acotylédonées, phanérogames ou cotylédonées. — Phanérogames monocotylédonées
et dicotylédonées. — Exposition des principales méthodes artificielles et
naturelles. — Familles végétales, tribus, genres, espèces, variétés. — Avortements, soudures, multiplications, métamorphoses.

Et les herbes, les fleurs, les lianes des bois,
S'étendaient en tapis, s'arrondissaient en toits,
S'entrelaçaient aux troncs, se suspendaient aux roches,
Sortaient de terre en grappe, en dentelles, en cloches.

LAMARTINE.

ERS le soir, lorsque l'on fut assis sous la tonnelle, Marcel reprit la conversation que la marche avait interrompue.

Est-ce que toutes les plantes fleurissent, père ? demanda-t-il.

Toutes ont des moyens de reproduction, répondit M. des Aubry, mais toutes n'ont pas de fleurs proprement dites. On appelle *cryptogames*,

mot créé par Linné, les plantes qui, comme les fougères, les
mousses, les champignons, ne fleurissent pas, et dont le mode de
reproduction était resté jusqu'à nos jours moins connu que celui
des plantes *phanérogames*, pourvues d'é-
tamines et de pistils.

Fig. 227.
Coupe verticale d'une tige mono-
cotylédonée (Palmier).

Ces deux *divisions* sont les plus
grandes du monde végétal; on les dé-
signe encore sous d'autres noms. Vous
rappelez-vous que lorsque nous avons
vu germer la graine, nous avons reconnu
que la plante naissante était nourrie par
deux feuilles féculentes, que nous avons
appelées ses *cotylédons?* Les plantes
cryptogames qui n'ont pas de fleurs, par
suite point de graines organisées comme
celles que nous avons étudiées, n'ont pas
de cotylédon, ce qui les fait appeler *acotylédonées* ou sans cotylédon; les plantes
phanérogames, au contraire, sont dites *cotylédonées*.

Parmi les plantes cotylédonées, il y en
a qui ont deux cotylédons : ce sont les
dicotylédonées; d'autres qui n'en ont qu'un
et qu'on appelle *monocotylédonées*.

La grande majorité des plantes de nos
pays appartient à l'embranchement des
dicotylédonées; c'est d'elles surtout que je
vous ai parlé jusqu'ici.

La différence entre le nombre des
cotylédons en entraîne d'autres tout aussi
constantes. Ainsi les *racines* des dicotylédonées sont très souvent *pivotantes,*
celles des monocotylédonées sont toujours *fasciculées*.

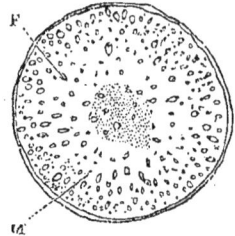

Fig. 228. — Coupe horizontale
d'une tige de Palmier.
F. faisceau de fibres et de vaisseaux. — M. moelle.

Les *tiges* des dicotylédonées se *ramifient;* elles sont formées
de zones *régulières* qui s'augmentent extérieurement, et sont plus
dures au cœur qu'à la circonférence. Les tiges des monocotylédo-

nées ne se *ramifient* pas, n'ont ni *zones régulièrement* formées, ni *écorce* distincte ; leurs fibres et leurs vaisseaux sont disséminés sans ordre, comme des piliers épars au milieu du tissu cellulaire ; leur centre reste tendre, se creuse quelquefois, tandis que l'extérieur acquiert le plus souvent une grande dureté (fig. 227 et 228).

Les *feuilles* des dicotylédonées ont des nervures qui s'entre-croisent et forment un réseau solide ; elles tombent à l'automne ; les feuilles des monocotylédonées n'ont que des nervures simples et parallèles et restent sur l'arbre jusqu'à leur entière décomposition.

Les *fleurs* des dicotylédonées, dans leur type le plus parfait, ont un *calice* et une *corolle*, un *périanthe double,* le plus souvent à cinq divisions ; les fleurs des monocotylédonées n'ont qu'un *périanthe simple* ou *périgone*, généralement à six divisions (fig. 229).

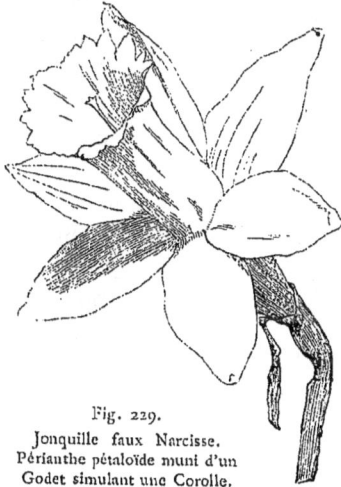

Fig. 229.

Jonquille faux Narcisse.
Périanthe pétaloïde muni d'un
Godet simulant une Corolle.

Père, dit Marguerite, à quoi bon classer les végétaux ? Cela m'est égal que les fougères n'aient pas de cotylédon, elles n'en sont pas moins des plantes charmantes. J'aime à connaître le nom des fleurs qui me plaisent, j'aime surtout à les regarder et à les cueillir, à les bien grouper ; je comprends qu'il faille apprendre ce qui leur convient et quels soins les font prospérer ; mais le reste est-il bien utile ?

Ma chère Marguerite parle là comme un enfant, répondit M. des Aubry ; notre globe est couvert de plantes innombrables, et l'on évalue de nos jours à 200 mille le nombre des *espèces* végétales. Comment pourrait-on se reconnaître au milieu d'une telle abondance, si l'on n'avait cherché à former des groupes d'après les caractères principaux des plantes ?

De ce besoin sont nées toutes les classifications dont l'histoire est fort intéressante, et c'est la *botanique* qui a donné aux autres sciences l'exemple de ces essais de classement.

Les philosophes grecs, les premiers qui aient examiné les plantes, avaient reconnu 500 espèces; Dioscoride, médecin grec du premier siècle de notre ère, [par qui nous avons les notions botaniques les plus complètes que nous aient laissées les anciens, en admettait 600; mais l'observation des plantes était encore si imparfaite que la plupart de leurs organes étaient ignorés; il fallait les verres grossissants pour arriver à connaître intimement ces êtres délicats.

Les savants de la renaissance ne s'appliquèrent d'abord qu'à reconnaître les plantes décrites par Dioscoride; mais dès la fin du xvie siècle on étudia mieux; les voyages ouvrirent un nouveau champ aux explorations; Césalpin (1519 à 1603), Italien de génie qui devança son temps, reconnut le sexe dans les fleurs, et inventa la première méthode botanique, basée sur l'importance des caractères tirés de la fleur et de la graine.

Un Français, Tournefort, (1656 à 1708), après avoir exploré notre Dauphiné, la Savoie, le nord de l'Espagne, le Levant, fit faire d'immenses progrès à la science botanique; il étudia 10,000 espèces et en forma des genres bien définis dont il constitua 22 classes. Il partit de cette idée séduisante mais fatale, empruntée à Césalpin, que avant tout, il faut diviser les végétaux, d'après leurs tiges, en ligneux et en herbacés, ce qui rejette fort loin l'une de l'autre des plantes faites sœurs par la nature. Sa méthode s'appuie avant tout sur l'absence ou la présence de la corolle, et sur sa forme, ce qui ne resserre pas assez les groupes; il y a des milliers

Fig. 230.— Fleurs de Pêcher double.

d'espèces par exemple ayant des corolles *rosacées*. C'est cependant d'après cette méthode que le jardin botanique fut re-planté en 1771, alors que Buffon, qui n'aimait pas Linné, en était le direc-teur.

Le Suédois Linné (1707 à 1778), à qui les trois ordres de sciences naturelles doivent plus qu'à qui ce soit, avait cependant conçu à vingt-quatre ans une méthode artificielle, la plus satisfai-sante et la plus employée qui eût encore paru, per-

Fig. 231.
M. Joseph Decaisne, Membre de l'Institut,
Professeur au Muséum.

Fig. 232.
Chaton à pistils du Saule.

mettant d'arriver promptement à connaître le nom d'une fleur.

Il tire les caractères distinctifs unique-ment de l'absence ou du nombre et de la position des étamines et des pistils.

Vaillant (1669 à 1722), disciple de Tournefort qui, lui, n'admettait pas la fécondation, avait entrevu avant Linné le rôle et l'importance des organes sexués.

Nous donnons, à la page suivante, le tableau du Système naturel de Linné.

TABLEAU DU SYSTÈME NATUREL DE LINNÉ

étamines et pistils.

visibles.

réunis dans la même fleur.

non adhérents entre eux.

étamines libres.

égales

1 étamine dans chaque fleur. .	.	1	monandrie.
2	—	—	. .	2	diandrie.
3	—	—	. .	3	triandrie.
4	—	—	. .	4	tétrandrie.
5	—	—	. .	5	pentandrie.
6	—	—	. .	6	hexandrie.
7	—	—	. .	7	heptandrie.
8	—	—	. .	8	octandrie.
9	—	—	. .	9	ennéandrie.
10	—	—	. .	10	décandrie.
de 11 à 29	—	—	.	11	dodécandrie.

20 ou plus insérées { sur le calice . . 12 isocandrie.
{ sur le torus . . 13 polyandrie.

inégales { 4 étam. dont 2 plus longues . 14 didynamie.
{ 6 étam. dont 4 plus longues . 15 tétradynamie.

étamines adhérentes entre elles. . . . .

filets soudés en un seul faisceau . . . . . 16 monadelphie.
— deux faisceaux. . . . . . 17 diadelphie.
— plusieurs faisceaux. . . . 18 polyadelphie.

anthères soudées en cylindre . . . . . . 19 syngénésie.

adhérents. . . . . étamines portées par le pistil. . . . . . . 20 gynandrie.

non réunis dans la même fleur . . . .

sur le même individu . . . . 21 monœcie.
sur deux individus différents . . . . 22 diœcie.
et fleurs hermaphrodites sur un ou plusieurs individus . . . . 23 polygamie.

non visibles . . . . 24 cryptogamie.

La méthode employée par Linné, comme celle de Tournefort, est une méthode *artificielle* ou *système* qui ne cherche point, comme la *méthode naturelle*, des points de rapport dans tout l'ensemble du végétal, mais qui, pour faciliter nos recherches, ne s'appuie que sur quelques caractères saillants, naturels ou bizarres, choisis arbitrairement. Malgré le succès de son système Linné sentait vivement la nécessité d'établir, non des groupes de convention, mais des *familles naturelles*, selon l'heureuse expression empruntée à Magnol, botaniste de Montpellier (1638 à 1715).

Adanson (1727 à 1806), une de nos plus grandes gloires botaniques, qui passa plusieurs années au Sénégal et nous fit connaître la flore tropicale, constitua 58 familles d'après la méthode naturelle, c'est-à-dire d'après leurs ressemblances générales ; il partit malheureusement de ce principe faux que tous les caractères de ressemblance ont la même valeur et ne doivent pas être *pesés* mais *comptés*.

Fig. 233.
Chaton à étamines de l'Aune.

Il appartenait à Antoine-Laurent de Jussieu (1748 à 1836), neveu de Bernard de Jussieu qui avait fait planter en 1758 le jardin de Trianon d'après la méthode naturelle, et qui avait apporté dans son chapeau au Jardin des plantes de Paris, le premier cèdre du Liban, d'établir le grand principe de la *subordination des caractères*. Les caractères doivent être *pesés* et non *comptés*, certains caractères très importants, par exemple l'absence ou le nombre das cotylédons, la présence des vaisseaux, la structure de la graine, etc., en entraînant

Fig. 234.
Chaton à pistils de l'Aune.

toujours d'autres qui ne sont que secondaires. Les principes qui ont guidé de Jussieu sont encore ceux que les savants de nos jours regardent comme les meilleurs ; et si l'on n'adopte plus ses 15 classes, formées d'après l'insertion des étamines, on n'a guère touché aux 100 familles naturelles qu'il avait constituées.

BOTANIQUE POUR TOUS

TABLEAU DE LA MÉTHODE NATURELLE D'ANTOINE-LAURENT DE JUSSIEU

Acotylédonées. — Acotylédonées.

Monocotylédonées. Étamines :
- hypogynes . . (ex. : graminées) . . monohypogynées.
- périgynes . . (liliacées) . . . . monopérigynées.
- épigynes . . (orchidées) . . . . monoépigynées.

Dicotylédonées.

Apétales, à étamines :
- épigynes . . (aristolochiées) . . épistaminées.
- périgynes . . (lauracées) . . . . péristaminées.
- hypogynes . . (amarantacées) . . hypostaminées.

Monopétales, à étamines :
- hypogynes . . (labiées, solanées) . hypocorollées.
- périgynes . . (éricacées) . . . . péricorollées.
- épigynes à anthères :
  - libres . . . . épicorollées synanthérées.
  - soudées . . . . *idem*, chorisanthérées.

Polypétales, à étamines :
- épigynes . . (ombellifères) . . épipétalées.
- hypogynes . . (crucifères) . . . hypopétalées.
- périgynes . . (rosacées) . . . . péripétalées.

Diclines, ou fleurs unisexuelles . . (amentacées) . . . diclines.

De Candolle, qui a donné le nom de *Taxonomie* à l'étude de la classification des végétaux, divisait les plantes en huit classes, en tenant compte de la nature des tissus vasculaires et cellulaires, et partait des plus complexes pour aller vers les plus simples et les moins connus. Quatre classes étaient formées par les dicotylédonées : les *thalamiflores*, aux fleurs insérées sur le torus ou thalamus, comme la renoncule; les *caliciflores* aux fleurs portées par le calice, comme le fraisier; les *corolliflores* à fleurs monopétales portant les étamines, comme la belladone ; les *monochlamydées*, comme l'ortie, n'ayant qu'une seule enveloppe florale ou chlamyde : cette dernière

Fig. 235. — Noisettes.

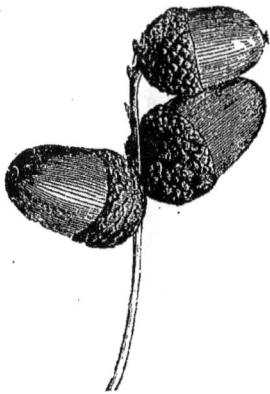

classe se trouvait renfermer les apétales et les diclines de Jussieu ; les *monocotylédonées*, qu'il nommait *endogènes phanérogames* d'après le mode de développement de la tige par l'intérieur que la science admettait alors, formaient une cinquième classe; et les *cryptogames vasculaires,* comme la fougère, la sixième; la septième se composait des plantes *cellulaires foliacées,* comme la mousse, et la huitième des plantes *cellulaires aphylles,* comme les champignons.

Adolphe Brongniart, divisait les cryptogames : en *amphigènes* n'ayant point de tiges ni d'organes appendiculaires, et en *acrogènes* qui en étaient pourvus ; et les phanérogames : en *monocotylédones* (périspermées et apérispermées, caractères tirés de la graine) et en *dicotylédonées gymnospermées* si les ovules étaient nus comme dans les conifères, et *dicotylédonées angiospermées* à ovules renfermés dans un ovaire clos, subdivisées en *gamopétales* périgynes et hypogynes, et en *dia-*

Fig. 236. — Glands du Chêne.

lypétales hypogynes et périgynes. Les travaux de M. Decaisne, botaniste éminent (fig. 231), qui fut pendant plus de quarante ans professeur de culture au Muséum, et que la mort vient d'enlever récemment, firent avancer cette question délicate de la classification.

Selon M. 'Brongniart, les apétales et les diclines de Jussieu sont des polypétales imparfaites qui ne doivent pas former une classe à part. Les analogies qu'elles offrent avec les plantes mieux organisées auprès desquelles il les a goupées

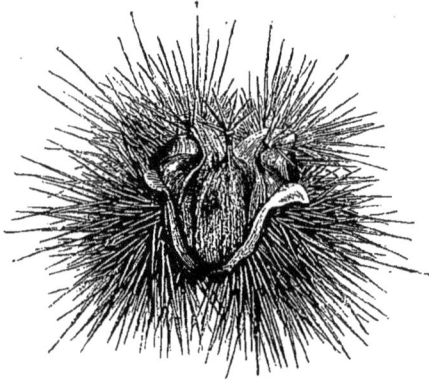

Fig. 237. — Châtaignes.

ont plus d'importance que la disparition d'un verticille floral, accident plutôt que loi fondamentale de conformation.

En effet, les *avortements*, les *soudures* ou *adhérences*, les multiplications, les métamorphoses, qui jouent un rôle si considérable dans l'organisation des plantes, peuvent être regardés comme des phénomènes particuliers alors même qu'ils se présentent d'une façon constante. Non seulement un pétale, une étamine, l'anthère d'une étamine, les ovules dans l'ovaire, peuvent avorter par accident, sans qu'il soit possible

Fig. 238. — Fruits du Hêtre. (Faines.)

de méconnaître son droit à l'existence, et la place qu'il devrait occuper selon les lois de la symétrie; mais un verticille tout entier, comme la corolle, peut manquer, et d'une manière constante, sans qu'on doive séparer la plante affligée de cet avortement, du groupe auquel il est évident qu'elle appartient. Les *anémones*, les *hépatiques*, les *clématites*, ne sont parées que d'un calice coloré; leur corolle avorte réguliérement. Cet avortement constant n'empêche point de les grouper à côté des *renoncules*, leurs sœurs, qui sont pourvues de corolles.

De même le dédoublement de la corolle chez les nénuphars, les cactées, les œillets, les pavots, qui sont des *fleurs doubles naturelles*, ne doit point les faire séparer des plantes à fleurs simples de leur famille. L'irrégularité de certaines corolles, la transformation des étamines en pétales, comme dans la rose, le pêcher double (fig. 230); des

Fig. 239. — Fruit aigretté du Saule.

styles en pétales, comme dans l'anémone; les *soudures* ou *greffes*

Fig. 240. — Fruit ailé de l'Orme.

naturelles qui se font entre feuilles, sépales, pétales, étamines, pistils, ne peuvent davantage faire méconnaître à un observateur attentif les véritables caractères de la plante et le rang qu'elle doit occuper dans la série des êtres, malgré ces bizarreries accidentelles ou constantes.

L'*espèce*, ou groupe fondamental de toute classification, est la réunion de tous les individus qui se ressemblent plus entre eux qu'ils ne ressemblent à d'autres, qui ont les mêmes propriétés et qui peuvent reproduire des êtres semblables à eux.

On peut donner le nom d'*individu* à toute plante ayant ce qu'il lui faut pour exister par elle-même et se reproduire.

Depuis les temps historiques les *espèces* sont restées les mêmes; pourtant, sous l'influence du sol, de la culture, et par suite d'influences inconnues, il s'est créé beaucoup de *variétés*. Certaines variétés caractérisées sont faciles à reproduire par la graine; d'autres plus fugitives ne sont transmissibles que par la greffe.

Fig. 241. Fruit du Bouleau.

Les espèces qui se ressemblent le plus, surtout par les organes reproducteurs, peuvent être réunies en groupes moins nombreux appelés *genres*. Plusieurs genres réunis constituent un *ordre* ou *famille*, quelquefois divisée en tribus qui tendent à devenir autant de familles.

Toutes ces divisions sont fort naturelles; mais il y a toujours dans le groupement des familles en *classes* un peu d'artificialité et beaucoup de divergence entre les savants. Il existe entre un certain nombre de familles de nombreux rapports qui rendent difficile de décider quelles sont celles qui doivent être rapprochées le plus immédiatement.

Les grands arbres qui nous entouraient ce matin dans la forêt, hêtres, chênes, châtaigniers, coudriers, saules, bouleaux, aunes, charmes, peupliers, constituent une grande famille, celle des plantes *à chaton* ou *amentacées* (fig. 232 à 234); ils ont tous des tiges *ligneuses,* des feuilles *simples* et *alternes*, et des fleurs *diclines*, les staminées disposées en *chaton*. Leurs autres caractères ne sont pas aussi identiques; les grandes feuilles *rondes* du coudrier ne ressemblent pas aux petites feuilles *crénelées* du chêne, ni la feuille *lisse* du hêtre à la feuille *velue* du saule. Les fleurs *pistillées* et les *fruits* de ces arbres varient tout autant que leurs feuilles : le fruit *osseux* du coudrier (fig. 235), la noi-

Fig. 242.
Fruit ailé du Charme.

sette, est renfermé dans une petite coupe ou *cupule* foliacée et déchiquetée, formée de feuilles florales soudées; le *gland* (fig. 236) du chêne s'enveloppe d'abord dans une *cupule* écailleuse qui, à maturité, ne fait plus que soutenir sa partie inférieure; les *châtaignes* (fig. 237), les *faînes* (fig. 238) du hêtre, se cachent sous des *involucres* épineux; les fruits du *peuplier* et du *saule* (fig. 239) s'ornent d'*aigrettes*; ceux de l'*orme* (fig. 240) et du *bouleau* (fig. 241) s'entourent d'une membrane transparente qui leur sert d'*aile* pour s'envoler au vent; ceux du *charme* (fig. 242) se renferment dans un involucre foliacé, etc. Par suite, les plantes qui constituent cette grande famille des amentacées se divisent en différents groupes ou *tribus* formées par les arbres qui ont le plus d'analogie : le chêne (fig. 243), le châtaignier, le hêtre, sont de la tribu des *cupulifères*; le saule, le peuplier, de celle des *salicinées;* le noyer, de celle des *juglandées.*

Ces tribus, qui commencent à être regardées comme autant de familles, peuvent encore se subdiviser, car les arbres qui les constituent, tout en ayant des rapports nombreux et importants, sont

Fig. 243. — Rameau de Chêne avec Chatons.

cependant assez dissemblables; le chêne sera donc classé dans un *genre* autre que le châtaignier et que le hêtre. Si maintenant nous ne nous occupons plus que des chênes, nous serons frappés des particularités qui distinguent le grand chêne à feuilles persistantes de nos forêts, du chêne toujours vert et du chêne-liège à écorce

subéreuse, et nous comprendrons que chacun soit dit d'une *espèce*
différente.

Avant Linné les ouvrages de botanique étaient un chaos ; certains
noms de plantes, allongés peu à peu pour les différencier, occupaient deux ou trois lignes du livre ; comment pouvoir les retenir ? Linné adopta la nomenclature *binaire :* deux noms pour chaque
plante : le nom de famille, et le nom de l'individu suivi d'un ad-
jectif qui le spécialise. Ainsi *ribesiacée* sera le nom de la famille à
laquelle appartient le *groseillier* ou *ribes ;* ribes sera le nom propre
ou du *genre,* et *rubrum, nigrum,* les adjectifs qui serviront à distinguer l'*espèce,* le groseillier rouge du gro-
seillier noir ou cassis.

Lindley a cherché à faire prévaloir la
terminaison *acée* pour les familles, et la
terminaison *ée* pour les tribus : famille des
magnoli*acées,* tribu des magnoli*ées.*

Ensemble, mes chers enfants, nous
étudierons plusieurs familles de plantes en
suivant d'assez près la classification d'A-
drien de Jussieu, fils d'Antoine-Laurent.

Fig. 244. — Champignon.

Nous diviserons donc le monde végétal en
cryptogames ou *acotylédonées,* et en *phanérogames* ou *cotylédonées.*

Les acotylédonées, chaque jour mieux connues, forment les
trois embranchements : des cellulaires-amphigènes ou *thallophytes,*
comme les algues et les champignons (fig. 244) ; des cellulaires-
acrogènes ou *phyllophytes,* comme les mousses (fig. 245), les sé-
laginelles (fig. 246), les characées ; et les vasculaires ou *rhyzophytes,*
comme les fougères (fig. 247), les lycopodiacées.

Les cotylédonées forment les deux grands embranchements des
monocotylédonées et des *dicotylédonées.*

Les dicotylédonées se subdivisent en *angiospermes* et *gymnospermes ;* et les angiospermes forment différentes classes selon qu'elles
sont diclines, apétales, polypétales (hypogynes ou périgynes) et
monopétales (hypogynes ou périgynes).

Lorsque la corolle et les étamines s'insèrent franchement au-

dessous de l'ovaire, sur l'axe florifère appelé *thalamus* ou *torus,*
elles sont dites *hypogynes* (hypo *sous*, gyne *femme*) ; vous savez qu'on
donnait en Grèce le nom de gynécée à l'appartement des femmes
(fig. 248).

Si la corolle et les étamines s'insèrent sur le calyce
de façon à être portées autour de l'ovaire, elles sont
dites *périgynes* (fig. 249).

Parfois, le calyce, adhérent à l'ovaire, élève les
étamines au-dessus même de l'ovaire ; dans ce cas on
les dit *épigynes,* quoiqu'elles ne soient point en réalité
posées directement sur l'ovaire, mais sur un réceptacle
qui le recouvre (fig. 250).

Pour vous aider à retenir les explications que vient
de vous donner votre père, dit Mme des Aubry, je vais
vous raconter une histoire.

Oh ! quel bonheur ! s'écria Marie. J'aime bien
mieux les histoires que la botanique ! Comment s'appelle ton histoire, mère ?

Nous l'intitulerons : *A qui la première place ?* répondit Mme des Aubry.

Il y avait une fois un grand jardin où des arbres
verdissaient, où des fleurs s'épanouissaient le plus
joyeusement du monde. Un jardinier s'occupait d'eux
du matin au soir, bêchait la terre qui les entourait pour
que l'air pénétrât jusqu'à leurs racines, les arrosait les
jours où la pluie n'était pas tombée, mettait des tu-
teurs aux tiges frêles et des abris aux plantes délicates
pour que le soleil ne les brûlât pas, etc., etc.

Aussi ces plantes étaient-elles très heureuses, trop

Fig. 245.
Mousse.

heureuses peut-être, car l'oisiveté et la mollesse cor-
rompent les meilleures natures, et ces plantes ne pensaient qu'à
elles. Sûres du lendemain, elles se contentaient de fleurir et d'être
belles, et d'envoyer au ciel leurs parfums, sans nul souci de leurs
sœurs les fleurs des champs, qui, sans eau, sans soins, languis-
saient à peu de distance d'elles. Elles se dressaient, se penchaient,

étalaient leurs belles corolles, cherchant à plaire, vantant leurs
mérites et dépréciant ceux des autres.

Vous êtes de charmantes fleurettes, disait un soir le *chêne* à la
rose, au lis, à la violette, à la sauge, à l'aster, qui se pressaient
sous son ombre ; mais votre beauté ne dure que l'espace d'un matin. Je plains votre sort éphémère, moi qui vis des siècles, et puis
m'appeler sans conteste le
roi des arbres.

Le roi des arbres ! dit
dédaigneusement un su-
perbe *marronnier d'Inde*,
dont les grandes feuilles
digitées étaient entremê-
lées de beaux thyrses de
fleurs blanches (fig. 251).
Il me faudrait des lunettes
pour distinguer les fleurs
de ton manteau royal, et
même avec des lunettes
je ne suis pas bien sûr
que je les trouverais très
agréables à voir.

Eh ! qu'importe la fleur
qui ne vit qu'un moment !
reprit le chêne avec dépit.

Fig. 246. — Sélaginelle.

Oserais-tu comparer ton bois au mien, ton bois qu'on scie en
planches grossières pour en faire des caisses d'emballage, lorsque
le mien, recherché par les artistes, se transforme sous leurs mains
habiles en meubles précieux que le temps ne peut altérer !

Si la fleur ne dure pas toujours, elle a des beautés et des parfums que rien n'égale, dit une *rose à cent feuilles,* entourée de frais
boutons, qui se balançait gracieusement au bout d'un rameau
flexible. Les racines, les branches, les feuilles, sont nos serviteurs,
c'est pour nous qu'ils travaillent. C'est nous que la nature entoure
de toute sa sollicitude, parce que c'est nous qui formons le germe

Fig. 247. — Fougère ligneuse.

reproducteur. Et pour assigner un rang aux plantes, on s'occupe avant tout de la manière dont nous sommes organisées et du fruit que nous formons. Je crois que je n'apprendrai rien à personne en disant que c'est moi qui suis la *reine des fleurs.*

Fig. 248. — Fleur coupée
de Renoncule. ·

Et moi aussi je crois être une fleur royale, dit un *beau lis* (fig. 251) en dressant sa tige couronnée de splendides fleurs blanches toutes dorées par les étamines.

Mon cher ami, dit en riant une petite *pâquerette* qui se trouvait là par hasard, j'ai habité les champs comme toi, je connais ta famille; ne fais donc pas tant le fier : si tu embaumes, tes frères, l'ail et l'ognon, ne sentent pas bon.

Mon frère l'*ail* vaut mieux que toi, petite pâquerette, reprit vivement le lis; il est la viande du pauvre, et guérit les vapeurs des jeunes filles oisives qui perdent leur temps à effeuiller tes pétales.

Eh! mon Dieu! pourquoi donc se fâcher?

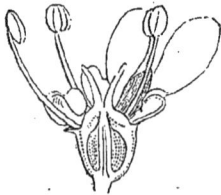

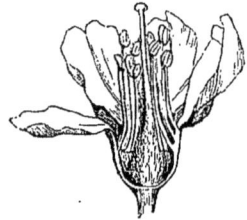

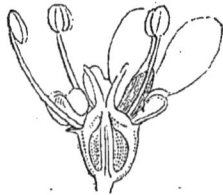

Fig. 249. — Fleur coupée
d'Abricotier.

Fig. 250. — Fleur coupée
de Coriandre.

dit une petite *violette ;* chacune de nous n'a-t-elle pas son mérite ? Est-ce qu'il est nécessaire d'être reine pour plaire et pour être heureuse ? Je sais bien que je ne suis qu'une petite fleurette, et pourtant je bénis mon sort, lorsque, après vous avoir toutes admirées, c'est moi que l'on s'occupe de chercher sous mes feuilles pour respirer mon parfum avec ravissement.

Toi, tu parles toujours gentiment, dit un *aster* qui agitait doucement ses fleurs en étoile sur ses tiges légères. Les petits ne sont pas toujours ceux qui ont le moins de mérite ; et puis ne faut-il pas que tout le monde vive?

Nous pouvons bien causer sans nous disputer, et exposer tranquillement nos titres et nos droits, afin d'arriver à nous classer se-

Fig. 251. — Fleurs du Marronnier.

lon la justice. Cela nous fera passer le temps jusqu'au coucher du soleil.

Si croître rapidement est une qualité, ce que je crois incontestable, dit un *champignon* couleur de feu qui avait poussé là depuis la veille, peut-être trouverez-vous juste de m'assigner un bon rang; de plus, ma chair, riche de principes azotés, offre à l'homme un aliment nourrissant et savoureux...

Qui souvent lui donne la mort, vil empoisonneur! dit le lis. Oses-tu bien prendre part à notre conversation, toi qui n'es qu'un *amas de cellules*, sans *tige*, sans *feuilles*, sans *fleurs?* Comment te trouves-tu au milieu de nous ?

Il aime l'ombre et l'humidité comme moi, dit une petite *mousse* verte, et c'est pour cela que tous deux nous avons poussé au pied de ce grand chêne. Vous le prenez bien haut avec les pauvres gens, mes sœurs les fleurs; et pourtant, sans moi vous paraîtriez moins belles; ma verdure inaltérable fait ressortir vos vives couleurs, et les tapis veloutés que j'étends sur la terre sont la seule parure de l'hiver.

Ma chère, dit une *fougère ligneuse* qui étendait avec un certain orgueil de grandes feuilles finement découpées, il est trop visible que vous n'êtes, le champignon et toi, que des plantes ébauchées. Vous n'avez pas, comme moi, une tige bien constituée où des fibres et des vaisseaux se mêlent au tissu cellulaire, comme dans les plus beaux arbres.

S'il ne te manque rien, reprit le lis, montre-nous donc tes

Fig. 252. — Lis.

fleurs; je ne les ai jamais vues. Comment as-tu poussé? As-tu eu,

Fig. 253. — « Moi, dont les Rameaux offrent une Ombre rafraichissante
au Chasseur fatigué. »

comme nous, un cotylédon nourricier pour prendre soin de ton
enfance? Tu as tes mérites comme la mousse, mais tu n'as pas

plus qu'elle de fleur ni de cotylédon. Vous êtes des *cryptogames,* des *acotylédonées,* et la culture la plus savante ne peut vous donner ce qui vous manque. Il faut bien que chacun accepte son sort : je ne vous méprise point; mais vous ne pouvez être des nôtres : nous sommes toutes des *cotylédonées!*

Il y a cotylédonées et cotylédonées, dit une *sauge rouge* dont le sourire moqueur entr'ouvrait les lèvres. Il y a des plantes qui en ont deux, comme moi, et qui n'en sont pas fâchées; il y en a

Fig. 254. — Pivoine.

d'autres qui n'en ont qu'*un,* et qui ne devraient pas parler aussi haut que si elles en avaient deux.

Qu'importe le nombre ? reprit le lis avec dépit. Est-ce toi, petite sauge, qui prétendrais m'égaler en beauté? Oublies-tu cette parole de Jésus qui dit que les plus grands rois du monde dans toute leur gloire ne seront jamais aussi superbement vêtus que les lis des champs? Ai-je besoin d'un meilleur titre de noblesse?

Mon cher ami, dit la rose, on nous réunit si souvent dans une même admiration, que j'aurais mauvaise grâce à contester ta beauté. Mais, en réalité, as-tu une *fleur parfaite?* Si beau que soit ton *périanthe* blanc, à six divisions, où brille l'or de tes six étamines, il ne peut être aussi protecteur que la double enveloppe florale dont la bonté du ciel nous a pourvues. Ta fleur est *incom-*

plète, et tu n'as qu'un cotylédon; tu ne peux être tout à fait de notre monde, à nous autres *dicotylédonées.*

On peut être une plante dicotylédonée et n'avoir point une fleur complète, et n'en être pas honteux, dit fièrement le *chêne.*

Pourquoi envierais-je une fleur plus parfaite, moi qui élève jusqu'au ciel ma tête couverte d'un admirable feuillage, et dont les rameaux servent à couronner les triomphateurs et offre un asile sûr à l'oiseau et une ombre rafraîchissante au voyageur fatigué (fig. 253)?

Tout cela est bel et bon, dit le *marronnier d'Inde;* mais dans une plante, tous les savants te le diront, ce qu'il faut considérer avant tout pour lui assigner son véritable rang, c'est la fleur. Or tes fleurs vivent étrangement; pourquoi font-elles deux ménages? Tu n'es qu'une plante *dicline,* et des *hermaphrodites* comme nous ne peuvent te mettre au-dessus d'elles.

Fig. 255. — Pois de Senteur.

Je t'avoue qu'il m'est doux d'avoir mes fleurs organisées comme elles le sont, lorsque j'entends ceux qui passent au printemps devant mes branches chargées de beaux thyrses blancs ou rouges, s'écrier : quel arbre magnifique! on ne peut rien voir de plus beau!

Le mérite cependant ne se mesure pas à la taille, dit un petit *coquelicot,* rouge de colère.

Certainement non, dirent en chœur la *violette,* le *réséda,* la *clé-matite,* la *pivoine* (fig. 254), l'*ancolie,* l'*anémone;* si tes fleurs s'élèvent au-dessus des nôtres, elles n'en sont ni plus belles ni mieux faites. Ne prends donc pas des airs de prince; ta corolle *polypétale* et tes étamines sont *hypogynes* comme les nôtres; tu aurais tort de te croire plus que nous.

Pour nous, dirent la *rose,* le *pois de senteur* (fig. 255), l'*acacia*

Fig. 256. — Fleurs d'Acacia rose.

(fig. 256), l'*angélique* et la *berce,* nous avons des corolles *polypétales* comme les vôtres, et si nos étamines, portées par nos calices, entourent l'ovaire, nous ne nous en faisons point une gloire, et nous pouvons, quoique *périgynes,* nous dire vos cousines germaines.

Chez nous, dirent la *campanule,* le *volubilis,* le *chèvrefeuille,* le *datura,* la *gueule de loup,* la *sauge cardinale* et l'*aster,* une corolle *monopétale* porte les étamines autour de l'ovaire. Il nous semble que nos pétales, ainsi unis en une seule corolle, remplissent mieux que les vôtres leur rôle protecteur et dissimulent mieux leur origine foliacée. Ce pourrait bien être là une perfection qui suffirait pour nous mériter un rang supérieur.

Permettez-moi, dit un *pavot* à l'air doctoral, de résumer la question ; ou plutôt laissez-moi vous dire qu'au lieu de chercher à nous élever les uns au-dessus des autres, nous devons nous appliquer à vivre en paix, nous qu'une même terre nourrit, qu'éclaire un même soleil, sur qui veille le même divin protecteur...

Oui, oui, bonsoir docteur, dit l'*ancolie* en baissant son capuchon.

Assez d'opium, dit la malicieuse petite *pâquerette* en fermant ses pétales roses sur son cœur d'or.

Le soleil est couché, il faut dormir, ajouta une *belle de jour* en enroulant sa corolle !

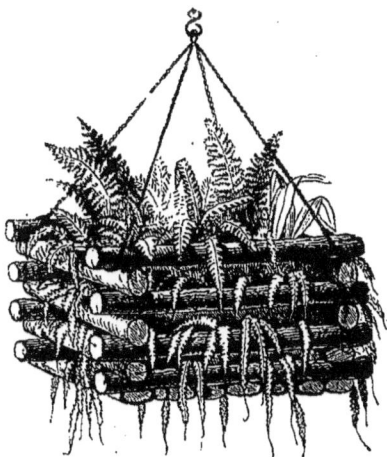

ÉTÉ

CHAPITRE X. — LE GOUTER IMPROVISÉ

SOMMAIRE : Chimie végétale. — Composition du fruit et de la graine. — Fruits déhiscents et indéhiscents. — Apocarpés, syncarpés et agrégés. — Drupes, akènes, cariopses, samares, gousses, coques, follicules. — Pomme, hespéridie, péponide, capsules, pyxides, siliques. — Sycone, cône ou strobile. — Plantes textiles, oléagineuses, tinctoriales.

Le jour succède au jour, le mois au mois ; l'année
Sur sa pente de fleurs déjà roule entraînée.

LAMARTINE.

u printemps, qui ranime la nature engourdie par l'hiver et remet l'énergie au cœur de l'enfant comme du vieillard ; au printemps, qui fait tout renaître et fleurir, et donne aux oiseaux leurs plus doux chants, avait succédé l'été à l'ardent soleil, qui mûrit les graines et fait éclore les œufs dans les nids.

Tout venait à souhait à Roche-Maure ; la nouvelle et intelligente direction donnée à l'exploitation du domaine portait déjà ses fruits ; et ni la gelée, ni la grêle, ni de mauvais vents desséchants n'étaient venus détruire les espérances de récolte de Jacques. Les *betteraves*, les *pommes de terre*, les *navets*, les *carottes*, les *ognons*,

Fig. 261. — Le Foin parfumé était ramené des Prés à grandes Charretées.

achevaient d'amasser sous terre leurs sucs précieux. Les gousses des *haricots* commençaient à jaunir et à sécher sur leurs raines ; les tiges du *chanvre* et du *lin* s'allongeaient serrées les unes contre les autres ; les *olives* et les *noix* mûrissaient tout doucement au bout des branches, en attendant la gaule de l'abatteur. Et tandis que les *épis* se doraient dans les champs, le *foin* parfumé était ramené des prés à grandes charretées, escorté par les faucheurs et les faneurs portant sur l'épaule leurs faux et leurs longs râteaux (fig. 261).

Le beau temps rendait faciles les relations entre les habitants de Roche-Maure et ceux de Vilamur. Un jour que les enfants de M. et Mme des Aubry étaient réunis autour de leurs parents pour l'étude de l'après-midi, la porte s'ouvrit tout à coup et Duck bondit au milieu d'eux, bientôt suivi de Henri et Mercédès. Mon Dieu ! que les livres furent vite fermés !

Fig. 262 et 263. Gousse du Haricot.

Quel bonheur ! s'écrièrent en chœur les jeunes des Aubry !

Mais nous vous dérangeons, dit en souriant Mercédès.

Je crois qu'il leur convient fort d'être ainsi dérangés, dit gaiement Mme des Aubry ; et nous sommes, mon mari et moi, trop heureux de leurs plaisirs, pour ne pas saluer votre arrivée du même cri de joie. Allez, mes chers enfants, amusez-vous bien, je vous donne pleine liberté ; mais pas d'imprudence !

Mes sœurs, s'écria André, faites une galette ; nous allons chauffer le four !

Quelle bonne idée, dit Mercédès !

Fig. 264.
Gousse du petit Pois.

Et tandis que les jeunes gens apportaient les fagots près d'un petit four que M. des Aubry avait fait construire pour eux, les jeunes filles réunissaient le beurre, les œufs et la farine, et se mettaient à pétrir soigneusement. Lorsque la galette fut placée sur la tôle, bien arrondie et façonnée, et dorée par le jaune d'œuf, elles la por-

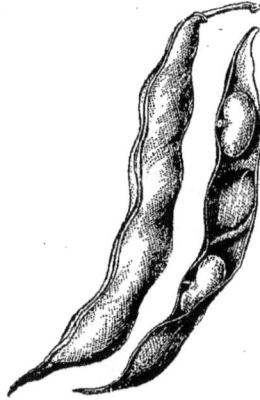

tèrent aux chauffeurs, qui assurèrent qu'ils répondaient de sa cuisson, et qu'on la verrait paraître, blonde et chaude, au moment du goûter.

Allons maintenant cueillir des fruits, dit Marguerite !

Et les jeunes filles, prenant chacune une corbeille, se dirigèrent vers le verger. Marie s'arrêta sous les *groseilliers* pour cueillir les petites grappes de baies transparentes, rouges et blanches, qui étaient à sa portée. Marguerite et Mercédès s'en allèrent sous les *pruniers* et les secouèrent pour faire tomber de grosses prunes bleues couvertes de leur fleur, et des *reines-claudes* juteuses et sucrées, ces plus savoureuses de toutes les prunes, qui ont été obtenues au château de Blois, au XVIe siècle et baptisées par la reine Claude, femme de François Ier.

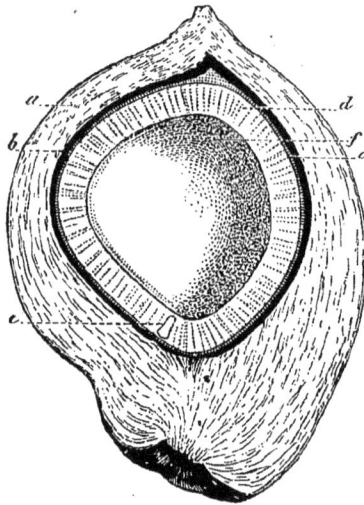

Fig. 265. — Fruit du Cocotier coupé
verticalement.
a. Mésocarpe. — *b*. Endocarpe. — *c*. Testa
d. Albumen. — *e*. Embryon. — *f*. Cavité
occupée par le lait.

Il y avait déjà quelques *pommes* et quelques *poires* que l'on pouvait cueillir, et même des *raisins* noirs précoces. Les *abricotiers* de plein vent étaient couverts de leurs fruits délicieux, aux riches couleurs ; et c'était plaisir d'apercevoir, sur l'espalier, les belles *pêches* veloutées qui se cachaient à moitié sous les feuilles étroites, et de les sentir se détacher et tomber dans la main au moindre effort.

Les jeunes filles ajoutèrent quelques fleurs et quelques branches de feuillage à leur récolte de fruits, et s'occupèrent alors de les disposer dans des vases et des corbeilles, et d'en parer la table pour le goûter.

Lorsqu'elles eurent placé la galette toute chaude au milieu des fruits, elles demandèrent à Mme des Aubry de venir présider leur festin improvisé.

Votre table est digne du pinceau d'un artiste, dit Mme des Aubry dès qu'elle fut entrée dans la salle à manger. Vous avez su

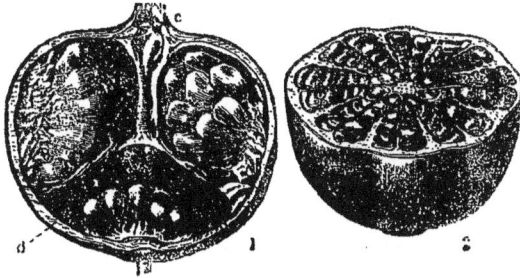

Fig. 266 et 267. — Grenade coupée verticalement et horizontalement.

tirer le meilleur parti possible des formes et des couleurs différentes de vos fruits, de vos fleurs et de vos feuillages.

Nous n'avons pas eu grand mérite, Madame, dit Mercédès; c'est à la nature toute seule, qui les a faits si beaux et si variés, qu'il faut rendre hommage.

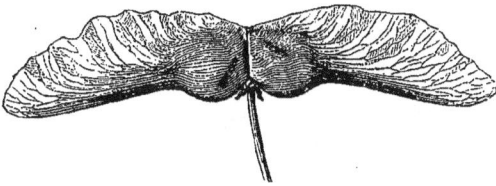

Fig. 268. — Samare de l'Érable champêtre.

N'exagérons pas, reprit Mme des Aubry; si charmantes que soient les fleurs, encore faut-il un certain goût pour bien mettre en lumière leurs beautés; de même qu'il faut infiniment de temps et de soins pour amener les fruits à être succulents et délicats comme ceux qui couvrent cette table. Tels que vous les voyez, ils n'ont jamais paru spontanément nulle part; l'art a autant de part que la nature à leur création.

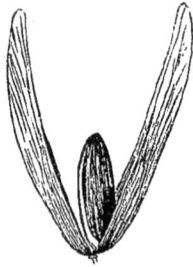

Fig. 269. — Samare ouverte de Frêne.

Les *plantes perfectionnées* sont le produit d'une culture améliorée par des siècles de recherches et de peines, et que modifie chaque progrès de la science. Nos ancêtres ne connaissaient pas la plupart des fruits que nous mangeons aujourd'hui, et se nourrissaient de *glands*, de *faînes* et de *châtaignes* sauvages.

Comment peut-on être sûr que ces fruits n'ont pas toujours existé tels que nous les connaissons? dit André.

C'est qu'ils dégénèrent et reviennent à leur état sauvage primitif dès qu'on ne leur donne plus les soins qui seuls les conservent si beaux et si variés, répondit Mme des Aubry. La civilisation transforme les plantes comme les hommes; après leur avoir fait ressentir ses bienfaits, elle peut même finir par les corrompre. Ainsi, les fruits qui, comme la pêche, sont le produit d'une culture raffinée, épuisent rapidement l'arbre qui les porte, et

Fig. 270. — Follicule de la Fraxinelle.

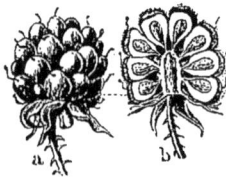

Fig. 271 et 272. — Mûre des Haies.
a. Mûre entière.—*b*. Mûre coupée.

leur partie succulente se développe parfois au détriment de la graine, qui devient inféconde, tandis que chez les *sauvageons*, c'est cette *graine*, chargée de reproduire la plante, qui prend pour elle les sucs les plus purs et qui se développe le plus vigoureusement. Aux yeux de la nature nos perfectionnements sont donc bien souvent des *monstruosités*.

Mais, chère mère, reprit André, comment en perfectionnant le *fruit* peut-on altérer la *graine?* ne sont-ils pas même chose?

Non, dit Mme des Aubry; si les *gousses* du haricot (fig. 262 et

263) et du petit pois (fig. 264), qui sont les *fruits*, ne renfermaient
pas les haricots et les petits pois, qui sont les *graines*, ils ne pourraient reproduire la plante. Prends une pêche : après avoir ôté sa
peau veloutée, qui n'est pas agréable dans la bouche, il te reste
cette chair exquise que la culture a cherché à rendre délicate et
parfumée ; c'est pour nous la partie importante du fruit ; pour la
reproduction, elle est absolument inutile. La seule partie nécessaire, le *noyau rugueux*, est souvent
altéré dans les plus belles pêches.

Tout fruit, vous le savez, provient d'un *ovaire* ou *feuille carpellaire*, se repliant de façon à former
une cavité ou *loge*, et d'*ovules* s'a-
britant dans cette loge. A la maturité l'ovaire développé prend le nom
de *péricarpe* et les ovules le nom de
graines.

Le péricarpe est formé de plusieurs couches : d'une première
peau ou enveloppe extérieure appelée *épicarpe*; de la chair même du
fruit appelée *sarcocarpe* (chair de

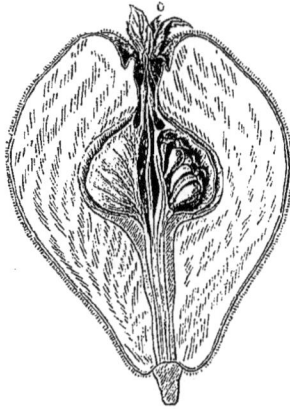

Fig 273. — Coing coupé verticalement.

fruit) ou *mésocarpe* (milieu du fruit)
et d'un *endocarpe* (ou partie intérieure et dernière), qui dans notre
pêche est dure et ligneuse et prend le nom particulier de *noyau*.

L'*amande* qui s'abrite dans ce noyau est la véritable graine,
enveloppée d'une peau à deux membranes, dont l'extérieure prend
le nom de *testa*, et l'intérieure celui de *tegmen*; et contenant l'*embryon*, c'est-à-dire les deux cotylédons avec le germe reproducteur qui serra la *plantule*.

Les fruits sont tous organisés de la même façon, malgré leur
différence d'aspect; mais ce ne sont pas toujours les mêmes parties
que nous mangeons; nous choisissons celles qui sont devenues
agréables et nourrissantes. Dans la pêche nous mangeons le *mésocarpe;* dans le haricot et le petit pois, la *graine* même; et aussi

dans l'amande et la noix, dont nous rejetons le *brou* et le *bois*, c'est-à-dire toutes les parties du *péricarpe*.

Dans la pomme et la poire, nous enlevons la peau, formée de l'*épicarpe* soudé au calice dont les cinq dents surmontent le fruit; leur chair, celle de la poire à granulations pierreuses, celle de la pomme non granuleuse, est formée par le *mésocarpe*, au centre

Fig. 274. — Citronnier, Fleurs et Fruits coupés.

duquel une partie scarieuse, qui est l'*endocarpe*, forme cinq petites loges où sont logés les *pépins*, c'est-à-dire les graines. La partie fibreuse de la noix de coco (fig. 265) constitue le mésocarpe, la partie ligneuse, l'endocarpe; le petit embryon est niché dans l'albumen que nous mangeons.

Dans quelques fruits il se développe, pendant la maturation, un nouveau tissu, gorgé de sucs sapides, appelé *pulpe*. Ce tissu additionnel peut dépendre des graines mêmes, comme dans la

groseille, qui est revêtue d'un péricarpe mince et transparent, et
dans la grenade (fig. 266 et 267), dont les graines pulpeuses se
serrent dans des loges irrégulières formées par les replis de l'endocarpe, sous l'enveloppe coriace faite du mésocarpe et de l'épicarpe soudé à l'ovaire. Dans l'orange, c'est l'endocarpe qui devient
pulpeux, et développe des cellules succulentes à l'intérieur des
quartiers, feuilles carpellaires abritant les *pépins*.

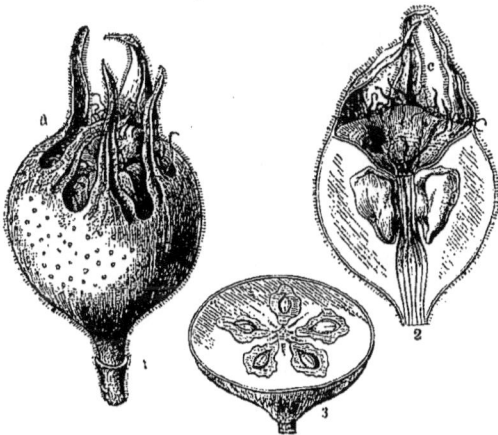

275 à 277. — Nuculaine du Néflier.
1. Entière — 2. Coupée verticalement. — 3. Coupée horizontalement.

Ces quartiers d'orange forment un fruit *syncarpé*, enveloppé
d'une peau dont la partie jaune est l'épicarpe soudé au mésocarpe,
blanc et plus épais.

On donne le nom de *syncarpés* aux fruits, ainsi formés de plusieurs carpelles soudés de façon à simuler un seul fruit; et le nom
de *apocarpés*, aux fruits formés d'un seul carpelle ou de plusieurs
carpelles libres.

Les fruits *apocarpés*, *charnus* et *indéhiscents*, comme la prune, la
cerise, la pêche, l'abricot, sont des *drupes*.

Les fruits également *apocarpés* et *indéhiscents*, mais *secs*, sont
des *akènes* si leur graine est indépendante du péricarpe, comme

dans les fruits des carottes, des chardons, des renoncules, du blé
noir, etc.; des *samares*, si le péricarpe, également indépendant de
la graine, s'est développé en aile membraneuse,
comme dans l'érable (fig. 268), le frêne
(fig. 269) et l'ormeau; des *cariopses*, si la graine
est adhérente au mince péricarpe et confondue
avec lui, comme dans le froment ou l'avoine.

Les fruits *apocarpés*, mais *déhiscents*, prennent le nom de *gousse* (pois, haricot, fève),
lorsque le péricarpe foliacé, renfermant plusieurs graines, s'ouvre en deux pièces ou *valves*,
par des sutures ventrales et dorsales (la *suture dorsale* représente la
nervure médianede la feuille carpellaire; la *suture ventrale* représente ses bords repliés sur eux-mêmes et soudés); le nom de
coque, lorsqu'ils ne renferment qu'un petit nombre de graines; le
nom de *follicule* (fig. 270), lorsque, renfermant un assez grand

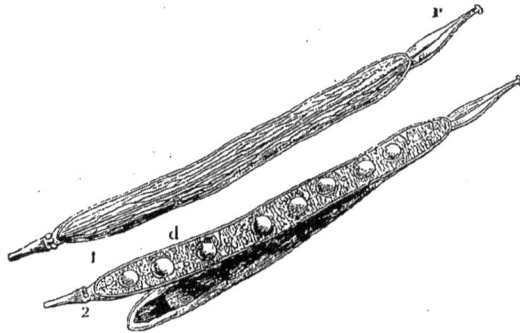

Fig. 278. — Pyxide du
Mouron rouge.

Fig. 279 et 280. — Silique de Giroflée

nombre de graines, ils ne s'ouvrent que d'un côté, par la suture
ventrale, comme l'ancolie, le pied d'alouette, etc.

Les framboises et les mûres des haies (fig. 271 et 272), formées
de toutes petites *drupes* accolées les unes aux autres et coiffant un
réceptacle sec, sont cependant des fruits *simples, apocarpés,* de

même que les fraises formées de nombreux petits *akènes*, dont nous ne nous soucions guère, nichés sur un réceptacle charnu et parfumé, qui est pour nous la partie précieuse du fruit.

Parmi les fruits *syncarpés charnus* et *indébiscents*, se rangent : la *pomme* (poire, pomme, corme, coing) (fig. 273) ; l'*hespéridie* (orange, citron) (fig. 274); la *péponide* (melon, courge, potiron); la *baie* (tomate, groseille, raisin); la *nuculaine*, drupe composée, renfermant plusieurs noyaux (fig. 275, 276 et 277).

Et parmi les fruits *syncarpés débiscents* et *secs*, se rangent les *capsules*, qui s'ouvrent d'elles-mêmes, en entre-bâillant leur sommet, ou en déchirant dans toute leur longueur les sutures des carpelles ; les *pyxides* (fig. 278), qui s'ouvrent nettement par une fente horizontale comme des boîtes à savonnette (mouron, jusquiame); les *siliques*, formées de deux feuilles carpellaires, qui s'ouvrent par

Fig. 281. — Ananas.

deux *valves* opposées restant attachées seulement par leur sommet, et laissant à découvert une cloison intermédiaire sur les parois de laquelle sont insérées les graines (radis, chou, giroflée) (fig. 265 et 266).

Tu n'as pas parlé de la figue, mère, dit Marguerite, dans quelle classe de fruits se range-t-elle ?

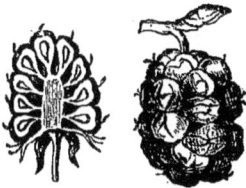

Fig. 282 et 283.—Mûre du Mûrier, entière et coupée.

La *figue*, l'*ananas*, le *cône* ou fruit des arbres verts, ne sont pas, dit Mᵐᵉ des Aubry, des *fruits simples*, comme tous ceux dont je viens de vous parler, qui proviennent d'une fleur *unique*, qu'ils aient plusieurs carpelles ou un seul, que ces carpelles soient libres ou soudés. Ce sont des fruits *agrégés*, c'est-à-dire formés par plu-

sieurs fleurs, serrées les unes contre les autres, ou même soudées
entre elles. Ainsi la *figue* ou *sycone* cache dans un réceptacle creux,
en forme de poire, d'abord laiteux, puis devenant charnu et sucré
à la maturité, toute une nichée de fleurs, dont chaque ovaire
devient un pépin. L'*ananas* (fig. 281), la *mûre* (fig. 282 et 283),
non des haies mais du mûrier, le fruit de l'arbre à la vache, ne

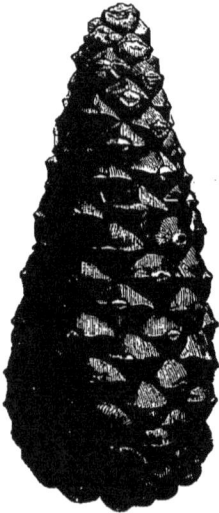

Fig. 284.
Cône de Pin sylvestre.

sont pas des fruits uniques, mais des *épis
de fruits* appelés *soroses;* ces fruits, soudés
les uns aux autres par l'entremise des
enveloppes florales persistantes, qui deviennent charnues et succulentes, simulent un seul fruit. Le *cône* ou *strobile* des
arbres verts (fig. 284) est un fruit agrégé
formé d'un axe entouré d'écailles ou
feuilles carpellaires, en général ligneuses
à maturité qui, au lieu de se replier sur
elles-mêmes pour faire une loge aux
ovules, restent ouvertes et les laissent
nus ; de là le nom de *gymnospermes* donné
aux arbres qui portent des cônes.

Le *sperme* ou l'*ovule* sont donc même
chose, demanda Marcel ?

A peu près, répondit Mme des Aubry ;
on emploie les deux termes pour dési-
gner la partie du fruit qui doit germer et
reproduire la plante. Cependant le *sperme*
est proprement la partie vivante de l'œuf végétal, c'est-à-dire la
gemmule et ses *cotylédons;* l'*ovule* ou graine renferme quelquefois
une autre partie, toujours indépendante du sperme, destinée à le
nourrir et qu'on appelle *périsperme,* ou *albumen* par comparaison
avec le blanc de l'œuf dont il joue le rôle. Le blé a un albumen
d'une nature *farineuse* (fig. 271); le ricin a un albumen d'une
nature *oléagineuse* dont on retire une huile purgative; le café, le
dattier (fig. 286), un albumen *corné,* etc.; mais quelle que soit la
nature de l'albumen, il se ramollit et se transforme au moment

la germination, pour nourrir la graine avant qu'elle rompe ses
guments. Chez les graines dites *exalbuminées*, comme l'amande,
haricot, etc., etc., c'est-à-dire ne contenant plus
lbumen qui a déjà été absorbé par l'embryon, la
rmination se fait plus rapidement; ce sont les coty-
dons eux-mêmes qui subissent divers changements
himiques afin de nourrir la plantule.

Lorsque le péricarpe, comme la gousse du hari-
ot ou du petit pois, renferme plusieurs graines, il
t dit *polysperme;* lorsqu'il n'en renferme qu'une,
omme la pêche ou la cerise, il est dit *monosperme*.

Les graines sont posées sur le péricarpe qui leur
vvoie des vivres. Examinez sur une gousse de petit
ois comment les choses se passent. Le long de la
ure ventrale du péricarpe (ou feuille carpellaire),
ur un renflement de vaisseaux appelé *placenta,* les
raines s'attachent à l'aide de petits cordons, égale-

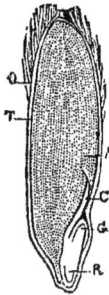

Fig. 285.
Coupe verticale
d'un
Grain d'Avoine.
a. Albumen.
c Cotylédon.
g. r. Gemmule et
Radicule.
t, o. Testa et Pé-
ricarpe.

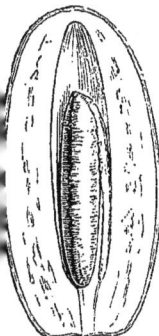

ment faits de vaisseaux, et appelés *funicules*. Le
funicule pénètre à travers la *testa,* ou première
enveloppe du petit pois, par un point nommé
hile ou *ombilic,* qui se montre très visible si on
détache le petit pois de son funicule. Pour arriver jusqu'à l'embryon et lui apporter de la nourriture, il doit encore traverser la seconde enveloppe de la graine, le *tegmen* ou *endoplèvre,* en
un point appelé *chalaze,* qui se trouve parfois
immédiatement sous le hile, mais pas toujours.
Ainsi, dans le petit pois (fig. 287) et la graine de
pensée (fig. 288), le funicule continue son chemin sous la testa, où il forme un renflement
appelé *raphé,* avant de percer le tegmen. Auprès

Fig. 286. — Fruit
du Dattier
coupé verticalement.

u hile du petit pois vous devez voir un tout petit trou? C'est
e *micropyle* par lequel l'ovule a reçu le contact du pollen et par
equel aussi sortira la radicule de la plantule. L'ovule peut être
roit *(orthotrope)* ou renversé *(anatrope)* ou courbé *(campylotrope)*.

15

On appelle *arille* le renflement que forme quelquefois le funicule au-dessus du hile, comme dans le *fruit de l'if* (fig. 289), ou le
développement anormal d'un des téguments de la graine, comme
dans le *fusain*.

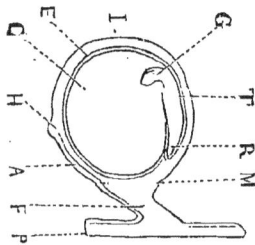

Fig. 287. — Graine du Pois
dépouillée de l'un de ses Cotylédons.

p. placenta. — *f.* funicule.
m. micropyle. — *a.* raphé.
h. chalaze. — *c.* cotylédon.
c. endoplèvre. — *i* testa.
g. gemmule. — *t.* tigelle.
r. radicule.

La *placentation,* c'est-à-dire la position que le placenta occupe dans l'o-
vaire, n'est pas la même chez tous les
fruits. Dans le petit pois, le placenta
suit la suture ventrale de la feuille
carpellaire, c'est-à-dire l'*axe* de la fleur ;
en pareil cas la placentation est dite
axile. Mais, dans la pensée par exemple,
ou dans la silique du chou ou du radis,
les feuilles carpellaires ou *valves* du
fruit, se repliant à peine intérieurement
et se soudant les unes aux autres par
leurs bords, les *lignes placentaires* ou

lignes d'attache des graines, se montrent sur les parois mêmes
des valves, à l'opposé de l'axe, et la placentation

est dite *pariétale* (fig. 290 et 291). Lorsque les
feuilles carpellaires, après s'être repliées intérieurement jusqu'au centre, où leurs bords rentrants
et soudés les uns aux autres forment un axe qui
soutient les graines, laissent se rompre et disparaître les cloisons qui les unissaient à cet axe,
celui-ci se trouve isolé au milieu d'une cavité et
semblerait étranger aux valves si l'on n'avait suivi
les transformations survenues ; cette placentation
est dite *centrale* (fig. 292) : c'est celle de l'œillet.

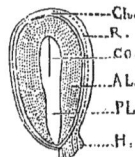

Fig. 288.
Graine de Pensée
coupée verticalement.

h. Hile.
pl. Plantule.
co. Cotylédons.
al. Albumen.
r. Raphé.
ch. Chalaze.

Je comprends tout cela, dit André ; mais je
me permets de trouver qu'un fruit est une chose bien compliquée.

Tu as raison, dit Mme des Aubry. La plante se plaît à varier
l'organisation des graines et la nature des vivres dont elle les pour-
voit : en général elles contiennent des matières amylacées et azo-
tées, ce qui les rend nourrissantes, et de l'eau qu'elles ont besoin

d'évaporer pour ne pas se détériorer; aussi, pour les conserver, ait-on bien de les placer dans des sacs de toile ou de papier, plutôt que dans des bocaux, et de les mettre à l'abri de la chaleur et de l'air qui entre dans les tissus par le micropyle malgré l'épaisseur de leurs enveloppes, et les fait germer.

Les graines sont des êtres vivants qui, selon leur espèce, peuvent conserver la vie plus ou moins longtemps; quelques-unes, comme les châtaignes, se dessèchent promptement, quelque précaution que l'on prenne, et l'embryon meurt; le froment ne

Fig. 289.
Fruit de l'If.

germe plus au bout de dix ans, malgré ce qu'on a répété de la vitalité de grains de blé provenant du camp de César, des tombeaux souterrains de l'Égypte, et même des habitations lacustres.

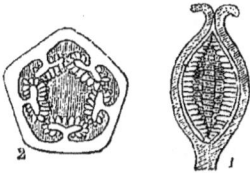

Fig. — 290 et 291.
Placentation pariétale.

Des fraisiers, des digitales reparaissent après cinquante ans dans les forêts là où des coupes laissent arriver l'air et le soleil; des haricots, du colza, du millet, ont germé après des siècles; le dessous du lac de Harlem se couvrit de séneçon des marais lorsqu'au XVIᵉ siècle il fut mis à sec; la graine s'y était conservée sous l'eau de mer; dans le Doubs, on a vu germer des graines de gaillet enfouies dans une carrière de sable correspondant à la fin de l'époque glacière.

Fig. 292.
Placentation
centrale.

La plante, pour protéger ses graines, les entoure de duvet ou d'une peau coriace ou même de ligneux; elle les multiplie à l'infini, mais malgré sa sollicitude il s'en perd heureusement beaucoup. Songez donc qu'un seul pied de tabac ou de pavot peut fournir deux ou trois cent mille graines en une année! si chaque graine réussissait, il faudrait bien peu d'années, rien qu'à une seule espèce de plante, pour couvrir la terre entière, et l'harmonie serait détruite. Mais chacune voulant

sa place au soleil, elles se disputent la terre et se font la guerre;
les unes, mal abritées, se dessèchent au soleil; d'autres pourris-
sent dans l'eau; l'animal qui se nourrit d'elles en détruit un grand
nombre.

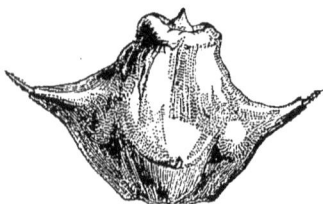

Fig. 293. — Mâcre.

Ces fruits que l'été mûrit ont
donc des destinées bien diverses:
les plus lourds, comme les *glands,*
les *châtaignes,* les *faînes* restent
sous l'arbre qui les a produits;
c'est là qu'ils germeront; les plus
légers, comme les *fruits ailés* du
bouleau, de l'orme et de l'érable
s'en vont en tourbillonnant avec les feuilles flétries; les graines
plumeuses de l'aster, du séneçon, du pissenlit, voguent au hasard
dans l'air comme de petites nacelles que conduirait un pilote capricieux. Les fruits qui peuvent servir à l'alimentation de l'homme
sont ramassés avec soin dans les greniers; ceux des troënes, des
houx, des aubépines res-
tent sur la branche pour
nourrir l'oiseau pendant
la froide saison; d'autres
graines sont emportées
dans les magasins d'hi-
ver de l'écureuil, du loir
et de la marmotte. Quel-
ques-unes, poussées par
les tempêtes, s'en vont
au loin par-dessus les

Fig. 294. — Concombre-Serpent.

ravins et les forêts ou descendent avec les fleuves vers l'Océan.
C'est en voyant flotter sur la mer des semences inconnues aux
pays déjà découverts que Christophe Colomb devina des terres
inexplorées, et il marcha avec confiance vers les régions qui avaient
dû les produire.

Et savez-vous, mes chers enfants, avec quoi les plantes fabriquent ces fruits pleins de *sucre* et de *fécule* que chaque été ramène?

Avec quoi elles composent le bois, les fibres textiles, les huiles, les essences, les couleurs que nous leur empruntons? Tout simplement avec un corps solide, le *carbone,* et trois gaz : l'*hydrogène,* l'*oxygène* et parfois l'*azote;* quelquefois elles y ajoutent un peu de *soufre* et de *phosphore.*

Elles prennent le *carbone* dans l'atmosphère sous la forme d'acide carbonique, que leurs feuilles décomposent, pour en retenir le carbone et en rejeter en partie l'oxygène; elles le prennent encore par leurs racines dans le sol où il se trouve sous la forme de carbonates solubles. Elles puisent l'*oxygène* dans l'asmosphère sous sa forme libre et sous la forme de vapeur d'eau; et dans la terre, sous la forme d'eau, qu'elles décomposent. Cette même eau de l'atmosphère et de la terre leur fournit l'*hydrogène.* L'*azote* de l'atmosphère les imprègne; elles puisent dans la terre celui que contiennent les

Fig. 295. — Fruit du Sablier.

sels ammoniacaux. Les plantes empruntent en outre au sol des matières *minérales solides,* dissoutes dans l'eau, *potasse, soude, chaux, silice, magnésie.* Et avec tous ces éléments chimiques, elles composent la *cellulose* des tissus de leur charpente, et les substances qui remplissent ces tissus.

Laboratoires toujours en activité, les cellules amassent des *gaz,* des *liquides,* des *granules,* des *cristaux,* qui se combinent de mille façons pour former les produits les plus variés. Ces produits peuvent être de nature *amylacée,* et la teinture d'*iode* les colore en *bleu;* ou de nature *azotée,* comme le *gluten,* et la teinture d'iode les colore en *jaune;* l'addition d'azote qui rend ces derniers produits *quaternaires,* augmente leurs qualités nutritives. La matière qui colore les cellules en vert et en jaune est de consistance résineuse; celle qui les colore en bleu, en rouge ou en violet est toujours liquide.

La *cellulose* est une matière amylacée composée identiquement comme l'*amidon* et la *fécule* qui sont même chose : le mot *amidon*

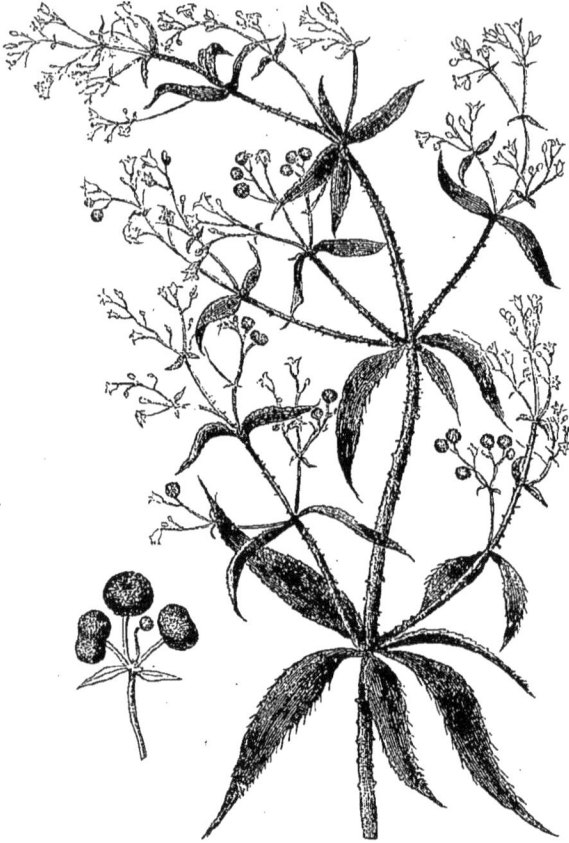

Fig. 296 et 297. — Feuilles, Fleurs et Fruits de Garance.

s'applique plus particulièrement à la partie farineuse des graines, et le mot *fécule* à la partie farineuse des tiges, des racines, etc.

La *cellulose* et l'*amidon* sont incorruptibles. On a retrouvé dans les profondeurs de la terre des grains d'*amidon* ayant des milliers

d'années et n'ayant éprouvé aucune altération ; et la *cellulose* reste
inaltérable, même sous l'influence de dissolvants assez puissants
pour faire disparaître les matières les plus dures, telles que le
ligneux coloré des bois d'ébène, de palissandre ou d'acajou ; les
tissus qu'elle forme, ainsi débarrassés d'incrustations solides, rede-
viennent flexibles et transparents, mais ne sont pas détruits. La
cellulose persiste dans le papier, formé de fibres végétales qui ont
été rouies, tissées, usées par le porter, réduites en bouillie, ron-
gées par les acides ! La combustion lente ou vive seule la décompose, car alors tout ce qui constituait la plante disparaît, sauf les
matières minérales non combustibles qui forment les cendres.

L'*amidon*, insoluble à l'eau froide, peut se transformer en *dex-*
trine, matière sucrée, soluble dans l'eau sous l'influence d'un ferment de nature azotée, appelé *diastase*, analogue à la salive de
l'homme. Le *ligneux* est aussi de nature *amylacée*, de même que la
glucose ou sucre de raisin, sucre incristallisable, mais qui peut fer-
menter ; que le *sucre de canne*, sucre cristallisable, renfermant une
moindre proportion d'eau que la glucose ; que les *cires,* les *beurres,*
les *huiles fixes,* semblables à celles que l'on trouve chez les animaux, les *résines,* les *baumes,* les *huiles essentielles* ou *volatiles,* les
gommes, le *lait végétal* d'où l'on extrait le caoutchouc, l'opium, etc.

Ces substances diverses, charriées par la sève ou élaborées par
les cellules, se déposent dans les tissus de chaque plante qui, dès
ses premiers développements, prend un caractère particulier selon
les produits qu'elle doit donner. Par une chimie merveilleuse,
chacune transforme à sa manière cet air et cette eau qui pénètrent
dans ses tissus ; la science constate le phénomène sans l'expliquer.
Elle arrive bien à comprendre par quelles combinaisons se forment
certaines matières *organiques, sucre, alcool, huile, essence ;* mais elle
ne peut reproduire les matières *organisées* qui, comme la *fécule,*
l'*albumine,* le *gluten,* etc., ne se forment dans les êtres que sous
l'influence des forces vitales. Elles sont le résultat de la vie,
que nous devons respecter dans l'être le plus humble, nous qui ne
pouvons jamais la créer !

La plante est donc comme une *ruche* dont les cellules sont les

abeilles ; abeilles sédentaires qui travaillent sans relâche comme
l'abeille ailée. Et comme nous savons tourner à notre profit tout

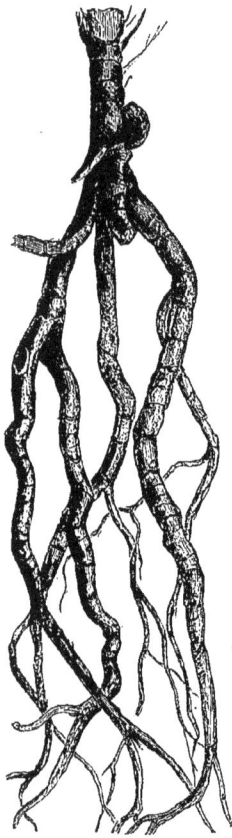

Fig. 298. — Racines
de Garance.

ce que renferme ce vaste monde, nous
dérobons aux plantes les trésors qu'elles
ont amassés, de même que nous enlevons
aux abeilles le miel qu'elles ont fait pour
elles avec le suc des plantes. Nous vivons
ainsi les uns des autres ; nos soins rendent
les plantes plus belles, plus productives,
plus variées ; nous faisons ensuite notre
profit des substances que nous les avons
aidées à fabriquer.

Et maintenant que vos fruits sont mangés et que mes explications sont finies, je
propose une partie de colin-maillard pour
faire agir vos jambes, dit Mme des Aubry.

La partie s'organisa aussitôt sur la
pelouse, et pendant une demi-heure l'animation et la joie furent extrêmes. La fatigue arrivant alors, on s'assit pour jouer à
des jeux tranquilles, et l'on fit quelques
tours de *comparaisons*. Marie fut compa-
rée à une rose pompon, à une pomme
d'api, à un coquelicot ; Marguerite à une
pêche, au petit muguet des bois qu'on
aime tant à trouver sous ses feuilles ;
Mercédès à la capucine aux teintes dorées,
à l'héliotrope embaumé. Les jeunes gens
se traitèrent de chardons qu'on ne sait par
quel bout prendre, de buissons d'épines,

d'ivraie qui pousse vite en mauvaise herbe qu'elle est, etc.

Assez ! s'écria Mercédès, racontons des histoires ; il faudra que
chacun dise quelque chose. Celui qui ne voudra pas parler sera
obligé de fournir un gage, et on lui ordonnera des choses très difficiles.

Cette idée fut approuvée à l'unanimité : elle paraissait excellente. Mais lorsqu'il s'agit de commencer, chacun chercha une excuse : on ne se rappelait aucune aventure digne d'intérêt, on ne savait rien, etc., etc.

Fig. 299. — Phormium tenax ou Lin de la Nouvelle-Zélande.

Racontons quelque chose qui nous soit arrivé, dit André ; ce sera très simple, vous allez voir. Un jour que j'étais au bord d'un étang, j'aperçois dans l'eau les quatre grosses épines du fruit farineux et sucré de la *mâcre* ou châtaigne d'eau (fig. 293). Je me baisse aussitôt pour le prendre. Mais ne voilà-t-il pas que le vent se met à souffler au même moment et emporte mon chapeau bien loin sur l'eau ; que faire ? je prends une branche pour le ramener ; elle n'était pas assez longue. J'en attache deux bout à bout avec mon mouchoir, et avec des précautions infinies j'essaye le sauvetage. Mais mon chapeau n'y mettait pas de complaisance ; il s'en allait de plus en plus loin, si bien que n'arrivant pas à l'atteindre, je m'approchai trop du bord, mon pied glissa et je tombai dans l'eau.

Et alors, dit Henry, qu'est-ce que tu fis ?

Ah ! cela se devine, dit Marcel en riant ; il se releva et alla changer de vêtement.

Et ton chapeau ? reprit Henry.

Il est resté dans l'étang avec les châtaignes d'eau, dit André ; le dénouement de mon histoire est, vous le voyez, des plus lamentables.

Je me rappelle maintenant une aventure qui m'est arrivée lorsque j'étais petite, dit Mercédès. Je me trouvais seule au bout du jardin, lorsque tout à coup j'aperçois dans l'herbe, à mes pieds, un gros serpent vert enroulé sur lui-même et qui dressait vers moi sa tête énorme. Je pousse un cri perçant, et je m'enfuis au galop. Le jardinier accourt vers moi et me demande ce qui m'est arrivé. Je le lui raconte en tremblant, et j'ajoute que le gros serpent doit m'avoir suivie. Il se met à rire et me dit : je crois bien, moi, qu'il n'aura pas été loin ; je vais vous l'apporter ; n'ayez pas peur. Il va vers l'endroit que je lui avais désigné, et en rapporte... devinez ! je n'ose pas vous le dire ; vous vous moquerez de moi... un *concombre !* (fig. 294), un concombre d'une espèce particulière, qui se repliait sur lui-même de façon à si bien imiter un serpent, que vous auriez fort bien pu vous y tromper comme moi, quoique je vous voie rire.

Et voici ce qui m'est arrivé à moi un certain jour, dit Henry. J'étais dans la grande serre, tout seul avec un livre ; j'apprenais une leçon, ce qui m'avait légèrement assoupi. Je fus réveillé subitement par une détonation, comme un coup de pistolet, et je me sentis frappé au visage de grains de plomb. Effrayé, et n'y comprenant rien, je me sauve....

C'est le premier mouvement d'un brave, dit Marcel en riant.

Mon cher, j'ai commencé par te dire que j'étais à moitié endormi, et que je n'avais pas toute ma présence d'esprit. Je m'en vais raconter à papa que quelqu'un est caché dans la serre et a tiré sur moi. Il m'écoute tranquillement, me ramène à l'endroit de la serre où j'étais assis, et me fait voir le sable couvert, non de balles de plomb, mais d'es-pèces de fèves. Alors il m'explique que ce sont les graines d'un fruit, gros comme un petit melon, à écorce ligneuse, qui, au moment où sa maturité est achevée, éclate avec bruit, en lançant au loin les débris de sa capsule et les fèves qu'elle contenait.

Comment appelle-t-on ces fruits? demanda Marcel.

Ce sont le fruits du *sablier* (fig. 295), qui appartient à la famille des *euphorbiacées*, dit Henry. Ils sont suspen-dus sur le tronc même de l'arbre comme des lanternes.

Fig. 300 et 301. — Cotonnier.

Un de mes plus vifs souvenirs à moi, dit Marguerite, c'est d'avoir vu tomber la foudre. Mon Dieu! que j'ai eu peur! Nous étions à la campagne; le ciel était noir, et si bas qu'on étouffait. Le vent faisait plier les arbres jusqu'à terre, et de temps en temps de grands éclairs entr'ouvraient la nue. Le tonnerre grondait et je regardais par la fenêtre les feuilles tourbillonner et les nuages cou-

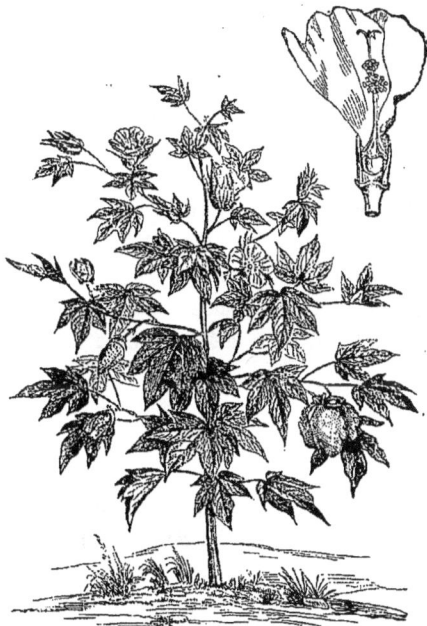

rir ; et quand l'éclair venait, je fermais les yeux. Mais à un moment,
voilà qu'une pluie de feu tombe devant moi et j'entends un cra-
quement épouvantable. Papa me dit : « la foudre a dû tomber bien
près de nous, sur un des grands arbres du jardin probablement. »
Après l'orage nous sommes descendus pour voir les ravages qu'elle
avait faits ; un des plus hauts tilleuls avait ses branches hachées ;
ses feuilles et ses fleurs jonchaient la terre ; une rigole droite et
profonde creusait son tronc du haut au bas, jusqu'au sol où l'élec-
tricité avait été se perdre. Papa me recommanda de ne jamais me
mettre sous les arbres pendant l'orage ; ils attirent la foudre quand
ils sont élevés. Il vaut mieux se laisser mouiller que de profiter de
leur abri dangereux.

Marcel allait commencer son histoire lorsqu'une jeune femme
pauvrement vêtue et portant dans ses bras un tout petit enfant,
s'approcha des cinq enfants.

Pouvez-vous me faire la charité d'un peu de lait ? dit-elle ; mon
enfant a faim, mon lait est comme tari : je mange si peu et j'ai tant
de fatigue !

Nous allons traire la vache, dit Marguerite ; venez avec nous à
la ferme ; vous vous reposerez et vous prendrez aussi un peu de
nourriture.

Mercédès prit l'enfant dans ses bras, et Marguerite conduisit la
pauvre femme chez Marianne. Elle plaça devant elle du vin, du
pain et du fromage ; puis courut à l'étable, suivie de Claudie pour
tirer du lait. Quel ne fut pas son étonnement lorsqu'elle vit couler
du pis de la vache, non point un beau lait blanc comme à l'ordinaire, mais un lait tout sanguinolent.

Qu'est-il donc arrivé à ta vache, Claudie ? s'écria-t-elle.

Ce n'est rien, Mademoiselle, dit Claudie ; elle aura mangé de la
garance, c'est sûr. On est en train de faucher ses tiges vertes et on
en donne aux bœufs ; la vache en aura attrapé elle aussi, c'est un
bon fourrage ; mais il teint le lait en rouge, et même les os, à ce
qu'on dit.

Pourquoi alors ne pas cultiver un autre fourrage ? dit Marguerite.

Ce n'est pas pour son feuillage sombre ni pour ses petites fleurs violettes que l'on cultive la garance (fig. 296 et 297), reprit Claudie; c'est pour sa *racine* (fig. 298), qui se vend bien parce qu'elle fournit aux teinturiers une belle couleur rouge, très solide, avec laquelle on teint les pantalons des soldats. Comme il faut qu'elle reste trois ans en terre avant d'être bonne à arracher, on coupe chaque année les tiges et les feuilles qu'elle donne pour en nourrir les bestiaux, afin que rien ne soit perdu.

Marguerite porta le lait au petit enfant, qui le but sans répugnance.

Pendant ce temps-là, Marianne causait avec la pauvre femme.

Votre mari est donc sans ouvrage, qu'il vous laisse ainsi dépourvue de tout? dit-elle.

Eh! vous savez bien qu'il n'y a pas grand ouvrage dans la montagne! répondit la femme. Il est allé à la ville comme les autres pour gagner un peu d'argent; et en attendant je demande mon pain. Que puis-je faire autre chose avec un enfant si jeune que je ne peux pas quitter pour aller travailler?

Fig. 302. — Rameau d'Olivier avec Fleurs.

Écoutez, dit Marianne, vous avez là une quenouille au côté, c'est donc que vous savez filer. Vous allez emporter quelques poignées de chanvre, je vous en enverrai d'autre par le petit Richard, et quand vous l'aurez filé et mis en écheveaux, vous me le rapporterez pour que je fasse faire ma toile. Je vais vous payer d'avance pour vous obliger à plus vous presser.

La jeune mère remercia la bonne Marianne, ainsi que Marguerite et Mercédès, et s'éloigna. Les enfants retournèrent au jardin.

Pourquoi donc, dit André à son père, les gens qui habitent la montagne sont-ils plus pauvres que ceux qui vivent ici ?

Eh ! mon cher enfant, parce que la terre y est improductive, et que c'est la terre qui est la véritable richesse d'un pays. Un sol fécond produit toute espèce de plantes, et grâce aux plantes l'homme se trouve pourvu de tout ce qui lui est nécessaire, nourriture, abri, vêtements, etc. Dans leur apparente inaction elles travaillent jour et nuit, et à notre profit, vous le savez. Leurs racines, leurs tiges, leurs feuilles, leurs fleurs, leurs fruits, sont pour nous des magasins richement approvisionnés, où nous ne cessons de puiser.

Les unes, les plantes *ligneuses,* nous donnent leur bois, si utile pour construire nos ponts, nos vaisseaux, nos maisons et nos meubles.

Fig. 303. — Rameau d'Olivier avec Fruits.

Les autres, les plantes *textiles : chanvre, lin, ortie, tilleul, palmier, phormium* (fig. 299), *agave, coton,* etc., nous fournissent les filaments précieux de leurs tiges, de leurs feuilles, de leurs graines, qui alimentent tant d'industries diverses. Que de bras et de métiers sont mis actuellement en mouvement par ces *fibres des plantes!* Mais il a fallu bien du temps pour arriver à les filer et à les tisser vite et bien !

Les anciens manquaient de linge; on s'est longtemps servi de chemises et de serviettes de laine, et l'on raconte qu'encore au XVIᵉ siècle, la reine Catherine de Médicis n'avait que deux chemises de lin. Au commencement de ce siècle, *Philippe de Girard* ayant inventé les métiers à filer le lin, la fabrication du linge devint plus facile; en France seulement, on emploie de nos jours chaque année pour 60 millions de lin, 80 millions de chanvre, 100 millions de coton brut. Les brins courts du *coton* surtout, qui s'enlèvent de la *testa* des graines du cotonnier (fig. 300 et 301), avaient besoin de toute la perfection de nos métiers modernes pour être rapidement et solidement travaillés. C'était autrefois de l'Égypte et de l'Inde que nous venaient les plus jolies étoffes de coton; mais l'Europe est actuellement sans rivale pour ses indiennes, ses rouenneries, ses mousselines, ses tapis, ses velours de coton.

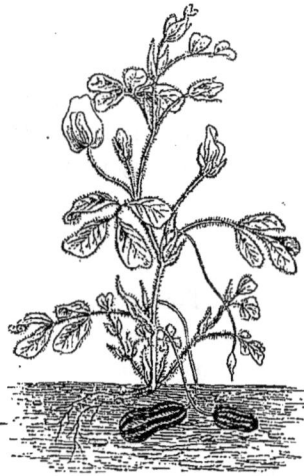

Fig. 304. — Arachide.

D'autres plantes, dites *oléagineuses,* nous fournissent de l'*huile* que l'on mange, que l'on brûle ou que l'on emploie dans les arts.

La plus appréciée des huiles que l'on mange se retire de la chair verte de l'*olive* (fig. 302 et 303), que l'on presse à froid d'abord, puis que l'on jette dans l'eau chaude pour obtenir une qualité moins pure. Au moment de la récolte, on étend des draps au-dessous des oliviers afin que le fruit tendre ne se meurtrisse pas en tombant. On retire encore de l'huile des *noix,* des *amandes,* des *noisettes,* des *faînes* du hêtre, des *arachides* (fig. 304), et de fruits encore bien plus petits et plus secs, du *colza,* de la *navelle,* du *sésame,* du *pavot* (fig. 305), du *chènevis,* fruit du chanvre, cher aux oiseaux, de la graine de *lin*, qui, réduite en farine, sert aussi à faire des cataplasmes adoucissants, etc.

La plupart des matières *tinctoriales* que nous employons sont aussi empruntées aux végétaux, d'où nous savons les extraire pour les fixer sur les étoffes. Elles ne sont renfermées dans aucun organe spécial ; souvent même, incolores dans la plante vivante, elles ne se développent qu'à l'aide des acides et des alcalis qui les modifient à l'infini.

Les anciens ne connaissaient presque point d'autres couleurs ; nous savons maintenant en retirer des minéraux, particulièrement de la houille, et de fort belles, plus solides que les couleurs végétales que l'oxygène altère, et dont certaines nuances tendres, fort éphémères, ne font, comme on dit, qu'un déjeuner de soleil.

Les *substances colorantes* nous sont fournies tantôt par les racines, tantôt par le bois, l'écorce, les feuilles, les fleurs des plantes. Les *racines* de l'orcanette, le *bois* de campêche, le *bois* de sandal, le *bois* du Brésil, les *fleurs* du carthame, donnent une belle couleur rouge. Certains *lichens*, imprégnés de chaux et d'urine, développent une riche matière colorante d'un rouge violet, connue sous le nom d'*orseille*, à cause du principal lichen qui la produit ; préparés autrement, ces lichens donnent une couleur *bleue*, appelée *tournesol*, que l'on emploie comme *réactif chimique*, c'est-à-dire pour aider à reconnaître les qualités distinctives des corps.

Les feuilles et les fleurs du *réséda gaude*, les stigmates du *safran*, cultivé en grand dans le Loiret, teignent en jaune, ainsi que l'écorce d'un chêne de l'Amérique du Nord, le *quercitron ;* que l'écorce d'un mûrier du Brésil ou *bois jaune*, et qu'un sumac appelé *fustet*. La *gomme-gutte*, qui fournit aux peintres un beau jaune d'or, est le suc épaissi du *guttier*, arbre de Ceylan.

La plus belle couleur bleue, l'*indigo*, est fournie par des plantes légumineuses de l'Inde, macérées dans de l'eau ; l'*indigo indigène* est produit par les feuilles du *pastel* réduites en pâte. Du *croton* se retire encore une couleur bleue appelée *tournesol*, comme celle que produit l'orseille.

Avec le *brou de la noix*, le bois d'*aune*, de *châtaignier*, les feuilles desséchées du *sumac* appelé *sumac des corroyeurs*, on obtient de la couleur noire. Mais la plus belle provient de la *noix de galle*, cette petite boule ligneuse qu'on trouve sur les feuilles du chêne et qui est le résultat de la piqûre d'un insecte, et d'autant meilleure que l'insecte n'en est pas sorti.

Nous devons aux insectes, si souvent nos ennemis, quelque reconnaissance pour les belles couleurs qu'ils nous procurent. La *cochenille,* qui vit sur les *cactus-nopals,* nous fournit la riche couleur appelée *carmin;* le *kermès,* qui vit sur certains chênes, nous donne la couleur *cramoisie;* la *gomme-laque,* qu'on recueille sur un figuier des Indes, provient des débris d'un insecte, mêlés aux matières sécrétées par l'arbre qui le nourrit; etc.

De certaines plantes parfumées comme la rose, le jasmin, l'oranger, l'héliotrope, la vanille, etc. on retire des essences précieuses fort recherchées pour les soins de la toilette ou les raffinements culinaires. La médecine et la pharmacie emploient avec succès les sucs d'un grand nombre de plantes pour guérir les malades ou tout au moins apaiser leurs souffrances ; les unes purgent ou calment la toux, d'autres font transpirer ou amènent sur la peau une éruption salutaire, etc. Le quinquina a rendu autant de services à lui seul que tout le reste des plantes.

Fig. 305. — Pavot ou Œillette.

16

Vous pouvez entrevoir, d'après ce que je viens de vous dire, combien d'industries diverses et de ressources de tous genres proviennent des plantes, et se trouvent manquer dans les pays improductifs.

Le soleil approchait de l'horizon; Monina, la vieille négresse, qui avait amené les jeunes de Féris, vint les prévenir que l'heure du départ était venue : il fallut se séparer.

CHAPITRE XI. — LA MANDRAGORE QUI CHANTE

SOMMAIRE : Revue des principales familles végétales et de leurs propriétés. — Embranchement des Dicotylédonées angiospermes; Classe des Monopétales hypogyne ; Familles des Gentianées, des Convolvulacées, des Asclépiadées, des Apocynées, des Solanées.

Tiens, mon unique enfant, mon fils, prends ce breuvage ;
Sa vertu te rendra ta force et ton courage !

ANDRÉ CHÉNIER.

N lézard ! . . . .
Par une de ces chaudes journées qui font pencher la fleur d'un air alangui et couchent l'herbe dans les prés, deux petits garçons revenaient de l'école. Ils suivaient un chemin creusé entre deux talus couverts d'un fin gazon et de plantes sauvages, et marchaient doucement, comme des gens qui ne sont pas pressés d'arriver, regardant voler les papillons et les grandes sauterelles à ailes rouges et bleues. Tout à coup l'un d'eux avisa un lézard qui étalait au soleil sa peau verte et tigrée.

Et posant son petit panier vide sur le bord du chemin, il s'é-
lança sur le talus, par-dessus le fossé; son frère le suivit. L'herbe
était sèche et la pente glissante; ils dégringolèrent, et le lézard
qu'ils voulaient attraper se sauva. Mais le jeu était commencé; ils

Fig. 309. — Rameau de Ronce.

remontèrent rien que pour le plaisir de descendre en courant ou
en se laissant glisser sur le dos et sur les mains : ils ne réfléchis-
saient pas qu'il faudrait que leur mère veillât le soir pour raccom-
moder leurs vêtements, déchirés avec tant d'insouciance !

Ils ne s'arrêtèrent que lorsqu'ils furent fatigués; et comme ils
étaient altérés, ils se mirent à manger des mûres de haies, ces jolis
fruits noirs, à grains luisants, de la ronce (fig. 309). Le plus petit,
Paul, voyant briller au milieu du buisson des grappes de fruits al-

longés, d'un beau rouge, tira à lui la branche flexible qui les portait et en mangea avec avidité, s'imaginant qu'elles devaient être
acides et plus rafraîchissantes que les mûres.

Moi je ne veux pas y goûter, dit Jean, l'aîné ; maman nous a
défendu de toucher aux fruits que nous ne connaissons pas.

Ce n'est pas bien bon, dit Paul.

Les enfants se remirent en marche. Jean découvrit au plus

Fig. 310. — Un Nid.

fourré d'un buisson d'aubépines un joli petit nid de fauvette
(fig. 310) fait de crins et de duvet, habilement entremêlés. Tout
au fond se blottissaient quatre petits oiseaux, presque nus, au bec
grand ouvert, qui attendaient la pâture que leur mère était allée
chercher. Il les prit sans pitié, ou plutôt sans réflexion, sans
se rendre compte qu'il ne pourrait les élever, que, privés des soins
de leurs parents, ils languiraient et mourraient, et qu'il commet-
tait l'action d'un méchant. Hélas ! que d'enfants font comme Jean
et détruisent tous ces jolis insectivores que l'agriculteur respecte,
car l'oiseau mange les insectes de l'arbre qui l'abrite et le nourrit !
Combien, sans comprendre les admirables harmonies de la nature,

mettent l'oiseau en cage, l'oiseau ailé, avide de lumière qui n'a toute sa beauté qu'au milieu de l'air où il vole en liberté, et dans les bois qu'il anime de ses chansons !

Paul, lui, ne sautait plus et ne parlait plus : il avait mal au cœur. Lorsqu'il fut arrivé chez lui, sa mère remarqua sa pâleur, quoiqu'il ne se plaignît pas; elle essuya son front mouillé de sueur, le gronda un peu, ainsi que son frère, du désordre de leurs vêtements, et se remit à son ouvrage. Au bout de quelques moment, Paul se mit à gémir et à s'agiter sur sa chaise; il ne pouvait plus cacher qu'il était malade.

Qu'as-tu donc, mon pauvre chéri ? lui dit sa mère.

J'ai mal au cœur et à la tête, répondit Paul.

Tu auras pris chaud et froid en revenant de l'école, dit la mère; couche-toi, ça ne sera peut-être rien.

Fig. 311. — Morelle douce-amère.

Mais Paul eut beau se mettre au lit, il souffrait toujours. Sa mère commençait à s'inquiéter, elle ne savait pas ce qu'il fallait faire. Elle pensa à Mme des Aubry, qu'on appelait déja la providence des pauvres gens et dont on allait souvent réclamer le secours, parce qu'elle connaissait les vertus des plantes et pouvait, en attendant l'arrivée du médecin, donner de bons conseils aussi bien que dire de bonnes et encourageantes paroles.

Jean, dit-elle à son fils aîné, il faut aller à Roche-Maure et prier not' dame de venir jusqu'ici, si c'est un effet de sa bonté.

Et c'est pourquoi la famille des Aubry, qui était réunie pour
le travail ordinaire du milieu du jour, vit arriver Claudie, suivie
d'un gros garçon qui tournait sa casquette entre ses doigts et paraissait fort embarrassé.

Madame, dit Claudie en faisant son petit salut, c'est Jean, le
fils de la veuve Marvelle, qui
vient vous chercher pour voir
son frère qui est malade.

Demeure-t-il loin d'ici? demanda Mᵐᵉ des Aubry, se levant aussitôt et prenant son
ombrelle.

Pas trop loin, Madame,
répondit Claudie ; c'est tout
près de l'oseraie.

Mᵐᵉ des Aubry suivit Jean.
Lorsqu'elle entra dans la chambre du malade, Paul venait de
vomir ; elle reconnut les fruits
rouges de la *morelle douce-
amère* (fig. 311), et comprit
tout.

Fig. 312. — Petite Centaurée.

Eh bien ! mon cher petit,
dit-elle à Paul, tu vas aller mieux ; tu as su te guérir tout seul ;
rien n'était plus urgent que de te débarrasser des mauvais fruits
que tu avais mangés. Prends un peu d'eau vinaigrée et reste au
lit ; dans une demi-heure tu boiras du café noir froid que je vais
t'envoyer.

Ce ne sera rien, dit-elle en se tournant vers la mère ; demain il
ne s'en ressentira plus ; et comme il a souffert, j'espère qu'il sera
corrigé pour toujours de cette mauvaise habitude qu'ont les enfants de porter à leur bouche tout ce qui leur tombe sous la main.

Pendant ce temps-là, M. des Aubry avait proposé à ses enfants
d'aller au devant de leur mère ; et malgré l'ardent soleil, ils avaient
accepté avec enthousiasme. Toutes les heures du jour n'ont-elles

pas un charme qui leur est propre? Les blés ondulaient sous une
brise légère comme des flòts d'or; et sur les sainfoins roses et les
luzernes violettes voletait et bruissait tout un monde ailé de papillons et d'insectes. Sur le bord du chemin dormaient de jolies petites *centaurées roses* (fig. 312) et des *chlorettes* à fleurs jaunes, à
feuilles glabres et glauques, à inflorescence définie ou en cyme;
quelques *gentianes bleues* (fig. 313), malgré la chaleur, tenaient ouvertes leurs corolles gamopétales, en cloche, à gorge frangée, portant cinq étamines.

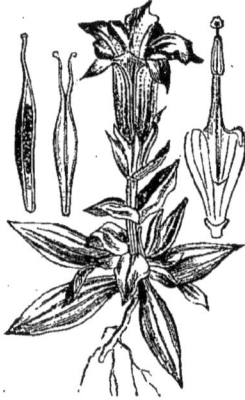

Fig. 313. — Gentiane.

Ces jolies plantes, dit M. des Aubry, renferment des principes amers
qui en font de bons fébrifuges. La *gentiane jaune* surtout, ou *grande gentiane*,
a une racine très amère, qui est un de
nos remèdes indigènes les plus précieux, et qui a souvent remplacé le
quinquina pour couper la fièvre ou
ramener l'appétit. C'est Gentius, roi
d'Illyrie, qui, le premier, a découvert
ses propriétés; elle a donné son nom
à la famille des Gentianées, renfermant
encore le *ményanthe trèfle d'eau* qui
pousse au bord de l'eau ses jolies
grappes de fleurs rosées, et dont les feuilles amères jouent quelquefois le rôle du houblon dans la confection de la bière.

Lorsqu'on arriva à l'oseraie, une végétation plus fraîche et plus
touffue annonça le voisinage de l'eau (fig. 314); de nombreuses
libellules aux ailes de gaze, au corps d'émeraude, se mirent à voler
au-dessus des fleurs.

Le bord des eaux est toujours plein de poésie et de merveilles
(fig. 315), dit M. des Aubry; ces demoiselles vives et ailées qui
volent autour de nous, n'étaient hier que des espèces de punaises
grises habitant le ruisseau; elles ont subi leur métamorphose, et
maintenant, gracieuses et étincelantes, elles fendent l'air avec
rapidité.

Père, dit Marguerite, en s'approchant du fossé pour détacher

Fig. 314. — « Une Végétation plus fraîche annonça le Voisinage de l'Eau. »

d'une tige d'osier des *liserons à grandes fleurs* blanches qui s'y étaient enroulés, voilà des fleurs qui me semblent approcher de la perfection ; rien ne peut surpasser leur grâce et leur fraîcheur ; elles n'ont qu'un défaut : c'est de se fermer trop tôt.

Leur forme leur en fait une obligation, dit M. des Aubry ; tous les rayons du soleil se concentrent au fond de leurs tubes évasés ; elles seraient brûlées si elles ne se pressaient, avant l'heure la plus chaude, d'enrouler leurs corolles comme lorsqu'elles sont en bouton. Les fleurs *campaniformes*, c'est-à-dire en forme de cloche (*campanula* veut dire clochette en latin), sont obligées de se fermer ou de se renverser pour éviter l'action du soleil ; elles aiment la température du matin et s'entr'ouvent de bonne heure. C'est ce que font les *volubilis* de nos jardins, aux nuances si veloutées et si vives, qui sont des liserons cultivés, et les *belles-de-jour,* et les petits *liserons roses* des champs, qui sentent l'amande amère et contribuent à rendre la paille fourragère, tout en nuisant aux blés sur lesquels ils s'enroulent.

La corolle du liseron peut être, en effet, présentée comme un des types les plus parfaits d'une fleur *monopétale.* Elle est d'une seule pièce ; la trace de la soudure des feuilles florales, presque effacée, n'est indiquée que par un *pli* se répétant cinq fois, et par la teinte plus foncée qui fait reconnaître la nervure centrale des pétales constitutifs. Le bord supérieur de la corolle n'offre même aucune de ces divisions plus ou moins profondes qui laissent comprendre, chez la plupart des plantes monopétales, l'origine polypétale de la fleur. Cette corolle porte les étamines, caractère important qui se retrouve chez toutes les *monopétales;* elle s'insère au-dessous de l'ovaire libre, elle est donc *hypogyne.*

Les belles fleurs de ces liserons sont *axillaires,* par conséquent *alternes* comme leurs feuilles sagittées à lobes aigus ; elles sont soutenues par un calice à cinq divisions très profondes qui est caché par un second calice ou *calicule* formé de deux *bractées* aiguës.

Ce sont les liserons (*convolvulus* en latin, de *convolvere,* s'enrouler) qui ont donné leur nom à la famille des *convolvulacées,* dont plusieurs espèces ont les tiges volubiles. Parmi les convolvulacées, généralement remplies d'un lait âcre et purgatif, se trouvent des plantes très employées en médecine, le *jalap,* la *scamonée,* le *liseron soldanelle.* La *patate,* elle, originaire de l'Amérique, amasse une fécule sucrée et nourrissante dans ses tubercules, et fournit avec ses feuilles lisses et cordiformes un bon fourrage pour les bestiaux.

Voyez-vous ce pied de luzerne épuisé, jauni, prêt à mourir ? C'est une plante parasite, la *cuscute* (fig. 316), que l'on peut rattacher à la famille des convolvulacées, qui l'étouffe et l'affame en lui

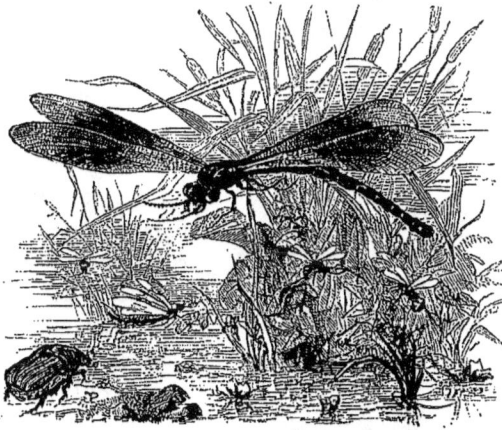

Fig. 315. — « Le Bord des Eaux est toujours plein de Merveilles. »

dérobant toute sa sève. Elle s'enroule de la même façon sur le lin, le chanvre, le trèfle, pour vivre à leurs dépens; trop paresseuse pour élaborer sa sève et former elle-même sa chlorophylle, elle enfonce ses suçoirs dans la tige de ses voisins et leur dérobe leurs provisions. Si elle ne trouve pas de plante sur qui vivre, elle se dessèche dès qu'elle a poussé.

Triste vie que celle de ces parasites qui, ne pouvant se suffire à eux-mêmes parce qu'ils ne veulent pas travailler, se mettent sans pudeur à la charge des autres !

Au sortir de l'oseraie, André remarqua une plante de près de deux mètres, à grandes feuilles oblongues, opposées, qui portait

des ombelles de petites fleurs rosées, odorantes, et des fruits ven-
trus et hérissés. Il en cueillit une branche.

Père, lui dit-il, voici une plante que je vois pour la première
fois et dont les fleurs et les fruits me paraissent organisés d'une
façon particulière. Les cinq étamines ont déposé leur pollen au
sommet de la fleur, sur
le pourtour d'un gros
stigmate pentagone.

C'est l'*herbe à la ouate*,
originaire d'Amérique,
une *asclépiadée* (d'Asclé-
pios-Esculape), comme
le joli *hoya carnosa* des
serres (fig. 317), dit M. des
Aubry; ses graines, ren-
fermées dans deux *folli-
cules,* sont recouvertes de
longues aigrettes qu'on a
cherché à utiliser pour le
tissage.

Les *asclépiadées* (fig. 318
à 322) renferment un suc
laiteux riche en caout-
chouc, quelquefois âcre et
purgatif, mais moins dan-
gereux que le suc des
plantes d'une famille voi-

Fig. 316. — Cuscute autour d'une Luzerne.

sine, celle des *apocynées*, à laquelle appartiennent la *pervenche*, aux
fleurs bleues ou blanches, en tube se dilatant pour former cinq
divisions, et le *laurier-rose,* dont la corolle, de même forme, a la
gorge garnie d'une petite collerette découpée qui cache les étamines.

Ces beaux *lauriers,* à corymbes de fleurs roses ou blanches qui,
dans ce pays favorisé, poussent en pleine terre presque aussi bien
qu'en Grèce ou en Algérie, ne sont pas aussi innocents qu'ils en
ont l'air; leurs feuilles renferment de l'acide prussique en assez

grande quantité pour que leurs simples émanations puissent dé-
terminer des accidents. Plusieurs plantes de cette même famille
renferment d'autres poisons plus terribles encore ; la *strychnine,*
qui contracte les muscles, la *noix vomique,* qui sert à empoisonner
les chiens vagabonds, la *fève de Saint-Ignace,* l'*upas tieuté,* avec
lequel les Javanais enveniment leurs flèches, proviennent des
graines à albumen corné des *strychnos,* redoutables apocynées.

Fig. 317. — Hoya charnu.

J'aperçois maman ! s'écria Marie, moins occupée à écouter les
explications de son père qu'à épier le retour de sa mère.

Et tous les enfants coururent au devant de Mme des Aubry.

Qu'est-il donc arrivé au petit Paul ? lui demanda Marie.

Il a mangé des fruits vénéneux qu'il croyait bons, dit Mme des
Aubry ; ne fais jamais comme lui et ne touche pas aux fruits que tu
ne connais pas ; il y en a qui peuvent donner la mort.

Quels sont ceux que Paul a mangés ? demanda Marcel.

Ce sont des *baies de morelle,* répondit Mme des Aubry.

Qu'est-ce qu'une baie, mère ? reprit Marcel.

La *baie* est un fruit charnu, indéhiscent, formé de plusieurs carpelles soudés et renfermant plusieurs petites graines, répondit Mme des Aubry.

Je ne croyais pas que la morelle fût un poison, dit Marguerite; j'en ai bu en tisane autrefois.

Les plantes renferment souvent des propriétés différentes selon leurs parties, dit Mme des Aubry. La tige sarmenteuse de la morelle douce-amère contient un principe amer et dépuratif; les racines, les feuilles, les fruits, en renferment un autre qui est vénéneux-narcotique et qui se retrouve à un degré bien plus prononcé dans la *morelle-noire,* appelée aussi *crève-chien* ou *herbe aux magiciens.* Il existe aussi, mais très affaibli, dans la *morelle tubéreuse* ou *pomme de terre,* dont les tubercules nous rendent de si grands services. Ses fruits jaunâtres, soutenus par un calice persistant, qui se montrent après la chute de la corolle violacée, en roue, à cinq lobes aigus, et des étamines réunies en pointe, sont moins jolis que ceux de la douce-amère; il ne faudrait guère plus s'y fier.

La *morelle* (en latin *solanum,* de *solari,* verbe latin qui veut dire soulager), fait partie d'une des plus redoutables familles du monde végétal et lui a donné son nom. A cette famille des *solanées* appartiennent : la *belladone* (fig. 323 à 329), l'herbe empoisonnée, dont les baies noires, ressemblant à de petites cerises, amènent la dilatation et la fixité de la pupille de l'œil, des vertiges et des convulsions, et quelquefois la mort; le *datura* (fig. 330 à 335), à grandes fleurs blanches, d'une rare beauté, formant un long entonnoir à cinq dents, à grosses capsules vertes épineuses, en forme d'œuf, s'ouvrant par quatre valves à la maturité et dont les graines étaient employées par les magiciens pour produire des visions fantastiques. Le *pétunia,* si recherché dans nos jardins à cause de l'abondance et de la variété de ses fleurs; la *jusquiame* (fig. 336), aux fleurs jaunes veinées de brun, au fruit capsulaire s'ouvrant comme une petite boîte, c'est-à-dire en *pyxide;* le *tabac* (fig. 337), grande et belle plante d'ornement, aux larges feuilles sessiles, aux fleurs en entonnoir, disposées en panicules terminales, aux capsules s'ouvrant en deux valves, etc.

C'est au xvie siècle que le tabac fut introduit en France; le

premier pied fut offert à la reine Catherine de Médecis par *Nicot*,
alors notre ambassadeur en Portugal, où le tabac était déjà cultivé.
De là le nom de *nicotine* donné au principe narcotique très vénéneux que la plante renferme et qui fut cause des nombreuses or-
donnances rendues pour en défendre la culture. En dépit de ces
défenses, il se propagea avec une grande rapidité, contrairement à

la pomme de terre ; la mode se
répandit de priser les feuilles réduites en poudre, puis de fumer
les feuilles séchées et roulées en
cigare. La consommation de tabac que l'on fait de nos jours est
énorme, malgré la mauvaise influence qu'il a sur la santé et
malgré les droits que l'État pré-
lève aussi bien sur le tabac que
l'on cultive en France que sur
celui que l'on fait venir d'Amérique, et qui est supérieur et plus
parfumé.

La *tomate* aux gros fruits
rouges acidulés, qui nous vient
du Mexique ; l'*aubergine* aux
longues baies violettes ; le *piment* (fig. 338) et le *poivre
long*, si précieux en cuisine, sont aussi des solanées.

Fig. 318 à 322. — Asclépias.

a. Fleur vue de profil. — *b.* Fleur vue
de face. — *c.* Masses polliniques.
d. Follicule. — *e.* Graine aigrettée.

Cette famille, que je disais dangereuse, renferme donc aussi des
plantes précieuses, et la médecine sait tirer parti de ses propriétés,
même les plus redoutables. Ces sucs puissants, qui peuvent faire
tant de mal, servent à guérir lorsqu'ils sont employés à certaines
doses et avec opportunité.

Une plante de cette famille que vous ne connaissez pas, la *mandragore,* a passé pendant longtemps pour avoir des vertus merveilleuses, et les histoires les plus fantastiques se sont répandues sur
son compte. C'est une plante *acaule* (sans tige) ; ses feuilles assez

fournies, forment comme une perruque épaisse au-dessus de sa racine pivotante, souvent bifurquée et dégarnie de terre, ce qui lui donne l'apparence de deux petites jambes. L'imagination, se mêlant à l'ignorance, s'est laissé aller à voir en elle une créature humaine enchaînée à la terre par une volonté supérieure. Elle a, pendant longtemps, passé pour porter bonheur à ceux qui la pos-

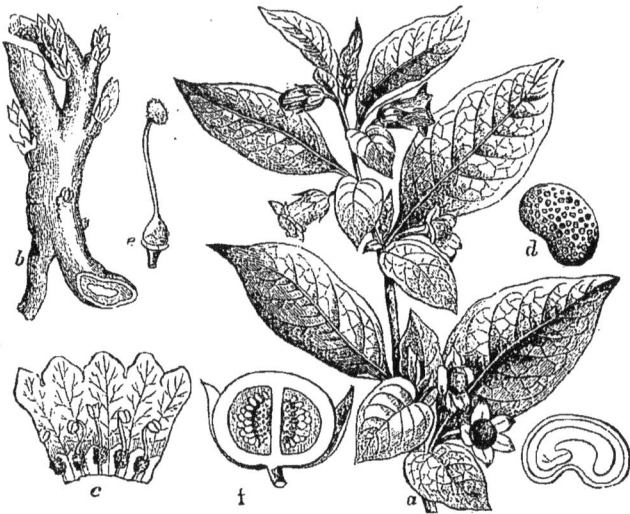

Fig. 323 à 329. — Belladone.
a. Rameau florifère. — *b*. Souche. — *c*. Corolle ouverte.
d. Graine. — *e*. Pistil. — *f*. Fruit.

sédaient; et, au moyen âge, les plus nobles dames conservaient précieusement au fond de leurs meubles des mandragores enveloppées avec soin dans la soie ou dans le lin. Les prédicateurs chrétiens eurent besoin d'employer toute leur influence et tout leur talent pour déraciner cette singulière superstition.

Est-ce vraiment possible, mère? dit André en riant.

Mon cher enfant, ce que l'ignorance et l'irréflexion engendrent de sottise est incalculable! De nos jours les propriétés des plantes sont plus étudiées, quoique encore imparfaitement connues, et la mandragore qui a cependant des vertus narcotiques, comme toutes les solanées, est fort peu employée.

On était arrivé à Roche-Maure ; Marcel et André approchèrent un fauteuil pour leur mère, sous les lilas, pendant que Marguerite la débarrassait de son ombrelle et de son chapeau.

Fig. 330 à 335. — Datura ou Pomme épineuse.
a. Rameau florifère. — *b*. Pistil. — *c*. Fruit entier. — *d*. Fruit coupé verticalement. *e*. Fruit coupé horizontalement. — *f*. Graine.

Merci, mes bien-aimés, dit Mme des Aubry ; asseyez-vous près de moi ; je me sens si heureuse quand vous êtes là, tous, à mes côtés ! Pendant que vous allez vous reposer je vais vous raconter une petite histoire.

Oh ! chère mère, quel bonheur ! dit Marcel ; nous aimons tant à t'écouter parler !

Il y avait une fois, il y a bien longtemps ! une pauvre femme

17

qui se mourait, et deux petits garçons qui pleuraient près de son lit. L'un s'appelait Louis et l'autre René. Ils auraient bien voulu guérir leur mère, qu'ils aimaient de tout leur cœur, mais ils ne savaient qu'imaginer. Ils lui faisaient chauffer un peu de tisane et restaient bien tranquilles pour ne pas la fatiguer, et c'était tout. La vieille voisine, qui les aidait à la soigner, la voyant si malade et prête à rendre l'âme, résolut d'éloigner les enfants.

Ils ne peuvent plus lui être utiles à rien, se disait-elle; elle ne les reconnaît seulement plus! Ils vont avoir le cœur brisé lorsqu'on emportera son pauvre corps au cimetière et se trouveront tout délaissés et sans appui dans ce village où il n'y a que misère. Il vaut mieux qu'ils s'en aillent; ils rencontreront bien quelque personne charitable qui aura pitié d'eux et les recueillera.

Alors, les faisant venir, elle leur dit :

Mes chers petits, il n'y a qu'une chose qui puisse sauver votre mère; c'est la mandragore qui chante. Il faut que vous vous en alliez la chercher; informez-vous près de ceux que vous rencontrerez, demandez-la partout, et ne revenez que lorsque vous l'aurez trouvée. Que Dieu vous protège! Pour moi, je vous promets de ne pas abandonner votre mère.

Les pauvres enfants eurent bien du chagrin en entendant cela; s'en aller bien loin, tout seuls, eux qui n'avaient jamais quitté leur village! Mais ils essuyèrent leurs yeux, embrassèrent leur mère, qui était si malade qu'elle ne leur rendit pas leurs baisers, et se mirent en route. Ils marchèrent plusieurs jours sans se plaindre, couchant à la belle étoile et mangeant le pain sec qu'on leur donnait; et ceux à qui ils parlaient de la mandragore qui chante, se moquaient d'eux : personne ne la connaissait.

Ils s'arrêtèrent un soir près d'un laboureur qui dirigeait péniblement sa charrue et le prièrent de leur dire si, dans les grands champs pleins d'herbes et de fleurs qui l'entouraient, ne se trouvait pas la mandragore qui chante, qu'ils avaient déjà bien cherchée et ne pouvaient découvrir.

Non, mes pauvres enfants, dit le laboureur, elle n'y est point. Mais si elle pousse quelque part, vous finirez par la trouver, puis-

que vous avez bon courage et ne vous rebutez point. Avec de la
persévérance et du travail, voyez-vous, on vient à bout de tout.

Ils continuèrent leur route et quelques jours après ils frappèrent
à la porte d'un vieux savant qui passait pour sorcier et qui vint
leur ouvrir en tenant à la main un gros livre couvert de signes et

Fig. 336. — Jusquiame.

de caractères bizarres. Ils lui répétèrent leur question accoutumée.
Le vieillard, qui les vit si innocents et si abandonnés, eut pitié d'eux
et leur proposa de rester avec lui.

Je vous nourrirai, je vous donnerai de bons vêtements, leur
dit-il, et je vous ferai connaître la fleur la plus précieuse de la terre,
la science! Celle que vous cherchez n'existe pas.

Mais les enfants lui répondirent :

Nous ne pouvons pas rester avec vous; il faut que nous trouvions la plante qui peut guérir notre mère; et puis nous retournerons près d'elle.

Ils se remirent en marche, mais bien tristement; ils étaient las et découragés, il y avait déjà bien longtemps qu'ils marchaient! Un soir, ils arrivèrent à une petite cabane isolée, surmontée d'une croix. Ils tirèrent la cloche : un pauvre ermite parut aussitôt et les accueillit avec bonté. Touché de leur jeunesse, de leur fatigue, il partagea avec eux tout ce qu'il avait de nourriture et leur céda pour la nuit son lit de feuilles sèches. Le lendemain matin les petits enfants, un peu réconfortés, lui racontèrent leur histoire et lui demandèrent, en joignant les mains, s'il pouvait leur procurer la mandragore qui chante.

Fig. 357. — Tabac.

La fleur qui guérit vient du ciel et ne croît point ici-bas, leur dit-il. Je ne connais point la mandragore qui chante, mais je sais une fleur plus belle que toutes celles de la terre, plus salutaire aussi; c'est la piété, c'est la foi! Vous avez eu confiance en Dieu, vous ne serez pas trompés; je le crois, il a exaucé vos prières. Retournez au village, peut-être votre mère est-elle guérie; si vous ne la trouvez plus, vous reviendrez près de moi.

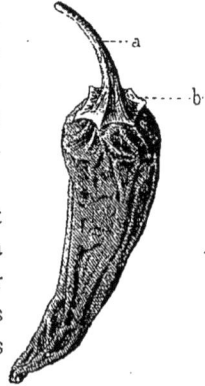

Fig. 338. — Piment.

Il y avait près d'un mois que les bons petits garçons erraient dans la campagne; ils suivirent le conseil de l'ermite et revinrent

à leur chaumière. Ils trouvèrent leur mère assise près de sa fenêtre, filant et pleurant; elle était presque guérie, mais elle ne pouvait se consoler de l'absence de ses fils ; elle croyait qu'elle ne les
reverrait plus ! Lorsqu'elle les reconnut à travers la vitre, elle se leva
toute droite en poussant un cri. Eux furent aussitôt dans ses bras.

C'est donc vous, mes chers trésors, s'écria-t-elle, c'est donc bien
vous ! vous voilà revenus ! Ah ! j'ai cru mourir de douleur ! Mais le
bon Dieu a eu pitié de mes larmes, il vous ramène près de moi !

Et elle les pressait sur son cœur, elle baisait leurs fronts pou-
dreux, leurs joues maigries. Eux, lui racontèrent leur voyage et
lui rapportèrent les paroles du laboureur, du savant et de l'ermite.

Ils ont eu raison, leur dit-elle ; il n'y a point de fleur plus précieuse que le travail, la science et la piété. Vous voilà déjà plus
forts, plus habiles, meilleurs, qu'avant l'épreuve qui nous a été
envoyée. Désormais vous m'aiderez à cultiver notre champ, vous
irez à l'école pour vous rendre capables de gagner votre vie, et
vous continuerez à avoir confiance en Dieu et à le prier tous les
jours. Maintenant que nous avons souffert, nous saurons mieux
comprendre et goûter ses dons.

CHAPITRE XII. — LE JARDIN DES ABEILLES

L'abeille sait la fleur qui recèle le miel.
v. hugo.

Tout en se promenant dans la campagne, les jeunes des Aubry avaient pris l'habitude d'*herboriser*, c'est-à-dire de chercher les plantes qui leur étaient inconnues, soit pour les étudier, soit pour faire sécher celles qu'on appelle *officinales* ou employées dans les officines, afin d'en enrichir la petite pharmacie de leur mère. Ils avaient la permission d'aller seuls dans les champs environnants et jusqu'à la maisonnette de Maxime, le vieil ouvrier de la forêt. Ils partaient tous les quatre dès le matin, gais comme des pinsons, et se mettaient avec ardeur à la recherche de plantes nouvelles. Leur ambition était de découvrir

quelque fleur rare, inconnue à leur mère; avec elle alors ils se
mettaient à chercher son nom à l'aide d'une flore, composée
d'après la *méthode dichotomique* qui présente à l'herboriseur deux
propositions entre lesquelles il n'a qu'à faire un choix; il se trouve
ainsi conduit forcément, par l'exclusion des caractères qui ne sont
pas ceux de la plante qu'il étudie, jusqu'au nom et à la famille de
cette plante. Ce système analytique si propre à nous faire reconnaître une fleur en l'isolant de toute autre par des caractères saillants, a été imaginé, en 1778, par Lamarck, botaniste français,
qui devança Darwin dans cette croyance que les êtres supérieurs
procèdent des plus simples par des transformations graduelles.

Un jour que les enfants étaient allés assez loin dans les bois,
vers la montagne, l'attention de Marcel fut attirée par une touffe
de petites fleurs qui, au premier abord, lui avaient paru peu
intéressantes et pour lesquelles il s'éprit, à mesure qu'il les
examinait mieux, d'une passion que Marguerite ne tarda pas à
partager.

Du milieu de jolies feuilles ovales bien veinées, longuement
pédonculées et toutes radicales, s'élevaient une vingtaine de pédoncules portant chacun une fleur rose, solitaire, à gorge purpurine
saillante, s'inclinant vers la terre, tandis que les cinq divisions de
cette corolle penchée se tordaient d'une façon étrange comme
pour remonter vers le ciel; les pédoncules portant des fruits
déjà formés se contournaient en spirale pour les rapprocher de la
terre.

Marcel déracina soigneusement la plante avec son couteau et
lui trouva une racine tubéreuse charnue.

Si ces tubercules étaient alimentaires, dit-il, quelle trouvaille
nous aurions faite ce matin !

Les enfants revinrent à Roche-Maure comme des triomphateurs.

Mᵐᵉ des Aubry fut obligée de détruire leurs espérances.

Cette jolie plante, nommée *cyclamen* (fig. 342), leur dit-elle,
est cultivée dans les jardins, où sa gracieuse originalité la fait
rechercher; mais sa racine âcre et purgative, appelée *pain de pour-*

ceau, ne peut offrir aucune ressource. Le cyclamen est de la famille des *Primulacées*, à laquelle la *primevère* (*primula* en latin),
c'est-à-dire une des premières fleurs du printemps, a donné son
nom ; famille de fleurs hermaphrodites régulières, à calice persistant, à corolle en entonnoir à cinq lobes, à cinq étamines opposées aux lobes et placées par conséquent devant les échancrures,
ovaire libre avec
un seul style, un
seul stigmate et
devenant une
capsule unilocu-
laire. Les *cou-
cous des champs*
(fig. 343), à fleurs jaunes, à
tiges, feuilles, calices, garnis
d'un petit duvet velouté, sont des
primevères comme les *oreilles d'ours*,
aux nuances si riches, que la cul-
ture a variées à l'infini. Le *mouron des champs*,
à petites fleurs rouges ou bleues, que l'on
dit malfaisant pour les oiseaux (contrairement au *mouron blanc*, à fleur polypétale,
dont ils sont si friands), est aussi une *pri-
mulacée*.

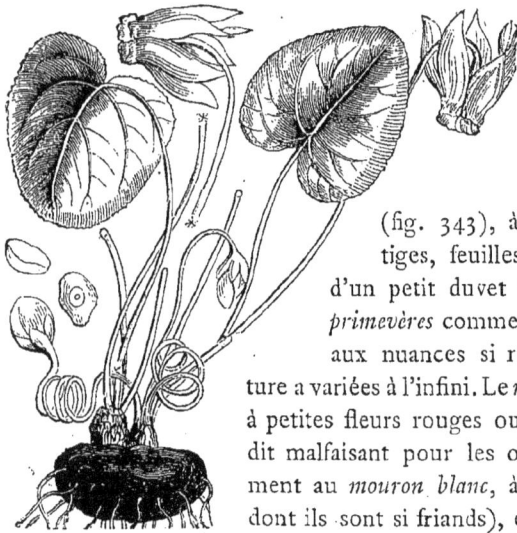

Fig. 342. — Cyclamen.

Mère, dit André, en montrant une sorte
de gomme résine, voilà ce que j'ai trouvé sur un arbre.

C'est de la *manne*, produit purgatif, qui découle de l'*orne* ou
frêne-fleuri, dit Mme des Aubry. L'*orne* ne diffère guère du *frêne
ordinaire*, qui donne un bois dur excellent et des feuilles ailées
recherchées des bestiaux, qu'en ce qu'il a une corolle blanche
découpée en quatre lanières et que celle du frêne avorte toujours ;
tous deux ont des fleurs *polygames*, c'est-à-dire des fleurs mâles,
des fleurs femelles et des fleurs hermaphrodites, et pour fruits des
samares. Les *frênes* sont, comme le *lilas*, comme le *troëne* aux
rameaux flexibles, comme le *philaria* à feuilles persistantes, de la

famille des *Oléacées*, qui reçoit son nom de l'*olivier* (*olea* en latin), originaire de la Grèce, considéré autrefois comme un symbole

Fig. 343. — Coucou.

de paix, et dont le fruit charnu donne l'huile grasse la plus estimée.

Vous n'avez fait qu'un bien petit butin ce matin, mes chers

enfants; mais la journée n'est pas finie; en allant à Vilamur vous découvrirez peut-être quelque plante intéressante.

Les enfants étaient en effet attendus ce jour-là à Vilamur. Lorsque l'heure du départ fut venue, ils embrassèrent leur mère, qui ne pouvait les accompagner, et montèrent avec leur père dans le léger char-à-bancs qui servait pour leurs excursions dans la campagne. Le cheval prit le galop sur la route poudreuse et ne ralentit son allure que lorsqu'il fallut s'engager dans un chemin mal tracé au milieu des *brandes*. Parmi ces *bruyères stériles* s'en trouvaient d'autres à fleurs roses et purpurines, formant des touffes de nuance et de dimension très variées.

Quelles jolies fleurs! dit Marguerite, chacune séparément est bien petite et ne dit pas grand'chose, avec sa petite corolle à *tube renflé* (fig. 344); mais réunies en longues grappes et entremêlées de leurs petites feuilles

Fig. 344. — Bruyère.

coriaces, verticillées par *quatre*, elles font le plus joli effet dans ces bois! Et puis elles ne se fanent que lentement et vieillissent sans perdre ni leur forme, ni leur nuance.

Et encore, dit André en raillant, quels bons balais on fait avec les bruyères, et quels bons fagots pour chauffer le four!

Ces touffes fleuries sont charmantes, je l'admets, dit M. des Aubry; mais les terrains de *brandes*, c'est-à-dire ceux où les bruyères dominent en maîtresses, sont d'un aspect monotone et ne donnent aucun rapport à ceux qui les possèdent. Il est vrai que c'est en général sur un sol stérile que les bruyères s'établissent ainsi en famille, et leurs petites feuilles *caduques,* en se mêlant à la couche végétale, l'améliorent et la mettent en état de produire des plantes plus utiles lorsqu'on prend la peine de la défricher. Les bruyères sont des plantes *sociales,* aimant à vivre les unes près des autres; elles n'atteignent pas à une grande hauteur dans nos pays; dans la Provence cependant ce sont déjà de grands arbustes; mais en Afrique, au cap de Bonne-Espérance, qui est leur patrie et où il y en a des centaines d'espèces, elles acquièrent une beauté et des proportions qui nous sont inconnues; ce sont des arbres qui ont parfois jusqu'à cinq mètres de hauteur.

Fig. 345. — Airelle.

La *bruyère* (*erica* en latin) a donné son nom à toute une famille de plantes, les *Éricacées,* qui renferme l'*airelle* (fig. 345) à baies écarlates acides, si commune dans les terrains marécageux de la Russie, et la *myrtille,* à baies noires, que l'on emploie pour colorer le vin, arbustes qui se plaisent au milieu des bruyères; l'*arbousier* (fig. 346 à 351), appelé aussi *arbre aux fraises,* à cause de ses fruits rouges grenus; les *azalées,* à calice coloré, à corolle en cloche portant cinq étamines, qui nous viennent pour la plupart de l'Amérique du Nord et que la culture perfectionne chaque jour, de même que les *rhododendrons* ou *rosages* à corolle irrégulière en entonnoir, qui tiennent une place d'honneur dans les plus riches parterres, et dont quelques espèces sont assez rustiques pour prospérer dans de bien maigres terrains et jusque sur les montagnes neigeuses qu'abandonne toute autre végétation. On raconte que le miel qui causa un délire furieux aux soldats de Xénophon, avait été butiné par les abeilles sur des azalées et des rhododendrons.

La voiture suivait un ruisselet qui s'en allait vers la Durance; des *myosotis* (fig. 352) aux petites fleurs bleu de ciel, aux boutons roses, étaient là sur le bord, tranquilles et charmants, le pied dans l'eau. Marguerite les aperçut et demanda à son père la permission d'aller les cueillir.

Oh ! mes fleurs aimées ! dit-elle en se baissant vers elles. Que j'ai de plaisir à vous trouver ! qui pourrait ne pas éprouver de sympathie pour vous ? N'avez-vous pas partout inspiré les mêmes doux sentiments ! Les Français vous nomment « ne m'oubliez pas », les Anglais « forget me not » et les Allemands « Vergissmein-nicht » !

Fig. 346 à 351. — Arbousier.
a. Rameau florifère. — *b.* Fruit. — *e.* Fruit coupé.
f. graine ouverte.

Les Suisses, eux, les appellent simplement « herbes aux perles », et, dit M. des Aubry en souriant, au risque de les dépoétiser à tes yeux, je te dirai que ce nom de *myosotis*, que tu trouves charmant, veut dire *oreille de souris :* regarde la forme assez singulière de leurs feuilles velues couvertes de poils grisâtres ; tu comprendras pourquoi ce nom leur a été donné.

Ces feuilles leur vont bien, reprit Marguerite, et s'harmonisent on ne peut mieux avec leurs fleurs.

Vois-tu, dit M. des Aubry, cette plante à tige épaisse et hérissée, dont les fleurs bleues en roue sont soutenues par un calice velu très découpé et portent cinq étamines noires rapprochées en pointe,

qu'on peut saisir pour enlever la corolle, lorsque l'on fait la récolte
de ces fleurs, qui, séchées, font de bonnes tisanes calmant la toux
et portant au sommeil? Cette plante est une *bourrache*, qui a donné
son nom à la famille à laquelle appartiennent les myosotis, la famille des *Borraginées*, dont les feuilles,
d'une consistance molle, hérissées
d'aspérités et de poils souvent fort
rudes, suffiraient presque à faire reconnaître les plantes qui la composent. Elle se distingue encore par la
rondeur des tiges, la disposition *alterne* des feuilles, la *régularité* de la
corolle à cinq lobes, pourvue à sa
gorge de cinq *nectaires,* la disposition
de cinq étamines alternant avec les
lobes de la corolle, et l'existence
d'un ovaire *supère* (ou libre), formé
de deux ou quatre carpelles d'entre
lesquels sort un style *persistant*. La
pulmonaire (fig. 353), aux longues
feuilles maculées de blanc; la *buglosse*
(fig. 354), la *vipérine*, qui doit son
nom aux tachés de sa tige rappelant
celles qui couvrent la peau de la vipère, sont des borraginées comme
l'*héliotrope* parfumé, qui a été rapporté
du Pérou et introduit par de Jussieu
en 1740, et qui ne pouvant supporter

Fig. 352. — Myosotis.

nos hivers n'est chez nous qu'une plante herbacée, tandis qu'au
Pérou il devient ligneux, c'est un arbre!

Après cette explication on se remit en route, et la voiture ne
tarda pas à s'engager dans l'avenue des platanes.

Henry et Mercédès attendaient leurs amis à l'entrée du parc.

Comme vous vous êtes fait attendre! dirent-ils à leurs amis,
après avoir salué M. des Aubry. Nous n'aurons presque pas le temps

de jouer ! Allons bien vite goûter pour n'avoir plus ensuite qu'à nous amuser.

M. des Aubry s'en alla trouver M. de Féris, et les enfants, après avoir fait honneur aux fruits, aux crèmes et aux gâteaux que leur offrit Monina, organisèrent une grande partie de cache-cache.

Ils se divisèrent en deux bandes : l'une se cachait et l'autre cherchait. Quelles bonnes caches il y avait dans ce grand château ! dans ces caves voûtées, dans ces greniers sans fin ! Dans le fenil, sous le foin des chevaux, dans la remise, sous la voiture,

Fig. 353. — Pulmonaire.

ou dans le coffre à l'avoine ! et derrière les grands arbres et les massifs de fleurs du jardin ! On avait la permission d'aller partout, excepté dans la salle vitrée où étaient réunies les plantes rares. Quelle ardeur chacun mettait à arriver au but avant d'avoir été découvert dans sa cache ! Quelle course effrénée pour s'échapper lorsqu'on était surpris dans sa tentative d'évasion, et que de joie, que de rires au milieu de toute cette agitation !

Fig. 354. — Buglosse.

Les enfants étaient dans toute l'ardeur du jeu lorsque des cris perçants se firent entendre du côté du parc qu'on appelait le *jardin*

des abeilles. Marguerite y courut en hâte, croyant reconnaître la
voix de Marie. C'était en effet cette pauvre enfant qui se débattait
contre des abeilles, qu'elle avait troublées involontairement en se
cachant derrière leurs ruches, et qui la suivaient avec obstination.
Elle avait déjà reçu plusieurs piqûres lorsque Marguerite arriva à
son secours. Au premier moment, la douleur causée par la piqûre
des abeilles est intolérable ; l'aiguillon qu'elles laissent dans la
chair y fait pénétrer une liqueur
brûlante ; Marie souffrait beaucoup.

Rentrons vite au château, ma
petite chérie, lui dit Marguerite ;
je te soulagerai avec un peu d'a-
cide phénique ou d'eau vinaigrée.

Ce n'est pas la peine, dit
Monina, qui était aussi accourue ;
nous trouverons ici même ce
qu'il faut pour la guérir.

Elle choisit parmi les plantes
qui entouraient les ruches, les
feuilles tendres et pleines de sucs
parfumés d'une *menthe* (fig. 355
et 356), appelée *baume sauvage*,
et après avoir enlevé les aiguil-

Fig. 355 et 356. — 1. Menthe à Feuilles
rondes. — 2. Menthe sauvage.

lons laissés par les abeilles, elle frotta doucement le cou de Marie
avec le baume. L'enfant éprouva aussitôt une impression de fraîcheur, et la vive cuisson qu'elle ressentait se calma. Marguerite,
tout heureuse de ce prompt et heureux résultat, cueillit de nouvelles feuilles dont elle exprima le jus sur les piqûres et acheva la
guérison par un lavage à l'eau fraîche.

Qu'est-il donc arrivé ? Pourquoi le jeu est-il interrompu ?
demandèrent M. de Féris et M. des Aubry en s'avançant vers le
jardin des abeilles, dans lequel toute la société se trouvait maintenant réunie.

Ce sont ces méchantes abeilles qui m'ont piquée, dit Marie, et je ne leur avais rien fait !

Vous ne leur aurez fait aucun mal volontairement, j'en suis convaincu, dit M. de Féris ; mais sans le vouloir vous les aurez inquié-

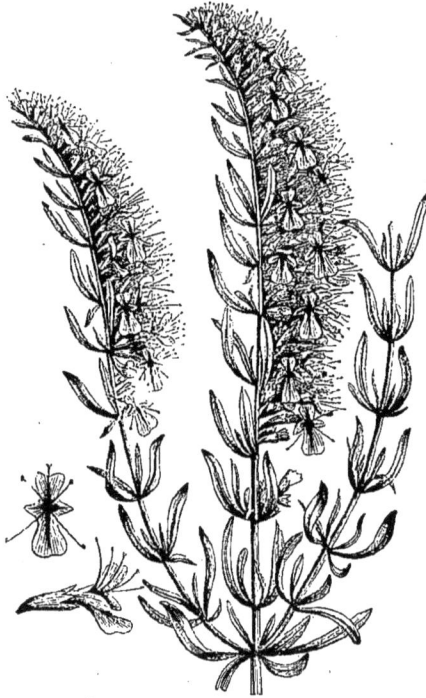

Fig. 557 et 358. — Hysope.

tées, gênées dans leur travail : elles ne comprennent pas le jeu, elles qui butinent sans relâche ! Je vous enverrai un beau gâteau de miel pour que vous leur pardonniez. En voyant leurs petites cellules si savamment, si régulièrement bâties, en goûtant à leur miel délicat, vous comprendrez qu'il est bien juste que de petites ouvrières si habiles et si consciencieuses aient une arme qui leur permette de se défendre lorsqu'on les importune.

:

Elles ne doivent pas travailler beaucoup, dit Marie; elles volent toujours!

Mais c'est pour amasser de quoi bâtir leurs ruches, pour nourrir leur reine et leurs jeunes sœurs, les larves, pour faire leur miel exquis, qu'elles vont ainsi sans relâche de fleur en fleur, dit M. de Féris. Les gros bourdons, les mouches, les jolies cétoines, les scarabées verts qui parcourent aussi nos jardins et vont se loger au cœur des fleurs, ne font pas de miel, ils ne travaillent que pour eux; les abeilles travaillent pour nous.

Ou du moins, dit M. des Aubry en souriant, nous prenons pour nous le bon sirop qu'elles avaient préparé pour elles. Et elles auraient tort de se plaindre malgré cela; ne sont-elles pas les petites personnes les plus heureuses de la terre, dans ce beau jardin où vous avez eu le soin de placer près de leurs ruches toutes les fleurs qu'elles préfèrent?

Fig. 359. — Mélisse.

Est-ce que les petites fleurs des plantes qui nous entourent peuvent fournir beaucoup de miel? demanda Marcel.

Beaucoup malgré leur petitesse, et surtout un miel excellent, répondit M. de Féris. C'est le *romarin*, dont vous voyez ici plusieurs pieds, qui donne au miel de Narbonne une saveur si particulière et si goûtée. Ces plantes, destinées à mes abeilles, appartiennent pour la plupart à une des familles les plus intéressantes du monde végétal, à l'une des plus naturelles et des plus faciles à reconnaître. La famille des *Labiées* doit son nom à la

18

forme de la corolle à deux lèvres des plantes qui la composent. Cueillez au hasard du *thym*, de la *marjolaine*, de la *lavande*, du *basilic*, du *serpolet*, du *romarin*, de la *sauge*, de l'*hysope* (fig. 357 et 358), de la *menthe*, de la *mélisse*, etc., etc., vous trouverez à toutes ces plantes une tige *quadrangulaire*, des feuilles *simples* et *opposées*, contenant dans leurs tissus d'innombrables petits réservoirs d'huile essentielle aromatique; des fleurs souvent entourées de bractées et toujours en *tube à deux lèvres* bien prononcées, la supérieure entière ou échancrée, l'inférieure à trois lobes; *deux* ou *quatre* étamines insérées dans le tube de la corolle, dont deux plus courtes que les autres, disposition qui constitue ce qu'on appelle la *didynamie;* un style, *bifide* à son sommet, placé entre deux ovaires à *quatre* lobes, comme chez les borraginées. Le mode d'inflorescence des labiées est presque toujours le même : elles forment des épis plus ou moins longs, qui sont composés de fleurs agglomérées à l'aisselle des feuilles ou des bractées, souvent disposées en anneau.

Fig. 360. — Germandrée Petit-Chêne.

De tout temps on a remarqué que les abeilles recherchaient les labiées; plusieurs ont reçu d'elles leur nom dès l'antiquité : la jolie *mélitte* aux fleurs blanches mêlées de rouge, la *mélisse* (fig. 359), etc. (*mélissa* veut dire abeille en grec). Elles produisent abondamment une liqueur sucrée appelée *nectar*, qui se retrouve dans bien d'autres fleurs visitées par les abeilles, mais que les labiées savent apparemment accommoder d'une façon qui leur est particulièrement agréable.

Ce nectar des plantes est sécrété par la corolle ou par les éta-

mines, ou par le pistil, ou par de petits organes accessoires qui
semblent n'avoir point d'autre mission, et qu'on appelle *nectaires*.
La fleur a son laboratoire particulier où elle distille à sa manière
les principes qu'elle tire de la sève ; elle sait préparer des sucs et
des parfums plus délicats que ceux des autres parties de la plante.
Ces *nectaires* ou *glandes florales* ne laissent échapper en gouttes
dorées la liqueur qu'ils
élaborent qu'au moment
de la floraison. A mesure
que l'ovaire grossit et que
le fruit se développe, il
absorbe cette exubérance
de matière sucrée, pré-
parée pour lui, et qui ne
coulait que parce qu'il n'en
avait pas besoin. Aussi les
pauvres abeilles n'ont-
elles qu'une saison pour
butiner ; l'hiver elles vivent des provisions amas-
sées pendant l'été. Voyez
dans ce moment comme
elles s'en donnent à cœur
joie ! comme elles s'en
vont affairées de fleur en
fleur, amassant le pollen

Fig. 361 à 363. — Verveine.

sur leurs cuisses et pompant le nectar qu'attendent les larves et
les ouvrières de la ruche !

Il n'y a pas que les abeilles qui tirent parti des sucs des labiées,
dit M. des Aubry ; la médecine, la parfumerie, la confiserie,
savent en extraire des *remèdes*, des *essences*, des *liqueurs*. L'huile
essentielle contenue dans les petits réservoirs de leurs feuilles,
leurs propriétés amères, leur donnent des vertus stimulantes,
toniques et stomachiques ; elles excitent l'appétit et facilitent la
digestion. Le *gléchome* ou lierre-terrestre, la *germandrée petit*

chêne (fig. 360), la *sauge,* servent à composer des boissons toniques et même légèrement fébrifuges; *sauge* (*salvia* en latin) vient d'un mot qui veut dire *sain.* On fabrique des liqueurs spiritueuses avec la *menthe,* la *lavande;* l'eau de la reine de Hongrie est faite avec le *romarin;* l'eau des Carmes, cordial puissant, se prépare avec la *mélisse-citronelle,* qui a l'odeur et la saveur du citron. En cuisine on se sert du *thym* et de la *sarriette.* On peut extraire du camphre de l'*hysope,* de la *sauge,* de la *lavande,* du *patchouly;* aussi leur odeur n'est-elle point agréable aux insectes, et on en met dans les armoires pour en éloigner ces ennemis microscopiques, toujours prêts à empiéter sur nous.

La *verveine,* l'herbe sacrée, que l'on peut rapprocher des labiées, servait autrefois aux sortilèges des magiciens (fig. 361 à 363). Une *menthe* appelée *herbe aux puces,* a la réputation de les pouvoir chasser; le *népéta* ou *grande chataire* est aussi appelé *herbe aux chats,* parce qu'il les attire; ils viennent se rouler sur ses racines; en revanche, elle fait fuir les rats et on en place près des ruches à miel pour éloigner ces gourmands. Enfin les *labiées,* mêlées au fourrage des bestiaux, le parfument et le rendent plus agréable et plus sain. N'avions-nous pas raison de vous dire, mes chers enfants, qu'elles constituent une des familles les plus intéressantes du monde végétal, sinon une des plus éclatantes?

Fig. 364. — Fleur du Muflier.

On trouve des plantes d'un extérieur plus remarquable dans une famille très voisine, celle des *Personées* ou *Scrofularinées,* qui se rapprochent des labiées par la forme *irrégulière* de leur corolle et leurs *quatre* étamines didynames, et des solanées, par leurs propriétés âcres et narcotiques. Quelques *personées* (de *persona,* mot latin qui veut dire masque) ont une espèce de mufle comme la *gueule-de-loup,* appelée aussi *muflier* (fig. 364). Leur nom de *scrofularinées* leur vient d'une plante amère et fétide, à fleurs en masque d'un brun rougeâtre, la *scrofulaire*, à laquelle on n'attribue plus aucune vertu, mais qui pendant longtemps a passé pour guérir les scrofules. Le beau *paulownia*, aux innombrables fleurs bleues; les *bignonia*, ces lianes gracieuses dont les fleurs ont des nuances splendides et que Tournefort a baptisées en souvenir de l'abbé Bignon, son protecteur; les *catalpa*, ces grands arbres aux jolis bouquets de fleurs blanches, aux longs fruits pendants; les *acanthes*, aux belles feuilles amples et gaufrées; le *mélampyre* des champs à bractées rouges; les *calcéolaires* aux formes étranges et variées, qui ont reçu leur nom de Calcéolarius, herboriseur alpestre du xvie siècle; les *salpiglossis*, les *mimulus*, les *pentstemon*, les *véroniques*, répandus maintenant dans tous nos parterres et recherchés pour leur beauté se rattachent à la famille des

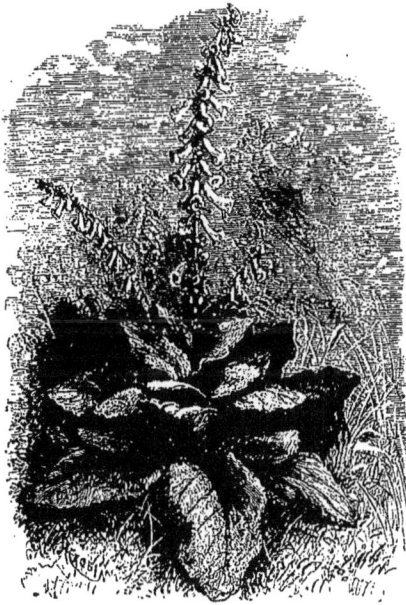

Fig. 365. — Digitale.

Personées. La *digitale* (fig. 365), qui dispose ses fleurs blanches ou incarnates, faites comme un dé, en longues grappes terminales, est, de toutes les plantes de cette famille, la plus précieuse pour la médecine; elle renferme, surtout dans ses feuilles ovales, un poison violent qui agit fortement sur le système nerveux et calme les contractions du cœur. Les jolies *linaires* lilas, ou jaune-soufre à palais orangé, qui ont des éperons comme les pieds d'alouette; l'*orobanche* parasite à tige décolorée, à fleurs d'un fauve violacé qui pousse sur la racine de diverses plantes; la *molène bouillon-blanc* (fig. 366 et 367), aux grandes feuilles couvertes de poils feutrés, aux fleurs jaunes béchiques et calmantes, qu'on trouve sur les décombres et au pied des murs, appartiennent à des familles voisines des Personées.

Père, dit Marie, qui trouvait les explications un peu longues, je n'ai plus mal du tout; si tu veux, nous allons jouer.

Allez, allez, mes chers enfants, dit M. des Aubry.

Et le jeu recommença, et les heures passèrent comme elles passent pour cet âge heureux, rapidement et joyeusement, et nul autre accident ne vint interrompre les bonnes parties de cache-cache qui se succédaient les unes aux autres sans interruption.

Il se faisait tard cependant; M. des Aubry fit atteler et donna le signal du départ.

La soirée était admirable; du côté du couchant le ciel était en feu; des nuages légers à demi transparents adoucissaient les teintes ardentes du soleil prêt à disparaître, et dans cette atmosphère chaude et dorée, la forêt prenait un aspect inattendu. La lumière rasant le sol, filtrait à travers les troncs des arbres et éclairait les voûtes épaisses formées par les feuillages. Des nuées d'abeilles finissant leur tournée passaient en bourdonnant au-dessus de la tête de nos voyageurs, à qui la brise du soir apportait les senteurs aromatiques des montagnes, et les oiseaux faisaient entendre leurs dernières chansons en se réunissant dans les haies

Fig. 366 et 367. — Molène.

pour la nuit. A mesure que le jour baissait, quelque chose de
vague et de mystérieux s'étendait sur la campagne et lui donnait un charme infini. Les enfants se taisaient; ces harmonies du
soir, ces magnificences demi-voilées de la nature, remplissent
l'âme de rêverie et de prière; l'éternelle vérité se laisse alors
entrevoir et semble planer au-dessus de cette poussière vivante,
faite de débris, que nous appelons la terre.

CHAPITRE XIII. — UN ACCIDENT.

SOMMAIRE : Classe des Monopétales périgynes : Famille des Rubiacées, des Caprifoliacées, des Composées ou Synanthérées, des Campanulacées, des Dipsacées.

Enfants! aimez les champs, les vallons, les fontaines
Les chemins que le soir emplit de voix lointaines,
Et l'onde et le sillon, — flanc jamais assoupi
Où germe la pensée à côté de l'épi.

V. HUGO.

SOUVENT passaient à Roche-Maure des émigrants de la montagne, des colporteurs, des journaliers en quête d'ouvrage, de petits industriels, chaudronniers ou marchands de charbon. On leur donnait à souper et à coucher; puis ils s'en allaient plus loin chercher une hospitalité qui, en Dauphiné, n'est jamais refusée.

Mᵐᵉ des Aubry les recevait tous avec bonté; elle faisait préparer pour eux des soupes et des pognes ou tourtes garnies de fruits, etc.; au besoin elle leur donnait un vêtement urgent, et les pauvres appelaient Roche-Maure la maison du bon Dieu.

La vie de quelques-uns est si rude et la nôtre est si douce, disait-elle un jour à son mari qui trouvait qu'elle se fatiguait trop en s'occupant ainsi de tous les passants! Je me reprocherais de ne pas savoir trouver quelque bonne parole et un morceau de pain pour tous ceux que la Providence m'envoie.

Mais tous ne sont pas également dignes d'intérêt, répondit M. des Aubry.

Mon ami, reprit Mme des Aubry, te rappelles-tu ces paroles de saint Jean Chrysostome, que nous trouvions si belles : « Lorsqu'un homme s'offre à nous avec la recommandation du malheur, ne demandons rien davantage; pour que la pauvreté soit digne de l'aumône, il suffit de la pauvreté. »

Un soir, un jeune colporteur se présenta à Roche-Maure, il paraissait fatigué; Mme des Aubry le fit asseoir et Marcel lui ap-

Fig. 371. — Absinthe.

porta un verre de vin. Lorsqu'il se fut un peu reposé, il détacha les courroies de son ballot et étala aux yeux des enfants de jolis jouets fabriqués avec différents bois, des sarbacanes en jeune bois de *sureau* dont l'épaisse moelle avait été retirée, des tuyaux de pipe faits avec la tige creuse du *chèvrefeuille,* des paquets d'*absinthe* (fig. 324) pour faire de la liqueur, et d'*arnica* pour composer des vulnéraires, etc., etc.

Mme des Aubry lui acheta quelques plantes et les enfants quelques jouets qu'ils trouvaient d'une délicatesse extrême, et dont ils firent compliment au jeune colporteur.

Nous faisons cela sur nos montagnes tout en gardant nos troupeaux, répondit-il. Quand il n'y a plus assez de pain ni d'ouvrage
au logis, l'un de nous s'en va les vendre dans les villes et dans les
villages.

Votre famille est-elle nombreuse ? demanda Mme des Aubry.

Nous ne sommes que trois enfants,
répondit le jeune homme ; mes sœurs
aident ma mère, filent et tricotent avec
elle. Mon père est instituteur ambulant ;
il s'en va chaque hiver de ferme en ferme
et dans les endroits où il n'y a point
d'école ; et moyennant un petit salaire,
il apprend à lire et à écrire aux enfants.
L'été, nous nous retrouvons tous pendant
quelques mois autour de ma mère, nous
lui rapportons ce que nous avons gagné ;
nous bêchons et nous ensemençons notre
maigre terre d'orge et de pommes de
terre, nous ramassons du bois dans les
forêts pour la provision de l'hiver, et nous
repartons, mon père chargé de ses livres,
moi, de mes marchandises.

Pourquoi restez-vous dans un si pauvre
pays, dit Marcel, puisque vous ne pouvez
trouver à y vivre tous réunis ?

Fig. 372. — Caille-Lait.   Parce que c'est là que nous sommes
nés, répondit simplement le colporteur.

L'amour du montagnard pour son sol aride est vraiment touchant, dit M. des Aubry. Il en sait tirer tout le parti possible et
ne peut cependant y récolter de quoi vivre ; il est obligé de s'expa-
trier, soit pendant quelque mois tous les ans, soit pendant plusieurs
années ; mais dès qu'il a pu amasser quelque chose, il revient sur
sa montagne pour y finir ses jours.

Que j'aurais du plaisir à connaître ces montagnes froides et

pauvres, et pourtant si pleines d'attrait que l'on ne peut vivre ailleurs lorsqu'on y est né! dit Marcel.

Nous pourrons bien y faire une excursion quelque jour, dit
M. des Aubry.

Parmi les objets étalés par le colporteur, se trouvait un sac plein

Fig. 373 et 374. — Rameau du Caféier avec Fleurs et Fruits,
et Drupe à moitié dépouillée de sa Chair.

de petites graines rappelant par leur forme et par leur couleur ceux
du café.

A quoi servent ces graines? lui demanda André.

Elles servent à remplacer le café pour ceux qui n'ont pas beaucoup d'argent, dit le colporteur; ce sont les fruits du *gaillet-gratteron*. Mais on ne les achète guère maintenant.

Le *gaillet*, dit M. des Aubry pendant que le colporteur refaisait
son ballot, est une plante herbacée à tige *tétragone* ou à quatre
angles, à feuilles étroites verticillées; ses fleurs blanches ou jaunes

forment des panicules ou de petits bouquets; la corolle monopétale, en roue, à quatre divisions, portant quatre étamines devant
ses échancrures, s'insère sur le calice adhérent à l'ovaire, ce qui
amène la *périgynie*. Une des nombreuses variétés de gaillet qu'on

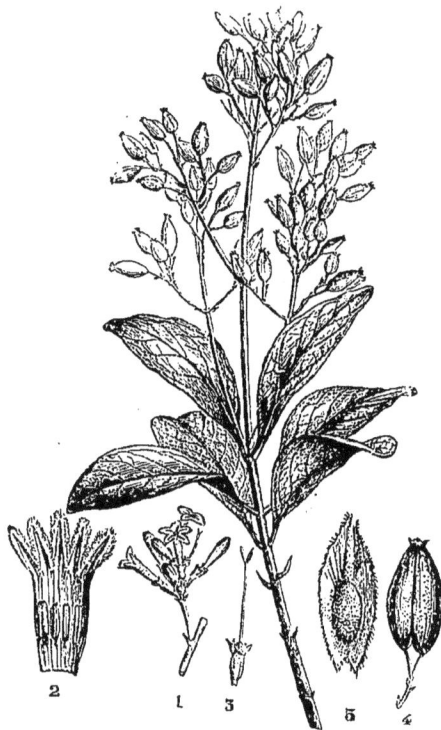

Fig. 375 à 380. — Rameau florifère du Quinquina.
1. Fleurs. — 2. Fleur ouverte. — 3. Pistil. — 4. Fruit. — 5. Graine.

trouve dans nos champs, appelée *caille-lait* (fig. 372), est employée
pour faire promptement cailler le lait. Le *gaillet-gratteron* doit son
nom aux aiguillons crochus qui couvrent ses tiges, ses feuilles, et
les capsules où se trouvent les petites graines à albumen corné,
succédanées du café. Elles ont rendu quelques services à l'époque
où la guerre ne nous permettait pas de recevoir de nos colonies ce

café précieux, riche en principes toniques, et si utile à l'alimentation du pauvre comme du riche.

Le *caféier* (fig. 373 et 374) est un arbuste à fleurs blanches,
comme celles du jasmin, ayant pour fruit des drupes rouges, et
demandant pour réussir un climat assez chaud. Originaire de
l'Éthiopie, il s'est si bien acclimaté dans l'Yémen depuis le
xve siècle, qu'on l'en croirait originaire. Au xviie siècle, les Hol-
landais l'introduisirent à Batavia et même en France ; et c'est d'un
pied transporté du Jardin des Plantes de Paris dans nos colonies
en 1720 par le capitaine Déclieux, qui partagea avec lui sa ration

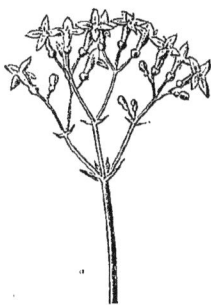

d'eau pendant la traversée, que proviennent
toutes les plantations qui furent faites à la
Martinique et à Bourbon. Le gaillet et le
café appartiennent à la famille des *Rubiacées*,
à laquelle la *garance, rubia* en latin, c'est-à-
dire *rouge*, a donné son nom. La culture de
cette plante tinctoriale, qui donne 25 millions par an à la France, fut introduite dans
le comtat venaissin à la fin du xviie siècle
par un Persan proscrit, Althen, à qui l'on
a élevé une statue à Avignon en 1848.

Fig. 381. — Aspérule.

L'importante et nombreuse famille des
Rubiacées renferme encore d'autres trésors :
le *quinquina* (fig. 375 à 380), dont les propriétés éminemment
toniques, astringentes et fébrifuges découvertes par les Indiens,
nous sont connues depuis la fin du xviie siècle, et avec lequel les
chimistes composent le sulfate de quinine si souvent et si heureusement employé de nos jours par la médecine, provient d'arbres
qui croissent dans les forêts du Pérou. On les abat pour les dépouiller de leur écorce, d'où l'on extrait le plus puissant fébri-
fuge qui soit encore connu. L'*ipécacuanha*, dont vous n'ignorez
pas les propriétés émétiques, provient des racines d'autres rubiacées du Brésil. L'*aspérule* (fig. 381) renferme un principe astrin-
gent.

Marie, à qui Mme des Aubry avait donné des tiges creuses de

chèvrefeuille achetées au colporteur pour faire des bulles de savon,
parcourait les jardins avec Richard en soufflant sur les bulles qui
s'irisaient de mille couleurs; et c'étaient des rires éclatants
lorsque la bulle venait se poser sur quelqu'un de la société ou sur

Fig. 382 à 387. — Sureau.
a. Cyme de Sureau. — *b*. Fruits du Sureau. — *c*. Fleur de face.
d. Fleur de profil. — *e*. Étamine. — *f*. Graine.

le nez du souffleur, et des exclamations de dépit lorsqu'elle éclatait
trop tôt. Depuis quelques instants Mme des Aubry n'entendait plus
ce joyeux bruit; elle se préoccupa de ce que pouvaient bien faire
les enfants, et s'étant mise à leur recherche, elle trouva Richard
tout au haut d'un *sureau* (fig. 382 à 387) jetant ses fruits foncés
dans le tablier de Marie, qui les écrasait dans l'eau de savon afin

de colorer ses bulles ; ses mains et sa robe étaient couvertes de taches vineuses qui lui attirèrent une réprimande.

Mme des Aubry fit jeter l'eau de savon, dit à Richard de descendre du sureau et à Marie d'aller se laver.

Les fruits du *sureau* sont-ils vénéneux ? demanda Marcel.

Fig. 388. — Boule de Neige.

Ils sont purgatifs, dit Mme des Aubry ; et ses fleurs, employées en infusion, ont une vertu sudorifique ; on s'en sert aussi pour parfumer certains vins. Elles ont une corolle en roue, à cinq lobes portant cinq étamines alternes, insérée autour de l'ovaire qui est adhérent au calice et se développe avec lui, comme chez les rubiacées. Ces fleurs sont disposées en *cymes*, comme celles des *viornes-obier*, aux baies rouges aimées des oiseaux, comme

celles des *viornes laurier tin,* aux fruits d'un bleu noir brillant, et
celles des *viornes boules de neige* (fig. 388), qui sont plus grandes,
mais stériles; plantes de la famille des *caprifoliacées,* comme le
weigelia et le *chèvrefeuille,* qui dispose autrement ses feuilles irrégulières et odorantes, pâles ou purpurines, et les réunit en anneau
autour de la tige et en têtes terminales.

A ce moment Claudie, qui ramenait les animaux du champ, vint offrir
à Marguerite une gerbe de fleurs mal
arrangées, mais si fraîches, si gracieuses, qu'il était impossible de ne pas
être sensible au cadeau. Des *campanules* bleues (fig. 389), en cloches,
ciliées sur le bord de leurs cinq découpures et disposées en grappe, des *rai-
ponces,* des *spéculaires* ou *miroirs de Vénus,* à corolle violacée en roue, s'entremêlaient aux *scabieuses* bleues, blanches
et pourprées, dont les petites fleurs se
serrent sur un réceptacle commun garni
de paillettes, et forment des *capitules.*
Marie, entendant le bêlement des moutons rentrant à l'étable, courut vers son
agneau favori; ses frères la suivirent.
Ils furent bien étonnés de voir Ma-

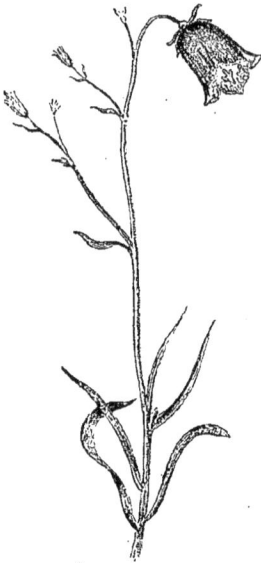

Fig. 389. — Campanule.

rianne arriver derrière les animaux,
poussant ou tirant par l'oreille le pauvre Bas-Rouge, qui, la tête
basse et les jambes tremblantes, semblait ne plus pouvoir se soutenir. Dès qu'il eut atteint le pailler, il se coucha et ne bougea
plus; et Marcel et André étant allés vers lui pour le caresser, il
les regarda un instant avec ses bons yeux pleins d'affection, puis
s'assoupit de nouveau.

Qu'a donc Bas-Rouge ? demanda Marcel à Marianne.

Notre chien a été mordu par une vipère, c'est sûr, dit Marianne. Il cherchait dans les buissons pendant que j'herboulais;

tout à coup je l'ai entendu pousser un cri, j'ai regardé, et j'ai vu
un serpent qui se sauvait en sifflant. Bas-Rouge est revenu près de
moi en secouant la tête ; il ne paraissait pas souffrir. Je me suis
dit : il a eu plus de peur que de mal. Mais au
bout de quelque temps il est devenu tout
triste ; il ne voulait plus marcher ; j'ai eu bien
de la peine à le ramener jusqu'ici.

C'est sa joue, dit Jacques en l'exami-
nant, qui aura été mordue, elle est déjà tout
enflée ; ses pattes sont froides ; il est grand
temps de le soigner si nous ne voulons pas
qu'il meure.

Il s'en alla chercher une lancette, dit à
un de ses garçons de ferme de tenir le chien

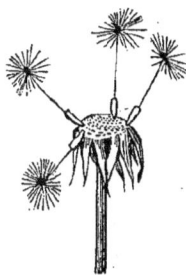

Fig. 390. — Réceptacle
du Pissenlit.

par les oreilles, et fit deux ou trois inci-
sions dans la joue malade. Le venin sortit avec le mauvais sang
déjà corrompu ; Bas-Rouge poussa des cris perçants, puis s'assit
tristement et comme honteux dans l'encoignure d'une porte,
secouant de temps en temps le sang décomposé qui sortait de ses
blessures.

Êtes-vous sûr au moins qu'il ne mourra pas maintenant ?
demanda André d'une voix tout émue.

Non, non, il ne mourra pas, dit Jacques ;
je vais introduire dans ses plaies de l'alcali
étendu d'eau : l'alcali est souverain contre le
venin des vipères ; et pendant quelques jours
je le laverai avec une infusion d'*eupatoire*.

Mais il ne vous laissera pas faire, dit Marcel.

Fig. 391. — Aigrette.

Peut-être bien que si, dit Jacques ; les
bêtes, sauf votre respect, c'est comme les
hommes ; elles comprennent quand on veut leur faire du bien.

Nous allons demander à maman si elle a de l'eupatoire dans sa
pharmacie, et nous vous l'apporterons, dirent Marcel et André.

En vous remerciant, dit Jacques, mais ça ne presse pas.

19

Au bout de quelques instants, Bas-Rouge releva la tête et regarda tendrement les enfants en agitant sa queue.

Tu vas donc mieux, mon brave? lui dit Marcel. Allons, laisse-toi soigner; je vais te tenir moi-même pendant qu'on va laver ta joue avec de l'alcali. Ça te pique un peu? mais il faut te laisser faire : tu dois bien comprendre qu'on ne te veut pas de mal. Pour-quoi vas-tu toujours mettre ton nez dans les buissons? Tu chassais le lapin, n'est-ce pas? Et voilà ce que monsieur le chasseur a attrapé.

Lorsque les enfants n'eu-rent plus d'inquiétude au sujet de leur ami, ils revinrent dans le jardin, où leur mère avait emmené Marguerite et Marie pendant qu'on opérait le chien.

Ce ne sera rien, dirent-ils en arrivant; il va déjà beau-coup mieux. Mais nous allons mettre ta pharmacie à contri-bution, mère chérie; Jacques aurait besoin d'*eupatoire*.

Je dois en avoir là un pa-quet parmi les plantes séchées

Fig. 392. — Inule.

que j'ai achetées au colporteur, dit Mme des Aubry en ouvrant un petit sac.

A quelle famille appartiennent donc ces plantes? demanda Marcel. Elles ne ressemblent à aucune de celles que nous avons déjà étudiées.

C'est vrai, dit Mme des Aubry; la famille des *composées* a des caractères très tranchés, faciles à reconnaître, qui la distinguent nettement de toutes les autres. Je vais vous les faire étudier sur une de ces jolies *pâquerettes* qui émaillent nos gazons. Sa circon-férence est faite de petites *languettes* blanches teintées de rose, et

son cœur est formé de petits *tubes* jaunes, pressés les uns contre
les autres. Chaque languette et chaque tube ne sont pas de simples
pétales, comme vous pourriez le croire, mais des corolles entières,
des fleurs *complètes,* renfermant en général étamines et pistil. Leur
agglomération en tête ou *capitule* simule une seule fleur, ayant
pour calice commun ou *involucre* des *bractées* placées sur un ou
plusieurs rangs.

Fig. 393. — Artichaut.

Le sommet du pédoncule s'élargit pour porter toutes ces fleurs
et forme une sorte de plateau qui reçoit le nom de *réceptacle*
(fig. 390).

La famille des composées est l'une des plus nombreuses du
règne végétal; elle comprend plus de dix mille espèces connues
et se divise en plusieurs tribus. On lui donne encore le nom de
famille des *synanthérées,* ou à *anthères soudées,* parce que c'est là
un de ses caractères distinctifs. Le tube, formé par les étamines
soudées, est traversé par un style à sommet bifide, tout recouvert
de poils collecteurs qui s'enfoncent dans les loges des anthères et
balayent le pollen qu'elles contiennent. Le fruit des composées
est un *achaine,* fruit sec, soudé intimement avec le calice; et ce

calice, quelquefois dépourvu de toute espèce de limbe, se développe d'autres fois en *couronne* ou en *paillettes,* ou, le plus souvent, en *aigrette* (fig. 391) simple ou plumeuse.

Fig. 394. — Chicorée.

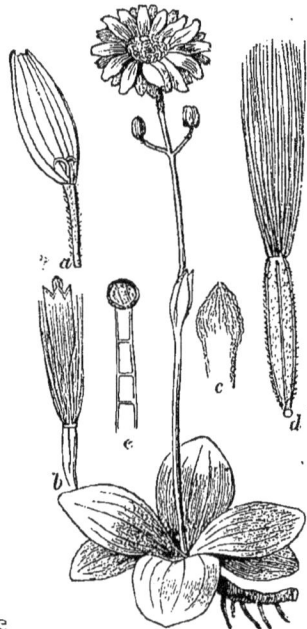

Fig. 395 à 400. — Arnica.
a Demi-Fleuron. — *b.* Fleuron.
d. Graine aigrettée.

Cette importante famille peut se
diviser en trois catégories : l'une comprend les capitules formés, comme
celui de la *pâquerette,* de fleurs en
tube (ou *fleurons*) au cœur, et de fleurs en languettes (ou *demi-
fleurons*) à la circonférence; ce sont les *radiées* ou *corymbifères*
(fig. 392).

L'autre renferme les capitules qui, comme ceux de l'*artichaut*
(fig. 393) et du *chardon,* sont entièrement formés de *fleurons;* ce
sont les *flosculeuses* ou *carduacées*.

La troisième se compose de capitules tout entiers formés,
comme celui de la *chicorée* (fig. 394), de *demi-fleurons* ou corolles
ligulées; ce sont les *chicoracées,* ou *semi-flosculeuses,* ou *liguliflores.*

:

Les composées ont généralement des graines oléagineuses et des tiges et des fleurs très amères. Les *radiées* sont particulièrement toniques et apéritives, à cause des principes amers, résineux et aromatiques qu'elles renferment. L'*eupatoire* de nos pays, qui

Fig. 401 à 409. Camomille.
a. Tige et Racine. — *b*. Fleuron. — *c*. Demi-Fleuron. — *d*. Pistil.
e. Fruit. — *f*. Feuille. — *g*. Graine. — *h*. Graine coupée.

élève au bord des ruisseaux ses tiges rameuses portant des fleurs purpurines et des feuilles digitées comme celles du chanvre, n'a pas les vertus puissantes de l'eupatoire du Pérou ou *guaco,* qui combat l'effet du venin le plus dangereux, propriété bien précieuse dans les pays chauds, où abondent les serpents venimeux. L'*arnica* (fig. 395 à 400), surnommé la panacée des chutes, est un de

nos meilleurs vulnéraires ; il est frère de la *cinéraire,* dont on cultive dans nos jardins de si jolies variétés ; du *tussilage* ou *pas-
d'âne,* dont on fait des tisanes. Les *soleils* ou *hélianthes,* et les *topinambours* sont aussi des radiées, de même que les *tanaisies,* que
l'*estragon* qui parfume
le vinaigre, et que les
autres *armoises,* qui facilitent la digestion,
surtout l'*absinthe* ser-
vant à composer des

Fig. 410. — Séneçon.

Fig. 411. — Grande-Marguerite.

liqueurs amères, dont l'abus est pernicieux. La *camomille* (fig. 401
à 409) et la *matricaire* sont particulièrement stomachiques et ver-
mifuges. Le *séneçon* (fig. 410), est cher aux oiseaux ; l'*achillée
mille-feuilles* est surnommé saigne-nez, parce que ses feuilles, plusieurs fois divisées et comme crêpues, mises dans le nez, provoquent un chatouillement qui fait venir le sang. Les élégants *coréop-
sis ;* les *anthemis,* comme de petites pâquerettes en arbre ; les

asters blancs et lilas, dernières fleurs de l'automne; les *grandes-marguerites* (fig. 411); les *chrysanthèmes* vivaces, aux larges capitules roses, blancs, jaunes, qui ressemblent aux belles *marguerites-reines* et nous viennent de Chine comme elles; les *œillets d'Inde,* d'une teinte

Fig. 413. — Sarrète des Teinturiers.

Fig. 412. — Bluet.

Fig. 414. — Pissenlit.

si riche, mais qui n'ont point une agréable odeur, sont des *radiées,* comme le *dahlia* aux belles fleurs bien fournies, sans âme et sans parfum.

Les *carduacées* ou *flosculeuses* sont particulièrement amères; aussi a-t-on besoin de laisser blanchir ou étioler les feuilles de *cardon* pour qu'elles puissent être alimentaires. L'*artichaut,* connu des

Romains, et qui n'est qu'un *chardon* cultivé, amasse de la fécule
dans son réceptacle que nous appelons le fond, et dans les folioles
de son involucre dont nous mangeons aussi la base; mais ses
tiges, ses belles feuilles pennatifides et décurrentes, sont d'une
amertume intolérable. Ce que nous appelons le *foin* et que nous

Fig. 415 à 419. — Chicorée sauvage.
a. Tige fleurie. — *b.* Racine. — *c.* Demi-Fleuron. — *d.* Pistil.
e. Graine.

enlevons avec soin, ce sont les fleurs en bouton entremêlées de
paillettes.

Qu'est-ce que ces paillettes, mère ? demanda Marcel.

Ce sont des bractées qui se développent sur le réceptacle à la
base de chaque fleur, dit Mᵐᵉ des Aubry. Chez les *immortelles,*
une paillette trifide accompagne aussi chaque fleuron; mais ce ne
sont point ces fleurons qui sont la parure de la plante, tomenteuse

et blanchâtre ; ce sont les *folioles écailleuses* et *colorées* de l'involucre, qui restent belles et brillantes tout l'hiver et lui ont valu
son nom. Aussi cueille-t-on les tiges boutonnées avant qu'elles
aient fleuri. Les *bardanes* retournent en crochet les folioles de leur

involucre ; les *chardons* les
terminent en épine, de
même que leurs feuilles,
ce qui les rend très désa-
gréables à cueillir. Le *souci*
et la *centaurée purpurine*
sont d'un extérieur plus
avenant, et surtout la *centaurée bluet* (fig. 412),
qu'on aime tant à trouver
dans les blés, avec ses
grands fleurons de la circonférence stériles, mais
si bien découpés. Et pourtant les *chardons* et les
cirses épineux se multiplient plus facilement, le
vent portant partout leurs
nombreuses graines ai-
grettées, aimées des oi-
seaux. La *sarrète* (fig. 413),
fournit une teinture jaune,
les fleurs du *carthame* une
teinture rouge.

Fig. 420. — Crépide.

Les *chicoracées* ou *semi-
flosculeuses* se rapprochent par leur suc laiteux des *campanulacées*.
Les propriétés narcotiques de la *laitue* sauvage ou vireuse sont
assez prononcées pour qu'elle puisse remplacer l'opium. Ce n'est
qu'à force de soins et en les privant d'air et de lumière qu'on
a adouci la saveur des *laitues*, du *pissenlit* (fig. 414), de l'*endive*,
de la *chicorée*, de l'*escarole*, etc. On croit que les premières laitues

qui ont poussé en France provenaient de graines envoyées de Rome par Rabelais au cardinal d'Estrées. La *chicorée sauvage* (fig. 415 et 419), dont les fleurs bleu-ciel émaillent pendant l'été les endroits même les plus arides, a une racine amère qui, rôtie et broyée, est souvent mêlée au café pour lui donner plus de force et de couleur. La racine des *salsifis,* aux grandes fleurs d'un violet pourpre, et celle des *scorzonères* jaunes, aux graines finement et longuement aigrettées, sont laiteuses et délicates; la culture en a adouci l'amertume. On peut même manger celle des *scolymes,* ces beaux chardons à fleurs d'un jaune vif, assez communs dans ce pays. La *crépide* (fig. 420) aux aigrettes d'un blanc de neige, la

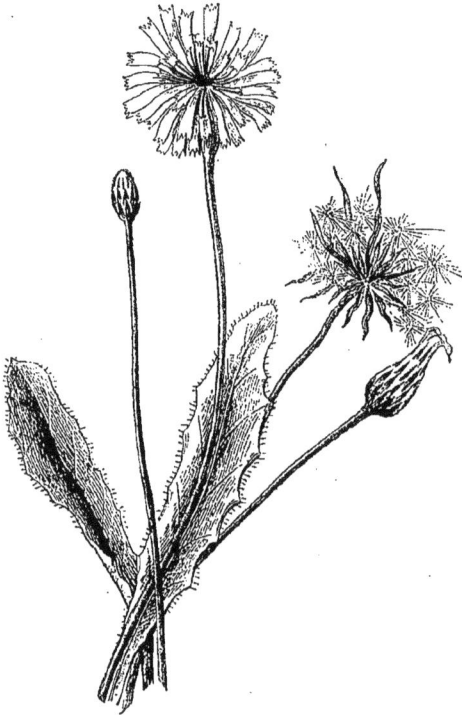

Fig. 421. — Porcelle.

porcelle (fig. 421) dont les porcs recherchent la racine, sont aussi des chicoracées.

A quelle catégorie appartiennent les *scabieuses?* demanda Marguerite, qui avait près d'elle le bouquet cueilli par Claudie.

Les *scabieuses* (fig. 370) ne sont pas des composées, dit Mme des Aubry. Quoiqu'elles se serrent en tête, chaque petite

:

fleur a son calice à lobes très visibles, et ses anthères ne sont pas soudées. Elles appartiennent à la famille des *dipsacées,* qui a reçu son nom des *cardères* (fig. 422) ou chardons à foulon, appelés

Fig. 422. -- Pied de Cardère.   Fig. 423. — Cardère, grandeur naturelle.

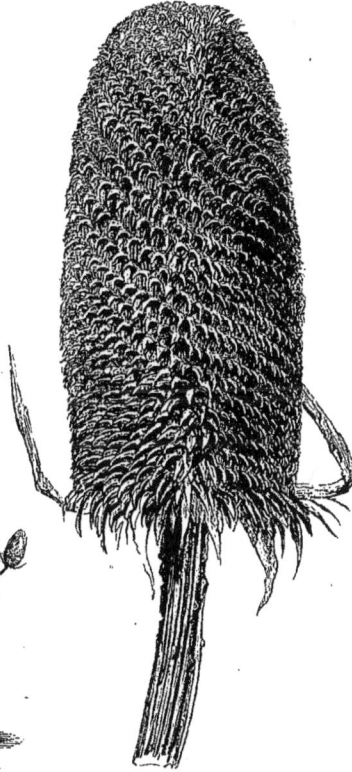

dipsacus, d'un mot grec qui veut dire avoir soif, parce que leurs feuilles sont disposées de façon à former un réservoir où l'eau de pluie se conserve. Les *cardères* (fig. 423) ont les paillettes de leur réceptacle terminées en pointe épineuse et recourbée ; ce qui permet de les employer dans les fabriques à peigner les draps ou autres lainages.

Mère, s'écria Marie, j'aperçois Bas-Rouge qui se dirige de notre côté, tout doucement.

Il vient nous remercier et nous dire qu'il va mieux, reprit André en allant vers lui.

Pauvre chien! dit Marcel, comme il nous regarde avec affection! comme ses yeux en disent long!

Et passant la main sur la tête de l'animal reconnaissant, il murmura ces vers de Lamartine :

> O mon chien! Dieu seul sait la distance entre nous!
> Lui seul sait quels degrés de l'échelle de l'être
> Sépare ton instinct de l'âme de ton maître !

Chardon et Chardonneret.

CHAPITRE XIV. — LES JARDINS SUSPENDUS

SOMMAIRE : Polypétales hypogynes : Familles des Papavéracées, des Crucifères, des Hespéridées, des Acérinées, des Hippocastanées, des Vinifères,
des Hypéricacées, des Rutacées, des Câpriers, des Berbéridées, des Tilia-
cées, des Malvacées, des Renonculacées, des Nymphéacées, des Magnoliacées, des Caryophyllées, des Balsaminées, des Géraniacées, des Camellia-
cées, des Violacées.

Frais réduit ! à travers une claire feuillée,
Sa fenêtre petite et comme émerveillée
S'épanouit auprès du gothique portail.

VICTOR HUGO.

UELQUES jours après la guérison de Bas-Rouge, il arriva
un nouvel accident qui mit
en émoi tous les habitants
de Roche-Maure. Marie conduisait quelquefois elle-même
dans les champs, Follette,
son jeune agneau : elle le
menait à l'entrée du bois et
sur les pentes découvertes
des coteaux, partout où il y avait beaucoup d'herbe à brouter,
et s'asseyait près de lui en attendant qu'il fût repu. Un matin

qu'elle s'occupait à enfiler des marguerites pour en faire des couronnes, Follette disparut et ne revint point comme d'habitude à
l'appel de sa petite maîtresse. Marie se mit à pleurer; Claudie, qui
n'était pas loin, vint la consoler, puis s'en alla à la recherche de
l'agneau, qu'elle finit par découvrir dans un champ où des *pavots*
et des *sénevés* poussaient à foison. Follette, qui avait trop mangé
de jeunes pousses tendres, tout humides de la rosée du matin,
commençait à enfler. On eût de la
peine à la ramener à l'étable; et Marie, qui croyait qu'elle allait mourir,
ne pouvait se consoler. M. des Aubry
fit donner à Follette les soins que
son état de météorisme réclamait,
et prit sa petite Marie sur ses genoux pour la rassurer.

Figure:

Fig. 427. — Coquelicot.

.Ne pleure plus, lui dit-il, nous
sauverons ton agneau; il a reçu à
temps les soins nécessaires; ce soir
tu le reverras gai et caressant comme
à l'ordinaire.

Pourquoi y a-t-il de si mauvaises
plantes sur la terre ! s'écria Marie,
les yeux encore tout pleins de larmes.

Pourquoi plutôt y a-t-il de petites
bergères imprudentes qui, malgré
les recommandations qu'on leur a faites, laissent leur agneau
manger de l'herbe aqueuse et mouillée? dit M. des Aubry.

Quelles sont les plantes que Follette a broutées ? demanda
Marcel.

Des *papavéracées* et des *crucifères*, dit M. des Aubry, plantes
polypétales hypogynes, appartenant à deux familles voisines. Le
pavot ou *papaver,* venant d'un mot celtique *papa,* qui veut dire
bouillie, parce que les Gaulois mêlaient le suc assoupissant des
pavots à la bouillie des petits enfants afin de les endormir ; le *pavot*
est frère de ces jolis *coquelicots* (fig. 427 et 428), qui envahissent

lès maigres terres et désolent le cultivateur; son calice à deux
sépales tombe lorsque s'épanouit la fleur rose de quatre pétales
maculés à leur base; elle en est donc très indépendante et se pose
franchement au-dessous de l'ovaire, ainsi que les étamines indéfinies. Cet ovaire devient une grosse capsule verte, surmontée d'un
disque (fig. 429 et 430), d'où découle par incision, ainsi que du
pédoncule, un suc propre laiteux qui, concrété, devient l'opium,
ce puissant calmant auquel la médecine a si souvent recours pour
apaiser les souffrances des
malades et que les Chinois
fument en guise de tabac, à
leur grand détriment. Dans
l'intérieur de cette capsule
globuleuse se trouvent, à maturité, d'innombrables petites
graines, très menues, très sèches, d'où l'on peut cependant extraire une bonne huile,
l'huile d'œillette. D'autres
papavéracées, comme la chélidoine (fig. 431 à 439), qui
fleurit tant que se montrent
les hirondelles, et qui a encore reçu le nom de grande-

Fig. 428. — Coquelicots des Champs.

éclaire à cause de son sucre âcre et caustique, aussi jaune que ses
petites fleurs en ombelle, qui passait pour guérir les maux d'yeux,
ont pour fruit une capsule en silique, comme les plantes de la famille des crucifères.

La famille des crucifères est une des plus naturelles et des plus
répandues dans nos pays. La giroflée, qui sent le girofle et brille
comme un rayon de soleil au sommet des vieux murs et qu'on
appelle rameau d'or, les violiers, les quarantaines, les juliennes, les
corbeilles d'or, sont des crucifères comme les navets, les radis, les
choux-raves, etc. Tous ont des feuilles alternes, sans stipules, des
fleurs jaunes, blanches ou lilas ; quatre sépales en croix; quatre

pétales alternant avec eux, et six étamines, dont deux sont plus courtes que les quatre autres (*tétradynamie*) (fig. 440). Leurs fruits secs et déhiscents s'ouvrent à la maturité en deux valves, séparées par une mince cloison, de chaque côté de laquelle s'insèrent les graines. Cette capsule prend le nom de *silique* (fig. 441 et 442) lorsqu'elle est beaucoup plus longue que large, et de *silicule,* si elle est plus large que longue, ou simplement aussi large.

Les *crucifères,* qui renferment beaucoup d'azote et d'huile volatile, sont très nutritives et très stimulantes. Leurs propriétés excitantes les rendent éminemment *antiscorbutiques,* particulièrement le *cresson,* à saveur piquante, et le *cochlearia* (fig. 443) à fleurs blanches, qui se trouve aussi dans les ruisseaux et sur les côtes de l'Océan. Cette vertu est tellement propre à toutes les plantes de cette famille, que dans un des voyages de Cook, le botaniste Forster, qui l'accompagnait, guérit l'équipage, attaqué du scorbut, à l'aide d'une plante qui lui était inconnue, mais dont il devina la vertu antiscorbutique parce qu'elle appartenait à la famille des crucifères.

Fig. 429 et 430. — Capsule et disque du Pavot.

Cette famille ne renferme que des plantes herbacées ; le *pastel* était cultivé dans quelques départements à cause de la teinture bleue que fournissent ses feuilles macérées dans l'eau ; les petites graines du *colza* et de la *navette* (fig. 444) donnent de l'huile ; la graine irritante de la *moutarde* (fig. 445 à 449), réduite en farine, fait des sinapismes et des condiments pour la cuisine. Quant au *chou,* ce n'est qu'à force de soins qu'on l'a rendu comestible ; on lui a appris peu à peu à se *pommer,* c'est-à-dire à former un gros bourgeon très feuillu, dont l'intérieur, privé d'air et de lumière, reste blanc et tendre, sans développer une saveur trop forte. Mais pour peu qu'on le néglige, il étale ses feuilles, les durcit, et essaie de revenir à l'état sauvage. On a créé une foule de variétés de choux : le chou *blanc,* le chou *violet,* le chou *frisé* (fig. 450), le chou-*fleur* (fig. 451), le petit *chou de Bruxelles* (fig. 452), le chou *fourrager* pour les bestiaux, etc., etc. Tous sont précieux.

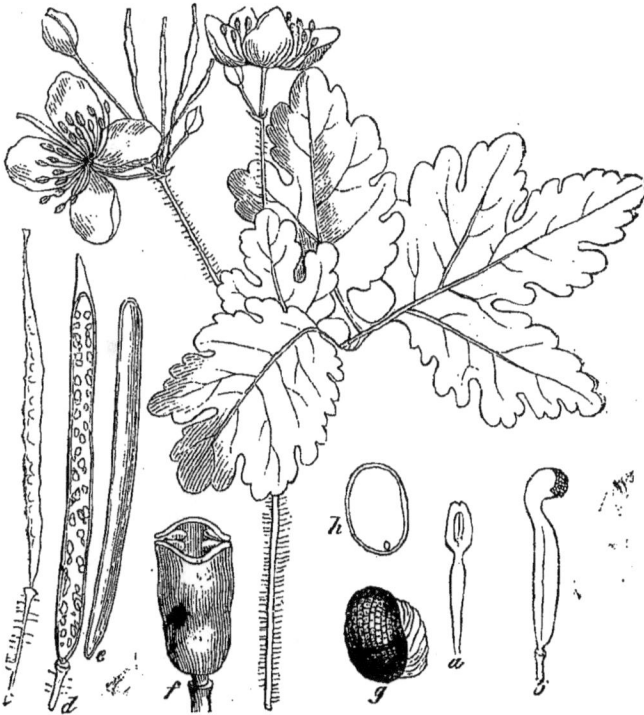

Fig. 431 à 439. — Tige fleurie de Chélidoine.
a. Étamine. — *b.* Pistil. — *c.* Silique. — *d.* Cloison de la Silique.
f. Silique coupée. — *g.* Graine. — *h.* Graine ouverte.

Marie s'agitait sur les genoux de son père pendant qu'il parlait; elle finit par se laisser glisser par terre et se dirigea vers l'étable. Follette allait mieux et vint vers elle, et Claudie, qui n'avait cessé de lui donner des soins, l'assura qu'elle était sauvée.

Marie, toute ravie, courut vers sa mère, et lui passant ses petits bras autour du cou, lui dit à l'oreille :

Mère, Claudie a été bien bonne pour mon agneau ; je voudrais lui porter mon petit oranger qui est tout fleuri.

Fais-le si tu le désires, ma bien-aimée ; mais prie un de tes frères de t'aider à porter la caisse, qui est trop lourde pour toi.

Marie réclama le secours d'André, qui prit l'oranger et suivit sa sœur à la ferme.

Claudie, qui savait tout l'attachement que Marie portait à son oranger, se montra fort touchée du cadeau.

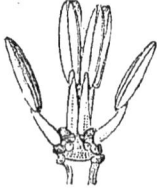

Fig. 440. — Androcée de Giroflée.

Sent-il bon ! disait-elle en mettant sa figure tout près des fleurs ; comme il va embaumer toute la maison !

Marie, toute joyeuse de la guérison de son agneau et du plaisir qu'elle avait fait à Claudie, revint vers son père en bondissant ; André lui donnait la main et répétait en imitant Claudie : « Sent-il bon ! sent-il bon ! »

Je crois bien que l'*oranger* sent bon, dit M. des Aubry, à qui ses enfants racontèrent ce qu'ils venaient de faire ; plusieurs espèces ne sont cultivées que pour leurs fleurs odorantes, très employées dans la confiserie. Les *oranges* sont les pommes d'or qu'Hercule ravit dans le jardin des Hespérides. Elles appartiennent à la famille des *hespéridées* ou

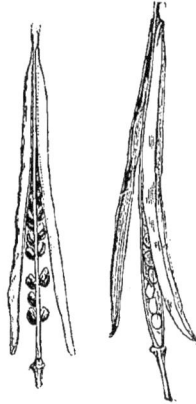

Fig. 441 et 442. — Siliques.

aurantiacées, comme les *pamplemousses,* comme le *citron* (fig. 453) et le *limon,* à fruits ovoïdes, qui font une limonade si rafraîchissante, et la *bergamotte,* de forme piriforme, dont l'écorce sert à composer une essence agréable. Les oranges, elles, ont la forme globuleuse ; leur écorce sert à faire le curaçao ; les plus cultivées

sont douces ; les sauvages, ou *bigarades,* sont amères ; on les prend
encore vertes pour les confire, sous le nom de *chinois.*

Les hespéridées, indigènes de l'Asie tropicale, aiment la chaleur ; elles ne viennent en pleine terre que dans les pays méridio-
naux ; le climat égal et doux des îles leur convient. Déjà, à Hyères
et dans le sud de la Provence, les oranges mûrissent ; mais sans
acquérir la douceur de celles qui viennent un peu plus au sud, à

Malte ou à Valence. Elles ont
été apportées de Chine en Europe par les Portugais au XVᵉ siècle. Le calice des hespéridées
est *marcescent,* il persiste sur le
fruit mûr ; la corolle, de plusieurs
pétales, s'insère, ainsi que les
nombreuses étamines, sur le
torus au-dessous de l'ovaire ;
l'écorce et les feuilles sont par-
semées d'une infinité de petits
réservoirs vésiculeux remplis par
une huile volatile aromatique et
donnent des infusions antispas-
modiques. Le bois de citronnier,
compacte et délicatement coloré, est recherché des ébé-
nistes.

Fig. 443. — Cochlearia.

On peut en dire autant du bois fin et serré de l'*érable* (*acer* en
latin, c'est-à-dire dur), cet arbre charmant, dont les feuilles palmées rougissent à l'automne, autour des grappes de *samares* vertes,
à deux ailes. La sève sucrée des *acérinées* fournit par la fermentation une liqueur alcoolique. On peut aussi obtenir de l'alcool des
graines fermentées du marronnier d'Inde, qui fait partie d'une
famille voisine, celle des *hippocastanées.*

Mais ce n'est pas nous, Français, possédant les meilleurs et les
plus fertiles vignobles du monde, qui pouvons apprécier ces boissons obtenues de végétaux autres que la *vigne* (fig. 454). Cette

plante précieuse appartient à une famille voisine des acérinées, la
famille des *vinifères* ou *ampélidées*. Vous connaissez mieux ses
fruits et sa tige sarmenteuse que ses petites fleurs verdâtres odo-

Fig. 444. — Chou-Navette.

rantes, disposées en grappes opposées aux feuilles, et formées de
cinq pétales, soudés en calotte par leur sommet, de cinq étamines
opposées aux pétales, et d'un ovaire libre, qui devient une baie
violacée ou jaunâtre, riche de ce sucre qui amène la fermentation
et permet la fabrication de boissons alcooliques.

Les petites glandes, formant des points transparents, qui parsèment les feuilles de l'oranger, se retrouvent encore plus visibles sur une plante, bien commune dans les prés et les haies; elle en a reçu le nom d'*herbe aux mille trous* ou *millepertuis* (fig. 455);

ces points sont aussi des réservoirs d'huile volatile qui donnent à la plante des propriétés vulnéraires. Elle attire les abeilles et aime à se cacher sous les bruyères *(erica)* d'où son nom grec d'*hypericum* et le nom d'*hypéricacée* donné à la famille dont elle fait partie. Ses panicules de fleurs d'or à cinq pétales, entourant des étamines indéfinies, soudées en trois faisceaux au-dessous de l'ovaire unique et libre, sont une des parures de l'été.

Une huile essentielle bien plus abondante encore se trouve dans les poils glanduleux d'une jolie plante, le *dictamne* ou *fraxinelle* (fig. 456), qui dresse ses fleurs blanches au-dessus de ses feuilles pennées et possède une forte odeur aromatique. Cette huile volatile se répand autour de la plante en telle quantité, que le soir, par la chaleur, l'air qui l'entoure prend feu si on en approche une bougie allumée. Elle a reçu son nom de *dictamne* d'une montagne de la Crète sur laquelle elle poussait avec profusion, et appartient à la famille des *rutacées,* à laquelle la *rue* fétide, employée contre la chlorose, a donné son nom.

Mᵐᵉ des Aubry appela ses enfants et leur proposa de venir faire avec elle la cueillette de quelques fleurs et de quelques fruits.

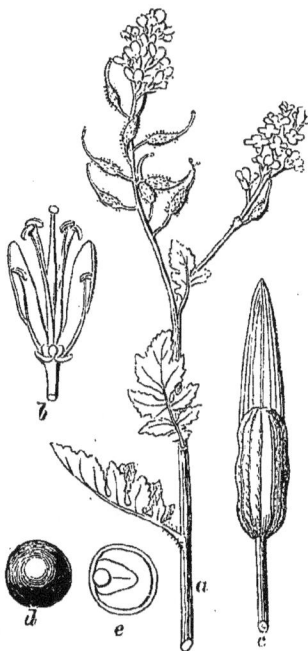

Fig. 445 à 449. — Moutarde Blanche.

a. Tige fleurie. — *b.* Etamines et pistil. — *c.* Fruit. — *d.* Graine. — *e.* Graine coupée.

Nous allons commencer par visiter notre plant de *câpriers;*
la floraison en est un peu trop avancée; nous cueillerons toujours
les boutons qui restent encore sur les branches, et qui, confits
dans du vinaigre, deviendront des *câpres;* les baies oblongues,
confites de la même manière, prennent le nom de *cornichons* de
câprier.

Les fruits rouges et acides, en grappe, de *l'épine-vinette*

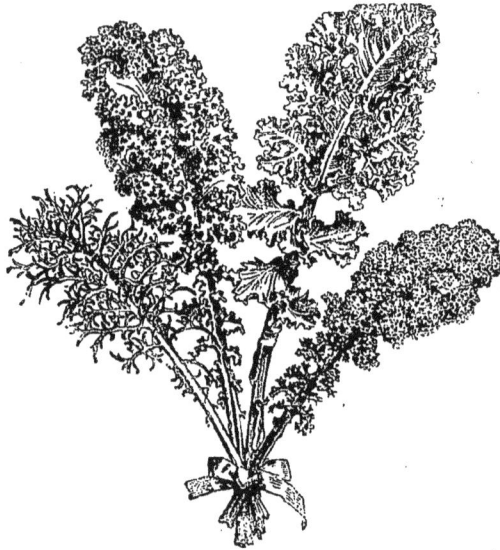

Fig. 450. — Feuilles de Choux frisés.

(fig. 457), peuvent aussi se conserver dans le vinaigre, et servir
en guise de câpres, ou bien, faire des gelées, des sirops. Pourtant
c'est surtout comme plantes d'ornement que ces arbustes sont cultivés dans les massifs; leurs feuilles, dont quelques-unes se transforment en épines, prennent, dans certaines variétés, des teintes
d'un pourpre foncé d'un joli effet. Leurs fleurs sont composées
d'un calice coloré et de six pétales jaunes, en forme de coquille,
d'où le nom grec de *berberi* (coquille) donné à la plante, et le nom

de *berbéridées* donné à la famille dont ils font partie, à laquelle se rapportent les *mahonia* aux touffes de fleurs jaunes recherchées des abeilles, aux baies noires dont on se sert pour colorer le vin sans le rendre malsain.

Et lequel de mes fils sera assez adroit pour monter dans les *tilleuls* et nous en cueillir les fleurs? demanda Mᵐᵉ des Aubry.

Fig. 451. — Chou-Fleur.

Fig. 452. — Choux de Bruxelles.

Tous deux ! s'écrièrent Marcel et André.

Et en un instant ils eurent grimpé aux arbres, et tout aussitôt ils se mirent à jeter à poignées les fleurs de tilleul blanchâtres et parfumées, à cinq sépales, cinq pétales et à nombreuses étamines. Marguerite et Marie recevaient dans leurs robes celles que le vent n'emportait pas; car avec leur grande aile faisant voile, elles s'en allaient facilement au loin. Cette aile est formée par une bractée membraneuse, soudée au pédoncule qui porte un petit corymbe de fleurs excellentes en infusion pour calmer les nerfs; elles renferment du sucre, de la gomme et une huile essentielle.

L'écorce fibreuse et résistante de ce bel arbre, au feuillage épais, peut servir à faire des cordes et des toiles grossières.

Et maintenant, dit Mme des Aubry, cueillons quelques *mauves* (fig. 458); leurs racines, leurs tiges, leurs feuilles stipulées et alternes, renferment un mucilage qui les rend émollientes, et leurs fleurs calment la toux. Ces *mauves rosées* (fig. 459 et 460), à pré-

Fig. 453. — Branche de Citronnier, Fleurs et Fruits.

floraison tordue, dont les cinq pétales sont unis par leurs onglets de façon à former une corolle presque monopétale, ont aussi leurs étamines soudées en tube par-dessus l'ovaire; la touffe que forment les anthères est dépassée par les styles, fort nombreux, de même que les carpelles, réunis en verticille autour d'un axe central. Le calice, à cinq divisions, est souvent accompagné d'un *calicule* ou second calice accessoire.

La *mauve*, en latin *malva*, a donné son nom à la famille des *malvacées*, qui renferme des arbres, des arbrisseaux et des herbes, et à laquelle appartiennent la *passe-rose* aux splendides épis de fleurs doubles, l'*althæa* qui semble une mauve en arbre, le *cotonnier* ou *gossypium* aux graines couvertes de poils blancs ou de couleur nankin, si précieuses; les grands *baobabs* ou *adansonia* de l'Afrique, et le *theobroma* ou *cacaoyer* de l'Amérique (fig. 461 et 462), dont

Fig. 454. — Cep de Vigne.

le fruit, à pulpe amère, fournit des graines onctueuses, que l'on grille et que l'on broie pour faire le *cacao*, base du chocolat.

Pendant que Mme des Aubry et ses enfants cueillaient des fleurs, un homme jeune encore, mais chancelant d'ivresse, s'avança vers eux et leur demanda la charité; pour exciter la pitié il montra sur sa main une plaie suppurante et hideuse. Mme des Aubry, loin de l'accueillir avec sa bonté ordinaire, lui ordonna d'une voix ferme de s'éloigner.

En vérité, dit-elle à ses enfants, l'ivrognerie et la fainéantise sont des vices bien rebutants!

Mais, maman, dit André presque avec reproche, ce pauvre est jeune, c'est vrai, mais il est vraiment bien à plaindre, et ne peut travailler avec le mal qu'il a à la main.

Ce mal n'est que superficiel et c'est lui qui l'a causé, dit Mᵐᵉ des Aubry. Il a fait suppurer son bras en le frottant avec l'écorce irritante des *clématites* sauvages, qui suinte un suc âcre et corrosif. Cette ruse n'est que trop connue et a fait surnommer la clématite l'*herbe-aux-gueux*.

Comment ! s'écria Marguerite, cette jolie clématite qui suspend aux arbres ses longs rameaux avec tant de grâce, peut amener de telles plaies ? Moi qui aimais tant ses innombrables fleurs blanches et ses graines plumeuses qui ressemblent à des marabouts !

J'avais bien remarqué, dit Marcel, qu'en pelant ses sarments pour en tresser des paniers, il s'en échappait un suc qui me piquait les yeux au point de me faire pleurer.

Cette propriété irritante de la clématite, dit Mᵐᵉ des Aubry, est propre à toutes les plantes de la famille des *renonculacées* (fig. 463 et 464),à laquelle la renoncule a donné son nom; la *renoncule scélérate,* appelée herbe sardonique, contracte les muscles de la face de manière à simuler le rire. L'*aconit* (fig. 465 à 469) est assez vénéneux pour que le miel fait par les abeilles qui ont butiné dans sa corolle, soit vénéneux. Une *dauphinelle,* que l'on réduit en poudre, est appelée *herbe-aux-poux,* à cause de sa vertu insecticide.

Il faudrait en saupoudrer tout le village, dit André en riant.

Fig. 455. — Millepertuis.

Le suc âcre, très volatil, des renonculacées, reprit Mme des Aubry, se concentre surtout dans les racines; pourtant la racine des belles *pivoines* perd son principe caustique en cuisant, et peut servir d'aliment.

L'*anémone pulsatille* (fig. 470), aux graines soyeuses, est une des renonculacées les plus employées par la médecine, surtout par l'homœopathie.

La famille des *renoncula-cées* nous fait bien comprendre la subordination des caractères, et comment quelques-uns peuvent se modifier dans un groupe très naturel, sans faire méconnaître la place assignée à la plante par la persistance des caractères plus importants. Ainsi la plante-type de cette famille est la *renoncule,* à feuilles sans stipules; à calice régulier formé de cinq sépales caducs; à corolle très régulière aussi de cinq pétales pourvus de nectaires, alternant avec les sépales; à étamines indéfinies, indépendantes de la corolle et du calice et posées sur un torus; et à carpelles nombreux monospermes et indéhiscents. Ces caractères sont propres aux *renoncules bouton d'or,* qui jaunissent les prés, comme aux *renoncules aquatiques,* dont les corolles d'argent s'ouvrent sur l'eau. Mais un des verticilles floraux, la corolle, manque absolument dans les jolies *anémones* jaunes, ou bleu foncé, ou d'un lilas pâle; dans les *hépatiques* roses, dans les *clématites* blanches

Fig. 456. — Fraxinelle.

ou violettes; ces fleurs n'ont pour parure que leur *calice coloré*.
Chez l'*hellébore* ou *rose de Noël,* chez les *nigelles* (fig. 471) d'un
bleu pâle, appelées *cheveux de Vénus* à cause de la finesse des découpures de leurs feuilles et de
leurs involucres, les pétales
sont insignifiants, en forme de
petits tubes; et ce sont les sépales, larges et colorées, qui
font l'ornement de la fleur.
Chez les *ancolies* bleues et
blanches, qui penchent leur
tête d'un air mélancolique,
non pour rêver, mais parce
que leurs étamines, plus courtes que le pistil, ne peuvent le
couvrir de leur poussière que
si la fleur est renversée, les

Fig. 457. — Épine-Vinette.
Fleurs et Fruits.

sépales sont colorés; mais il y a aussi des pétales et de forme
singulière; ils s'enroulent en tube éperonné. La *dauphinelle pied-
d'alouette* prolonge aussi en éperon
un de ses cinq sépales colorés et
deux de ses quatre pétales; l'*aconit,*
d'un bleu éclatant, dispose en casque
un de ses cinq sépales colorés. Mais
ces transformations, pas plus que l'a-
vortement de la corolle, ne peuvent
empêcher de grouper ces plantes à
côté des renoncules, leurs principaux
caractères étant les mêmes. Par des

Fig. 458. — Fleur de Mauve.

transitions douces, nous voyons aussi les carpelles *libres* et *indéhiscents* des renoncules devenir *déhiscents* chez les *pieds-d'alouette*
tout en restant libres, puis se *souder* par le bas dans l'*ancolie,* et
dans toute leur étendue chez la *nigelle,* de manière à simuler un
ovaire unique en forme de petit pot, dont les cinq stigmates, bien
séparés les uns des autres, forment les pieds.

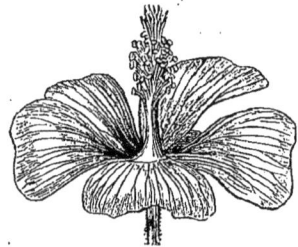

Les *nymphéas,* aux belles coupes d'albâtre, dorées par les nombreuses étamines, que nous avons tant de plaisir à apercevoir sur
nos rivières, appartiennent à une famille voisine, celle des *nymphéacées* (de nymphe, divinité des eaux), dont les tiges et les racines sont riches en fécule, bonne au besoin pour l'alimentation.
Si beaux que soient nos *nénuphars,* ils peuvent à peine nous donner
l'idée de la magnificence de certaines
nymphéacées de l'Amérique méridionale. Sur les fleuves immenses de la
Guyane et du Brésil se montrent les
fleurs éclatantes, d'abord blanches,
puis passant en vingt-quatre heures
du rose tendre au cramoisi, du *Victoria regia,* dédié à la reine d'Angleterre ; si grandes qu'un enfant peut
s'y poser, et entourées de feuilles
peltées de trois mètres de tour ; ses
graines sont nourrissantes et connues
sous le nom de *maïs d'eau.* Le *né-
lombo,* le lotos des Égyptiens, aux
fleurs roses comme de grandes tu-
lipes, qui donnait les fèves d'Égypte,
est une nymphéacée qui ne croît plus
dans le Nil, mais que l'on rencontre
en Asie.

La grande fleur blanche des *magnolias* (fig. 472) rappelle assez celle
des nymphéas, dit Marcel.

Fig. 459. — Tige fleurie
de Mauve.

La corolle des nymphéas est formée de plusieurs séries de
pétales, qui la rendent très fournie ; et celle des magnolias n'est
que double, dit Mme des Aubry, mais ils appartiennent à des
familles voisines. Les *magnoliacées* sont originaires d'Asie et
d'Amérique ; c'est de Magnol qu'elles ont reçu leur nom, et
quoiqu'elles ne soient acclimatées chez nous que depuis un siècle,
nos jardins en renferment qui sont déjà des arbres magnifiques.

Elles contiennent dans leur écorce un principe âcre et aromatique. Leurs feuilles simples et brillantes les rendent très ornementales, de même que leurs grandes fleurs d'un blanc mat ou violacé, ou d'un beau rouge, leurs étamines d'un jaune d'or, leurs fruits en cône (fig. 473), formé de carpelles agglomérés s'entr'ouvrant, chez quelques variétés, pour laisser pendre leurs graines à un long filament.

Fig. 460. — Mauve.

Mᵐᵉ des Aubry revint s'asseoir à l'ombre de la tonnelle lorsqu'elle eut fini de cueillir les fruits et les fleurs qu'elle voulait conserver.

Je voudrais, dit-elle à ses enfants qui s'étaient assis près d'elle, effacer de vos cœurs la triste impression causée par notre rencontre avec le mendiant. J'ai connu tant de pauvres admirables par leur courage et leur résignation! Je vais vous raconter une histoire vraie, qui vous rappellera combien il y a souvent de souffrances et de vertus dans la vie humble et cachée de l'indigent.

Solange était une gentille petite fille, qui demeurait à Paris avec ses parents, au troisième étage d'une belle maison près du Luxembourg. Elle aimait beaucoup les fleurs, et sa mère lui avait permis de faire de son balcon un véritable jardin. On y avait placé un treillis qui supportait des plantes grimpantes, et donnait un peu d'ombre à toutes sortes de fleurs délicates et choisies. Solange soignait elle-même ses fleurs; elle aimait à les arroser, à faire des

semis dans des terrines, à cueillir ce qu'elle avait de plus joli pour
l'offrir à ses parents. Mais tout cela ne lui donnait pas beaucoup de
peine : un domestique lui apportait l'eau dont elle avait besoin, et
si une de ses plantes se fanait, sa mère la remplaçait par une autre
plus fraîche lorsqu'elle avait montré de l'application à l'étude.
Cependant elle passait bien du temps dans son jardin ; je dois dire
qu'un autre motif que le soin de ses fleurs l'y attirait.

En face de son bal-
con, mais plus haut,
sur les toits, il y avait
une petite fenêtre qui

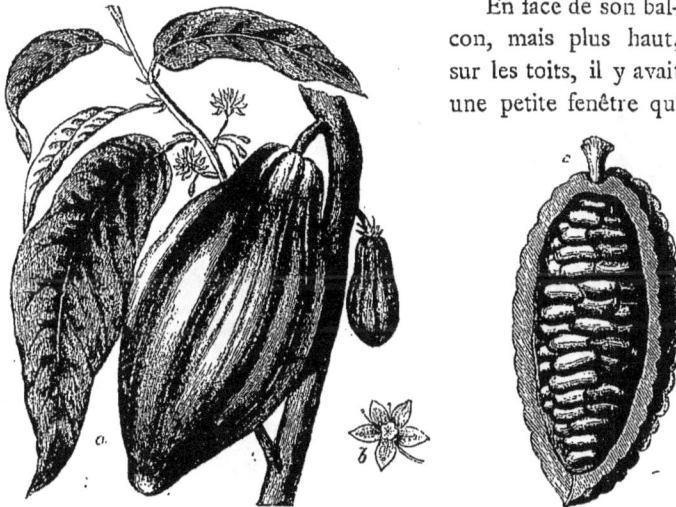

Fig. 461 et 462. — Cacaoyer.
a. Fruit. — b. Fleur. — c. Fruit ouvert.

s'ouvrait près de la gouttière ; et cette fenêtre était aussi un jardin
aérien, mais un bien modeste petit jardin, composé d'un *réséda*,
d'une *balsamine*, d'un *œillet* et d'un rideau de *capucines*. Et pourtant il était bien soigné et surveillé avec amour par une petite fille
pâle, qui marchait avec des béquilles et ne descendait jamais de sa
mansarde. Elle-même avait semé ses capucines dans des tessons
de pots et de bouteilles ; et chaque fois qu'il pleuvait, on la voyait
recueillant avec soin l'eau de la gouttière dans un vase, afin d'avoir
de quoi arroser ses pauvres fleurs pendant plusieurs jours, car per-

sonne ne lui montait d'eau. Elle passait des heures assise près de
sa fenêtre, s'occupant à faire grimper ses capucines le long de
ficelles qu'elle avait tendues, ou à les abriter lorsque le soleil était
trop ardent, ou à les débarrasser des insectes et des mauvaises
herbes, ou à laver leurs feuilles que la poussière empêchait de respirer. Solange admirait sa patience; à quelque moment du jour
qu'elle vînt sur son balcon, elle était sûre d'apercevoir la petite

Fig. 463. — Renoncules.

fille à travers les capucines, s'occupant de ses fleurs, ou appuyant
sa jolie tête décolorée sur les genoux de sa mère, qui travaillait
sans relâche, et ne la quittait que pour aller chercher ou reporter
l'ouvrage qui les faisait vivre.

Les deux enfants, après s'être longtemps regardées, avaient
fini par se sourire et par s'envoyer des baisers; et sans s'être
jamais parlé, elles s'aimaient, et chacune tenait une grande place
dans la vie de l'autre.

Le soir, lorsqu'en revenant de la promenade les parents de
Solange s'asseyaient avec elle dans son jardin, elle se trouvait

heureuse, et regardait avec eux les teintes roses du soleil couchant à travers les arbres du Luxembourg, et les pigeons regagnant leurs nids dans les platanes. Mais la pensée de sa petite voisine, qui avait l'air si doux et qui était privée de toutes les joies qui l'entouraient, venait quelquefois l'attrister et mettre des larmes dans ses yeux : elle aurait voulu lui donner de son bonheur.

Un soir elle dit à sa mère :

Veux-tu me permettre d'envoyer des fleurs à la petite fille pâle? je crois que cela lui ferait plaisir et ne pourrait contrarier sa mère, quoique nous ne la connaissions pas?

Très volontiers, lui répondit sa mère; nous irons dès demain au marché aux fleurs, si tu le désires, pour choisir les plantes qui peuvent réussir sur sa fenêtre.

Mais comment fait-elle pour que ses fleurs ne se fanent pas? reprit Solange. Ce sont toujours les mêmes qu'elle arrose, et il faut renouveler les miennes si souvent?

Les fleurs qu'on te donne, reprit sa mère, ont été élevées en

Fig. 464. — Renoncule-Ficaire.

serre, où une chaleur humide, constamment entretenue, a hâté leur développement aux dépens de leur durée; une floraison forcée a épuisé leur sève. Les fleurs de ta voisine sont plus rustiques, et leur croissance s'est faite doucement et naturellement. Son *réséda* (fig. 474), qu'elle a semé elle-même, ne demande qu'un peu d'eau pour prospérer; il forme une belle touffe de feuilles d'un vert pâle, surmontées de grappes de fleurs étranges, à pétales blanchâtres, laciniés et irrégulièrement disposés, laissant bien voir les étamines rougeâtres. Mais il mourra aux premiers froids; le réséda, qui devient un peu ligneux dans les pays chauds, comme en

Égypte, n'est jamais dans nos climats qu'une plante herbacée.

Quant aux *balsamines*, elles réussissent partout; leurs fraîches corolles irrégulières se renouvellent tout l'été. Elles sont originaires de l'Inde et sœurs de la *capucine* (fig. 475), originaire du

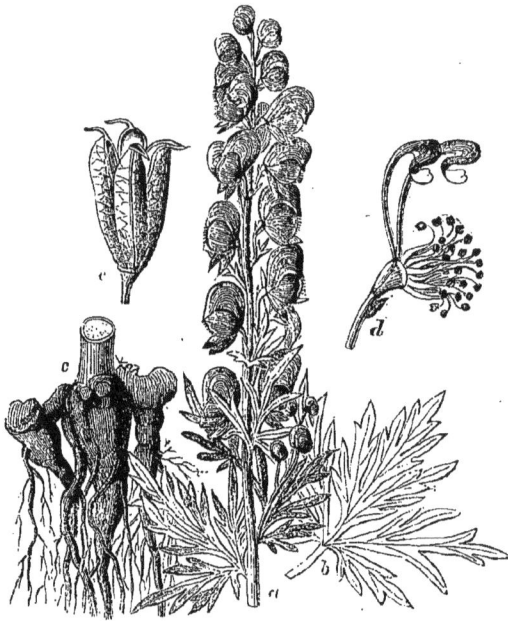

Fig. 465 à 469. — Aconit.
a. Fleurs. — *b*. Feuille. — *c*. Racine. — *d*. Étamines et Pistils.
e. Fruit.

Pérou, d'une nuance si riche et si rare parmi les fleurs. Les pétales inégaux de ces deux plantes sont soutenus par un calice coloré prolongé en éperon; leurs fruits sont des capsules à cinq valves qui s'ouvrent avec élasticité et lancent leurs graines au loin, ce qui les a fait appeler *impatientes*. Les boutons de la capucine s'emploient confits comme des câpres; ses jolies fleurs, dont on décore nos salades, jettent, dit-on, dans les ténèbres des lueurs phosphorescentes au moment de la fécondation, qui, chez toutes les plantes, provoque un plus grand dégagement de chaleur.

L'*œillet* de ta voisine, qui étale sur le petit treillis en éventail qu'elle lui a fait, ses tiges souples et noueuses, garnies de fleurs rouges, est d'une espèce rustique qui ne demande pas, pour prospérer, la terre spéciale et les soins minutieux que réclament

Fig. 470. — Anémone pulsatille.

les *œillets flamands,* à fond blanc rayé de nuances vives, mieux faits et plus fournis (fig. 476). Mais, quoique simple, ne doit-il pas lui plaire avec son abondance de fleurs d'une odeur si pénétrante? L'*œillet* est une si charmante fleur que les anciens l'appelaient *dianthus,* c'est-à-dire la fleur de Jupiter. Elle était particulièrement aimée du grand Condé. Une foule d'espèces poussent dans nos champs (fig. 477) et dans nos jardins, les *mignardises,* les *œillets de poète,* les *jalousies,* etc., etc.

L'œillet, qui sent le girofle, est la plante type de la famille
des *caryophyllées* (mot qui signi-
fie clou de girofle), plantes herbacées aimant les climats tempérés et
presque toutes indigènes en Europe, parmi lesquelles on peut ranger : la *saponaire,* dont la racine
mousse comme le savon lorsqu'on
la froisse dans l'eau chaude; les
silénés blancs et roses, qui font de
jolies corbeilles dans les jardins et
dont on aime à trouver dans les
bois les fleurs légères; les blanches
lychnides du soir (fig. 478), à fleurs
dioïques, et les *nielles* (fig. 479)
des blés, dont les fleurs violettes
sont dépassées par les longues dents
aiguës du calice.

Fig. 471. — Nigelle.

L'*œillet* (fig. 480) à feuilles opposées,
entières et étroites, d'un vert glauque, a un
calice en tube à cinq petites dents, muni à
sa base d'un calicule, et renfermant le long
onglet des cinq pétales posés, ainsi que les
dix étamines, sur un axe qui porte l'ovaire
libre surmonté de deux styles. Son fruit est
une capsule, contenant de nombreuses
graines chagrinées, à placentation centrale,
et s'ouvrant par quatre ou cinq valves. Les
pétales élargis et dentés des œillets se dou-
blent naturellement.

Le lendemain matin, Solange, donnant
la main à sa mère, se dirigea vers le grand
marché aux fleurs, non loin de la magnifique

Fig. 472.— Fleur de Magnolia.

église de Notre-Dame. Il offrait un coup d'œil enchanteur.
Solange aurait voulu tout acheter, tant étaient jolis ces fleurs et

ces feuillages de toutes les formes et de toutes les couleurs!

Oh! mère, dit-elle, vois donc ce *camelia* d'un rose tendre, aux pétales imbriqués, et cet autre d'un blanc si nacré, d'une pâte si fine qu'elle semble transparente! Ne crois-tu pas qu'ils feraient grand plaisir à la petite fille?

Ils ne pourraient prospérer sur la fenêtre de sa mansarde, répondit sa mère. Le *camelia,* originaire du Japon, demande des soins particuliers dans nos climats un peu froids pour lui. Il a reçu son nom de Linné en souvenir de *Kamel*, botaniste voyageur du xviie siècle; il est frère du *thé* (fig. 481), originaire de la Chine, dont nous connaissons peu en France les fleurs élégantes. Les feuilles de ces deux plantes servent, en Chine et au Japon, à faire des infusions excitantes et nourrissantes, surtout celles du thé, que les Asiatiques mâchent lorsqu'elles sont bouillies, parce qu'elles renferment encore un principe

Fig. 473. — Fruit du Magnolia.

alimentaire fort riche, qui ne peut se dissoudre dans l'eau chaude. Les feuilles du thé sont cueillies jeunes, puis légèrement torréfiées et roulées; elles ont un arome qui leur est propre et qui leur vient de l'huile essentielle qu'elles renferment, et de plus un parfum qu'elles doivent aux couches de fleurs odorantes au milieu desquelles on les dispose.

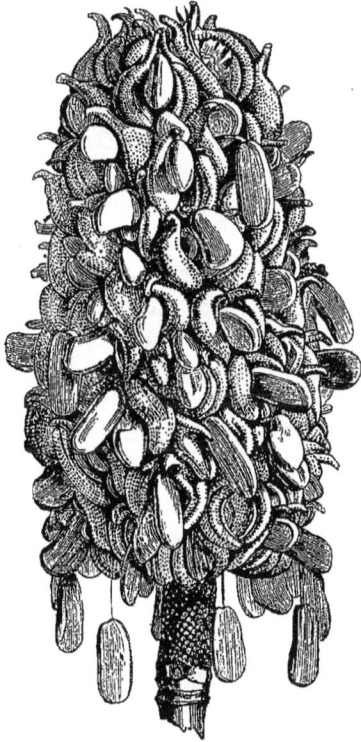

Eh bien, mère, dit Solange, voilà de beaux *pélargoniums,*
à fleurs blanches, irrégulières, roses et rouges, avec deux pétales
maculés d'un brun velouté qui sont
bien jolis ; leurs feuilles sont moirées
par différentes nuances de vert. Ne
pourraient-ils pas convenir ?

Les *pélargoniums* sont avides d'air
et de lumière, lui dit sa mère ; ils
étoufferont chez ta voisine ; elle aura
le chagrin de les voir jaunir très promptement. Choisis plutôt des *géraniums ;*
ils sont plus rustiques et se reproduisent très facilement de bouture ; les
éclatantes corbeilles qu'ils forment
ornent les squares et les jardins les
moins bien soignés.

Sais-tu d'où leur vient leur nom ?
Géranium veut dire bec de grue. C'est
que, à leurs fleurs régulières de cinq
pétales, dont l'onglet se cache dans un
calice persistant, succèdent des fruits

Fig. 474. — Réséda.

de cinq carpelles (fig. 482), disposés
autour d'un axe qui s'allonge comme
un bec pointu. Au moment de la maturation, ces cinq carpelles se détachent par leur base, comme s'ils
étaient poussés par un ressort, et ils
restent suspendus par les styles à
l'axe qui les porte, formant ainsi
comme un petit candélabre à cinq
branches.

Nos champs et nos bois renferment une multitude d'espèces de

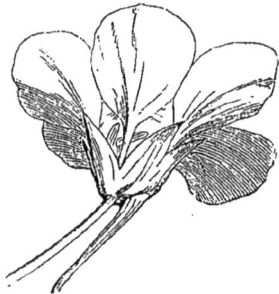

Fig. 475. — Fleur de Capucine.

géraniums (fig. 483) d'une grande fraicheur et d'une délicatesse
extrême.

:

Quelles fleurs me conseilles-tu encore de choisir, mère? demanda Solange.

Mais quelques-unes de ces bonnes plantes qui viennent partout, qui s'accommodent de toutes les expositions, fleurissent sans avoir besoin de beaucoup de soins, et qui peuvent ainsi devenir l'aimable et chère société du pauvre aussi bien que du riche, répondit sa mère. Que dis-tu de ce pot de *violettes* de

Fig. 476.
Œillets flamands.

Fig. 477. — Œillets des Champs.

Parme, d'un lilas si tendre et d'une si douce odeur? Et de cette corbeille de *pensées* veloutées, aux nuances si variées?

Je les trouve très jolies, chère mère, dit Solange; envoyons-les à la petite fille, si tu le veux bien.

L'ordre fut aussitôt donné à un commissionnaire de les porter à l'adresse indiquée.

Les *pensées* (fig. 484) et les *violettes* sont des plantes sœurs, reprit la mère de Solange; seulement la violette dirige deux de ses cinq pétales par en haut, et la pensée en relève quatre, n'en laissant qu'un, au lieu de trois, se porter par en bas. Primitivement leur taille ne différait guère; la petite *pensée* sauvage, d'un jaune tendre, qui recherche les fourrés, n'avait pas les larges pétales et les riches couleurs que lui a donnés la culture depuis le commencement de ce siècle. Ses graines sont difficiles à recueillir, les capsules qui les renferment ou-

Fig. 478. — Lychnide.

vrant brusquement leurs trois valves et les répandant au loin.

Les *violettes* (fig. 485) bleues, blanches, lilas, violettes, à la corolle irrégulière, souvent éperonnée, couvrent tout au printemps : les bois, les prés, les sentiers, les coteaux, le bord des ruisseaux, comme les *polygales* pendant l'été (fig. 486). Elles ne se cachent pas tant qu'on le dit; mais elles se montrent avec un petit air à la fois si avenant et si modeste qu'on ne peut les soupçonner de vanité; elles cherchent le soleil qui les parfume, voilà tout. Et quand même il se mêlerait à ce plaisir de vivre et de voir la lumière du jour un innocent désir de nous plaire, il ne nous les ferait pas trouver moins aimables.

Fig. 479. — Nielle.

Dès que Solange fut revenue chez elle, elle alla sur son balcon
pour jouir de la surprise de sa chère petite voisine, qui était
occupée à faire une place sur sa fenêtre pour ses nouvelles fleurs.
Elle les regardait avec admiration, et Solange éprouva, en voyant
son air radieux, un bonheur qu'elle n'avait jamais ressenti lorsqu'on lui offrait, à elle, un
nouveau pot de fleurs. C'est
si doux de donner et de
faire plaisir aux autres !

Pendant quelque temps
la petite fille continua à entourer ses fleurs des plus
tendres soins. Puis Solange
ne la vit plus paraître ; pendant deux jours la fenêtre
ne s'ouvrit qu'un moment,
le soir, et ce fut la mère
qui vint donner un peu
d'eau aux pauvres fleurs.

Je crains bien que ma
voisine ne soit malade, dit
Solange à sa mère ; si tu
le voulais bien, nous irions
savoir de ses nouvelles.

Je le veux bien, ma pe-
tite Solange, dit la mère ;
nous pourrons peut-être lui
être utiles.

Fig. 480. — Œillet.

La mère et la fille se dirigèrent donc vers la mansarde. Elles
frappèrent doucement à la porte. L'ouvrière vint leur ouvrir ; elle
paraissait bien triste et bien fatiguée.

Nous venons savoir des nouvelles de votre fille, dit Solange ;
depuis deux jours je ne la vois plus à sa fenêtre ; est-ce qu'elle est
malade ?

Elle est bien malade, en effet, et depuis longtemps, dit la pauvre

mère, dont les yeux se remplirent de larmes; et voilà deux jours qu'elle garde le lit; c'est un ange que le bon Dieu ne veut pas me laisser! Mais elle aura bien du plaisir à vous voir; donnez-vous donc la peine d'entrer.

Fig. 481. — Rameau de Thé fleuri.

Les deux dames péné-trèrent dans une chambre fort propre, mais bien nue, qui attestait à la fois l'ordre et la pauvreté.

Solange courut vers la pe-tite fille et l'embrassa.

Je vous apporte un beau bouquet de mon jardin, lui dit-elle; le trouvez-vous joli?

Oh oui! bien joli! dit l'enfant.

Et ses yeux brillèrent, et son teint pâle se colora d'un peu de rose.

Vous êtes trop bonne; vous m'avez envoyé déjà de si belles fleurs!

C'est que je vous aime beaucoup, dit So-lange; je désirais bien vous voir; et hier j'étais toute malheureuse, et je n'avais plus de plaisir à venir dans mon jardin parce que vous n'étiez plus à votre fenêtre.

Moi aussi j'aimais à vous voir au milieu de toutes vos belles fleurs, dit la petite fille, et je ne me sentais plus triste ni seule lorsque vous étiez sur votre balcon. Mais je ne peux même plus aller jusqu'à ma fenêtre mainte-nant.

Fig. 482.
Graines de Géranium.

Vous devez vous ennuyer, dit Solange; souffrez-vous beau-coup?

Oui, quelquefois, mais je ne m'ennuie jamais; je ne perds pas courage, je sais que notre Père céleste veille sur moi. Et puis maman prend si grand soin de moi! Quand je serai mieux, elle me conduira à la campagne chez une de ses parentes; elle me l'a promis. Il y a de grands arbres, du soleil, des fleurs; je suis sûre que je m'y guérirai tout à fait.

Les enfants continuèrent à causer pendant quelques instants. Alors la mère de Solange lui dit:

Dis adieu à ton amie; tu pourrais la fatiguer en restant trop longtemps près d'elle; nous reviendrons la voir une autre fois.

Les deux enfants s'embrassèrent, et Solange suivit sa mère.

Fig. 483. — Géranium des Bois.

Elle avait envie de pleurer en descendant l'escalier; elle voyait bien que la petite fille était très malade. A partir de ce moment, elle ne put retourner sur son balcon sans tristesse; la fenêtre d'en face était toujours fermée. Au bout de quelques jours, le petit jardin de la mansarde, naguère si frais, faisait peine à voir. Les fleurs se mouraient par le manque d'eau et de

Fig. 484. — Pensées.

soins! Le réséda et la balsamine étaient tout fanés; les feuilles jaunies de la capucine retombaient tristement le long des ficelles;

l'œillet seul fleurissait toujours. Le cœur de Solange se serrait à la pensée de cette douce enfant qui ne se plaignait pas, qui était si pleine d'espérance et qui peut-être allait mourir! Que de ré-flexions nouvelles elle fit pendant ces quelques jours! combien de réso-lutions de patience, de courage, de soumission, elle forma afin de res-sembler à son amie!

Un matin le domes-tique lui remit un pot d'œillet rouge; elle le re-connut, c'était celui de la mansarde.

Fig. 485. — Violettes.

C'est une pauvre fem-me qui vient de l'apporter, dit le domestique; elle m'a recom-mandé de vous le re-mettre de la part de la petite fille d'en face, qui est morte hier dans la soirée.

A cette nouvelle, et devant ce touchant souvenir de la pauvre enfant qu'elle avait aimée, Solange fondit en larmes et courut se jeter dans les bras de sa mère.

La petite fille pâle est morte, elle aussi, comme ses fleurs, dit-elle en sanglotant.

Fig. 486. — Polygales.

Sa mère chercha à apaiser son chagrin.

Ta pauvre amie ne pouvait être heureuse sur cette terre, lui dit-elle; Dieu l'a rappelée à lui, il a eu pitié de cette enfant aimante·

et pieuse qui espérait en lui. Mais que je plains sa pauvre mère!
Tu soigneras bien la fleur qu'elle te lègue, n'est-ce pas? et tu lui
resteras unie par la prière; il ne faut pas que son souvenir soit
pour toi une source de tristesse, mais une source de force, de
patience et de résignation.

CHAPITRE XV. — LA VIEILLE CARRIÈRE

SOMMAIRE : Classe des Polypétales périgynes : Famille des Cactées, des Légumineuses, des Araliacées, des Crassulacées, des Saxifragées, des Rhamnées, des Myrtacées, des Viscacées, des Ribésiacées, des Ombellifères, des Rosacées.

Les voilà, ces buissons où toute ma jeunesse
Comme un essaim d'oiseaux chante au bruit de mes pas !

ALF. DE MUSSET.

ÉUNIES un soir à Vilamur, la famille des Aubry et la famille de Féris se reposaient de la chaleur du jour dans le voisinage de l'eau transparente, lorsque les enfants, las de jeux, vinrent s'asseoir près de leurs parents. Non loin du bassin se groupaient des *cactus*, aux formes étranges, tout garnis de ces touffes de *piquants* qui sont leurs *feuilles* transformées (fig. 490). Il y en avait de ronds, tout velus, que Marie prenait pour des hérissons et dont elle ne voulait pas s'approcher, « parce qu'ils avaient des jambes et s'en iraient », disait-elle. Quelques-uns dressaient une haute tige, raide, côtelée et épineuse ; d'autres étalaient des tiges aplaties et charnues, faites d'articles superposés ; d'autres encore s'allongeaient sur le sol comme de longs serpents. Quelques variétés s'étaient couvertes de fleurs éclatantes (fig. 491), qui faisaient l'admiration de Marguerite.

Quelles fleurs splendides ! dit-elle à M. de Féris. On ne peut imaginer rien de plus beau que ces grandes corolles cramoisies, aux nombreux pétales serrés les uns contre les autres, d'où sortent de longues étamines jaunes qui ressemblent à des flammes aux rayons du soleil couchant.

Elles n'ont qu'un défaut, lui répondit M. de Féris, c'est de ne durer qu'un moment ; elles s'épanouissent très rapidement, mais se flétrissent de même. Je vous enverrai

Fig. 490. — Cactus fleuri.

des morceaux de tige que vous planterez à Roche-Maure ; les cactus, comme toutes les plantes charnues, prennent très facilement de bouture. Leurs tiges sont formées d'un amas de cellules qui se multiplient avec une grande rapidité et sans avoir besoin de beaucoup d'eau ; elles savent aspirer l'air par tous les points de leur surface et se nourrir autrement que par les racines. Aussi les cactus développent-ils des rameaux énormes dans les sols les plus arides, sur le roc nu, là où nulle autre plante ne pourrait pousser.

On cultive avec soin, en Amérique et en Algérie, des cactus

appelés *nopals* ou *raquettes,* sur lesquels vit la *cochenille.* Lorsque
les cochenilles, après avoir enfoncé leur pompe dans les tiges
charnues pour en aspirer la séve, ont atteint tout leur développement, on les en détache en raclant les tiges, et on les jette toutes
vivantes dans l'eau bouillante ; séchées au soleil, puis empaquetées
dans des sacs de peaux de
chèvre, elles sont ensuite ex-
pédiées dans les fabriques
pour fournir la belle couleur
rouge appelée *carmin.*

Les *no-
pals* ou
opuntia vul-
gaires se
sont multi-
pliés, com-
me s'ils
étaient in-
digènes, sur les rivages
baignés par la Méditer-
ranée, en Espagne, en
Sicile, en Afrique sur-
tout, et donnent une
physionomie particulière
à toutes ces régions.

Fig. 491. — Fleurs de Cactus.

L'Amérique est la patrie
des *cactées;* c'est là, au Mexique, qu'elles prennent les proportions
les plus monstrueuses ; des *cierges* de vingt mètres de hauteur portent sur leurs colonnes épaisses et velues d'autres cierges plus
petits ; des *opuntias,* aux articles immenses, se contournent en
formes bizarres, etc.

Un souvenir de cactus se mêle à une de mes expéditions
d'Afrique ; je commandais alors un détachement de chasseurs à
cheval. Les Arabes de la montagne étaient venus plusieurs fois
attaquer nos rétranchements pendant la nuit ; il fut convenu que

nous ferions une petite excursion du côté de la tribu agressive pour prévenir de nouvelles surprises. Après deux jours de marche, il nous fallut traverser un pays aride et désert ; les provisions que nous avions emportées se trouvèrent épuisées avant que nous eussions atteint le campement des Arabes. La plaine sablonneuse n'offrait la trace d'aucune végétation qui pût ranimer les forces épuisées de nos chevaux. Nous-mêmes, accablés par une chaleur brûlante, nous commencions à nous décourager, lorsque nous arrivâmes à une petite montagne couverte d'une plante charnue, que nos chevaux se mirent à manger. C'étaient des *cactus-raquette,* encore garnis de quelques grandes fleurs jaunes et de nombreux fruits rougeâtres couverts de faisceaux de poils. Nous savions que ces fruits, appelés *figues d'Inde* ou *de Barbarie* (fig. 493), étaient comestibles, quoique fades et peu agréables, et nous en mangeâmes quelques-uns pour nous rafraîchir. Tout ranimés, nous pûmes continuer notre route et arriver vers le soir jusqu'aux tentes des Arabes, que notre attaque imprévue mit en pleine déroute. Ils s'éloignèrent

Fig. 492. — Salicaire.

en désordre, nous laissant les vivres dont nous avions besoin. Je n'ai pas mangé de figues d'Inde depuis lors.

Que ce doit être amusant de voyager ! s'écria André. Vous, Monsieur, qui avez vu tant de pays que nous ne connaissons pas, racontez-nous encore quelque chose !

Oh oui! Monsieur, reprit Marguerite, parlez-nous de ces

Fig. 494. — Fuchsia.

régions merveilleuses
dont la végétation est
si riche, si variée,
nous disiez-vous, que
rien en France ne
peut nous en donner
l'idée!

Ma chère enfant,
dit M. de Féris, quelle
que soit la magnifi-

Fig. 493. — Figues d'Inde ou de Barbarie.

cence des terres fécondes situées entre les tropiques, elles n'ont

jamais eu pour moi l'attrait de nos campagnes françaises. Notre
pays offre, plus qu'aucun autre, un aspect intéressant et varié ; car
nos champs ne racontent pas seulement la puissance de la nature,
ils disent encore le patient labeur de chaque jour, et ce que
peuvent le travail et l'intelligence de l'homme et les efforts de la

science. Ils nous font bien
comprendre la valeur de
tous ces produits précieux
que nous n'obtenons qu'avec
tant de peines. Non, rien
n'est comparable à notre
France, placée entre deux
mers et sous une heureuse
latitude, qui lui permet de
cultiver les plantes des climats froids et celles des
climats chauds ; nulle flore
n'est plus riche que la
sienne ; ses champs, ses
vergers, ses jardins, renferment des trésors, fruit du
travail de vingt générations !
Aucun pays ne m'a laissé
de plus doux souvenirs que
l'humble campagne du Poi-
tou où j'ai passé les meilleurs jours de ma jeunesse ;
jours bénis ! pendant les-

Fig. 495. — Petits Pois.

quels j'appris, près du meilleur des hommes, avec quel soin,
quelle patience il faut diriger un sol peu fertile pour en obtenir
de beaux produits. La fleur la plus rare, ajoutée à mes collections,
n'a jamais eu pour moi le charme des simples fleurettes dont il
m'apprit les noms !

Combien vous nous feriez plaisir, reprit Marguerite, en nous parlant de ce temps si heureux dont le souvenir vous émeut encore !

Je le veux bien, ma chère enfant, quoique je ne sois pas bien sûr que vous puissiez trouver grand intérêt à mon récit; ce n'est point une histoire.

J'avais douze ans lorsque mon père, que ses affaires devaient

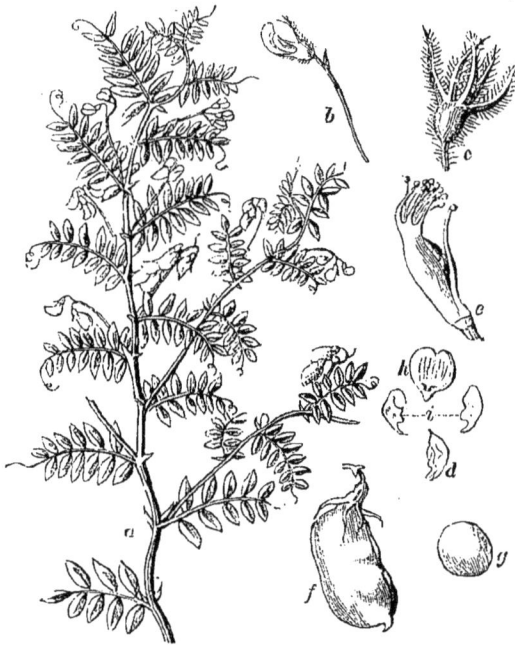

Fig. 496 à 501. — Lentille.

a. Tige fleurie. — b. Fleur. — c. Calice. — d. i. h. Pétales.
e. Étamines et Pistil. — f. Gousse. — g. Graine.

retenir à l'étranger pendant quelque temps, me confia à mon grand-père et à ma tante, qui habitaient une campagne un peu sauvage, mais charmante, où l'art n'avait rien détruit de ce que la nature avait su y déployer de grâce et de caprice. Des bois, des champs de blé, des vignes, des prairies, se succédaient de la colline à la vallée, selon la convenance du terrain; quelques arbres rares s'éle-

vaient au milieu des luzernes et des fleurs sauvages; rien de
régulier ni de correct, et pourtant nul désordre. Des chênes centenaires arrondissaient leurs hautes cimes au-dessus
de la maison, devant laquelle s'étendait une belle
terrasse, théâtre de nos jeux. De là on découvrait
un vaste horizon, et les ondulations d'un terrain
accidenté, jusqu'à la vallée où la rivière étincelait
entre ses deux rangées d'aulnes et de peupliers.

Fig. 502.
Fruit de Luzerne.

Ma tante avait une fille à peu près de mon âge;
elle s'appelait Nancy; son
affection et sa gaieté me con-
solèrent du chagrin que me
causait le départ de mes parents. Elle sut m'intéresser à
la vie des champs, et je me
trouvai bientôt, comme elle,
occupé de mille soins divers.
J'ouvris peu mes livres; que
de choses j'appris cependant,
tout en errant avec elle au
milieu des prés et des bois!

Le mot d'ordre à Puy-
château était liberté, à condition de ne rien faire qui
pût nuire aux autres. Nous
nous levions de bonne heure,
Nancy et moi, et nous allions
nous promener dans la rosée
pour voir le soleil sortir tout
en feu de l'horizon et dissiper
peu à peu les vapeurs blanches et roses que la nuit

Fig. 503. — Trèfle.

avait formées au-dessus de
la rivière. Ou bien, tous deux montés sur le même âne, nous suivions les bergers, qui, en gardant leurs troupeaux, nous appre-

naient à tresser des joncs et à faire des sifflets avec des tiges de roseau. Nous rapportions des prés des *salicaires* (fig. 492), aux longs épis de fleurs purpurines qui aiment le bord des eaux, et des *épilobes roses,* aux corolles insérées sur l'ovaire, qui aiment le bord des eaux ; des *onagres,* de la famille des onagrariées, comme le joli *fuchsia* aux fleurs tombantes, à qui Fuchs, botaniste allemand du xvıᵉ siècle, a donné son nom (fig. 494). Ensemble encore nous allions faire pour ma tante quelques commissions au village voisin, ou bien nous l'accompagnions dans ses courses chez les malades, l'aidant à porter les objets qu'elle voulait leur distribuer.

C'était un grand bonheur pour nous lorsque mon grand-père nous emmenait dans ses courses à travers champs, causant gaiement avec nous et nous expliquant ce que nous ne comprenions pas. Il nous initiait doucement à cette grande vie du cœur et de l'intelligence qui se développe par la contemplation et l'étude des œuvres de la nature.

Fig. 504. — Réglisse.

Il habitait la campagne depuis sa jeunesse et pouvait diriger lui-même tous les travaux et toutes les cultures, mais sans se rendre importun à l'ouvrier, qui sentait une bienveillance paternelle sous son apparente sévérité. Aussi était-il adoré dans le pays ; une atmosphère sereine et douce l'entourait ; il avait le génie de la bonté ; sa piété se traduisait par un respect religieux pour toutes les créatures de Dieu, les plus faibles même, les animaux, les plantes.

« L'homme, disait-il, a le droit de tourner à son profit toutes les ressources que lui offre la création ; mais il doit aussi tout protéger, puisque c'est lui qui a reçu le plus d'intelligence ; et l'intelligence suprême, c'est de savoir faire du bien aux autres, c'est d'être bon ! »

Nos questions sans fin ne lui causaient jamais d'impatience. « Les enfants, disait-il, ne comprennent pas toujours ce qu'on leur explique, ni les conseils qu'on leur donne; mais pourtant les bonnes idées qu'on sème dans leurs cœurs ne sont pas perdues.

Elles ont le sort de ces graines coriaces qui restent longtemps dans la terre sans germer et semblent mortes, et qui arrivent cependant un jour à croître et à former un arbre qui porte des fruits. »

Nous allions avec lui voir relever la brèche d'un mur, creuser un fossé pour égoutter les terres trop humides, ou essarter un champ. Et pendant que les bœufs tiraient, que le laboureur dirigeait péniblement la charrue, il nous disait :

Fig. 505 et 506. — Mélilot.

a. b. Tige fleurie et Racine. — *c.* Fruit.

« Quelle sainte chose que le travail, mes petits enfants ! C'est la grande loi de ce monde ! Il élève notre esprit comme la prière; les travaux des champs, quoique rudes, sont sains à l'âme et au corps de l'homme. Celui qui vit constamment au sein de la nature y puise la dignité, le désintéressement, des sentiments délicats et purs. Ne vous lassez donc point de l'interroger et de l'imiter dans son labeur incessant. Elle dévoile ses secrets à celui qui l'étudie avec amour et persévérance, et c'est un plaisir délicieux de découvrir une espèce inconnue ou une propriété nouvelle chez ces plantes trop peu étudiées. Mêlez-vous donc aux fleurs, vous y gagnerez toujours ; la plante communique sa grâce et son parfum à tout ce qui l'approche. » Il nous apprenait les façons qu'il faut donner à la terre, les moyens qu'on emploie pour l'améliorer, les cultures qui conviennent selon les différentes natures du sol, etc. Chaque promenade avec lui était à la fois un plaisir et un enseignement.

En regardant les animaux brouter l'herbe dans les champs, en cueillant les *gousses* des petits pois et des haricots, en effeuillant les pétales des *acacias* ou des *glycines* pour sucer le nectar amassé à leur base, nous avions remarqué que ces plantes, de taille pourtant bien différente, ont toutes des fleurs en forme de *papillon*. Nous fîmes part de notre observation à mon grand-père, il nous complimenta.

Fig. 507 et 508. — Rameaux de Nerpruns, avec Fleurs et Fruits.

Les savants ont pensé comme vous, nous dit-il, et ont donné le nom de *papilionacées* à ces plantes qui, dans un calice tubulé, portent des fleurs de *cinq* pétales, dont l'extérieur, plus grand que les autres, s'appelle l'*étendard,* les deux latéraux sont les *ailes* et les deux intérieurs sont soudés en *carène.* Au-dessous de la *carène* se trouvent *dix* étamines, unies par leurs filets en *un tube* d'une seule pièce, de deux au plus, autour d'un *ovaire libre.* Cet ovaire devient un fruit appelé *gousse* ou *légume,* ce qui fait aussi donner le nom de *légumineuse* à cette grande famille des papilionacées, qui nous fournit les *fèves,* les *petits pois* (fig. 495), les *lentilles* (fig. 496 à 501), les *haricots,* qu'Alexandre le Grand rapporta de l'Inde, dit-on, etc.

Les légumineuses, qui renferment une assez grande quantité d'azote, ne nous fournissent pas seulement de bons légumes, mais encore d'excellentes plantes fourragères, la *luzerne* violette (fig. 502), le *trèfle* blanc et rouge (fig. 503), la *lupuline*, le *sainfoin* aux beaux épis roses, la *jarousse*, l'*esparcette*, les *vesces*, les *ges-*

Fig. 509. — Pistachier.

ces, etc., etc. Elles donnent encore d'autres produits précieux : l'*indigo*, teinture bleue incomparable, provenant de plantes légumineuses exotiques ; l'*arachide*, appelée aussi *pistache de terre*, parce que sa graine, qui donne de l'huile, mûrit en terre ; la *réglisse* (fig. 504), dont la racine sucrée fait de bonne tisane ; le *mélilot* (fig. 505 et 506), qui guérit certaines maladies des yeux ; le *séné*, aux feuilles purgatives ; le *tamarin*, aux fruits pulpeux et laxa-tifs ; la graine aromatique du *Tonka*, qui sert à parfumer le tabac ; les bau-mes ou résines parfumées de *copahu*, du *Pérou*, de *Tolu*, le *sang-dragon ;* la *gomme arabique* et la gomme *adra-gante*, recueillies sur des acacias et des astragales ; le *cachou*, suc astrin-gent d'un autre acacia ; le *bois de Bré-sil* ou de *Fernambouc*, qui teint en rouge, et le *bois d'Inde* ou de *Cam-pêche*, qui teint en noir ; et des bois précieux pour l'ébénisterie, comme le bois de rose employé avec tant d'art au XVIIIᵉ siècle, etc.

Fig. 510. — Myrte.

Cette belle famille, si bien caractérisée, n'a chez nous qu'un petit nombre de repré-sentants ligneux, le *cy-tise* ou *faux-ébénier*, aux longues grappes jau-nes, au bois foncé au cœur, l'*ajonc*, etc.; l'*ar-bre de Judée*, le *sophora*, sont des étrangers, comme le *faux-acacia*, originaire d'Amérique, introduit chez nous, il y a deux siècles, par

Fig. 511 à 516. — Giroflier.
a. Tige fleurie. — *b.* Étamines indéfinies. — *c.* Graine. *d.* Calice adhérent. — *e.* Fruit coupé. — *f.* Étamine.

les frères Robin, jardiniers naturalistes, d'où lui est venu son nom de *robinier*. Il s'y est si bien acclimaté qu'il se reproduit de graine dans nos forêts, comme un arbre indigène. Le premier pied qui fut planté par Robin en 1636, au Jardin des Plantes de Paris, existe encore malgré la profonde blessure que lui a faite la foudre.

Mon grand-père nous avait appris à faire un *herbier*, où nous classions par familles les plantes qui nous semblaient rares ou particulièrement jolies. Nous les faisions sécher d'abord en les pressant entre des feuilles de papier buvard, puis nous les disposions sur des feuilles de papier blanc, les y maintenant à l'aide de petites bandes de papier et de colle, et au-dessous de chacune d'elles nous écrivions son nom; un peu de camphre les préservait des insectes.

Fig. 517. — Rameau de Goyavier avec Fruits.

Mais de toutes nos occupations, la plus chère et la plus constante, celle dont nous ne nous lassions jamais, c'était l'entretien de notre jardin. Entre les bois qui couronnaient le sommet de la colline et la vigne qui garnissait les pentes derrière la maison, il y avait un endroit où le terrain se trouvait brusquement interrompu et comme effondré : c'était la place d'une carrière abandonnée depuis longtemps, et dont une végétation sauvage et touffue avait fait le plus joli nid de feuillages et de fleurs que l'on pût voir. Des *lierres* couvraient les murailles de tuf de leur feuillage épais et luisant, de leurs ombelles de fleurs *jaunâtres,* à cinq pétales et à cinq étamines, où les abeilles venaient butiner, de leurs bouquets de *baies noires* que les oiseaux se disputaient.

Fig. 518. — Fleurs de Crassule.

Le lierre, en latin *hedera,* qui fleurit à l'automne, mûrit ses graines pendant l'hiver et appartient à une époque géologique antérieure à la nôtre, se rattache à la famille des *araliacées,* qui prend son nom de l'*aralia,* belle plante d'appartement à feuillage découpé et brillant, près de laquelle on peut rapprocher l'*aucuba,* aux feuilles panachées, et le *cornouiller,* aux fruits rouges acidules.

Sur les saillies du rocher s'accrochaient toutes sortes d'arbustes et de fleurs sauvages formant de pittoresques décors ; des *nerpruns* (*rhamnus*) (fig. 507 à 508), des *fusains,* de la famille des *rhamnées,* des *jujubiers,* des *pistachiers* (fig. 509), et quelques arbustes de la famille des *myrtacées,* à laquelle se rattachent les *myrtes* (fig. 510), aux jolies fleurs blanches, les *grenadiers,* aux fleurs écarlates, les *girofliers* (fig. 511 à 516) des îles Moluques, aux fleurs aromatiques, les *goyaviers* (fig. 517), et les gigantesques *Eucalyptus* de l'Australie, qui fournissent le bois de fer, le bois jaune, le bois rouge;

mais le fond de la carrière n'offrait qu'une bien maigre terre. C'était pourtant là que nous avions établi notre jardin. On y arrivait par une pente assez raide, et sur un des côtés se trouvait une grande grotte, creusée dans le tuf, qui avait pris avec le temps des teintes roses et vertes. Des piliers, laissés à dessein lorsqu'on avait tiré la pierre, soutenaient la voûte et formaient des galeries qui deve-

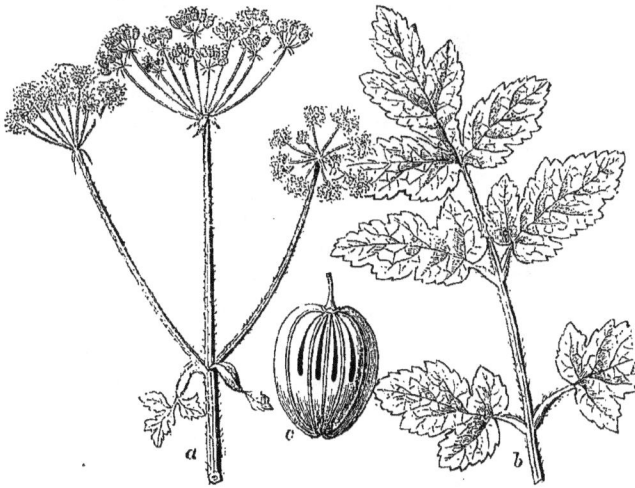

Fig. 519 à 521. — Berce.
a. Fleurs. — b. Feuille. — c. Fruit.

naient de plus en plus sombres en s'éloignant de l'entrée, et aboutissaient à d'étroits sentiers souterrains où l'on ne pouvait pénétrer qu'en rampant. Ils conduisaient, disait-on, à des refuges où s'étaient retirés des hommes persécutés pendant les guerres de religion, et inspiraient une certaine terreur à Nancy, qui se serrait contre moi au moindre bruit d'ailes des chouettes et des chauves-souris qui y avaient établi leur demeure. C'est dans cette grotte que nous allions nous abriter lorsque la pluie nous surprenait au milieu de nos travaux de jardinage ou que nous nous sentions fatigués par la chaleur du jour, car nous nous donnions bien de la peine pour améliorer notre maigre terre, la bêchant et la retournant sans relâche et y apportant des engrais et de l'eau. Que d'essais infructueux, de semis manqués, de fleurs transplantées et bientôt flétries !

Quelques plantes sauvages trouvaient pourtant le moyen de vivre autour de nous et d'être fraîches malgré la sécheresse : les plantes destinées aux sols arides ont leurs feuilles conformées de façon à attirer à elles l'humidité de l'atmosphère, leurs racines n'en trouvant point dans le sol. C'étaient des *crassules* (fig. 518) pubescentes, à feuilles éparses très épaisses, à fleurs d'un blanc rosé, de cinq pétales, cinq

Fig. 522. — Persil.

étamines, cinq ovaires ; des *saxifrages* d'un vert pâle, aux petits corymbes de fleurs blanches, à cinq pétales et à dix étamines, dont le nom veut dire « briser la pierre », parce qu'elles poussent entre les fissures mêmes du rocher ; des *joubarbes* charnues, avec des fleurs blanches ou purpurines, des étamines en nombre double des pétales et des sépales, des follicules très nombreux, pleins de petites graines ;

Fig. 523. — Involucre de Carotte.

les joubarbes ont été baptisées par les anciens, qui, croyant qu'elles préservent de la foudre les toits et les vieux murs où elles s'établissaient, les avaient nommées *barba-Jovis* (*barbe-de-Jupiter*).

Les *berles*, les *berces* (fig. 519 à 521), les *buplèvres*, les *carottes*,

Fig. 524 à 526. — 1. Fleur. — 2. Pétale et Fruit d'Aneth.

les *panais*, le *cerfeuil* et le *persil* (fig. 522) *sauvages*, qui poussaient en abondance sur les saillies du rocher, avaient valu à la grotte et

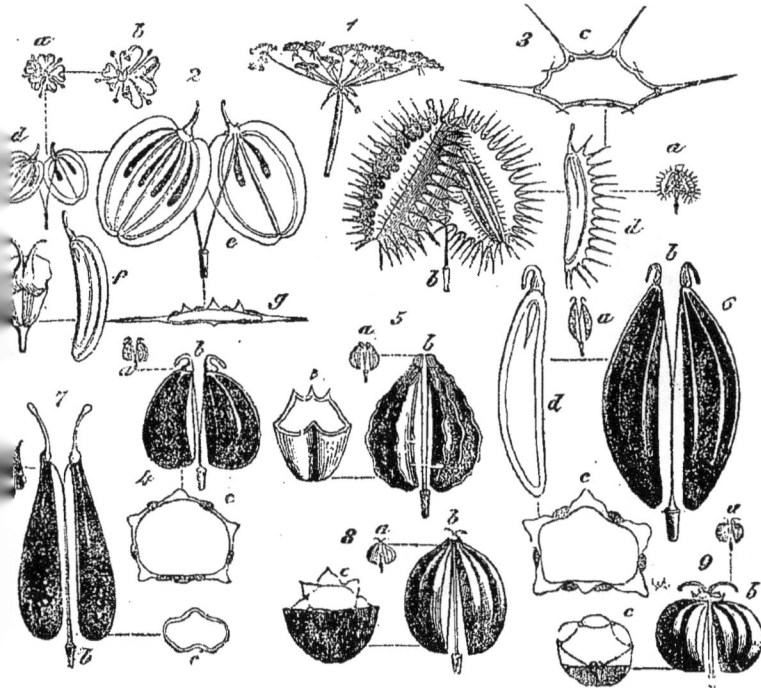

Fig. 527 à 535. — 1. Ombelle. — 2. Fruit de Berce. — 3. Fruit de Carotte. — 4. Fruit de Persil. — 5. Fruit de Ciguë. — 6. Fruit de Carvi. — 7. Fruit de Cerfeuil. — 8. Fruit de petite Ciguë ou Faux-Persil. — 9. Fruit de Ciguë vireuse.

à ses alentours le nom de *pays des ombellifères,* que leur donnait mon grand-père. Il nous faisait admirer l'élégance de leurs ombelles de fleurs légères au bout de longues tiges *striées* et *fistuleuses*. Ces plantes *herbacées* se développent si rapidement en une saison, que la moelle, qui ne peut se prêter à cette prompte croissance, disparaît et laisse la tige *creuse*, excepté aux *nœuds*. Elles sont fort nom-

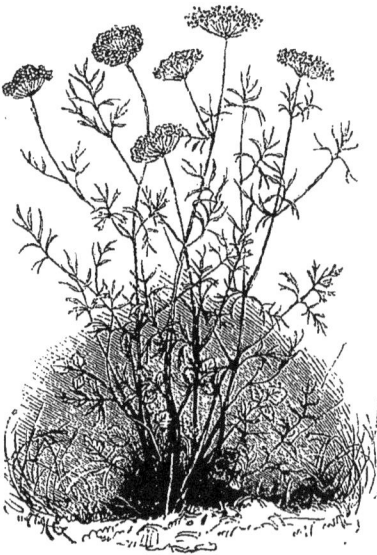

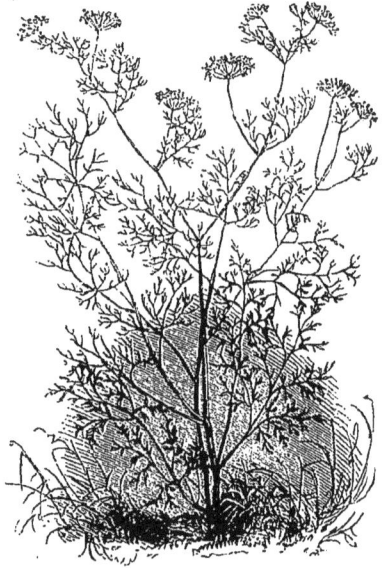

Fig. 536. — Anis.   Fig. 537. — Coriandre.

breuses dans les régions tempérées, et doivent leur nom à leur mode d'inflorescence. Leurs fleurs, portées par des pédicelles qui rayonnent d'un pédoncule commun, comme les aciers d'un parapluie, forment une *ombelle,* à la base de laquelle est souvent un anneau de *bractées,* formant un *involucre* (fig. 523). Les feuilles des ombellifères sont alternes, à base engaînante, à limbe souvent divisé profondément. Leurs petites fleurs sont formées d'un calice *adhérent* à l'ovaire et de *cinq* pétales à pointe infléchie portés, ainsi que les *cinq* étamines à filets recourbés en dedans, sur un *disque* glanduleux qui recouvre le sommet de l'*ovaire,* surmonté de deux *styles* traversant le disque (fig. 524 à 526). Le fruit se compose de deux *achaines* accolés qui, à la maturité, se séparent et restent suspendus par leur extrémité supérieure au faisceau de vaisseaux qui leur amenait des vivres (fig. 527 à 535).

Plusieurs de ces petits fruits secs ont un goût sucré et parfumé des plus agréables, et des qualités chaudes et aromatiques comme l'*anis* (fig. 536), avec lequel on fabrique une liqueur douce, l'anisette; le *cumin des prés,* la *coriandre* (fig. 537), le *carvi,* l'*aneth.* Ces ombellifères croissent dans les lieux secs, comme l'*angélique,* dont on confit les jeunes tiges encore tendres, le *fenouil* si commun dans l'île de Madère, qu'il lui a valu le nom d'*île du fenouil.* Les feuilles du fenouil, blanchies par le buttage, sont mangées dans les États-Romains comme nous mangeons l'*ache-céleri,* qui est vénéneux tant qu'on

Fig. 538. — Ciguë maculée ou grande Ciguë.

ne l'a pas adouci par la culture, tandis qu'en le couvrant de terre pour empêcher le soleil de développer sa saveur, on le rend comestible.

Les ombellifères qui croissent au contraire dans les lieux humides, sont en général fort dangereuses; telles sont : la *ciguë* (fig. 538 à 540), qui fournissait le poison donné aux condamnés dans l'antiquité; l'*œnanthe* safrané; la *cicutaire,* qui contient dans ses racines un suc jaune qui donne la mort; l'*assa-fœtida,* qui pousse en Orient, etc., etc. Dans une même famille, les propriétés des plantes peuvent donc être fort différentes, surtout selon la

23

partie de la plante à laquelle on s'adresse. Les *graines* des ombellifères renferment toujours une huile aromatique et stimulante,

Fig. 539 et 540. — Petite Ciguë ou Faux-Persil.

tandis que leurs *tiges* et leurs *feuilles* contiennent parfois un principe *narcotique* mortel.

Nancy raffolait de la grotte, et le pays des ombellifères était
surtout son domaine ; je m'étais bâti une autre demeure à l'autre

extrémité de notre jardin, dans un grand *pommier* où j'avais placé quelques planches pour former un toit, et suspendu une échelle de corde afin que Nancy pût venir m'y visiter. Elle y apportait notre goûter ou son ouvrage, et je lisais quelques pages pendant qu'elle travaillait. Les grives venaient souvent nous interrompre en s'abattant sur les baies blanches du *gui,* dont elles sont friandes. Cette plante parasite, à feuilles coriaces, qui épuise l'arbre qui la

Fig. 541. — Fraisier.

porte, formait de grosses touffes vertes sur mon pommier. Il n'est pas facile de la détruire ; les oiseaux emportent à leurs pattes, et sèment sur d'autres branches, leurs graines perfides entourées d'une matière visqueuse (glu, *viscum* en latin, d'où le nom de *vis-cacées* donné à la famille; la glu se retire surtout de l'écorce du gui). Le fruit du *gui* ressemble aux groseilles blanches, provenant des *groseilliers* ou *ribes* de la famille des *ribesiacées* que leurs bons fruits et leurs jolies grappes de fleurs font rechercher dans les vergers et dans les massifs.

Au-dessous de mon pommier rampaient des *fraisiers* (fig. 541)
et des *potentilles;* sur le rocher, les *ronces* et les *églantiers* suspendaient leurs guirlandes; tout
autour de nous fleurissaient et
grainaient des *aubépines,* des
prunelliers, des *cerisiers,* des
amandiers, des *sorbiers* (fig.
542 et 543), des *cormiers,*
des *alisiers* (fig. 544). Nancy,
qui excellait dans l'art de bien
disposer les fleurs dans des
vases, m'envoyait au haut des
arbres et sur les pentes les
plus raides de notre carrière
cueillir les branches fleuries
qui lui plaisaient. Et tout en
faisant ses bouquets, elle s'é-
tonnait du rapport intime qui

Fig. 542 et 543.— Fleurs et Fruits de Sorbier.

existe entre ces fleurs, qui
sont toutes de petites roses
simples plus ou moins grandes, quoiqu'elles donnent des
fruits bien variés et s'entourent de feuillages fort différents.

Mon grand-père, qui ve-
nait quelquefois visiter notre
jardin, avait surnommé mon
pommier et ses alentours le
pays des rosacées, du nom de
la grande famille à laquelle
appartenaient toutes ces plan-
tes. Leurs corolles, en rose (fig. 545) de *cinq* pétales, à estivation *quinconciale,* portées, comme les étamines indéfinies, sur le
calice à cinq divisions qui les range autour de l'ovaire, ont fait

Fig. 544. — Fleurs d'Alisier.

réunir en un même groupe des plantes fort dissemblables par leur
port, leurs feuilles, leurs
fruits, dont on peut former
des *tribus* très tranchées qui
finiront par faire quelque
jour autant de familles.

La tribu des *pomacées,*
comprenant les *pommiers,*
les *poiriers,* les *sorbiers,* les
cormiers, les *alisiers,* les *co-
gnassiers,* les *néfliers* (fig. 546
à 548), les *aubépines,* les
buissons-ardents, etc.; a des
fruits de grosseur différente,
mais tous *syncarpés, adhérents*
au calice, dont le limbe des-
séché les couronne à l'endroit appelé *œil.*

La tribu des *amygdalées,*

Fig. 545. — Rose simple.

comprenant l'*amandier* (fig. 549) et le *pêcher* (fig. 550) (originaire
de la Chine) à
noyau rugueux,
et le *cerisier,* le
prunier, l'*abrico-
tier* (fig. 551) (ori-
ginaire de l'Inde)
à noyau lisse, ont
un fruit *libre* et
apocarpé.

Les *rosées* pro-
prement dites,
comme les *églan-
tiers,* ont plusieurs
carpelles *libres*

Fig. 546 à 548. — Fleur et Fruit de Néflier.

(fig. 552), cachés par le calice charnu se resserrant au-dessus d'eux.

Les *dryadées,* comme les *fraisiers,* les *ronces* à fruits noirs et les
ronces à fruits rouges ou *framboises* (fig. 553), comme la *dryade*
ou *nymphe des bois,* aux fleurs blanches solitaires, ont des fruits
secs ou *charnus,* mais *libres* et *apocarpés,* groupés les uns à côté
des autres. Les *spirées* (fig. 554) seules ont des carpelles *déhiscents.*

Fig. 549. — Fleurs d'Amandier.

Presque tous les arbres de
nos vergers appartiennent à la
famille des *rosacées;* la plupart de
leurs fruits peuvent se conserver
l'hiver, et composer des boissons alcooliques, grâce au principe sucré qu'ils renferment.
Les feuilles et les noyaux des
amygdalées contiennent un des
principes les plus vénéneux que
l'on connaisse, l'*acide cyanhy-
drique,* qui entre en faible proportion dans les liqueurs faites
avec les fruits de certains cerisiers, comme le *marasquin* et
le *kirsch wasser.* Nous ne sommes pas seuls à aimer les fruits
des rosacées; les oiseaux les
recherchent autant que nous,
et c'est pour eux que mûrissent
les graines éclatantes des *églan-
tiers,* des *sorbiers,* des *aubépines* et des *cotonéasters.* Les fleurs de
cette belle famille se rangent parmi les plus charmantes et les plus
aimées de notre flore française.

Et après nous avoir donné les explications que nous désirions,
mon grand-père parcourait avec nous notre domaine. Il taillait à
droite et à gauche les branches trop longues, et, tout en fredon-
nant quelque air de sa jeunesse, il faisait une greffe ici et là, pour
mêler des roses doubles aux églantines, et l'aubépine rose à l'aubé-

pine blanche. Il nous donnait quelques conseils au sujet de nos plates-bandes peu fleuries. Puis il venait s'asseoir à l'entrée de notre grotte; et, nous prenant chacun sur un de ses genoux, il nous faisait raconter l'emploi de notre journée, et admirait avec quelle richesse la nature avait paré nos rochers arides.

Quels décors ravissants forment d'elles-mêmes toutes ces plantes

Fig. 550. — Fleurs de Pêcher.   Fig. 551. — Fleurs d'Abricotier.

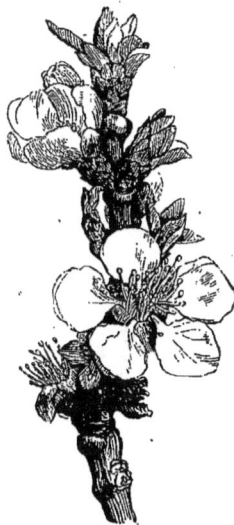

sauvages! disait-il; comme on aime à bénir la main puissante et bonne qui sait ainsi faire sortir la vie et la beauté du sein même de la pierre.

Il nous parlait de Dieu; puis, lorsque les bruits du soir s'affaiblissaient, nous nous taisions aussi pour regarder et pour penser. Les plus doux sentiments remplissaient nos cœurs; tout était paix en nous et autour de nous. Que tout cela était bon et que nous étions heureux!

Mais ces joies devaient finir. Deux ans s'étaient écoulés; je grandissais et l'étude réclamait ses droits. Une lettre de mon père me rappela près de lui à la ville ; j'étais bien heureux de le revoir, et pourtant je sentis mon cœur se briser. Que d'adieux à dire ! que

Fig. 552.
Fruit ouvert de la
Rose.

Fig. 553. — Fleur de Ronce.   Fig. 554. — Spirée, Reine des Prés.

d'objets chers auxquels je m'étais attaché par d'invisibles liens, et dont il fallait me séparer !

La veille de mon départ je parcourus une dernière fois avec Nancy nos prés, nos bois, nos sentiers, notre vieille carrière embellie par les premiers jours de l'automne qui dorent ou rougissent tous les feuillages, et donnent aux fruits leurs riches couleurs. Jamais je n'avais aussi vivement senti combien chaque brin d'herbe

m'était cher! Il me semblait qu'une partie de moi-même allait
rester là comme la laine des moutons aux buissons du chemin.

> Objets inanimés, avez-vous donc une âme
> Qui s'attache à notre âme et nous force d'aimer?

Je dis adieu à mon grand-père, à ma tante et à Nancy, en pleurant; les plus beaux jours de ma vie étaient finis. Le lendemain
je quittai pour toujours ce paradis de mon enfance.

J'ai beaucoup voyagé depuis; j'ai visité des pays où les arbres
sont plus grands et plus variés, où la végétation est plus riche;
j'ai vu bien des fleurs nouvelles; j'ai réuni autour de moi, à Vilamur, des plantes rares de tous les climats. Mais pour moi rien ne
vaut la flore champêtre que j'ai appris à connaître à Puychâteau.
Qu'est-ce qui égalera jamais en beauté les herbes du jardin où
l'on a porté ses pas d'enfant, les simples fleurs des champs dont
on a fait des bouquets dans sa jeunesse, les premières marguerites effeuillées? Quel parfum peut valoir le vôtre, fleurs chéries
qui avez vu mes premiers bonheurs, qui êtes mêlées à mes plus
doux souvenirs?

AUTOMNE

Sommaire : Classe des Apétales : Familles des Chénopodées, des Polygonées, des Laurinées, des Éléagnées, des Amarantacées, des Aristolochiées.
Classe des Diclines : Familles des Cannabinées, des Buxinées, des Ulmacées, des Morées, des Euphorbiacées, des Cucurbitacées, des Amentacées, des Platanées, des Myricées.

Le jour succède au jour, le mois au mois ; l'année
Sur sa pente de fleurs déjà roule entraînée.

LAMARTINE.

N avait étendu sur l'herbe,
pour les blanchir, les écheveaux de fil que Marianne et
Claudie avaient filés pendant
l'hiver ; depuis quelques semaines elles les arrosaient
chaque jour, et le soleil, en
les séchant, effaçait peu à peu
leur teinte rousse. Lorsque
Marianne les crut suffisamment préparés et bons à être tissés, elle
les mit dans de grands bissacs qu'elle plaça sur son âne, et s'a-
chemina vers son tisserand, qui était le père de Richard. La journée
tirant à sa fin, l'enfant la suivit, et comme il habitait dans un

endroit assez pittoresque de la montagne, les jeunes des Aubry
demandèrent à leur père la permission de faire partie de la cara-
vane.

Volontiers, répondit-il; il est un peu tard, mais je vous accom-
pagnerai afin qu'au retour vous ne vous trouviez pas seuls dans les
chemins vers la brune. Je voulais juste-
ment aller voir si le blé noir que j'ai de
ce côté est à maturité.

On partit. Les champs étaient loin
d'avoir leur aspect éblouissant du mois
d'avril; les chaumes remplaçaient les blés
verts, les prairies portaient une herbe
desséchée ; les feuilles jaunissantes des
haricots, les tiges flétries des pommes de
terre annonçaient qu'il était temps d'en
faire la récolte. Les gros pivots charnus
des betteraves, dégarnis de leurs grandes
feuilles tendres cueillies pour les bestiaux, sortaient à moitié de terre.

Nos *betteraves* n'ont pas trop bien
réussi cette année, dit Marianne ; la sécheresse les a empêchées de grossir.

Elles ne s'en vendront pas plus mal,
dit M. des Aubry; les fabricants de sucre
savent bien que ces petites betteraves,
qui ont élaboré leur sève sous notre
soleil du Midi, renferment plus de sucre
que ces énormes betteraves aqueuses

Fig. 559. — Arroche.

qu'on développe à force d'humidité et d'engrais.

Les betteraves repiquées pour la graine portaient de longs épis
terminaux, formés de petits amas ou *glomérules* de fleurs verdâtres.
M. des Aubry fit remarquer à ses enfants que ces fleurs, quoique
renfermant étamines et pistils, sont *apétales :* elles n'ont point de
corolle, mais un *périanthe* herbacé, persistant, des étamines oppo-
sés aux sépales, et un ovaire uniloculaire.

:

Les pétioles de certaines variétés de *bettes* s'emploient en cuisine sous le nom de *cardes;* et leurs sœurs, les *arroches* ou *bonnes-dames* (fig. 556), les *ansérines* ou *toutes-bonnes,* et leurs frères les *épinards,* servent aussi à la nourriture de l'homme. C'est l'*ansérine* (*chenopodium* en grec, ou pied d'oie, à cause de la forme des feuilles) qui a donné son nom à la famille des *chénopodées,* dont toutes ces plantes font partie, et à laquelle appartient encore le *quinoa,* dont les graines farineuses nourrissaient les Péruviens avant l'arrivée des Européens en Amérique.

A mesure qu'on avançait dans la montagne, la terre devenait plus maigre et n'offrait plus la trace que de cultures ingrates et rares. Un champ

Fig. 560 et 561. — Sarrazin, Feuilles, Fleurs et Fruit.

de *blé noir* ou *sarrasin* couvrait la pente ; les tiges noueuses soutenaient des grappes de fleurs blanches (fig. 560 et 561).

Pourquoi a-t-on semé, dans ce champ, du sarrasin plutôt que du froment? ce n'est bon que pour les pigeons, dit André.

C'est bien bon aussi pour les hommes, mon cher petit Monsieur, dit Marianne; on en fait de bonnes galettes et de bonnes bouillies. Et puis, que voulez-vous ? on ne peut pas demander à la terre plus qu'elle ne peut donner; le froment ne saurait réussir dans cette pauvre terre, tandis que le sarrasin y vient bien. C'est le blé des pays infertiles et froids; il ne demande, pour grainer, ni beaucoup d'engrais ni beaucoup de soleil.

Le blé noir, dit M. des Aubry, est une *renouée* (*polygonum* en grec, ou beaucoup de genoux), de même que la *persicaire* (fig. 562), la *trainasse,* la *bistorte* dont la racine renferme du tannin, etc. Ses feuilles alternes, sagittées, naissent sur une articulation de la tige, sorte de *genou* qu'elles enveloppent d'une stipule en gaîne. La graine anguleuse, noire et brillante, pleine d'une fécule bien blanche, n'est protégée que par une seule enveloppe florale quelquefois pétaloïde; les étamines sont périgynes. L'*oseille* (fig. 563), d'une acidité si agréable; la *patience,* la *rhubarbe* (fig. 564), dont la racine pulvérisée s'emploie en médecine comme tonique et purgative, et dont certaines variétés ont de superbes feuilles très ornementales, sont des *polygonées*.

Fig. 562. — Persicaire.

Après avoir suivi un chemin sombre, encaissé entre deux talus, on arriva à une habitation creusée dans le rocher, et tout enguirlandée par les tiges grimpantes d'une *bryone;* à l'aide de ses vrilles, elle s'était accrochée à toutes les aspérités et suspendait partout ses feuilles rudes et anguleuses, ses fleurs verdâtres et ses baies rouges. C'était là, sous terre, qu'habitait le tisserand. La chambre,

très vaste, dans laquelle il travaillait, ne recevait le jour que par la
porte et par une petite fenêtre sans vitrage, taillée dans la pierre.
Le métier à tisser occupait la plus grande partie de la pièce,
qu'achevaient de meubler un lit surmonté du Christ et du rameau
bénit, un coffre, un
rouet et deux chaises
de paille.

Le tisserand était
à l'ouvrage ; il voulut
s'interrompre à l'arri-
vée des visiteurs, qui
le prièrent de ne point
se déranger et de tra-
vailler devant eux.
Des fils destinés à
former la *chaîne* de la
toile étaient tendus
sur le métier ; entre
ces fils l'ouvrier jetait
la navette, qui glis-
sait rapidement en
déroulant le brin qui
devait composer la
trame ; puis il impri-
mait un mouvement
au métier avec son
pied, et les fils de la
chaîne se croisaient,
et la navette recom-

Fig. 563. — Oseille.

mençait à courir, et ainsi lentement, lentement, la toile se faisait.
Près de l'ouvrier, sa femme s'occupait à garnir une navette pour
remplacer celle qui se dévidait.

Marianne déchargea son âne, fit peser son fil, et insista pour
que se toile fût mise sur le métier le plus promptement possible.

24

Êtes-vous contente de mon petit Richard? demanda la femme du tisserand.

Il s'occupe tant qu'il peut, dit Marianne; mais vous pensez bien qu'à son âge on ne peut pas beaucoup en attendre; c'est trop jeune pour faire grand ouvrage.

Fig. 564. — Rhubarbe.

Ah! si je n'étais pas malade et trop faible pour travailler, dit la pauvre femme, il irait à l'école jusqu'à sa première communion, et je le laisserais grandir avant de l'envoyer aux champs. Mais que voulez-vous? nous n'avons pas toujours de pain chez nous, et chez vous au moins il est bien nourri!

Et s'il voulait s'appliquer, dit Marguerite, il apprendrait autant que s'il allait à l'école ; je lui donne une leçon tous les jours. Mais il n'a de zèle que pour travailler à la terre.

C'est vrai, Mademoiselle, dit la mère, il n'y a rien qu'il aime comme le jardinage. Croiriez-vous que c'est lui qui soigne notre petit jardin, le soir après sa journée ? Il y a semé lui-même tout ce qui s'y trouve, pas grand'chose, mais enfin quelques légumes et

Fig. 565. — Fleurs du Daphné.   Fig. 566. — Fruits du Daphné.

même quelques fleurs. Les fleurs, voyez-vous, c'est ce qu'il aime par-dessus tout.

Eh bien, dit Marguerite, s'il veut s'appliquer, je lui donnerai une fleur à emporter chaque fois qu'il aura bien pris sa leçon.

Les yeux de Richard brillèrent, et il répondit en souriant :

Je m'appliquerai bien, Mademoiselle.

Dites donc, Mademoiselle Marie, demanda Marianne au moment de se remettre en route, vos petites jambes sont peut-être bien lasses ? Si vous montiez sur notre âne, maintenant qu'il n'est

plus chargé? je marcherai près de vous et ne vous quitterai d'un
pas pour qu'il ne vous arrive rien.

Marie se montra toute disposée à accepter la proposition; les
bissacs vides furent placés sur le dos de l'âne en guise de selle, et
Marie enfourcha sans façon le bon et pacifique animal, qui se

Fig. 567. — Cinnamomum ou Cannellier.

remit en marche dans le chemin couvert. Marianne coupa, pour
servir de cravache, une grande branche bien feuillue à un vieux
laurier-sauce qui poussait dans le jardin du tisserand; et Marie
l'ayant posée sur la tête de l'âne afin de le préserver des mouches,
il s'en trouva comme couronné, ce qui excita la verve de Marcel
et d'André.

Comment! s'écria Marcel, voilà ce que tu fais du laurier d'Apollon, du laurier des poètes, dont on couronnait les triomphateurs !

C'est Daphné commençant sa métamorphose! dit André, continuant la plaisanterie.

Fig. 568. — Muscadier.

Si nous en croyons la fable, c'est en effet en laurier que la nymphe Daphné fut changée par Apollon, dit M. des Aubry. Nous avons conservé ce nom de *Daphné* (fig. 565 et 566), non à un laurier, mais à un arbrisseau de la même famille, cultivé dans nos jardins à cause de ses fleurs précoces, à odeur suave. Ces fleurs, faites d'une seule enveloppe florale colorée, à quatre divisions

portant huit étamines posées sur deux rangs, donnent de petits
fruits charnus, rouges ou bruns. Le bois d'aloès, dont le cœur
résineux est parfumé, appartient à la famille des daphnés. Les *lauriers,* eux, ont des fleurs diclines : des fleurs *mâles,* portant de huit
à douze étamines, et des fleurs *femelles* portant quatre étamines
stériles autour d'un
ovaire libre, qui de-
vient une baie. Le
p r e m i e r   e x a m e n
qu'ont à subir les jeu-
nes gens à la fin de
leurs études, celui qui
leur donne leur pre-
mier grade, s'appelle
baccalauréat (fruit du
laurier), et on donne
le nom de *lauréat* à
ceux dont le travail
obtient des succès,
récompensés par des
couronnes de laurier.

Les arbres de la
famille des *laurinées*
sont tous plus ou
moins aromatiques,
surtout dans leur
écorce; la *cannelle,*

Fig. 569. — Amarante.

éminemment chaude et stomachique, est l'écorce du *cinnamomum*
(fig. 567) ; notre laurier d'Apollon, originaire d'Europe, possède
les mêmes propriétés dans ses feuilles, tant employées en cuisine.
Le *camphre,* qui se trouve contenu dans les plantes à huile volatile,
comme nous l'avons vu à propos des labiées, est plus abondant
dans certains lauriers que dans aucune autre plante. On l'en extrait
en faisant chauffer l'arbre, couvert de couches de paille dans lesquelles le camphre évaporé se concrète en se refroidissant. Les

fruits de certains lauriers renferment une huile qui prend la consistance du suif ou du beurre, comme celui de l'*avocatier,* énorme
poire à chair verte que l'on mange en hors-d'œuvre. Le *muscadier*
(fig. 568), classé anciennement parmi les laurinées, fournit non

Fig. 570. — Aristoloche.

seulement cette noix muscade si agréable comme épice, mais
encore un suif qu'on peut extraire du fruit par son immersion dans
l'eau chaude.

L'*argousier,* aux fleurs dioïques, dont les baies acides, recherchées des oiseaux et employées comme assaisonnement dans le
sud de la France, ont longtemps passé pour vénéneuses, appartient à une famille voisine, celle des *éléagnées,* ainsi que le *chalef* ou

olivier de Bohême, arbre d'un blanc soyeux argenté, aux feuilles lancéolées, dont le périanthe simple, herbacé, est très odorant.

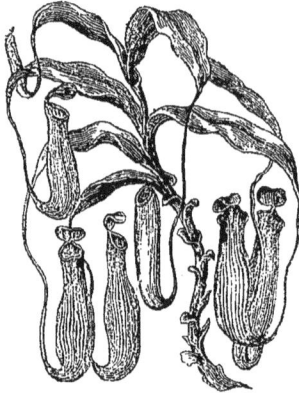

Fig. 571. — Népenthès.

Le lendemain de cette promenade, Richard fut fidèle à sa promesse; il vint prendre sa leçon au premier appel, et lut avec tant d'application que Marguerite le jugea, dès ce jour-là, digne d'une récompense. Elle l'embrassa et l'assura que, s'il continuait à avoir du zèle, il saurait bientôt lire couramment; puis elle lui apporta une *amarante* exotique (fig. 569) rouge, dressée en crête de coq, qui rem-

plit Richard d'admiration. Les *amarantes* de nos pays, trop communes, car elles ne sont bonnes à rien et infestent les terres cultivées, ont les feuilles simples, une seule enveloppe florale verdâtre, entourée de trois bractées et cinq étamines fertiles, hypogynes, avec un ovaire libre. Ces fleurs sont réunies en gloméru les formant des grappes; mais celle de Richard avait des fleurs entourées de bractées d'un rouge vif, coriaces et ne se flétrissant pas, et des feuilles panachées d'un très bel effet.

Richard remercia beaucoup sa jeune maîtresse, promit de

Fig. 572. — Houblon.

lire aussi bien tous les jours, et s'en alla gaiement; son pot de

fleurs sur la tête, en poussant le cri du coq avec un entrain
superbe.

Le lendemain, même zèle. Marguerite avait reçu de Vilamur
une fleur immense,
extraordinaire, en
forme de bonnet,
d'un jaune orangé ;
c'était une *aristo-
loche* d'Amérique.
Elle en coiffa Ri-
chard, émerveillé et
ravi ; l'extrémité de
la fleur retombait
en arrière comme

Fig. 573. — Cônes de Houblon.

Fig. 574. — Ortie.

la pointe d'un bonnet de
coton. Les *aristoloches* de
nos pays (fig. 570), quoique d'une forme étrange,
ne peuvent donner
qu'une bien faible idée
de cette fleur curieuse.
Elles forment un tube
ventru, adhérent à l'o-
vaire, et terminé en lan-
guette ; leurs étamines,
sessiles, soudées sur le
style, se trouvent fran-
chement *épigynes,* ce qui
est assez rare, et leur
pollen n'arrive au stig-
mate, situé au-dessus
d'elles, que lorsqu'un
insecte, entré au fond du tube, l'y porte en se débattant. Le fruit
des aristoloches est une grosse capsule contenant des graines nombreuses ; leurs grandes feuilles échancrées, à long pétiole, gar-

nissent nos haies et nos tonnelles pendant l'été. Les *népenthées*
(fig. 571), dont les feuilles curieuses forment un couvercle au-
dessus du pétiole élargi et creusé en urne, sont voisines des aristolochiées.

Le jour suivant, Marguerite, après la leçon de lecture, chargea
Richard de faire la récolte des cônes d'un *houblon* (fig. 572) qui
garnissait un treillis s'arrondissant au-dessus de l'auge et de la
pompe. Ses tiges volubiles s'enroulaient autour de leur support, et
y suspendaient avec profusion leurs feuilles dentées, découpées en
cœur, et leurs fleurs entourées de bractées foliacées qui formaient
des *chatons coniques* (fig. 573). On cultive peu le houblon dans
cette partie de la France; le vin y est bon et abondant, et la bière
peu estimée. Marguerite expliqua à Richard, qui, tout en cueillant
les fruits, se demandait ce qu'on pouvait bien en faire, que les
cônes jaunâtres du houblon, nommé aussi *vigne du Nord,* renferment une poussière amère et résineuse, appelée *lupuline,* que l'on
emploie pour parfumer une boisson fermentée faite avec de l'orge,
très précieuse dans les pays du Nord où l'on ne récolte pas de vin.
On peut aussi manger, en guise d'asperges, les jeunes pousses de
houblon, tendres et savoureuses.

Lorsque Richard eut fini sa cueillette, il reçut pour récompense
un paquet de différentes graines que Marguerite lui conseilla de
semer dans des pots, afin de pouvoir les rentrer, quand viendrait
l'hiver, dans sa chambre souterraine où il ne gelait jamais; il
aurait ainsi des fleurs toute l'année.

Le houblon, qui porte ses fleurs pistillées disposées en *cône,*
a aussi des fleurs staminées formant de petites *grappes;* car c'est
une plante *dicline,* sœur du *chanvre,* tribu des cannabinées, et de
l'*ortie* (en latin *urtica,* de brûler, allusion aux piqûres faites par la
plante), qui a donné son nom à la famille des *urticées* (fig. 574),
formée de tribus nombreuses différant assez les unes des autres.

L'*ortie,* à fleurs dioïques, les mâles à périanthe vert et à quatre ou
cinq étamines, les femelles à périanthe tuberculeux contenant un
ovaire libre qui devient un *akène,* que nous dédaignons et qui est
pour nous l'emblème de la rudesse et du mauvais voisinage, a été

cultivée autrefois comme plante textile chez les Égyptiens, qui savaient faire de jolis tissus avec ses fibres fines et résistantes.

Quoique on ne la cultive plus de nos jours, elle pullule à l'état sauvage autour de toutes les habitations; c'est une de ces plantes qui semblent s'attacher aux pas de l'homme et le suivent partout où il va. La *ramie*, dont on essaie la culture en Algérie pour ses fibres, est une *urtica*, ainsi que la *pariétaire*, suspendue à nos murs ou poussant à leur pied.

Les filaments les plus recherchés de nos jours pour faire de la toile sont ceux du *chanvre* et du *lin*. Le *lin*, aux fibres si fortes et pourtant si déliées qu'on en peut faire de fines dentelles, aux jolies fleurs polypétales, appartient à une famille à fleurs complètes qui se

Fig. 575 à 577. — Chanvre.

rapproche des géraniacées. Mais le *chanvre* est voisin des *urticées*. Tous deux demandent pour prospérer à peu près les mêmes soins, et de bonnes terres fraîches, riches et bien préparées. Il faut les récolter brin à brin, les faire rouir, c'est-à-dire pourrir dans l'eau, afin que

Fig. 578. — Figue.

les tissus gommo-résineux qui accolent leurs filaments se décomposent, et laissent libre la paroi fibreuse et incorruptible de leur liber. On les fait ensuite sécher à l'air et au soleil, disposés par

rangées, en poignées liées de la tête et écartées par le pied. Ils
ressemblent alors à de petits fantômes, le soir, au clair de la lune
qui allonge leurs ombres d'une façon fantastique. Quand ils sont
bien secs, on les passe au four pour les rendre encore plus friables,

Fig. 579. — Poivrier.

et on les broie pour séparer la filasse de l'écorce, qui tombe alors
en miettes brillantes. C'est souvent la nuit, après les travaux du
jour, que les femmes s'occupent à passer le chanvre dans leurs
broies à deux mâchoires. La supérieure, soulevée par leur bras
droit, se rabat par trois fois sur l'inférieure, et ces trois coups réguliers se répètent avec monotonie pendant des heures et font
hurler les chiens. On peigne alors la filasse, et chaque ménagère

peut l'enrouler sur sa quenouille et la filer au rouet ou au fuseau, le jour en gardant les troupeaux ou le soir dans les veilloirs. Et le fil tordu va chez le tisserand où il devient de la toile; et la toile devenue chiffon et réduite en bouillie est transformée en papier; ainsi finissent les métamorphoses du chanvre et du lin.

Le *chanvre* (fig. 575 à 577) est originaire de la Perse; ses feuilles rudes, stipulées et digitées à cinq ou sept folioles, ont des propriétés narcotiques si développées en Orient, qu'on en prépare une pâte enivrante, le *baschich,* qui donne des hallucinations et

Fig. 580. — Fruit de l'Arbre-à-Pain.

conduit à la frénésie; les Arabes le fument mélangé avec le tabac.

L'orme, ce bel arbre rival du chêne, à feuilles alternes, à périanthe herbacé, persistant, qui entoure le fruit et forme une samare, est de la tribu des *ulmacées,* se rattachant aux urticées.

Le jour suivant, lorsque Richard arriva, il vint rôder près de la maison avant d'aller aux champs. Il portait un petit panier à la main. Marie l'aperçut et courut à lui.

Qu'as-tu donc dans ton panier? demanda-t-elle.

Ce sont des figues pour Mlle Marguerite, dit Richard.

Donne-les-moi, je les lui porterai, dit Marie.

C'est-il bien sûr? reprit Richard avec un peu d'hésitation.

Eh oui! donne donc! tu viendras ce soir prendre ta leçon et chercher ton panier.

Marie courut porter les figues à Marguerite, qui était dans la salle d'étude avec sa mère et ses·frères, et elle lui raconta d'où elle venait.

Pauvre petit Richard! il veut me remercier à sa manière de mes fleurs et de mes leçons! Ses figues sont superbes et paraissent fort bonnes, continua Marguerite, présentant le panier à ceux qui l'entouraient; comment ont-elles pu mûrir et devenir si sucrées sur son rocher?

Les *figuiers* s'accommodent de maigres terres et de températures très différentes, quoiqu'ils viennent d'Orient et se plaisent particulièrement dans les pays chauds, dit Mᵐᵉ des Aubry. La figue (fig. 578) est un fruit composé; le réceptacle qui porte les fleurs et les graines se renferme sur elles en forme de poire. Il y a une infinité d'espèces de figues, des grosses, des petites, des violettes, des jaunes, etc. Elles sont très bonnes fraîches, et non moins bonnes sèches; on en conserve une grande quantité pour l'hiver.

Le figuier appartient à la famille des urticées, comme les *mûriers* (tribu des *morées*). On peut y rattacher encore le *poivrier* (fig. 579), dont les baies rouges, chaudes et piquantes, aromatisent nos ragoûts sous le nom de *poivre noir* lorsqu'elles conservent leur péricarpe noirci par la dessiccation, et sous celui de *poivre blanc* lorsque le frottement les a débarrassés de leur péricarpe; et le *bétel,* dont les feuilles aromatiques aident à former une préparation âcre et excitante, avec laquelle les Malais essayent de soutenir leurs forces.

Au même groupe que les figuiers se rattachent deux plantes qui fournissent un pain et un lait fort nourrissants, tout préparés par la nature. L'une est le *jaquier* ou *artocarpe, l'arbre à pain* (fig. 580), qui donne un fruit composé de carpelles agglomérés, gros comme la tête d'un homme, renfermant une chair blanche, farineuse et nourrissante, ayant le goût de pâte cuite, et servant à l'alimentation des habitants des îles de la mer du Sud; la nature seule a pétri ce pain-là, sans le secours d'aucun boulanger. L'autre est l'*arbre-à-la-vache,* qui croît dans la Colombie et fournit en abondance un lait sucré et parfumé.

Le suc laiteux de certains autres arbres de la même famille est loin d'être alimentaire comme celui-là ; l'*antiaris* de Java fournit un des poisons les plus violents qui existent, dans lequel les sauvages trempent leurs flèches pour les rendre mortelles. Le suc propre des figuiers, comme presque tous les sucs laiteux, renferme du *caoutchouc;* on en peut retirer de notre figuier commun, mais en moins grande quantité que de certains figuiers exotiques, du *ficus elastica* par exemple, qui orne un grand nombre de salons sous le nom de *caoutchouc* (fig. 581). Cette matière extraordinaire et précieuse, employée de nos jours à tant d'usages différents, tissus imperméables, chaussures, tuyaux, peignes, meubles, tentes, etc., se retrouve dans le lait âcre de certaines *euphorbiacées,* principalement dans le *siphonia elastica* de la Guyane.

Fig. 581. — Ficus elastica.

Vous avez vu à Vilamur des euphorbes (fig. 582) au port étrange, espèces africaines qui affectent l'aspect bizarre des cactées (*Euphorbe* est le nom d'un médecin de l'antiquité). Mais les *euphorbiacées* ne sont pas toutes ainsi; les unes sont d'humbles herbes, d'autres des arbres élevés ; toutes ont des fleurs *diclines,* à ovaire libre, d'aspects très divers. Ainsi les *ricins* (fig. 583) de nos jardins sont de belles plantes annuelles aux tiges bleuâtres, aux feuilles palmées, découpées en lobes aigus et dentés, tandis que les *ricins* d'Afrique sont des arbres. Leurs fleurs staminées occupent la partie inférieure d'une grappe, dont les fleurs pistillées, à ovaire libre et saillant, forment la partie supérieure, où elles devien-

Fig. 582. Euphorbe.

nent de belles capsules épineuses, couleur de feu. Leurs graines, pourvues d'un albumen à périsperme corné, fournissent une huile purgative et vermifuge. Celles du *croton,* une autre euphorbiacée, donnent une huile irritante qui fait venir des boutons à la peau. La propriété irritante des euphorbiacées leur vient d'un suc gommo-résineux, dont nos paysans connaissent bien la vertu. Ils se purgent fortement soit avec l'*épurge,* soit avec la *mercuriale,* commune dans nos champs; avec le petit *réveil-matin,* au lait blanc et corrosif, on peut brûler les verrues.

Le *buis,* famille des buxinées, à fleurs monoïques, les mâles à
quatre étamines, les femelles à ovaire supère, dont les fruits à trois
loges ressemblent à de petits pots à trois pieds, et dont le bois dur
est si recherché des gra-
veurs et des tourneurs,
des feuilles simples et
persistantes assez amères
pour pouvoir remplacer
le houblon dans la fabri-
cation de la bière, mais
c'est au détriment de la
santé. Le *mancenillier* de
l'Amérique renferme un
suc laiteux qui brûle la
peau, et donne un joli
fruit parfumé qui ren-
ferme un poison violent.
Une autre euphorbiacée,
l'arbre aveuglant des Moluques, fait perdre la vue
si une goutte de son suc
caustique tombe dans les
yeux ; le *sablier* ou *hura
crepitans* cache dans son
lait appétissant le prin-
cipe le plus délétère.

Et pourtant, de la
racine d'une autre eu-
phorbiacée, le *manioc,*

Fig. 583. — Ricin.

on retire un aliment doux et nourrissant, fort employé en Afrique
et en Amérique, appelé *cassave.* On fait disparaître le principe
vénéneux que renferme cette racine en la râpant, la lavant et la
faisant cuire. La fécule, très pure et peu nourrissante qui se dépose
dans le lavage du manioc, prend le nom de *tapioca* lorsqu'elle a
été torréfiée.

25

A l'heure de la récréation du soir, les enfants se trouvant réunis dans le jardin, se mirent à chercher ce qu'ils pourraient bien donner à Richard.

Donnons-lui une de nos belles *gourdes,* dit André; il y en a de bonnes à cueillir, quoiqu'il se trouve encore des fleurs sur le pied.

Un *cantaloup* (fig. 584) mûr lui fera peut-être plus de plaisir, dit Marcel.

Marcel et André avaient semé des *calebasses* ou gourdes autour de leur jardin; elles grimpaient le long

Fig. 584. — Cantaloup.

des arbres, s'attachant aux branches avec leurs vrilles rameuses, et laissant pendre leurs fruits jaunes et verts en forme de bouteille, d'abord charnus, puis durcissant à la maturité. Et dans le jardin potager il y avait de gros *potirons,* qui étalaient au soleil leurs panses arrondies, couleur de feu, au milieu de grandes feuilles ridées, rugueuses, cordiformes, à pétiole creux; et des *melons* de différentes espèces, chaudement placés sur une épaisse couche de fumier, et couverts de cloches en verre qui hâtaient leur maturité, en concentrant autour d'eux la chaleur sans repousser la lumière qui est la joie de la plante.

Avez-vous examiné, dit M. des Aubry à ses fils, les fleurs blanches odorantes de vos calebasses ou les fleurs jaunes de vos courges?

Fig. 585 et 586. — Coloquinte.

Ce sont des fleurs *monopétales* à cinq divisions, faisant corps
ec le calice, dit Marcel.

Entr'ouvrez la fleur, et dites-moi ce que vous trouvez sous
inique enveloppe florale, dit M. des Aubry.

Trois *étamines* soudées en co-
nnes et attachées au périgone, dit
arcel.

Comment, dit André qui exami-
iit une autre fleur, je ne vois pas
étamines, mais un *ovaire* adhérent
la fleur, sur lequel se dresse un
yle court, surmonté de trois stig-
ates bilobés.

Vous ne me semblez pas être
accord, dit M. des Aubry en sou-
ant; et si j'ajoute que vous avez
ison tous les deux, qu'en conclu-
z-vous?

Que nous avons affaire à des
antes *diclines*, dit vivement Marcel.
ai cueilli une fleur staminée, et
ndré une fleur pistillée.

C'est cela même, mon cher enfant,
t M. des Aubry. La famille des *cu-
rbitacées,* à laquelle la *courge* (en latin
curbita, vase) a donné son nom, est
sez difficile à classer, parce qu'elle

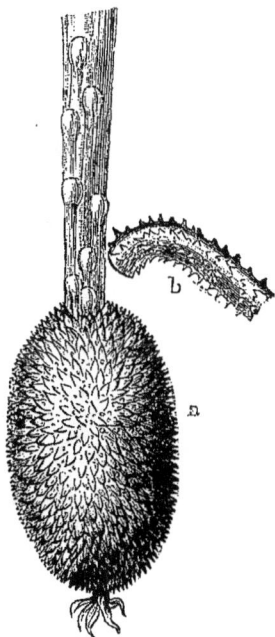

Fig. 587 et 588. — Ecballic.
a. Fruit. — *b.* Pédoncule détaché.

des caractères très tranchés qui lui sont particuliers; c'est une
mille très naturelle, dont tous les membres se groupent facile-
ent les uns à côté des autres, mais qui a peu de points de res-
mblance avec les autres familles diclines. Les *courges* et les *cale-
isses* ou gourdes, originaires de l'Inde; les *concombres,* les *melons,*
s *pastèques* à la chair rouge; les *coloquintes* (fig. 585 et 586) à
corce si amère; la *bryone,* dont la grosse racine vireuse ou *navet
4 diable* est un violent purgatif; l'*ecballie* (fig. 587 et 588) élas-

tique, dont le fruit tombe à la maturité en lançant au dehors ses graines entourées d'une matière pulpeuse, sont des cucurbitacées.

N'oublions pas le groupe charmant des *bégonaciées* qui s'en rapproche, ces petites plantes aux belles feuilles nacrées, poilues, bien veinées, aux fleurs d'une pâte tendre et d'une nuance délicate.

Fig. 589. — Rameau de Noyer avec Fruits.

Lorsque Richard s'approcha des enfants pour chercher son panier, Marguerite lui fit voir les calebasses dorées et les melons-cantaloups, à côtes saillantes, qui sentaient très bon, et lui dit qu'il pouvait choisir entre les deux fruits celui qui lui conviendrait le mieux.

Le *melon* a une chair savoureuse qui fait plaisir à manger, lui dit-elle; avec la gourde tu pourras faire une bouteille solide que tu emporteras dans les champs; tu la laisseras sécher et tu en reti-

ras les graines en faisant un trou avec un fer rouge à l'endroit où
e s'attachait à la tige.

Richard choisit la gourde.

Demain on abattra les noix, il faudra aider à les ramasser ; tu

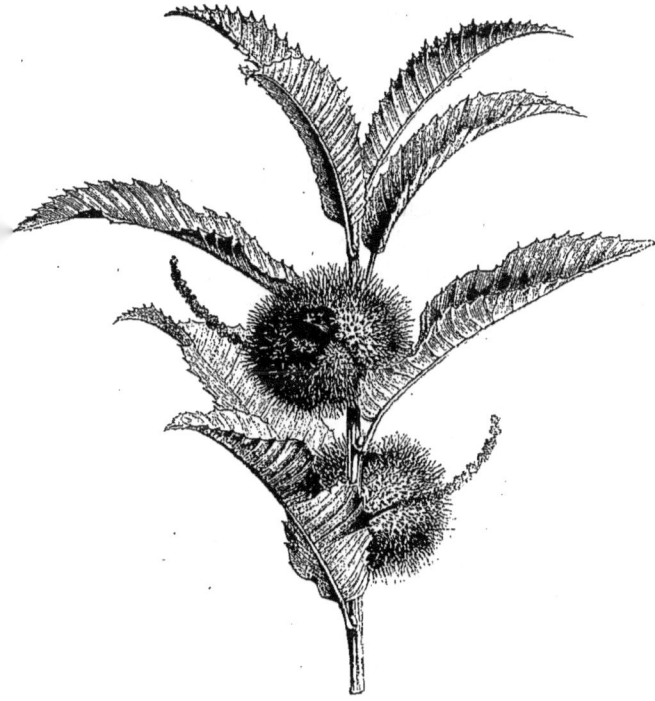

Fig. 590. — Rameau de Châtaignier avec Fruits.

'auras peut-être pas le temps de venir prendre ta leçon, lui dit
Marguerite ; mais nous irons te voir sous les noyers.

Les *noyers* (fig. 589), originaires de la Perse, de la tribu des
uglandées, se rattachent à cette grande et importante famille *dicline*
es *amentacées* ou arbres à fleurs mâles en *chaton,* à laquelle appar-
iennent presque tous les grands arbres de nos forêts : *l'aulne,* le

bouleau (tribu des bétulacées); le *hêtre,* le *châtaignier* (fig. 590), le *chêne* (tribu des cupulifères); le *charme,* le *coudrier* (tribu des corylacées); le *saule,* le *peuplier* (tribu des salicinées). On peut en rapprocher les platanées, dont le port est si beau, à feuilles alternes et à fleurs monoïques, agglomérées en capitules globuleux se plaçant trois par trois pour former une sorte de chaton, et les *myricées,* dont une espèce, le *myrica-cirifera,* aux petits fruits cirifères, fournissait au Mexique la cire pour l'éclairage, avant que les Espagnols y eussent introduit les abeilles dont la cire est bien meilleure.

Le lendemain, Richard suivit le fermier sous les noyers, ramassa les noix à mesure qu'on les gaulait, et tant que le jour dura, ne cessa de remplir son panier et de le vider dans les sacs. Aussi était-il fatigué et attendait-il avec impatience la visite que ses jeunes maîtres lui avaient promise, et lorsqu'il les vit venir vers le soir, il courut vers eux, tout content, sans plus songer à son ouvrage.

As-tu bien travaillé? lui demanda Marcel.

Oui, oui, Monsieur, répondit Jacques; il a bien gagné sa journée, et peut se reposer maintenant.

Je t'apporte ta récompense, dit Marcel.

C'était un petit livre, avec des images coloriées représentant des fleurs, où l'on indiquait l'époque à laquelle il fallait les semer, et les soins qu'il y avait à leur donner.

La figure de Richard s'épanouit; puis il regarda ses petites mains toutes noircies par le brou de la noix, et n'osa prendre le livre.

Va te frotter avec du verjus et passer tes mains dans l'eau, lui dit Marguerite; elles ne redeviendront pas blanches de quelque temps, mais tu pourras toucher à ton livre sans le salir.

Les feuilles de noyer, froissées par la gaule, jonchaient le sol et répandaient une bonne odeur. On les ramasse pour faire des tisanes ou des bains fortifiants, ou bien on les met en terre pour faire un excellent engrais; le péricarpe, appelé *brou,* qui enveloppe la noix, sert à faire une teinture noire. On l'enlève dès que les noix sont abattues pour qu'elles restent blondes, et on les étend au soleil ou dans les greniers pour qu'elles puissent sécher et se conserver. L'hiver à la veillée on les casse, on les épluche, et on les porte à l'huilerie, où, sous de grosses meules, elles sont broyées et pressées de façon à ce que toute l'huile qu'elles peuvent contenir s'en écoule; le marc ou résidu des fruits dont on a retiré de l'huile, appelé *tourteau,* est excellent pour engraisser les bestiaux et fumer la terre. Les *cerneaux* sont des noix enlevées du brou avant la maturité.

Quant la récolte des noix fut finie, on commença celle du liège. C'est vers la fin de septembre, lorsque le travail de la sève est achevé, qu'on s'occupe de dépouiller le tronc des *chênes-liège* (fig. 591) de leur couche subéreuse. On la fend horizontalement au haut et au bas du tronc, puis plusieurs fois dans sa longueur, de façon à former des lames qui s'enlèvent facilement; alors on les remet à des ouvrières qui les partagent en petits morceaux qu'elles arrondissent ensuite pour faire des bouchons.

L'arbre ne souffre point de cette opération et se remet à former du liège; au bout de dix ans il en a déjà une nouvelle épaisseur de 3 centimètres qu'on peut lui enlever de nouveau.

Richard aida au travail avec adresse et intelligence; son esprit se développait rapidement, grâce aux explications qu'il recevait de Marguerite, de Marcel et d'André, toujours prêts à répondre à ses questions multipliées.

Par une petite leçon de chose, patiemment donnée à propos de tout ce qu'il voyait, de tout ce qu'il touchait, ils l'instruisaient sans fatigue et lui faisaient acquérir sur la nature une foule de connaissances élémentaires qu'il eût longtemps ignorées à l'école. Le soir il emportait chez ses parents l'ardoise sur laquelle il devait reproduire les modèles d'écriture et les dessins qu'on lui avait tracés. Son ardeur au travail n'eut bientôt plus besoin d'être stimulée par le cadeau d'une fleur, tant l'envie d'apprendre s'était éveillée en lui.

Vers la fin d'octobre M. des Aubry lui dit : Les travaux des champs touchent à leur fin, et les chemins deviennent bien mau-

vais pour ta course de chaque jour de la montagne à Roche-Maure.
Ne ferais-tu pas bien, mon cher enfant, de rester près de ton père
pour commencer à apprendre le métier de tisserand qui peut
devenir plus tard ton gagne-pain?

Fig. 591. — Chêne-Liège.

Non, non, dit Richard en regardant M. des Aubry avec ses
grands yeux reconnaissants et honnêtes, il faudrait vous quitter.
Je veux continuer à travailler à la terre et apprendre à soigner les
fleurs pour être un jour votre jardinier, et venir en aide à mes
parents.

Eh bien, dit M. des Aubry, cette ambition-là me touche, et tu peux compter sur moi pour soutenir ton courage. Tu t'occuperas désormais avec le jardinier, et si tu profites bien de ses leçons, je ne doute point que tu ne puisses dans quelques années prendre à ton tour la direction des jardins de Roche-Maure.

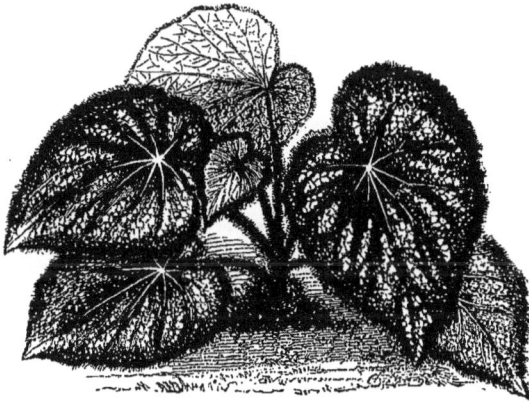

Bégonia.

CHAPITRE XVII. — LE CHALET ET LES RUINES.

SOMMAIRE : Embranchement des Dicotylédonées Gymnospermes : Familles des Conifères et des Cycadées. — Des différents aspects de la terre selon les saisons, les latitudes, les hauteurs et le degré de civilisation.

Arbres harmonieux ! sapins, harpes des bois,
Où tous les vents du ciel modulent une voix,
Vous êtes l'instrument où tout pleure, où tout chante,
Où de ses mille échos la nature s'enchante !

LAMARTINE.

H bien ! les hirondelles commencent à nous quitter, dit un soir M. des Aubry à Marcel et à André ; les jours deviennent courts et les pampres rougissent sur les coteaux. Il serait temps, avant que vienne l'hiver, de faire notre excursion dans la montagne, si votre mère approuve notre projet et s'il vous sourit toujours.

Les jeunes gens s'écrièrent d'une seule voix que ce petit

voyage les ravirait, et Mme des Aubry déclara qu'elle ne pouvait que se réjouir d'une partie qui semblait convenir à tout le monde.

Il fut donc arrêté qu'on partirait le jour suivant; les jeunes gens eurent bien vite fait leurs préparatifs, et le lendemain matin de bonne heure ils se trouvèrent prêts, le petit sac de provisions sur l'épaule et le bâton à la main. Après avoir embrassé leur mère et leurs sœurs, ils s'élancèrent gaiement derrière leur père, à travers champs, comme des chasseurs.

Le soleil répandait dans l'atmosphère comme une poussière d'or qui étincelait sur tous les feuillages, nuancés par l'automne de teintes infinies. Les blés étaient coupés, les prairies fauchées pour la dernière fois. Les fruits et les graines que donne l'été avaient été récoltés tour à tour. Il ne restait plus sur les coteaux que les belles grappes de raisins bleus ou dorés, et, sur les haies jaunissantes, que les fruits éclatants des aubépines et des églantiers.

La campagne était encore belle à voir sous un ciel sans nuage ; mais elle n'avait plus la fraîcheur incomparable que lui donne le printemps, cette jeunesse de l'année. Marcel en fit la remarque.

Que ces champs qui nous entourent ressemblent peu à ce qu'ils étaient à notre arrivée ! dit-il à son père.

Les *saisons* changent l'aspect de la nature, de même que tout ce qui modifie la végétation, lui répondit M. des Aubry. Mais la terre reste toujours belle, si variés que soient ses décors. Chaque été la couvre de roses et d'épis dorés; chaque automne ramène ses fruits délicieux ; l'hiver même suspend une parure de neige aux branches dépouillées, sans lui faire perdre sa beauté; et après les glaces stériles le printemps vient périodiquement renouveler ses feuillages.

Les *latitudes* et les *hauteurs*, bien plus encore que les saisons, modifient l'aspect de la terre. Selon la position qu'elle occupe sur le globe, chaque région a une physionomie particulière qu'elle tient de son climat, de la nature de son sol. La température de l'atmosphère n'est pas partout la même, non plus que la cons-

Fig. 595. — « Les Montagnes ont une Flore qui leur est propre. »

titution du sol de notre globe ; et les végétaux, suivant leur instinct, poussent vigoureusement et en abondance là où ils se trouvent

dans des conditions favorables à leur existence, et refusent de s'é-
tablir là où la terre et la température ne leur plaisent pas. Les pays
chauds ont donc une végétation toute différente de celle des pays
froids ; les *plateaux,* les *vallées,* les *montagnes* (fig. 595), les *bords
de la mer* ont aussi chacun une *flore* qui leur est propre. Quels que
soient les efforts de l'homme pour transformer le sol, introduire
des cultures nouvelles, amener le développement de plantes
utiles, arrêter celui des plantes inutiles ou nuisibles, la grande
nature sera toujours plus puissante que lui, et imprimera selon
les latitudes un cachet tout particulier aux différentes contrées
du globe.

Chaque pays est caractérisé par certaines plantes spontanées
qui ne se trouvent que là, ou qui s'y trouvent en plus grand nombre qu'ailleurs. Il est probable que les végétaux proviennent de
plusieurs centres de création, d'où ils se sont ensuite répandus par
toute la terre, portés par les vents, les flots, les oiseaux, les soins
de l'homme.

La *géographie botanique* s'occupe de cette distribution naturelle
des végétaux à la surface de la terre. Elle nous fait connaître l'*habitation* des plantes, c'est-à-dire les contrées où elles se plaisent,
d'où elles sont originaires ; et leurs *stations,* c'est-à-dire le point
précis où elles résident, sables, marécages, montagnes, bords des
fleuves ou des mers.

Si j'étais petit oiseau, dit André, comme j'aimerais à visiter
tous les coins de la terre, à aller me poser sur tous les arbres,
goûter à tous les fruits, me rendre compte de tout ce qui
existe !

Moi aussi, dit Marcel, à condition de revenir bien vite au nid,
car je ne voudrais pas vivre hors de France, ni ailleurs qu'à Roche-
Maure.

C'est dans les pays avoisinant l'équateur, reprit M. des Aubry,
que se montre la flore la plus splendide qui existe sur la terre,
parce qu'ils reçoivent d'aplomb les rayons du soleil, et sont
humectés par de grandes pluies périodiques. Ainsi favorisée par les
deux causes extérieures qui jouent le plus grand rôle dans le déve-

loppement des plantes, la chaleur et l'humidité, la *zone torride* produit une végétation d'une variété et d'une puissance inconnues à
nos climats : les champs de graminées y ressemblent à des forêts ;
les fougères y sont des arbres ; des forêts immenses, arrosées par
d'innombrables cours d'eau, des *forêts vierges* que l'homme n'a pas
encore cherché à exploiter, renferment des arbres touffus,
immenses, vieux comme le monde, enlacés par des *lianes* sans fin
qui suspendent à leur sommet leurs guirlandes de toutes les couleurs, courent de l'un à l'autre, et après avoir poussé de longs jets
stériles, sans feuilles ni rameaux, s'épanouissent tout d'un coup
en touffes de fleurs aux nuances les plus riches. La variété de ces
arbres, des parasites qui s'établissent sur leurs branches (fig. 597),
des arbustes et des herbes qui poussent à leurs pieds, est inouïe ;
et cette végétation luxuriante ne s'interrompt à aucun moment
de l'année : il n'y a pas, comme chez nous, de *saisons tranchées,* l'une amenant les feuilles et les fleurs, une autre les fruits,
une autre encore le repos et comme une mort momentanée. Les
feuilles se succèdent sans que les branches restent jamais dépouillées ; les fruits s'entremêlent aux fleurs et aux boutons : c'est une
jeunesse perpétuelle, une vie qui ne cesse de se renouveler. Il y a
pourtant bien dans cette zone quelques parties peu fertiles : là ou
l'humidité n'est pas assez grande pour compenser l'ardeur dessé-
chante du soleil, s'étendent, comme en Afrique, des *déserts* bordés
d'arbrisseaux épineux à formes tourmentées, *cactées* ou *euphorbes ;*
ou, comme en Amérique, de vastes et tristes *plaines* d'herbes très
hautes, dont aucun arbre n'interrompt la monotonie, *savanes,
llanos* ou *pampas* qui, au retour des pluies, forment des tapis de
fleurs, mais pendant la sécheresse sont arides et désolées.

A mesure qu'on s'éloigne de l'équateur pour aller vers les
pôles, cette exubérance de végétation s'apaise ; la flore se restreint. A la magnificence des forêts tropicales, aux beaux arbres
qui donnent le *bois de santal,* de rose, de *palissandre, d'acajou,* aux
cacaotiers, aux *ananas,* aux *cannes à sucre* de l'Amérique méridionale,
aux *quinquinas* du Pérou ; à la reine des nymphéacées, le *Victoria
regia* qui s'étale sur les fleuves de la Guyane ; aux *cactées,* aux

agaves, aux *orchidées* du Mexique, aux *bambous* de l'Inde, aux *caféiers* de l'Arabie, aux *girofliers,* aux *cannelliers,* aux *ficus,* aux *bananiers,* aux *poivriers,* aux *muscadiers* des îles de la Sonde, cette patrie des épices, des parfums, des poisons; aux *cycas* des Moluques, aux *mangliers* des mers équatoriales; aux *araucarias* gigantesques, aux *eucalyptus* de 150 mètres de hauteur, aux *acacias à phyllodes,* qui donnent pour ombre des lignes et non des surfaces, aux *fougères en arbre* des îles de l'Océanie et de l'Australie, ce monde à part, qui semble appartenir à un continent disparu, et dont les *neuf dixièmes* des végétaux ne se retrouvent nulle part ailleurs; aux *euphorbiacées* géantes, aux *cocotiers,* aux *dattiers,* aux *baobabs,* aux *crassules,* aux *glaïeuls,* aux *bruyères* de l'Afrique, succèdent peu à peu les végétaux des zones tempérées : le *cotonnier,* le *thé,* les *camélias,* les *orangers,* les *myrtes,* les *grenadiers,* les *magnolias,* les *oliviers,* les *mûriers,* les *arbres fruitiers,* le *riz,* le *maïs,* et toutes ces *plantes annuelles* ou *bisannuelles* dont la nature délicate réclame la douceur des climats moyens. Le *tabac,* la *vigne,* le *chanvre,* le *lin,* le *froment,* les *amentacées* acceptent des étés moins chauds encore; enfin le *sarrasin,* le *seigle,* l'*orge,* les *bouleaux* et les *arbres résineux* s'aventurent jusqu'aux cercles polaires, au delà desquels la végétation se restreint de plus en plus.

Fig. 596. — Digitale.

La *vigne* ne réussit que dans une zone assez limitée; elle ne veut ni les pays très froids, ni les pays très chauds; les *céréales,* au contraire, si utiles pour l'alimentation de l'homme, viennent à peu près partout, depuis les régions les plus chaudes jusqu'au voisinage de la mer Glaciale.

Que de plantes ne paraissent pas en France, de celles que tu viens de nommer, père! dit Marcel.

Mais les plus précieuses y réussissent bien, répondit M. des Aubry. Quoique son territoire ne soit pas bien grand, il est caractérisé par plusieurs espèces de cultures, qui forment des *zones* : celle de l'*olivier* au sud-est; puis, en remontant toujours vers le nord, celle du *maïs*, du *mûrier*, de la *vigne*, du *froment;* la plus méridionale comprenant toutes ces cultures, et même celle de l'*oranger*, à l'extrémité sud-est; celle du nord possédant, outre le froment, le *pommier à cidre*, qui lui est propre.

L'Europe, mes chers fils, n'a certainement pas la richesse et la variété de végétation de l'Asie, de l'Amérique ou de l'Afrique; mais elle n'a pas non plus leurs déserts ni leurs steppes, sauf dans une partie de la Russie. Elle possède des plaines bien arrosées, des fleuves nombreux et navigables, des terrains variés et généralement fertiles, un climat tempéré ; des mers nombreuses baignent ses côtes. Aussi est-elle la partie la plus riche, la plus commerciale et la plus peuplée des cinq parties du monde; et la France est son jardin, jardin de tout temps envié par les peuples moins favorisés que nous, et trop souvent, hélas! ensanglanté par la guerre et fertilisé par des débris humains !

L'inégalité des produits de la terre ne fait pas seulement son charme et sa beauté, elle porte l'homme au commerce. Il cherche à échanger ce qu'il récolte contre ce qui lui manque; ainsi s'établissent des relations entre les différents peuples qui habitent le globe, relations dont ils peuvent tous tirer bon parti : les plus pauvres et les plus sauvages pour comprendre ce qu'ils ont à acquérir; les plus riches et les plus civilisés pour faire tout le bien que leur rend possible une part si belle.

C'est la *zone boréale tempérée*, apparemment la plus favorable aux progrès de la raison, à l'adoucissement des mœurs, qui a été le berceau de la civilisation. L'homme s'y est trouvé plus porté à l'observation de la nature, aux découvertes de la science, à l'intelligence de la création, que dans ces régions tropicales où la magnificence de la végétation, la variété d'impressions produites par la

Fig. 597. — « La variété de ces Arbres, des Parasites qui s'établissent sur leurs Branches. »

nature, sont cependant si merveilleuses. Et de cette zone, la civilisation a rayonné sur le monde.

En dehors de la *latitude*, principale cause de la distribution des
plantes sur la terre, il existe d'autres causes qui provoquent ou
arrêtent la végétation, et la rendent très différente, même à une
latitude égale. Il y en a que nous ne pouvons nous expliquer; et
d'autres dont nous nous rendons compte, comme le voisinage des
fleuves, de la mer, qui entretient des brouillards et une température
plus égale. Par suite du courant chaud qui passe à l'occident de
l'Europe, on peut cultiver des primeurs et des fleurs du Midi sur
la côte nord de Bretagne. Sur les côtes de l'Angleterre, on a vu
des orangers mûrir leurs fruits et l'agave du Mexique donner ses
fleurs en pleine terre, et au nord de l'Irlande les myrtes fleurir
comme en Portugal.

Père, dit André en riant, ce ne sont pas des courants d'air
chaud qui passent sur nos têtes en ce moment. Le temps s'est bien
refroidi depuis que nous marchons.

Le temps n'a point changé, répondit M. des Aubry; mais nous
nous sommes élevés au-dessus du niveau de la mer, et la couche
d'air qui nous domine étant moins épaisse, le rayonnement,
source de froid, est plus considérable. La température change avec
les *altitudes* aussi bien qu'avec les *latitudes;* de là des différences
dans la végétation. Si nous continuions à marcher vers le point le
plus élevé de la montagne, nous trouverions le climat de la Suède
et de la Norvège septentrionales, qui sont cependant bien loin de
nous. Mais nous ne commencerons une ascension sérieuse que
demain; nous allons aujourd'hui nous arrêter au premier village
que nous rencontrerons et réclamer un abri, afin de ne pas passer
notre nuit à la belle étoile.

Ah! s'écria André, si nous pouvions découvrir quelque grotte
dans le rocher; nous y amasserions des feuilles sèches pour faire
notre couche; c'est là ce qui serait pittoresque!

Nous pourrions bien être un peu endoloris demain, dit M. des
Aubry; et le pittoresque, même sans cela, ne nous fera pas défaut. N'aurons-nous pas à franchir des torrents sur des troncs

moussus, au risque de glisser au fond? à traverser des gorges

Fig. 598. — Cône mûr de Pin
sylvestre.

Fig. 599.
Chaton mâle de Sapin.

étroites et dangereuses? Et puis il est bien rare de s'aventurer dans la montagne sans recevoir des ondées ou quelque rafale.

Après une première halte faite à la tombée de la nuit dans une petite auberge établie près de la route, nos voyageurs se retrouvèrent le lendemain matin frais et dispos, et reprirent allègrement leur course dans la montagne. Ce jour-là, il s'agissait d'atteindre ces froides régions qui avoisinent les neiges éternelles, et où, malgré la stérilité du sol et l'abaissement de la température, se nichent encore quelques pauvres hameaux.

Fig. 600. — Écaille de Pin
avec Ovules nus.

A mesure que le sol s'élevait, les cultures qui couvraient les premières pentes disparaissaient; plus d'*oliviers,* de *grenadiers,* de *vignes,* de *froment;*

mais l'*orge* et le *sarrasin*, disputant le sol aux grands herbages naturels; et des *hêtres*, des *chênes*, des *châtaigniers*, dont le fruit farineux fait la principale nourriture des pauvres montagnards. Les fleurs devenaient plus rares; ce fut bientôt, pour les enfants, un événement imprévu et une joie, d'apercevoir une *digitale* pourpre (fig. 596), une *anémone* tardive, un *aconit* au bleu éclatant. Plus la flore devenait pauvre, plus ils mettaient d'ardeur à leur recherche; la découverte d'un *œillet* ou d'une autre *caryophyllée*, de quelques-unes de ces *labiées* ou de ces *composées* qui aiment la montagne, était saluée par des exclamations de plaisir.

Peu à peu les fleurs disparurent; et sur les pentes raides et arides, quelques *buis* serrant les unes contre les autres leurs petites feuilles en forme de cuiller, quelques *saules* groupés près des flaques d'eau, des *genévriers* bleuâtres, se mêlèrent seuls aux *bouleaux* légers, dont les troncs argentés brillaient à travers leur feuillage miroitant, et à la masse sombre des *pins* et des *sapins* qu'égayait la verdure éclatante des *mélèzes* au beau bois odorant.

Nous voici arrivés à la région des *conifères,* dit M. des Aubry; elles régnent ici en maîtresses comme sur le littoral de la Baltique et dans les plaines de la Sibérie. Vous aviez compris, en vous occupant de jardinage, l'influence du *sol* sur la prospérité des plantes; vous pouvez en ce moment vous rendre compte de l'influence des *hauteurs.* Peu de plantes peuvent vivre sur un terrain trop élevé au-dessus du niveau de la mer; et celles mêmes qui acceptent une semblable altitude ne s'y développent qu'avec une extrême lenteur. Les *arbres résineux,* qui croissent rapidement à une température moyenne, ne peuvent produire sur la montagne qu'une mince couche de ligneux, d'un millimètre peut-être par année. Si l'on s'élève plus haut encore, on ne trouve plus d'arbres à haute tige, mais seulement des *arbustes* aux touffes raides et basses, s'enchevêtrant pour se prêter appui; des *buissons* mal venus. Plus de *plantes annuelles :* elles n'ont pas assez de soleil pour germer, fleurir et fructifier en une saison. Les *plantes vivaces,* dont la souche est préservée par le sein de la terre qui conserve un peu

Fig. 601. — Cycas.

de chaleur, résistent mieux ; mais elles ne produisent qu'une végétation courte et imparfaite. Les fleurs des *rhododendrons* ferrugi-
neux, les *roses des Alpes,* paraissent encore de loin en loin, avec
quelques *gentianes,* quelques *saxifrages* sortant de l'eau glacée ou
des fentes de rocher.

Plus haut encore cette dernière végétation disparaît ; et sur les
rochers stériles ne s'étend que la croûte lépreuse des *lichens,* triste
produit d'une terre glacée que le soleil, ce grand régénérateur de
la vie, ne peut plus ranimer. Il n'y a plus qu'une *algue,* le *protococcus nivalis,* qui montre encore sur la neige même ses globules
roses formant des tapis éphémères : aucun être organisé ne peut
subsister au delà.

On se croirait ici à cent lieues de Roche-Maure, dit André ;
l'air est froid, cette végétation monotone cause une impression
étrange.

Oui, le paysage est étrange, dit Marcel, mais il a sa beauté ; il
me semble que je respire un air plus pur, plus libre ; ces sommets
m'attirent ; je voudrais monter plus haut encore ! Vois, comme
d'ici la vue est belle ! Les endroits les plus profonds de la plaine
semblent couverts d'ombre et de brume, et autour de nous une
atmosphère transparente donne un relief merveilleux aux arbres,
aux ruines, aux pics lointains !

Il faudrait, dit M. des Aubry, nous avancer de bien des centaines
de kilomètres vers le nord, pour rencontrer la végétation presque
exclusive des *pins* et des *sapins* à laquelle nous sommes arrivés, sur
la montagne, à mille ou douze cents mètres au-dessus du niveau de
la mer. Asseyons-nous un moment sur le doux tapis de feuilles
mortes qui s'est formé au-dessous de ces grands *pins,* dont les
troncs robustes parlent de force, de durée. L'odeur résineuse qu'ils
exhalent rend l'air salubre et parfumé, et le vent qui se glisse à
travers leur étroit feuillage produit un doux murmure qui invite au
repos. Ne dirait-on pas le bruit incessant et monotone d'une mer
paisible ?

André découvrit sous les feuilles des pommes de *pin cembro* où
se cachaient encore quelques petites amandes, douces et huileuses,

oubliées par les mulots. Il les cassa et leur trouva un goût très agréable.

Remarquez, mes enfants, dit M. des Aubry en prenant la pomme, la disposition particulière de ces fruits, cachés derrière des écailles et aglomérés autour d'un axe de manière à former un *cône* ou strobile, sorte de chaton à écailles épaisses (fig. 598), d'où est venu aux arbres résineux qui les produisent le nom de *conifères* ou *porte-cônes*.

Ces arbres forment un groupe tout à fait à part parmi les végétaux, tant à cause de leur port général qu'à cause de l'organisation toute particulière de leurs fruits.

Leurs fleurs sont *diclines;* les mâles sont de petites écailles chargées d'anthères, formant des chatons (fig. 599) groupés à l'extrémité des jeunes rameaux ; les fleurs femelles sont des ovules *nus*, sans ovaire, cachés derrière des écailles verdâtres (fig. 600) verticillées en épi court ou cône. Au moment de la fécondation, les écailles s'entr'ouvrent pour laisser le pollen arriver aux ovules; plus tard elles se durcissent, et à la maturité s'écartent pour que le petit ovule, devenu une graine osseuse, puisse s'en échapper, porté par son aile.

Cette nudité des ovules, naissant dépourvus de toute enveloppe florale sur des feuilles carpellaires non closes, a fait donner le nom de *gymnospermes* (à graines *nues*) au groupe des *conifères* et des *cycadées* (fig. 601), qui, seuls de tous les autres végétaux, ont conservé à leurs fruits cette organisation étrange.

C'est qu'ils appartiennent à un monde végétal qui nous a précédés ; ce sont les plus vieux arbres de la création; on les retrouve dans les plus anciennes couches de la terre. Ils se sont transmis à travers les siècles sans rien changer à leur organisation primitive ; leur bois a une constitution qui n'appartient qu'à eux : il est dépourvu de vaisseaux, et formé de fibres percées de grands pores régulièrement disposés. Ce bois est tendre, mais protégé par une matière résineuse qui le rend peu sensible au froid, à l'air, à l'humidité, et par suite d'une grande durée. L'été, cette *résine* circule à l'état humide dans les vaisseaux laticifères de l'écorce, et se répand dans les fibres du bois; l'hiver, elle se concrète et devient comme une matière morte, jusqu'à ce que le soleil, en la ramollissant, lui ait redonné la vie. L'*ambre jaune* de la Baltique ou succin, provient des conifères résineux du monde primitif, de même que le bitume liquide ou *pétrole*. C'était avec des torches de pins résineux qu'on célébrait les fêtes d'Isis et de Cérès.

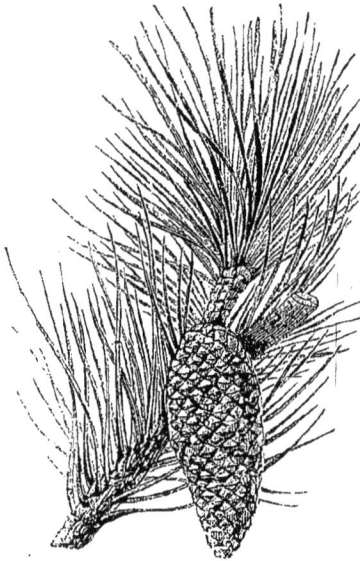

Il semble que les *pins* se nourrissent surtout d'air et de soleil. La brume leur est contraire, et développe sur leurs branches une végétation parasite de mousses et de lichens qui les épuise; ils acceptent le froid aussi bien qu'un maigre terrain.

Les arbres verts forment plusieurs familles : celle des *abiétinées* renferme le *sapin* (abies), l'*épicéa*, le *pin* (pinus) (fig. 603), le *mélèze* (fig. 604), le *cèdre*, l'*araucaria*, le *séquoïa* (fig. 605), le *cunninghamia*, et ayant des feuilles persistantes (sauf le mélèze), filiformes ou linéaires (sauf l'araucaria), éparses, comme

Fig. 602. — Rameau de Pin maritime avec Cône.

celles de l'abies, ou réunies de deux à sept dans une gaîne scarieuse, comme celles du pinus; — et des fleurs monoïques, les mâles, à étamines nombreuses formant des chatons agglomérés, et les femelles à deux ovules nus derrière des écailles disposées en spirales autour d'un axe commun, devenant des strobiles à écailles ligneuses, lisses et amincies chez les abies (fig. 606), et épaissies au sommet chez les pinus, et s'ouvrant à la maturité pour laisser sortir le fruit osseux, généralement terminé par une aile membraneuse.

La famille des cupressinées, renfermant le *genévrier* (fig. 607), e *thuya*, le *cyprès*, a des étamines nombreuses et nues, et des cailles ovulifères peu nombreuses et peltées, étroitement conni- entes, formant un fruit plutôt sphérique que conique. Ses feuilles

Fig. 603. — Rameau avec Chaton d'Étamines
du Pin sylvestre.

ont persistantes, courtes, imbriquées sur des rameaux épars.

La famille des taxinées, renfermant l'*if* ou *taxus*, le *gingko*, rbres non résineux à feuilles éparses persistantes ou caduques, inéaires ou lobées a des chatons d'étamines nues et nombreuses, t des fleurs femelles solitaires portant l'ovule nu sur un disque en

forme de coupe qui devient charnu et rouge, et entoure la graine
osseuse (fig. 608).

Le soleil brille encore à travers les aiguilles de ces pins, observa
Marcel, et pourtant on se sent pénétré par l'air vif de la montagne.

Il est temps de nous mettre en quête de quelque chalet hospi-
talier, dit M. des Aubry.

Un clocher, qui montrait sa croix à travers les arbres, les guida
vers un petit hameau qui s'abritait des rafales derrière un rocher.
M. des Aubry s'approcha d'un *chalet* dont la porte ouverte laissait
voir réunie toute la pauvre famille qui l'habitait. Le père et les
enfants étaient occupés à confectionner ces objets délicats en
bois, encriers, animaux ou chalets, qui se vendent facilement
dans les villes. La mère préparait le repas près du foyer; elle
s'empressa près des voyageurs dès qu'elle les eut aperçus, et
les invita à s'asseoir pour prendre leur part du dîner.

Avec quelle adresse surprenante vous ajustez vos planchettes
de sapin, dit André à un des jeunes ouvriers; c'est merveilleux
de vous voir fouiller le bois avec de si grossiers outils, et faire
presque de rien de si jolies petites choses!

On finit par faire vite et bien ce qu'on fait tous les jours, dit le
jeune garçon.

Comment, dit M. des Aubry au chef de la famille, pouvez-
vous gagner votre vie dans un pays si pauvre et si peu peuplé?

Nous nous tirons d'affaire à force d'industrie, répondit-il. Pendant la belle saison nos enfants s'en vont sur les pentes de la montagne récolter des simples qu'ils vendent aux herboristes pour faire
des essences et des liqueurs; des fraises, qu'ils arrangent dans de
petits paniers d'écorce tressée par eux, et qu'on leur achète ainsi.
Quand nous avons fabriqué un assez grand nombre de jouets, mon
fils aîné les porte à la ville, et revient avec les provisions et les
vêtements qui nous sont utiles. C'est encore lui qui sert de guide
aux voyageurs qui veulent parcourir la montage et ne pourraient
s'aventurer seuls dans des chemins souvent dangereux.

Et puis, dit la femme, n'avons-nous pas deux chèvres, à qui

suffit l'herbe rare qui nous entoure, et qui nous fournissent du lait et du fromage pendant toute l'année? Les branches de sapin cassées par le vent, les pommes de pin résineuses ramassées à nos moments perdus, entretiennent le feu de notre foyer. Ah! nous ne pouvons pas nous plaindre! notre vie est bien tranquille et bonne, malgré quelques priva-tions.

M. des Aubry les écoutait avec intérêt causer ainsi pendant le repas; et en voyant la bonne harmonie qui régnait entre tous les membres de la famille, la paix et le contentement peints sur leurs visages, il admirait cette grande loi des compensations morales qui met la patience, le dévouement, là où manquent la fortune et la culture de l'intelli-gence.

La chambre haute, une sorte de grenier sous le toit, garni de paille fraîche, fut consacrée aux voyageurs. Lorsqu'ils y monté-rent, l'ombre s'étendait déjà au-tour d'eux, mais la crête de la montagne reflétait encore des rayons d'or. Tout alors parlait de paix sur ces hauteurs si sou-

Fig. 604. — Rameau de Mélèze d'Europe avec Cône.

vent tourmentées par les orages, et l'âme se sentait à l'aise au milieu de cette grande et forte nature des montagnes.

Le lendemain matin, après avoir renouvelé les provisions de route, nos voyageurs prirent congé de leurs hôtes. Le guide leur indiqua un chemin qui devait les conduire à des ruines très curieuses, que tous les touristes, leur dit-il, allaient visiter.

Quelle vie toute différente de la nôtre mènent les habitants

de la montagne! dit Marcel en s'engageant sur les pentes où le guide venait de les couduire.

La *configuration* générale du sol, aussi bien que tout accident, montagnes, lacs, déserts, découpures des rivages, imprime un cachet particulier non seulement au paysage, mais au peule qui l'habite, dit M. des Aubry; chacun a son caractère spécial, comme chaque région à sa végétation particulière.

Fig. 605. — Rameau de Séquoïa avec Cône.

En descendant les talus, mis à nu et sillonnés de rigoles profondes, M. des Aubry fit remarquer à ses fils l'inconvénient du déboisement de la montagne.

Ce sont les arbres qui la protègent, leur dit-il, en obligeant les torrents produits par la fonte des neiges à se subdiviser et à fertiliser la vallée, au lieu de l'inonder. Ce sont eux encore qui, formant des vapeurs, amènent des nuages : les feuilles sont des filtres qui reçoivent et évaporent l'humidité du sol. Une surface gazonnée, un champ de blé n'offrent qu'un seul plan d'évaporation, une forêt en offre plusieurs et émet beaucoup plus d'eau. Elle donne en même temps de l'ombrage; les arbres tempèrent les ardeurs de l'été et les froids de l'hiver.

Lord Auckland ayant fait planter des pins maritimes sur le pic dénudé de l'île de l'Ascension où il ne pleuvait jamais, des nuages formèrent, la pluie tomba et descendit dans la plaine qui devint rtile. Les plantes peuvent donc changer les conditions d'un imat.

En Égypte, où la pluie était presque inconnue depuis des siècles, 1 voit des ondées rafraîchir la terre maintenant qu'un gouverne-ent plus intelligent a encou-gé la plantation des arbres.

Après quelques détours, os voyageurs découvrirent les ines vers la partie inférieure 'un coteau, au milieu d'arbres erts capricieusement jetés. Un ocher de forme massive, sur-ontant des arcades découron-ées de leurs voûtes, produi-it de loin un effet impo-int; mais en s'en approchant, 1. des Aubry s'aperçut que es ruines étaient plus délabrées u'il ne l'avait supposé; une iscription qu'il fit déchiffrer ar ses fils leur apprit qu'elles rovenaient d'un ancien mo-astère de bénédictins.

Les bénédictins, dit M. des ubry, étaient des religieux oués à l'étude et à la culture

Fig. 606. — Rameau et Cône de Sapin
d'Espagne.

e la terre qui, vers le sixième siècle, donnèrent une vive im-ulsion à l'agriculture en faisant l'entreprise de défricher le sol t de le cultiver d'une façon intelligente, alors que les forêts, égnaient encore en maîtresses dans notre Europe.

La physionomie de la terre, mes chers enfants, a changé bien es fois depuis sa création. Les continents n'ont pas eu toujours a forme, ni le même genre de végétation spontanée, ni les cultures u'ils possèdent de nos jours. Lorsque, aux premiers âges du

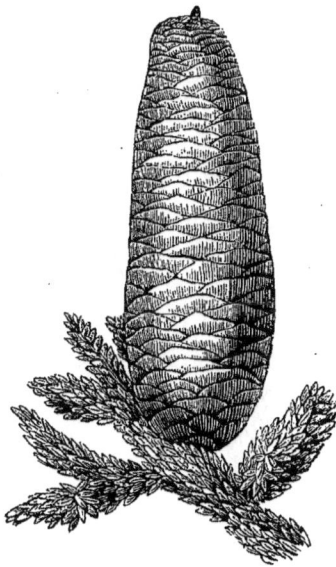

monde, la masse des eaux se fut accumulée sur la croûte terrestre à peine refroidie, il est probable que ce furent les *algues*, les plus élémentaires de toutes les plantes, qui parurent les premières dans ce milieu chaud et humide; les *lichens*, les *champignons*, les *mousses*, ne tardèrent pas à pousser sur les rochers que l'eau laissait à découvert. D'immenses forêts de *fougères arborescentes*, des *lycopodiacées*, vinrent ensuite assainir l'atmosphère et la dégager de son excès d'acide carbonique. La nature de ces plantes fait supposer que la terre ferme de ces époques primitives était purement insulaire. Le feu intérieur de notre planète amenait des bouleversements et des changements de forme incessants. Après les végétaux *cryptogames* parurent les *phanérogames* les plus simples, *graminées, liliacées, palmiers, pandanées* et autres *monocotylédonées;* puis les *dicotylédonées gymnospermes, conifères et cycadées* (fig. 609); puis les *dicotylédonées angiospermes* les plus simples, comme les *amentacées*, etc., et enfin les plantes les plus parfaites; peu à peu le monde végétal se montra tout entier dans sa variété et sa magnificence.

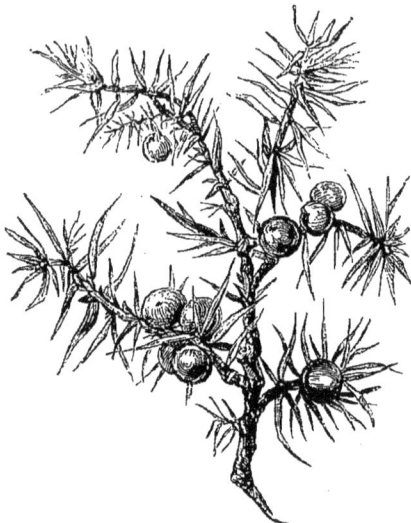

Fig. 607. — Genévrier commun.

Mais, père, dit André, comment peut-on savoir ce qui se passait sur la terre avant que l'homme existât?

Le sein de la terre est bien obligé de livrer ses secrets aux savants qui l'interrogent, lui répondit son père. La *géologie* nous apprend l'histoire des races éteintes; les couches terrestres, formées à différents âges, portent l'empreinte des végétations diverses qu'elles ont produites. On connaît plus de quatre cents espèces de la flore du terrain houiller ou carbonifère ; les couches plus récentes ont conservé mieux encore de nombreux échantillons de leur végétation. « Pour se faire une idée, dit M. de Humboldt, du degré de développement que la vie végétale avait pris dans le monde primitif et de la masse de végétaux accumulés en certains lieux par les courants, et transformés ensuite en charbon par la voie humide, il faut se rappeler qu'il y a des houillères de *cent vingt lits* superposés, que ces lits peuvent avoir *dix mètres* et même *seize mètres* de profondeur, et que les arbres qui couvrent une surface donnée, dans les régions forestières de nos zones tempérées, formeraient à peine, en cent ans, sur cette surface, une couche de carbone de *seize millimètres* d'épaisseur. »

Lorsque l'homme parut, au milieu de la création qui devait lui être soumise, les végétaux dominaient donc sur la terre. Il sut établir peu à peu son empire sur eux, détruisit ceux qui le gênaient, multiplia et améliora les espèces qui lui étaient utiles, et modifia ainsi l'aspect de la terre. Selon les siècles et le degré de civilisation des peuples, la physionomie du globe a donc changé.

L'homme fut d'abord *chasseur* dans les forêts immenses, puis *pasteur* errant, conduisant ses troupeaux là où l'herbe poussait ; puis il devint *agriculteur*, et dut abattre une partie des *forêts* pour faire de la place aux *graminées*.

Le pays qui est aujourd'hui la France était tout d'abord boisé, et ses premiers habitants n'avaient ni villes ni cultures ; ils vivaient de chasse et de pêche. Lorsque l'idée leur vint de bâtir des maisons et de s'occuper d'agriculture, il fallut bien débarrasser le sol d'une partie des forêts. Les arbres sont utiles pour assainir l'air, pour former les nuages ; mais les trop grandes forêts sont malsaines : elles empêchent l'action du soleil et des vents, entretiennent des amas de feuilles humides et des terrains marécageux. On mit donc le feu aux forêts ; leurs *cendres* servirent d'engrais, et sur ces terrains assainis, le blé et la vigne purent pousser. Les Romains, vainqueurs des Gaulois divisés, sillonnèrent le sol de

routes, de canaux et d'aqueducs; c'était un progrès. Mais les défrichements étaient encore peu considérables; les guerres, les
invasions en arrêtèrent l'extension; et notre terre, qui se prête si
bien à toute espèce de culture, produisait encore peu de chose,
lorsqu'une heureuse impulsion fut donnée aux travaux de la terre
par les bénédictins.

Leurs monastères devinrent comme de grandes *fermes-modèles*,

Fig. 608. — Rameau d'If avec Chatons et Fruits.

qui démontrèrent l'avantage d'une culture raisonnée. On s'y réunissait pour les fêtes religieuses et pour l'échange des denrées :
c'est là l'origine des foires qui se tiennent encore dans nos campagnes, et qui permettent aux cultivateurs, disséminés sur un
grand nombre de points, de se retrouver et d'échanger les produits
de leur terre et de leur travail. Des hameaux, des villes s'élevèrent
autour de ces ruches industrieuses, tant est grand le pouvoir de
l'exemple, et l'agriculture se répandit avec l'Évangile. Le moyen

Fig. 609. — Paysage antédiluvien avec Pandanées et Cycadées.

âge vint ensuite dresser ses clochers, ses forteresses, ses châteaux, ses tours, ses beffrois, ses milliers de prisons seigneuriales et communales, sur un sol qui commençait à être riche en vignobles et en céréales, mais où les forêts occupaient encore un espace considérable. Au xIVᵉ siècle, Versailles n'était encore qu'un village, un pays de bois et de loups; Paris, qui avait d'abord été une ville tout agricole, renfermant des champs et des vergers, des vignobles, des vacheries et des bergeries, était alors devenue ville marchande; elle devint ville noble, résidence des rois et des seigneurs; elle est aujourd'hui, avant tout, la capitale des arts et de la civilisation, le foyer des progrès et de l'activité intellectuelle; mais tous ses environs, formés de *vergers* fertiles et de *jardins* admirablement bien cultivés, rappellent son premier état.

De nos jours les forêts ne sont peut-être plus assez considérables; on a tant abattu, qu'il faut songer à reboiser le sol. Les cheminées de nos usines modernes s'élèvent plus haut qu'autrefois les tours seigneuriales; les routes, les canaux, les lignes de chemins de fer qui s'entre-croisent et multiplient les relations entre les habitants, ont changé la physionomie de notre pays. Le progrès met partout son empreinte; l'*agriculture* se perfectionne, et en introduisant des cultures nouvelles, varie l'aspect de nos champs; l'*horticulture* multiplie les fleurs de nos jardins et les fruits de nos vergers; un grand nombre de plantes exotiques, apportées de tous les coins du globe, donnent à nos bosquets plus de fantaisie et de richesse.

Au milieu de toutes ces transformations qui renouvellent sa face, la terre ne vieillit pas; elle se prête à tout ce qu'on lui demande sans perdre de sa fécondité et reste la nourrice infatigable du genre humain.

Tout en causant, nos voyageurs avaient redescendu les pentes de la montagne et vu reparaître peu à peu les champs moissonnés, les coteaux couverts de vignes, les oliviers, les grenadiers aux fruits empourprés. Bientôt ils aperçurent la girouette de Roche-Maure à travers les grands marronniers, puis la pelouse et les massifs de fleurs du jardin, et ils sentirent combien tout cela leur était cher, combien on s'attache à la terre que l'on soigne, et quels liens de sympathie nous unissent aux plantes qui ont poussé près de nous.

Mᵐᵉ des Aubry et ses filles accoururent au-devant des voyageurs, et les reçurent avec autant de joie que si elles en avaient été bien longtemps séparées.

CHAPITRE XVIII. — LE PAYS DES DATTES.

SOMMAIRE : Embranchement des Monocotylédonées : Familles des Palmiers, des Pandanées, des Musacées, des Cannées, des Broméliacées, des Liliacées, des Asparagées, des Dioscorées, des Smilacées, des Mélanthacées, des Iridées, des Amryllidées, des Orchidées, des Fluviales, des Joncinées, des Aroïdées.

« Pourquoi vous plaignez-vous si tristement ?
N'avez-vous pas de belles eaux et de beaux ombrages
comme dans vos forêts? — Oui..., mais mon nid
est dans le jasmin ; qui me l'apportera ? Et le
soleil de ma savane, l'avez-vous? »

CHATEAUBRIAND.

IENTOT arriva le jour des vendanges. Les jeunes des Aubry avaient été invités à aller à Vilamur où le raisin, abondant et plein de sucre, promettait un vin délicieux. Lorsqu'ils arrivèrent, Henry et Mercédès étaient déjà dans les vignes avec les vendangeurs (fig. 613); ils allèrent les y retrouver et se mirent à remplir les paniers de belles grappes violettes ou dorées, tout en causant et en mangeant les

meilleurs raisins. Henry avait mis sur son dos la hotte d'osier gou-
dronné, et recevait le contenu des paniers dès qu'ils étaient pleins ;
puis, le bâton à la main, il suivait les autres porteurs et allait avec
eux jeter sa charge dans le pressoir, où les raisins étaient écrasés
sous les gros sabots du fouleur, et entassés en mottes qu'on pressait fortement pour en faire sortir tout le jus.

Fig. 613. — Vigne et Vendangeurs.

Le soleil commençait à envoyer de chauds rayons ; les enfants,
las de se baisser, quittèrent la vigne et allèrent goûter au vin blanc
nouveau. Un jus trouble et mousseux remplissait la cuve ; il fallait
un certain courage pour en approcher les lèvres ; les jeunes filles
ne purent s'y décider.

Attendez quelques jours, leur dit M. de Féris, et vous lui trouverez une tout autre mine ; il va entrer en fermentation, rejettera

tout ce qu'il contient d'impur, et se transformera en vin clair et limpide. Voyez, on a le soin de ne pas boucher les barriques qu'on
remplit afin que les matières malpropres puissent sortir. Vous
pouvez goûter au vin rouge ; il doit être bon à tirer, car voilà plu-

Fig. 614 et 615. — Bananiers et Banane.

sieurs jours qu'il fermente dans les tonneaux, mêlé au marc de
raisin qu'on a laissé pour le colorer.

Ce vin était encore doux et sucré mais déjà capiteux, et les
jeunes filles, tout en le trouvant très bon, ne voulurent y goûter
que du bout des lèvres, assurant que si elles en buvaient davantage elles ressembleraient aux porteurs qui s'étaient tant de fois

rafraîchis depuis le matin que leurs jambes vacillaient sous la hotte.
C'est un malheur, dit M. de Féris, que l'homme abuse si sou-

Fig. 616. — Palmier Areca de l'Inde.

vent des meilleures choses! Le vin est un des plus précieux produits des plantes; il met la joie, la force au cœur du travailleur; il
est la plus saine, la plus fortifiante des boissons. Mais, pris avec

excès, il devient un poison et détruit lentement le corps et l'intelligence de l'homme.

Fig. 617. — Palmiers Rhapis Éventail.

Vers le milieu du jour les vendangeurs revinrent des vignes, leur panier vide sous le bras, et s'assirent tout contents autour d'une longue table dressée en plein air, sur laquelle fumaient les plats de soupe au lard. Les heures de travail passées en commun avaient déjà délié les langues ; le vin que l'on fit circuler généreu-

Fig. 618. — Canna ou Balisier.

sement augmenta la gaieté. Les bons mots, les plaisanteries au gros sel furent lancés avec entrain d'un bout de la table à l'autre. Puis, au dessert, un jeune homme et une jeune fille se mirent à chanter en patois une chanson dont tous les convives répétèrent le refrain.

La vieille négresse n'était pas venue s'asseoir à côté des vendangeurs pour prendre sa part de la joie générale.

Mercédès s'en aperçut.

Où donc est Monina? dit-elle à ses amis. Mettons-nous à sa
recherche.

Elle la trouva seule à l'écart, et pleurant.

Qu'as-tu? pourquoi pleures-tu? lui dit-elle en lui passant les
deux bras autour du cou et en l'embrassant tendrement.

Je pensais à mon pays, aux fêtes de ma jeunesse et à tous ceux
que j'ai aimés et qui dorment maintenant dans la terre, répondit
Monina.

Tous ceux que tu as aimés ne sont pas dans la terre, puisque
nous voilà à ton côté, Henry et moi, dit Mercédès.

Aussi quand vous êtes là je ne pleure plus, dit la vieille négresse
en souriant. Mais quand je suis seule, je me mets à penser aux
morts et aux choses d'autrefois.

Eh bien! dit Mercédès, parle-nous de ce temps dont le souvenir t'oppresse en ce moment; raconte-nous ton histoire. Nous
t'écouterons avec grand intérêt, mes amis et moi.

Oh oui! s'écrièrent Marguerite, Marcel et André. Racontez-
nous votre histoire.

Vous le voulez, dit Monina; asseyez-vous donc autour de moi.

Je suis née dans un pays qui se trouve au sud de l'Atlas, vers
le désert, et que l'on appelle le *pays des dattes*. J'habitais avec mes
parents un petit village près d'un lac dont les bords étaient d'une
grande fertilité. Nos huttes étaient faites de *bambous* croisés garnis
de terre, et recouvertes de paille de *dourrha* (*sorgho*) disposée en
toit pointu.

Elles se serraient les unes contre les autres, et tout le village
était enclos d'une haie d'euphorbes et d'acacias épineux, qui nous
défendaient des bêtes féroces. La nuit nous entendions leurs cris
et leurs rugissements et le ronflement des hippopotames qui dormaient dans le lac. Vers le soir, des autruches à la marche rapide
traversaient nos terres en poussant leur cri qui ressemble à celui
du lion.

Mon père était chef et avait des esclaves; c'étaient des prison-
niers qu'il avait faits dans ses guerres avec d'autres tribus. Il s'occupait de chasse avec les autres noirs libres du village, et nous
rapportait assez souvent du gibier, quelque grand buffle, ou quelque gracieuse antilope. Quand il partait pour la chasse de l'éléphant aux grandes oreilles, aux longues défenses, qui se nourrit de
fruits, de tubercules et de tiges tendres, il restait plusieurs jours
absent et revenait chargé d'ivoire. Une fois il ramena un jeune
éléphant que sa mère avait défendu avec un grand courage, et
dont la chair nous servit de nourriture. Mais nous n'avions pas toujours d'aussi bons morceaux; privés de viande nous mangions
des taupes, des rats, des grenouilles, des chenilles, de grandes
araignées tachetées de jaune, qui tissent des toiles d'un mètre sus-
pendues par de gros fils; des sauterelles que nous faisions rôtir. Il
en passait quelquefois des nuages pendant des journées entières;
lorsqu'elles s'abattaient sur nos arbres avec le bruit de la grêle, elles
avaient bien vite dévoré nos récoltes.

Notre terre était fertile, là surtout où les termites avaient élevé
leurs fourmilières, hautes comme de petites montagnes, et, en
fécondant et ameublissant le sol, rendu possible une végétation
d'une rapidité merveilleuse. Nous creusions légèrement la terre
avec une houe pour y semer le *maïs* et le *millet,* et pour y planter
des tiges de manioc afin de renouveler nos plantations. Les
feuilles du manioc nous servaient de légume; nous râpions ses
grosses racines tuberculeuses pour en retirer une fécule, blanche
comme de l'amidon, qui nous faisait de bonne bouillie. Nos
esclaves pilaient dans des mortiers le *maïs,* le *riz,* le *millet,* pour
préparer le couscous; elles écrasaient entre deux pierres le fruit
des arachides et la pulpe huileuse du fruit du *palmier élaïs,* et
nous graissions notre corps avec l'huile qu'elles avaient ainsi
obtenue.

Lorsque nos cotonniers entr'ouvraient leurs capsules qui ressemblent à des roses blanches, nous enlevions les touffes du duvet
léger qui couvre les graines, et nous le filions et le tissions nous-
mêmes devant nos huttes, sur de petits métiers qui ne nous per-

mettaient pas de faire de pièce de plus d'un mètre et demi. Et encore il nous fallait bien du temps pour faire une si petite pièce d'étoffe! Ce n'était pas comme en France où l'on sait si vite, si bien tisser et teindre de belles indiennes.

Les *palmiers,* qui fournissent l'huile dont on fait le savon et la liqueur enivrante connue sous le nom de *toddy,* couvraient le flanc de nos montagnes. Mais c'étaient nos *palmiers dattiers,* dont les feuilles d'un vert clair dominaient les autres palmiers, qui faisaient notre principale richesse. On m'apprit de bonne heure à faire sécher les dattes et à les ranger dans des corbeilles que nous tressions nous-mêmes avec les feuilles fibreuses de nos dattiers. Nous les vendions lorsque passaient des caravanes de marchands maures faisant la traite. Du cœur tendre des stipes des vieux palmiers nous retirions le *sagou;*

Fig. 619. — Lis exotique.

fécule douce et nourrissante, et avec la sève limpide et sucrée qu'une incision faisait couler du sommet des plus jeunes, nous préparions des liqueurs fermentées qui ressemblaient au vin et à

Fig. 620. — Variété et Puissance de Végétation des Pays chauds.

l'alcool. Ainsi nos *palmiers* à eux seuls nous fournissaient presque tout ce dont nous avions besoin; avec leur bois nous construisions nos maisons; avec leurs fibres tressées nous faisions des nattes que nous étendions pour nous coucher, et nous échangions leurs fruits aux marchands contre ce qui nous manquait.

Notre vie était douce. Les jours de fête, nous nous réunissions pour la danse au son des flûtes plaintives faites avec des bambous et des calebasses creuses remplies de cailloux. Les hommes étaient vêtus d'une peau d'animal mise en tablier; pour nous, nous n'avions d'autre ornement que des anneaux de cuivre aux chevilles; nos cheveux étaient réunis en petites boucles autour de notre tête, et quelques tatouages ornaient nos bras et notre poitrine. Mais nous n'avions point pour coutume, comme dans d'autres tribus, de nous passer un anneau dans le nez, ni de nous faire arracher les dents de la mâchoire supérieure, ni de nous fendre la lèvre pour y introduire un coquillage.

Je me mariai; mon mari m'acheta à mes parents et m'emmena dans une case bâtie près de l'*arbre qui a des jambes* (figuier des banians), arbre magnifique, toujours vert, dirigeant vers la terre ses branches qui prennent racine et se reproduisent indéfiniment. Mon mari avait cultivé la terre qui s'étendait devant notre hutte; j'y trouvai tout ce qui était utile à ma nourriture : des *ignames,* dont nous conservions les tubercules sucrés dans des silos, sous la cendre; de beaux *bananiers* (fig. 614 et 615) développant chacun par an trois régimes de fruits farineux, sucrés et nourrissants, etc. Je continuai à tisser le coton, et mon mari m'apprit à fabriquer des ruches en paille ou en écorce, pointues à une de leurs extrémités, fermées à l'autre par un couvercle. Il allait ensuite les suspendre au haut des arbres, et les abeilles y venaient faire leur cire et leur miel que nous leur enlevions la nuit, à la lueur des flambeaux, afin de les éloigner en les effrayant. Et cette cire était recherchée des marchands, de même que la gomme que nous récoltions en boule au bout des branches d'arbustes rabougris appelés *gommiers*.

J'eus un enfant que je nourris de mon lait, et mon travail fut

interrompu. Il était beau et souriant, et son père l'adorait. Le soir,
quand il était endormi, nous le suspendions dans un hamac aux
branches des arbres, et nous restions assis devant notre case,
regardant les mimosas fermer leurs feuilles, ainsi que les grands
acacias au bois incorruptible dont se nourrit la girafe qui broute
sur les arbres élevés. Nous suivions des yeux la floraison rapide
d'un de nos aloès dont la grande et belle fleur s'épanouit et se
flétrit en quelques heures. Alors les singes qui habitaient par milliers dans la montagne, à quelque distance de notre village, venaient jusqu'à nos baobabs, aux feuilles lisses et palmées comme
celles du marronnier d'Inde, pour en voler les fruits pleins de fécule
sucrée qui ressemblent à de petits melons; ils se les disputaient en
criant et en grimaçant.

Mon enfant commençait à marcher seul autour de notre case,
et ses petites dents blanches brillaient sous ses lèvres lorsqu'il riait,
quand j'eus un second fils, fort et beau comme le premier. Pendant
l'espace de plusieurs années notre tranquillité ne fut troublée que
par une expédition entreprise par les hommes de notre village
contre une tribu voisine qui nous avait volé nos chameaux. Les
vieillards et les femmes, restés seuls, attendirent dans l'angoisse
ce que le sort de la guerre déciderait; car si nos maris et nos frères
eussent été vaincus, nous serions devenus les esclaves de nos
ennemis. Mais nos guerriers revinrent en poussant leur cri de vic-
toire, ramenant nos chameaux, et traînant après eux les vaincus
qui devinrent nos serviteurs. Pendant plusieurs jours il y eut des
danses et des chants pour célébrer le succès de l'expédition, et
quelque temps se passa encore dans la joie et dans l'abondance.
Et puis ce fut fini pour toujours !

Des Bédouins du désert, pillards et sanguinaires, attaquèrent
notre village pendant la nuit. Ils étaient plus nombreux et mieux
armés que nous. Mon mari et quelques-uns des plus courageux
des nôtres furent tués en se défendant; et nous, nous fûmes
emmenés captifs par ces hommes cruels qui mirent le feu à nos
cases, après en avoir enlevé les denrées que nous avions préparées
pour le prochain passage des caravanes !

Il nous fallut marcher sous les coups de ces maîtres sans pitié, privés d'eau, presque sans nourriture, à travers le désert brûlant.

Fig. 621. — Ananas.

Lorsque meurtris, sanglants, accablés par une marche forcée, nous voulions prendre quelques instants de repos, les injures et les coups de lanière nous obligeaient à continuer. Je vis mes vieux parents s'arrêter en chemin, succombant à la fatigue et à la douleur, et ne pouvant plus avancer, même sous l'aiguillon d'un traitement féroce. Moi, je trouvais des forces surnaturelles à la vue de mes enfants, qui seraient tombés épuisés dans le désert bien avant mes parents, si je ne les avais pas tour à tour portés sur mes épaules.

Nous arrivâmes ainsi jusqu'à la ville où les Bédouins voulaient se défaire de nous et du bien qu'ils nous avaient volé. Nous fûmes menés au marché aux esclaves. Malgré l'enflure de mes jambes fatiguées et la trace de coups de fouet sur ma peau, le contre-maître d'une plantation m'acheta; mais il ne voulut pas se charger de mes enfants qu'il trou-

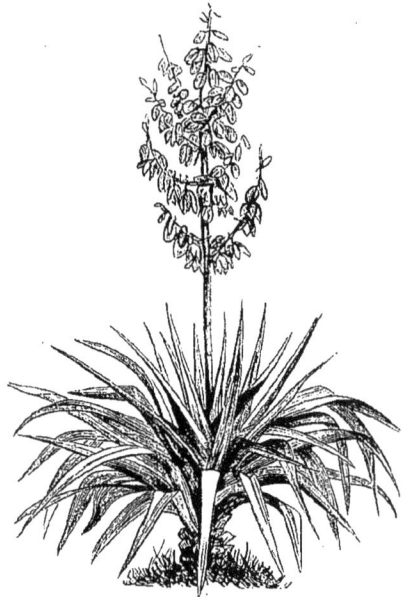

Fig. 622. — Yucca.

vait trop jeunes pour faire un service utile. Ni mes supplications, ni mes larmes, ni les cris de mes enfants qui s'attachaient à moi, ne purent le fléchir. On les éloigna de moi violemment,

malgré ma résistance... je ne devais plus les revoir! Sont-ils allés
près de Dieu avec mon père et ma mère? ou bien ont-ils continué
à vivre dans l'esclavage, eux nés libres et fils de chef? Je ne l'ai pas
su. On me plaça dans une voiture, et je fus séparée d'eux pour
toujours!

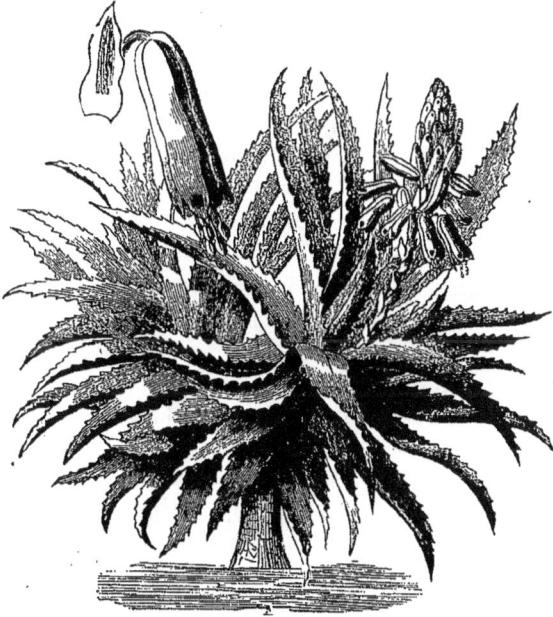

Fig. 623. — Aloès.

Ici les larmes de la vieille négresse recommencèrent à couler.

Pauvre Monina! dirent Henry et Mercédès en se rapprochant
d'elle.

Après quelques instants de silence la vieille négresse continua :

Le maître pour qui j'avais été achetée n'était pas inhumain; il
me fit soigner, et lorsque ma santé me permit de travailler il
n'exigea pas de moi un travail au-dessus de mes forces. Je fus

28

souvent employée au service de sa maison; il avait une fille qui me prit en amitié, et qui, lorsqu'elle se maria, m'emmena avec elle à Saint-Louis du Sénégal. Elle me donna ma liberté; mais je restai près d'elle à la soigner, car elle était d'une santé délicate, et je ne la quittai que lorsqu'elle mourut.

C'est alors, Mercédès, que tes parents me prirent à leur service. Tu étais bien petite et ton frère n'était pas né. Hélas! quand il vint au monde, ma bonne maîtresse n'avait plus longtemps à vivre! Elle avait bien vu que j'aimais les enfants; elle me fit appeler et me dit : « Monina, je désire que tu restes près de mon mari et de mes enfants; aime-les comme ceux que tu as perdus; ils te le rendront, et tu retrouveras un peu de bonheur près d'eux. »

Je lui promis de ne jamais vous quitter, et j'ai tenu parole. J'ai suivi mon cher maître en France lorsqu'il a voulu revenir dans son pays. Vous êtes devenus mes enfants chéris, et je me suis tant occupée à veiller sur vous, à vous suivre, à vous complaire, que je ne pense plus que par hasard à mes malheurs.

Et nous, dit Henry en embrassant sa vieille bonne, tu sais bien que nous t'aimons aussi et que nous voulons que tu sois heureuse avec nous.

Oui, mon fils Henry, je suis heureuse avec vous; mais ces chants, cette gaieté des vendanges, en me rappelant les fêtes de ma jeunesse, ont aussi réveillé le souvenir des malheurs qui ont suivi.

Les enfants remercièrent Monina et retournèrent près des vendangeurs. Le dîner touchait à sa fin et les travailleurs se disposaient à retourner dans les vignes. M. de Féris leur indiqua celle par laquelle il fallait commencer, puis se tournant vers les enfants :

Si vous êtes las de vendanger, leur dit-il, je vais vous faire une proposition que je ne fais qu'aux personnes raisonnables. Voulez-vous venir visiter le grand salon vitré où sont réunies mes plantes les plus rares ?

La proposition fut acceptée avec enthousiasme. Marguerite et ses frères pénétrèrent avec respect dans cette belle serre qui ne

Fig. 624. — Dragonnier (*Dracæna*).

leur avait pas encore été ouverte; et le spectacle qui s'offrit à leurs
yeux fut pour eux comme la révélation d'un monde inconnu. Il leur
sembla être transportés dans des régions nouvelles. Ils se sentirent
entourés par une atmosphère chaude et humide et tout embaumée
de parfums qu'ils n'avaient jamais respirés. Des arbres au port
étrange soutenaient des fleurs bizarres aux nuances merveilleuses;
les stipes élancés de deux *palmiers* (fig. 616) élevaient jusqu'au

Fig. 625 et 626. — Fragon Petit-Houx et Fruit.   Fig. 627 et 628. — Colchique.

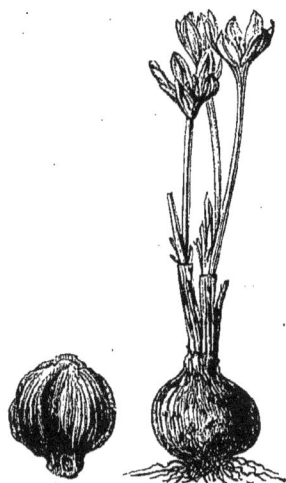

vitrage de belles touffes de feuilles laciniées. Un *cocotier* à tige
menue étendait ses feuilles, disposées comme des plumes, près des
feuilles finement plissées et divisées des *calamus* au tronc luisant.
Des *lataniers* déployaient au bout d'un long pétiole en canal leurs
feuilles épaisses, fendues en cinquante lanières et formant parasol,
tandis que des *rhapis* (fig. 617) et des *chamærops* à tiges poilues
dressaient les leurs comme des éventails. Des *canna* (fig. 618), des
Strelitzia, aux belles feuilles entières veinées et veloutées, se groupaient à côté des *musa* ou *bananiers* qui, de leur sommet, laissaient
pendre une longue grappe hérissée de fruits.

Des *pandanus* aux feuilles longues et étroites, épineuses sur leurs bords, tantôt dressées, tantôt pleureuses, plongeaient dans l'eau d'un bassin l'extrémité de leurs racines dont la partie supérieure formait un petit dôme d'où s'élançait la tige; et près d'*aloès* aux feuilles terminées en dard, des *lis* exotiques (fig. 619) à fleurs roses ou blanches, pointillées de pourpre, se penchaient en laissant pendre de longues étamines, puis relevaient avec grâce et coquetterie l'extrémité de leurs découpures aiguës.

Nous voici tout à fait dans les régions tropicales, dans le monde des *monocotylédonées,* dit M. de Féris; figurez-vous que nous avons, en un instant, franchi trente degrés et atteint

Fig. 629 et 630. — Iris et Crocus.

la zone torride. Mais vous ne pouvez prendre ici qu'une bien faible idée de la variété et de la puissance de végétation des pays chauds (fig. 620) où les plantes atteignent des proportions colossales, où certains *palmiers* s'élèvent jusqu'à une hauteur de soixante mètres, où les feuilles de *latanier* peuvent avoir quatre mètres de long et autant de large.

Fig. 631. — Perce-Neige.

Les plantes *monocotylédonées* ont une physionomie toute particulière; on les appelait aussi *endogènes* (en dedans), parce que l'on croyait que leur croissance se faisait au centre, contrairement à celle des dicotylédonées, dites *exogènes* (en dehors), qui se fait extérieurement, entre le bois et l'écorce.

Les *monocotylédonées* ont des racines généralement fibreuses; le pivot principal avorte, et ce sont les radicules secondaires qui se développent et forment un faisceau. Leurs tiges sans branches, généralement sans écorce distincte, acquièrent souvent une extrême dureté à l'extérieur, tandis que l'intérieur reste tendre, et même disparaît comme chez les *bambous* et les *blés* dont la tige creuse prend le nom de *chaume*.

Fig. 632. — Orchidée.

Leurs feuilles, de formes très variées, sont toujours *alternes* et *sans stipules,* avec des nervures *parallèles* ne s'entre-croisant jamais, ce qui les rend plus facilement déchirables. Les fleurs des monocotylédonées, tantôt munies d'étamines et de pistils, tantôt *diclines,* n'ont qu'une enveloppe florale en général à *trois* ou à *six* divisions, en même nombre que les étamines et les stigmates.

Les *palmiers,* dont on connaît plus de mille espèces et qui produisent un si grand nombre de fleurs qu'on a pu en compter six cent mille dans une seule spathe, n'ont point de bourgeons axillaires; par suite, point de branches latérales. Ils n'ont qu'un bour-

geon terminal qui les fait croître en hauteur ; aussi de quels soins
ne l'entourent-ils pas ? Ils l'enveloppent d'une *spathe* ou capuchon
membraneux, et lui envoient une telle quantité de sève que si l'on
coupe ce bourgeon, connu sous le nom de *chou palmiste* et consti-
tuant une excellente nourriture, il s'échappe de l'arbre une abondance de sève sucrée qui coule comme une fontaine pendant plusieurs jours et avec laquelle on prépare différentes boissons. Mais
retrancher ce bourgeon c'est préparer au palmier une mort prochaine, puisqu'il est l'u-
nique espoir de renou-
vellement et de vie.

Lorsqu'il s'épa-
nouit, il en sort une
nouvelle couronne de
feuilles et un gros épi
de fleurs appelé *régime,*
préparant selon les es-
pèces de palmier les
fruits les plus divers,
des *drupes,* des *baies*
comme les *dattes,* des
cônes écailleux, des *co-*
ques ligneuses comme
les *noix de coco.*

Fig. 633. — Vanille.

Les grosses noix
de coco renferment, lorsqu'elles sont jeunes, un lait doux et nu-
tritif ; à mesure qu'elles vieillissent ce lait se concrète et prend
le goût de noisette ; il finit par se durcir complètement et par
s'unir à l'enveloppe ligneuse qui forme une cavité où réside le petit
embryon. Mon cocotier est bien chétif ; ce n'est que dans le voisinage des mers que les cocotiers prospèrent bien ; leurs fruits
semblent faits pour y naviguer. Ils s'en vont comme de petits
esquifs jusqu'à ce qu'ils rencontrent une plage qui les arrête et où
ils se mettent à germer.

Sur le stipe d'un de vos palmiers pousse une jolie plante aux

feuilles d'un rouge éclatant, que je n'avais jamais vue, dit Marguerite.

Nous la nommons *fleur de Pâques,* dit M. de Féris ; elle renferme
de l'eau potable dans ses feuilles en gaîne. C'est une *broméliacée*
comme l'*ananas* (fig. 621), dont vous aimez bien le fruit succulent,
qui ne donne pas de graine féconde, et que l'on reproduit
à l'aide du bourgeon feuillu qui surmonte le fruit ; mis en terre ce
bourgeon développe des racines et se met à pousser.

Prenez garde, mon enfant, continua M. de Féris en voyant

Fig. 634. — Orchidées épiphytes.

Marie s'avancer vers un bel *yucca* (fig. 622), dont les énormes
panicules de fleurs blanches en clochette s'élançaient de touffes de
longues feuilles aux pointes acérées. L'*yucca* a des dards dont il
faut se défier, quoiqu'ils soient moins dangereux que ceux de certains *aloès,* plante africaine (fig. 623).

Les *yuccas,* les *aloès,* le *lis,* qui a une tige simple à racine bul-
beuse, des feuilles entières, un périanthe régulier à six divisions,
six étamines, un ovaire supère à trois loges devenant un fruit capsulaire, appartiennent à une des plus belles familles du monde
végétal, la famille des *liliacées,* qui est peut-être, de toutes les
familles monocotylédonées, celle qui a chez nous le plus grand

nombre de représentants. Et quels représentants que le *lis blanc,*
dressant ses étamines d'or dans sa coupe nacrée! que la *jacinthe*
parfumée, avec ses lourdes grappes de fleurs découpées, doublées
et nuancées à l'infini par la culture! que la *fritillaire* ou couronne
impériale qui renverse ses fleurs en clochette sous une touffe de
feuilles! Et le *muguet* des bois qui cache ses petites grappes de
grelots blancs sous ses larges feuilles! Et l'*asphodèle* à la riche pani-

Fig. 635. — Phalénopsis aimable.

cule de fleurs blanches! Et la blanche *hémérocalle,* et la jolie *tubéreuse,* et les *scilles,* et la *tulipe* à la hampe ferme et droite, aux six
pétales à trois couleurs bien tranchées se dessinant avec une har-
monieuse régularité! Oui, c'est une belle famille que celle des
liliacées et qui a passionné les hommes au delà de ce que vous
pouvez vous imaginer. La culture a fait des prodiges pour elle,
multiplié les variétés, changé les formes, les couleurs. La *tulipe,*
venue d'Orient au XVIe siècle, a été portée à un si haut degré de
perfection, surtout en Belgique et en Hollande, et a si fort excité
l'admiration des amateurs, qu'il s'en est trouvé achetant *trente mille*
francs un ognon de tulipe qui manquait à leur collection! Au

xviiie siècle, on cultivait surtout les plantes bulbeuses, et, à l'automne, pour remplacer leurs fleurs alors flétries, on mettait dans
les parterres du sable
coloré.

Les *liliacées* ne sont
pas toutes aussi belles
que celles que je viens
de nommer ; mais le *poi-
reau, l'ail, l'ognon,* la
ciboule, l'échalotte, dont
les fleurs sont réunies en

Fig. 636. — Pentecôte.

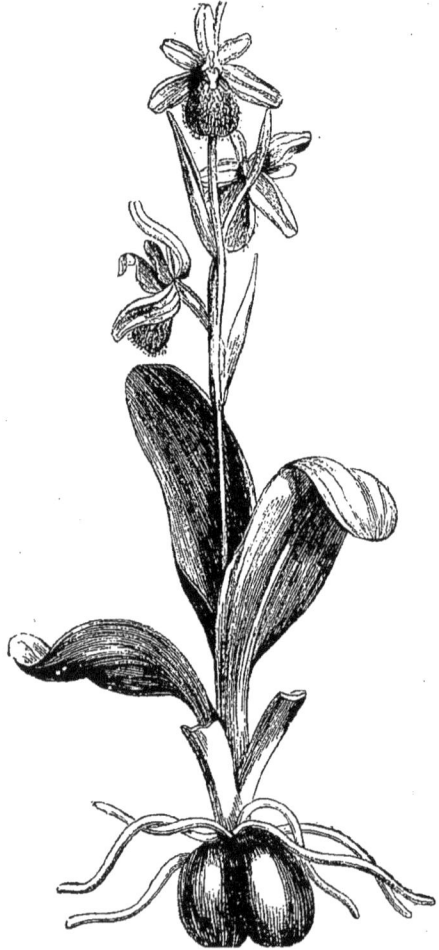

Fig. 637. Ophrys.

tête dans une *spathe,* ont leur utilité culinaire à défaut d'agrément.
Le jus de l'ognon fournit une encre sympathique avec laquelle on

peut tracer des caractères invisibles qui ne paraissent que lorsque le papier est chauffé. L'*asperge,* dont les bourgeons charnus répondent anatomiquement aux choux des palmiers, les *cordylines* aux longues feuilles rouges, les *dragonniers* (dracæna, fig. 624) qui fournissent de jolies plantes d'appartement et aussi quelques-uns des plus gros arbres que la terre produise, appartiennent à la famille des *asparagées,* aux fleurs hermaphrodites régulières à ovaire supère, aux fruits en baies à graines noires, voisine des *liliacées* comme celle des *dioscorées,* qui renferme l'igname aux racines charnues, et des *smilacées* où se rangent le délicat muguet qui cache ses petites grappes de grelots blancs sous ses larges feuilles, et le fragon piquant ou petit houx (*ruscus,* fig. 625 et 626) aux baies rouges portées par des rameaux élargis comme des feuilles. Le *colchique lilas* (fig. 627 et 628) appelé aussi veilleuse ou *dame nue,* parce qu'il sort de terre alors que ses feuilles qui pourraient l'abriter ont disparu, et le *vé-*

Fig. 638. — Orchidée.

râtre à racine empoisonneuse, de la famille des *mélanthacées,* sont aussi des plantes voisines, à fruits folliculaires.

La famille des *iridées,* plantes vivaces, tubéreuses ou bulbeuses à tiges herbacées, sœurs des liliacées, ne leur cèdent point en beauté ; elles en diffèrent en ce que l'ovaire à trois loges, qui est libre chez les liliacées, est adhérent et infère chez les iridées ; le périanthe pétaloïde est supère et les trois étamines sont épigynes.

Le nom des iris (fig. 629) qui rappelle l'arc-en-ciel, leur vient des nuances fines, veloutées, bleues, jaunes, violettes, de leurs fleurs. Leur *périgone* est *double* et se compose d'une première partie à *trois* divisions, soudées par le bas autour de l'ovaire et s'épanouissant par le haut en *trois lames,* gracieusement recourbées en dehors et parées de lignes bleues, pourpres ou violettes, garnies de poils mous, blancs ou jaunes; les *trois* autres divisions, d'une teinte plus claire, naissent sur le tube de la première enveloppe, et se dressent vers le sommet de la fleur pour abriter les étamines. Au-dessus d'elles paraissent les stigmates pétaloïdes. Chose étrange! les anthères s'ouvrent du côté opposé aux stigmates; sans le secours des insectes, les stigmates ne recevraient point de pollen. La tige rampante de quelques-unes de ces belles plantes contient une huile essentielle et produit la poudre d'iris, d'une odeur si suave; leurs feuilles, épaisses au milieu et tranchantes sur les bords, ressemblent à des *épées.*

Fig. 629. — Sabot de Vénus.

Les *glaïeuls,* aux riches épis de fleurs nuancées de teintes délicates ou éclatantes, le *sparaxis,* l'*ixia,* le *crocus* (fig. 630) ou *safran,* qui dans les Alpes émaille les pelouses au printemps et en automne, et dont une espèce à fleurs violettes est cultivée à cause de ses stigmates qui teignent en jaune, sont des *iridées.*

Le *narcisse* odorant sortant d'une spathe, tantôt jaune, avec un

godet frangé au milieu du périgone, tantôt d'un blanc d'argent
avec une collerette rouge, appartient, avec le *perce-neige* (fig. 631)
l'*amaryllis* et l'*agave,* à une famille voisine, celle des *amaryllidées,*
à six étamines et ovaire infère.

L'*agave* est une plante du Mexique très précieuse, et de toutes
les plantes celle qui peut fournir le plus d'alcool; elle met quinze
ans et plus à fleurir; on s'aperçoit que le moment en est venu parce

Fig. 640. — Typhas.

qu'elle fait alors mouvoir ses feuilles étalées, de plusieurs mètres
de longueur, et les dresse vers le bourgeon terminal d'où va
s'élancer en deux mois une tige florale de 15 mètres, qui croît de
25 centimètres par jour et peut donner 5,000 fleurs. Lorsque la
plante a mûri ses fruits elle se flétrit, sa riche maternité l'ayant
épuisée, et ne garde la vie que dans sa partie souterraine. Pour la
conserver, on l'empêche de fleurir en retranchant le bourgeon
conique terminal; et, dans la cavité ainsi formée, affluent les
énormes réserves de sève sucrée préparées pour la merveilleuse
floraison. On aspire chaque jour avec une longue pipette cette

sève qui fournit non seulement du sucre de canne dans la sève
ascendante, mais du sucre de glucose qui n'est produit que par la
sève élaborée; chaque pied peut donner dix litres en un jour, un
mètre cube par année; la liqueur, renfermée dans des outres en
peau, fermente et devient une boisson enivrante, le *pulqué* ou

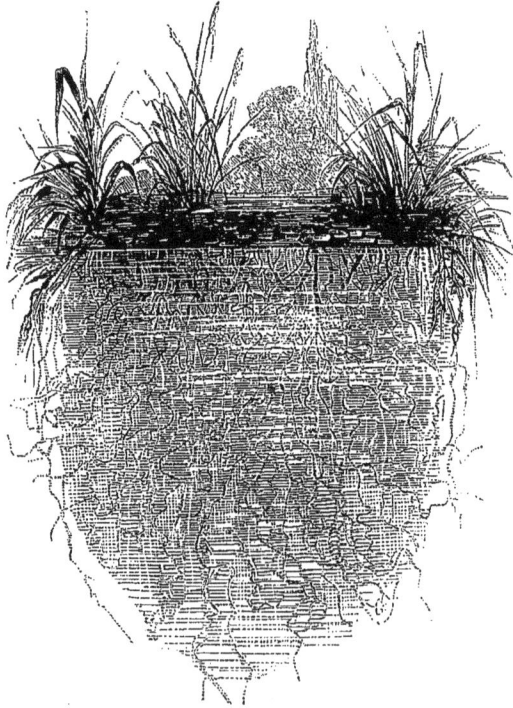

Fig. 641. — *Lemna*, Lentille d'eau.

magai, très recherchée des Mexicains. Les fibres des feuilles donnent
une filasse très tenace connue sous le nom de *soie végétale*.

Et quelles sont donc, dit Marcel, ces fleurs qui semblent ici
pousser par enchantement le long de ces palmiers, sur les aspérités
du rocher artificiel, et jusque dans des corbeilles de bambou et des
coquilles marines où il ne se trouve qu'un peu de mousse?

Ce sont des *orchidées* (fig. 632) ou *fleurs de l'air,* comme on les appelle en Chine, où elles garnissent le toit des maisons, dit M. de Féris. Elles peuvent se passer de terre, parce qu'elles développent des racines aériennes adventives qui trouvent dans l'humidité de l'air tout ce dont elles ont besoin : cette *vanille* (fig. 633) qui s'enroule sur un fil de fer d'un bout de la serre à l'autre, a sa tige menue toute garnie, non-seulement de feuilles d'un beau vert, mais de racines qui flottent dans l'air. Certaines orchidées n'empruntent rien aux arbres sur lesquels elles s'implantent; ce ne sont pas réellement des parasites, mais des *épiphytes :* elles vivent aussi bien sur une branche inerte que sur une branche pleine de sève (fig. 634 et 635); c'est surtout un appui qu'elles cherchent. Plusieurs espèces de nos pays, dont quelques-unes vous sont connnes sous le nom de *pentecôtes* (fig. 636), poussent dans la terre comme les autres plantes.

Les *racines* des orchidées produisent souvent des tubercules (fig. 637) qui fournissent un aliment très restaurant, appelé *salep,* contenant de la gomme et de la fécule. Leurs tiges herbacées et charnues sont souvent *aphylles,* c'est-à-dire dépourvues de feuilles ; quand elles ont des feuilles, ce sont des feuilles simples (fig. 638 et 639). Leurs fleurs, aux nuances tantôt vives, tantôt éteintes, aux formes aussi variées qu'inattendues, sont généralement disposées en épi. Elles sont parfois d'une grande beauté, souvent d'une originalité qui leur a suscité, de nos jours, un grand nombre d'amateurs. On en compte bien 2,500 espèces. Parfois elles offrent des ressemblances avec une araignée, une mouche, un petit singe, un sabot. L'une de leurs six divisions, appelée *labelle,* en général plus large et plus colorée que les cinq autres, forme comme la lèvre inférieure du périgone. Leurs graines sont innombrables et ressemblent à de fine sciure de bois; elles sont contenues dans un *ovaire adhérent* qui devient une *capsule déhiscente.* La *vanille* fait seule exception avec son fruit *indéhiscent* et *pulpeux,* si recherché à cause de son délicieux parfum.

Si vos yeux sont fatigués de regarder en l'air, mes chers enfants, continua M. de Féris, dirigez-les sur mes bassins, où la pluie fine de plusieurs jets d'eau monte et retombe sans cesse. Il se passe aussi des merveilles parmi les plantes monocotylédonées qui habitent l'eau. Je ne veux pas vous parler des *naïades* aux feuilles onduleuses, épineuses, presque transparentes ; ni de l'*hydrocharis* ou ornement des eaux, à fleurs blanches ; ni des grands *typhas* (fig. 640) ; ni de ces petites *lentilles d'eau* (fig. 641) recherchées par les canards, qui purifient les eaux stagnantes en les couvrant de leurs tiges herbacées, formées de petits articles qui simulent des feuilles lenticulaires. Vous les connaissez bien, de même que le *butôme* ou *jonc fleuri,* dont les ombelles de fleurs roses décorent le bord des ruisseaux, et que ces *joncs* (fig. 642) aux fleurs brunâtres, si communs dans les marécages, que l'on coupe, que l'on brûle, sans pouvoir les détruire : ils semblent renaître de leurs cendres, au désespoir des cultivateurs qui les apprécient peu, quoique leurs tiges souples et spongieuses

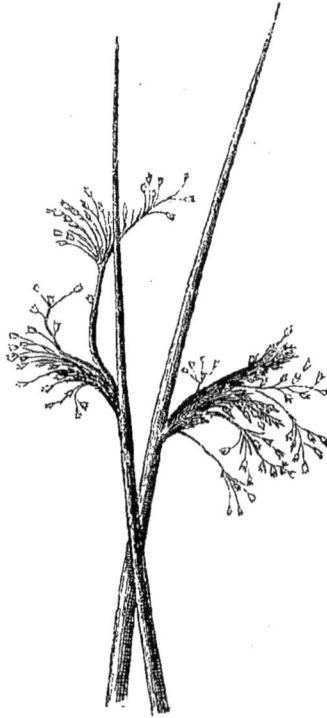

Fig. 642. — Joncs en Fleurs.

puissent faire de bons liens, des nattes, des corbeilles, des mèches de veilleuse, etc.

Mais avez-vous quelquefois observé le singulier manége de la plus curieuse de ces plantes des eaux, la *vallisneria* (fig. 643)? Elle accomplit un mouvement propre réel. Elle doit son nom au premier botaniste italien qui l'a étudiée ; ses feuilles planes et linéaires

partent d'une souche submergée d'où s'élèvent deux espèces de
fleurs. Les fleurs *staminées* à deux ou trois étamines sont disposées
en épi sur un pédoncule fort court; les fleurs *pistillées* à six divisions, soutenues par une spathe en tube, sont portées par de longs
pédoncules contournés en spirale qui les élèvent au-dessus de
l'eau.

Comment pourra donc s'opérer la fécondation? Au moment
voulu, les fleurs staminées
se détachent du pédoncule
et viennent flotter à la surface de l'eau, afin de pouvoir verser leur pollen sur
les trois stigmates péta-
loïdes de la fleur pistillée.
Celle-ci ferme alors son périgone et, serrant son pédoncule en spirale, descend
au fond de l'eau pour mûrir
sa graine.

Pourquoi ces fleurs sont-
elles ainsi organisées et se
donnent-elles tant de peine
pour se rapprocher, lorsque
bien d'autres plantes sub-

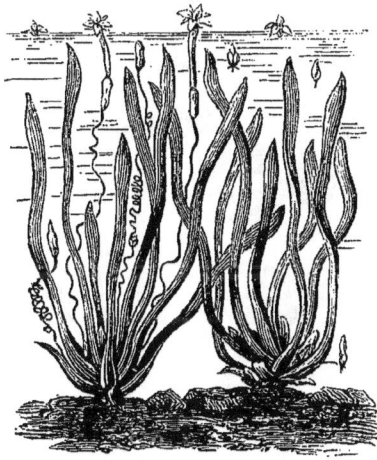

Fig. 643. — Vallisneria.

mergées se fécondent sous l'eau? On n'en sait rien; la nature est
pleine de mystères.

Quant à mes beaux *arums* qui ne sont point, eux, des plantes
aquatiques, ils ont aussi des fleurs diclines. Mais fleurs mâles et
fleurs femelles d'un jaune d'or sont groupées les unes au-dessus
des autres sur un *spadice* ou support court et épais, et enveloppées
seulement d'une spathe en forme de joli *cornet blanc* qui s'évase
gracieusement au bout d'un long pédoncule. Quelques aroïdées
ont des fleurs charnues sentant la chair pourrie; elles attirent les
mouches qui viennent y déposer leurs œufs; d'autres ont un parfum suave. Les *caladiums* sont recherchés de nos jours à cause de

29

leurs belles feuilles veinées de rose. L'*arum maculé* ou *gouet* (fig. 644 à 646) renferme dans ses rhizomes une fécule nourrissante.

Nous voilà bien loin avec ces fleurs seulement enveloppées d'une *spathe,* ou pauvrement vêtues comme celle des joncs, de ces

Fig. 644 à 646. — *a*. Arum-Gouet.
b. Spadice sans son Cornet. — *c.* Fruits.

belles monocotylédonées, palmiers ou liliacées, que nous avons d'abord admirées. En descendant encore plus bas l'échelle des monocotylédonées, on ne trouve plus que des fleurs n'ayant pour les abriter qu'une petite *braclée écailleuse* ou *balle,* comme les bambous, les blés et les gramens.

Les jeunes des Aubry remercièrent vivement M. de Féris de ses explications et du plaisir qu'il leur avait fait en les laissant visiter la serre.

Vous nous avez fait entrevoir le paradis terrestre, dit en souriant Marguerite.

Maintenant qu'il vous a été ouvert il ne vous sera plus
fermé, dit gaiement M. de Féris : aucun de vous n'a mérité d'en
être chassé.

Et encore une fois on se dit adieu, en convenant de se retrouver bientôt à Roche-Maure pour la fête de la *dernière gerbe*.

Muguets.

CHAPITRE XIX. — LA DERNIÈRE GERBE

SOMMAIRE. — Monocotylédonées (suite) : Familles des Graminées,
des Cypéracées.

> « *Les graminées sont les plébéiens, les prolétaires,*
> *les paysans, les pauvres du règne végétal. Ils en sont*
> *la partie la plus simple, la plus nombreuse et la plus*
> *vivace. En eux est la vaillance et la force de ce*
> *règne ; plus on les maltraite, plus on les foule aux*
> *pieds, plus ils se renouvellent. »*
>
> LINNÉ.

ÉLAS! les jours deve-
naient courts, le soleil
échauffait peu la terre,
une douce mélancolie se
répandait sur les champs
d'où la vie s'était retirée.
Pourtant, si les oiseaux ne
faisaient plus entendre leur
joyeux ramage, le grillon
chantait encore dans
l'herbe flétrie et les rai-
nettes sur les arbres ; les feuillages rougissants, tout prêts à tomber à la première bise ou à la première gelée, paraient encore les

coteaux et laissaient à la campagne sa beauté. Cette fin de l'automne a une poésie que rien n'égale : c'est l'adieu de la nature qui va se reposer après un grand labeur. L'approche de l'hiver redouté fait sentir plus vivement le charme des dernières fleurs et des derniers beaux jours.

Fig. 650. — Moissonneurs.

Les plaisirs et les occupations n'étaient pas finis pour les habitants de Roche-Maure; on ne chôme jamais d'ouvrage à la campagne; un travail succède à l'autre sans interruption (fig. 650). A la place des gerbes dorées, étendues dans l'aire et battues au fléau, s'élevaient à la ferme les grands monceaux de paille, à sommet bien en pente pour que l'eau pût s'égoutter.

Fig. 651. — Gynerium argenteum.

Le grain, tour à tour vanné, puis passé au moulin, s'était amoncelé dans les greniers. Il ne restait plus que quelques gerbes, et c'était fête à Roche-Maure pour ce dernier jour de battage qui devait clore les travaux de la moisson.

Mᵐᵉ des Aubry avait fait préparer du vin, des gâteaux et des

Fig. 652. — Canne à Sucre.

fruits pour les batteurs dont elle attendait la visite; et pendant que ses frères allaient au devant de leurs amis, Marguerite ornait le salon et plaçait dans les grands vases de la cheminée des *cannes* et des *roseaux* qu'elle était allée cueillir dans les sables humides des bords de la rivière. Leurs panicules rameuses, d'un gris violacé, se conservent tout l'hiver et forment comme des plumes légères qui se

Fig. 65 ;. — Sorgho à Sucre.

dessèchent sans cesser d'être jolies. Elle les entremêlait avec les panicules argentées du beau *gynerium* (fig. 651) originaire de l'Amérique méridionale, et introduit depuis peu d'années dans nos jardins.

Marie, elle, s'amusait à courir sur la pelouse devant la maison lorsque le jardinier vint pour la faucher.

Encore! s'écria-t-elle, mais vous ne cessez de tondre ce gazon! dès que l'*herbe* essaie de pousser, vous la coupez!

 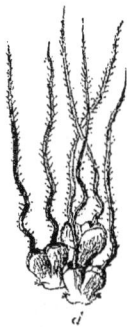  

Fig. 654.	Fig. 655.	Fig. 656.	Fig. 657.
Épi de Froment.	Arêtes de Froment.	Épi de Seigle.	Épi d'Orge.

C'est le moyen de la rendre plus épaisse et plus jolie, dit le jardinier; avec l'herbe c'est comme ça; il faut la fouler, la couper si l'on veut qu'elle vienne belle. Quand le laboureur voit son *blé* germer et verdir dans son champ, vite il passe sur lui le rouleau pour le faire *taller*, c'est-à-dire pour que chaque *nœud vital,* rapproché de la terre, émette un bourgeon et que les touffes soient plus fournies. Nous faisons de même avec le gazon; et, de plus, comme lui est vivace, nous le coupons à mesure qu'il pousse pour l'empêcher de s'épuiser en grainant. Mais je le coupe pour la dernière fois cette année; à l'automne il vaut mieux ne plus raser les gazons : l'humidité les envahit si on leur enlève leurs feuilles qui pompent et évaporent l'eau du sol.

Vers le milieu du jour les enfants de M. de Féris vinrent se réunir à leurs amis; Henry portait un gros roseau vert qu'il offrit à Mᵐᵉ des Aubry en lui disant :

Papa veut prendre part à votre fête des *graminées;* il vous envoie une tige de *canne à sucre* poussée dans les serres de Vilamur.

Mᵐᵉ des Aubry fit couper la canne en plusieurs morceaux qu'elle distribua à sa jeune société.

Il semble, dit-elle en souriant, que je sois occupée à préparer une plantation de cannes; car la *canne à sucre* cultivée ne s'obtient pas de semis comme le blé. Le jus sucré qu'elle amasse dans ses chaumes est bien destiné à nourrir ses fleurs et ses fruits; mais on ne lui donne pas le temps de l'employer à cet usage : on la coupe avant la floraison, et on lui prend tout le sucre emmagasiné. Pour la reproduire il faut la bouturer; on coupe les tiges en autant de morceaux qu'il y a de nœuds; chaque morceau est mis en terre et de chaque nœud vital partent des racines et une nouvelle touffe de chaumes sucrés.

Oh! alors, dit Marie, je ne vais pas manger mon petit bâton; j'aime mieux le planter dans mon jardin.

Mais lui ne voudra pas pousser sous notre ciel, lui répondit sa mère. La canne à sucre (fig. 652), qui est originaire des Indes orientales, a besoin d'une grande chaleur pour prospérer; elle réussit bien en Amérique où elle est cultivée en grand depuis le commencement du seizième siècle. Mâche bien fort ton petit bâton afin que la bonne liqueur en sorte; ce n'est qu'en broyant les tiges des cannes qu'on parvient à en faire couler le jus sucré. Lorsqu'on l'a ainsi obtenu, on le fait bouillir; il devient de la cassonnade et on l'envoie dans les raffineries pour le purifier, le blanchir et le couler en pains coniques.

Pendant longtemps la canne nous a fourni tout le sucre utile à notre consommation; mais au commencement de ce siècle, le blocus continental empêchant l'entrée des denrées étrangères, le sucre de canne atteignit un prix exorbitant; on donna alors une grande extension à la culture de la betterave qui renferme aussi beaucoup de sucre, et c'est elle qui de nos jours fournit la moitié du sucre nécessaire à la France. On peut aussi retirer du sucre de plusieurs autres *graminées* avant la floraison, du *maïs,* du *sorgho à sucre* (fig. 653), qui nous vient de la Chine et qui est frère de celui qui nous fournit nos meilleurs balais, etc.

Elles ne contiennent pas que du sucre, les précieuses *graminées;* leurs grains sont riches en fécule et en gluten : ce sont vraiment elles qui nourrissent le monde. Des centaines d'espèces qui composent cette famille il n'y a que l'*ivraie* qui possède quelques propriétés vénéneuses; toutes les autres renferment des propriétés salubres et nourrissantes. On donne le nom particulier de *céréales* aux graminées que l'on cultive pour leur grain : *froment* (fig. 654 et 655), *seigle* (fig. 656), *orge* (fig. 657), *avoine* (fig. 658), *maïs, riz;* et celui de *fourragères* à celles qui donnent le foin comme la *brize tremblante* (fig. 659), et la *flouve odorante* (fig. 660), ou qui sont mangées en herbe verte par les animaux. C'est parce qu'elles poussent partout que les animaux herbivores ont pu s'acclimater partout; avec leur petite taille, elles semblent avoir été faites pour les quadrupèdes comme les arbres pour les oiseaux.

Quelques-unes pourtant sont fort grandes : les *bambous,* qui croissent dans les pays chauds, sont les plus hautes de toutes les graminées. Ils viennent grands comme des arbres, atteignent en Chine jusqu'à 30 mètres de hauteur, et forment des avenues, des forêts que le vent agite comme des champs de blé. Leur tige sert à faire des plumes, des flûtes, des meubles élégants; elle est si légère, même lorsqu'elle est très grosse, que les Indiens s'en servent pour traverser leurs fleuves; ils s'en vont sur l'eau, à cheval sur un long bambou flottant.

Les graminées forment une des familles les plus naturelles, les plus nombreuses en espèces, les plus répandues sur la surface de la terre; elle est aussi la plus utile. Leurs tiges, *sans écorce* distincte, *rondes* et *creuses,* sauf aux *nœuds,* qui sont pleins et d'où

partent les feuilles, s'appellent des *chaumes,* vous le savez. Leurs
feuilles forment d'abord une *gaîne* fendue qui entoure la tige, puis
une *lame* étroite ou *limbe* qui s'en détache. A l'endroit où le limbe
se détache de la gaîne se trouve une stipule entière ou déchiquetée
appelée *ligule* (fig. 661 et 662); les fleurs n'ont pour enveloppe
que des écailles ou *glumelles* (fig. 663), appelées aussi *balles,* et
se composent de deux ou trois étamines, et d'un pistil à deux
stigmates plumeux dont l'ovaire, à loge unique ne renfermant qu'un
seul ovule, devient un fruit adhérent
à la graine ou *caryopse,* rempli d'un
albumen farineux. Ces fleurs se groupent par petits épis ou *épillets* (fig. 664),
involucrés par deux bractées écailleuses ou *glumes,* dont la réunion
forme des épis tantôt *serrés,* comme
ceux du froment, du seigle, de l'orge,
du maïs; tantôt *lâches* et rameux,
comme les panicules de l'avoine et
du roseau.

Les graminées sont des *plantes
sociales;* on appelle ainsi celles qui
vivent en société et profitent d'une
certaine étendue de terrain de même
nature pour s'y établir comme de
grands troupeaux, contrairement aux
fleurs solitaires qui vivent éparses.

Fig. 658. — Panicule d'Avoine.

Je me rappelle avoir lu, dit Marcel, que la plus honorable
récompense militaire décernée chez les Romains était la *couronne
de gazon* ou de graminées, qui était accordée sur les champs de
bataille mêmes, par l'armée assiégée, au chef qui était venu à son
secours.

Et tu pourras voir dans nos anciennes coutumes, lui répondit
sa mère, qu'au moyen âge, l'instruction étant peu répandue et les
notaires fort rares, lors de la vente d'un champ l'acheteur recevait, comme *contrat,* une poignée d'herbe ou d'épis. Les contrats

sont plus longs à faire de nos jours ; les usages changent avec les
siècles ; mais les années ont beau couler, au printemps reparaissent

Fig. 659. — Brize tremblante.

toujours les mêmes tapis d'herbes vertes, et les innombrables et
immortelles graminées couvrent toujours la terre.

Ces *plantes herbacées*, vertes jusque dans leurs fleurs, que nous
avons l'habitude d'appeler des *herbes*, n'appartiennent pas toutes à
la famille des graminées. Il y en a qui se rangent dans une famille

voisine, celle des *cypéracées*, qui leur ressemblent par bien des points, mais qui, contrairement aux graminées, ne renferment que très peu de principes nutritifs. Les cypéracées ont une tige *pleine*, sans *nœuds* à l'endroit où s'attachent les feuilles qui ont des gaînes non fendues formant *étui*. Les *scirpes*, les *souchets*, les *carex* (fig. 665), etc., ne sont guère propres qu'à faire de la litière, des nattes, des paillassons, ou à couvrir des chaumières; leurs longues souches souterraines sont utiles cependant pour fixer les sables mouvants; et les feuilles d'un certain *carex*, qui abonde dans le duché de Bade, en Algérie, etc., constituent un *crin végétal* que les tapissiers et les matelassiers emploient en guise de crin de cheval. Le *papyrus* est une cypéracée; il croissait en abondance dans les marécages du Nil, et on s'en servait pour faire des voiles de navires, des nattes, des vêtements. Il tenait lieu de papier lorsqu'on lui avait fait subir quelques préparations : on coupait son gros chaume en lames que l'on collait à côté les unes des autres, et qui, séchées, étaient mises en rouleaux.

Vers le milieu du jour les batteurs, après avoir garni l'aire pour la dernière fois, se présentèrent devant le perron du château, précédés de Claudie, qui portait un bouquet de céréales tout enrubanné de faveurs roses et bleues. C'est l'usage du pays que le fermier offre chaque année à son maître, en signe d'hommage, une poignée des épis recueillis lorsque tous les travaux de la récolte sont terminés.

Claudie s'avançant vers M. et Mᵐᵉ des Aubry, récita, au nom de tous les gens de la ferme, un compliment qui exprimait leur satisfaction d'être dirigés par de bons maîtres s'intéressant à tous les travaux des champs.

Mᵐᵉ des Aubry l'embrassa, et répondit à tous quelques mots gracieux.

Alors les batteurs, se tournant vers les enfants, les invitèrent à venir tirer la *dernière gerbe*.

Elle tient si fort au fond de la grange, dirent-ils, qu'il nous est impossible de l'arracher sans votre aide.

Il faut donc qu'ils aillent à votre secours, dit, en riant, M. des

Aubry; attendez un peu qu'ils prennent les instruments nécessaires.

Il remit à ses enfants plusieurs bouteilles de vin, et, accompagné de Mme des Aubry, il les suivit vers la grange.

La dernière gerbe était dans un coin, solidement attachée sans
que cela parût. Marcel, Henry, André tentèrent l'épreuve l'un
après l'autre : la gerbe ne broncha pas. Marie qui attendait impa-
tiemment son tour s'approcha alors, toute rose d'espoir, et se mit
à tirer de toutes ses forces.

C'est à elle qu'on avait réservé le triomphe; la corde fut déta-
chée sans qu'elle s'en aperçût, et la gerbe vint si facilement que
Marie tomba à la renverse sur la paille, tout étonnée de son succès.
Alors les rires éclatèrent; on but à sa santé en la remerciant chaudement d'avoir terminé une si difficile affaire. Puis les batteurs
reprirent leurs fléaux; les trois coups monotones retentirent de
nouveau sur l'aire, et le grain se mit à danser par-dessus la paille.

M. des Aubry souleva un *épi* avec son *chaume,* et fit examiner
à ses enfants avec quel art et quelle prévoyance il était construit.
Les grains sont abrités sous des *glumes* écailleuses qui se prolongent souvent en *arête,* empêchant ainsi l'humidité de pénétrer
jusqu'au fruit. Séparées du grain, elles peuvent servir de litière
aux animaux comme la *paille,* qui, elle, est employée encore à
bien d'autres usages : à faire des toitures, des paillassons, des
chaises, des chapeaux, etc.

Voyez comme elle est brillante, cette paille souple et menue,
qui sait pourtant résister au vent, parce qu'elle est *creuse* et *cylindrique,* deux conditions de force et de solidité, et parce qu'elle est
bâtie d'une substance minérale fort dure, appelée *silice,* la même
qui entre dans la composition du caillou; et encore parce que les
gaines des feuilles la soutiennent, et que des nœuds viennent la
fortifier de distance en distance.

Comment sait-on qu'il y a du caillou dans le chaume du blé?
demanda André.

Certaines graminées contiennent tant de silice, dit M. des
Aubry, que le contact de la faux en fait jaillir l'étincelle. Mais

c'est surtout en les faisant brûler que l'on s'en est aperçu. Par l'examen des cendres des plantes, on se rend compte des principes que chacune contient, et par conséquent des matières qu'elles absorbent et qu'il faut leur fournir si l'on veut qu'elles prospèrent. Quelques plantes se contentent d'*humus,* qui donne des produits carbonés; d'autres, comme le froment, fournissent des produits azotés et ont besoin d'engrais *ammoniacaux,* etc. Il faut aussi au blé de la *chaux,* des *phosphates* pour son grain, de la *silice* pour sa paille.

Jacques était occupé à *vanner* son blé, c'est-à-dire à séparer les grains des bractées écailleuses en les présentant au vent.

Examinez donc un peu ce blé, dit-il à M. des Aubry. Et il faisait glisser une poignée de froment d'une main dans l'autre. Je ne crois pas que vous ayez jamais pu en voir de plus beau : il est bien sain, bien lourd, point noirci par l'humidité, ni sali par les mauvaises graines.

Vous avez raison de vous en faire gloire, répondit M. des Aubry; ce sont les soins du cultivateur qui font les récoltes si belles. Tout ne dépend pas de lui cependant; des circonstances malheureuses peuvent tromper ses justes espérances.

Ah! ça, Monsieur, c'est bien vrai, dit Jacques; qu'il y ait trop de sécheresse, nos blés ne lèvent pas; trop d'humidité, ils ne mûrissent pas; et, lorsqu'ils sont bien venants et bien mûrs, qu'un grand orage passe, qu'un vent violent se mette à souffler, et les voilà tous versés!

Fig. 660. — Flouve odorante.

La prudence humaine ne peut rien à cela, dit M. des Aubry; mais il reste encore bien des progrès à faire à l'agriculture, quoiqu'elle en ait fait beaucoup dans ce siècle. La France peut arriver à produire plus de céréales qu'elle n'en consomme, et avoir du pain à bon marché; elle doit multiplier ses pâturages afin d'élever plus de bestiaux et de rendre ainsi la viande assez abondante pour qu'elle devienne la nourriture de tous. Il faut rendre impossibles désormais ces *famines* épouvantables qui ont, dans d'autres siècles, désolé notre pays, amené des souffrances intolérables et des révolutions : au XVIIe siècle, au moment le plus brillant de l'ancienne monarchie, un prince

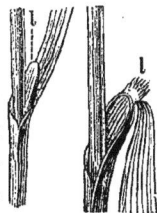

Fig. 661 et 662. Ligules à Stipule entière et à Stipule déchiquetée.

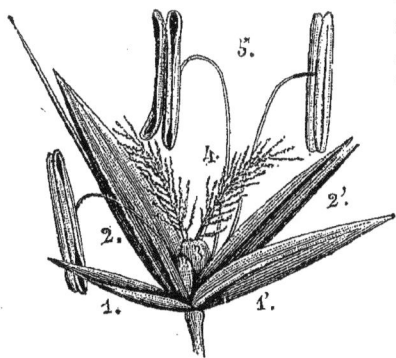

du sang écrivait : Une partie des habitants des campagnes meurt de faim, l'autre ne subsiste que de glands, d'herbes, comme les bêtes; les moins à plaindre mangent du son et du sang qu'ils ramassent dans les boucheries. Dans l'Inde, en Algérie, la famine décime encore les populations par suite du peu de soins donnés à la terre, de la sécheresse, de la culture exclusive d'une seule plante, des dévastations d'armées de sauterelles. Travaillons donc, améliorons sans cesse; « les biens que donne la terre sont inépuisables, disait, il y a deux cents ans, un de nos

Fig. 663. — Épillet.

1 et 1' Glumes. — 2 Glumelle avec Arête, 2' Glumelle intérieure. — 3. Ovaire. — 4. Styles et Stigmates. 5. Étamines.

grands ministres, et tout prospère dans un pays où fleurit l'agriculture. »

C'était bien dit, Monsieur, reprit Jacques; on ne peut se passer du laboureur, et ceux qui trouvent nos mains calleuses seraient bien en peine d'avoir du pain sans nous. Maintenant que nous avons des instruments perfectionnés, que des machines ont été inventées pour nous venir en aide, que le pays est tout couvert de routes et de chemins de fer pour emporter nos denrées, et que nous savons lire de bons livres qui nous apprennent des choses nouvelles, il est plus facile qu'autrefois de tirer bon parti de la terre.

Comptez-vous vendre bientôt votre blé? demanda M. des Aubry.

Je n'en sais encore trop rien, Monsieur, dit Jacques. J'irai aux foires pour savoir s'il se vend un bon prix, et j'agirai en conséquence.

A votre aise, Jacques, vous pouvez faire comme il vous plaira. Eh! vous trouvez tout simple d'aller, de vendre, d'acheter, de faire votre pain, votre vin, chez vous et quand vous voulez, d'entreprendre les cultures qui vous conviennent, et d'avoir la sécurité de tous les jours? Il n'en a pourtant pas été toujours ainsi.

C'est ce que disent les anciens du village, Monsieur, dit Jacques; ils répètent que nous sommes plus heureux que leurs pères, mais que nous n'en valons pas mieux.

M. des Aubry ouvrit quelques-uns des beaux grains de froment que Jacques lui avait fait admirer, et fit voir à ses enfants la *fécule* blanche cachée sous l'enveloppe dorée.

On donne le nom de *caryopse,* leur dit-il, au fruit sec, indéhiscent et ne renfermant qu'une graine, des graminées. Il est presque tout rempli par l'*albumen* farineux; l'*embryon,* à un seul cotylédon, n'occupe que la base de la graine. L'enveloppe dorée, formée du péricarpe intimement uni aux téguments de la graine, donne le *son* lorsqu'on moud le grain, et ce son peut nourrir les animaux. Le reste du grain donne la *farine;* cette farine se compose de trois principes immédiats, que l'on peut reconnaître en la pétrissant. Si l'on pétrit un peu de farine au-dessus d'un plat en y faisant tomber de l'eau, il reste entre les doigts une matière molle et gluante, le *gluten,* qui est la plus nourrissante, et dans le plat se trouve une eau laiteuse. Elle dépose au fond une poudre blanche et fine, l'*amidon,* et l'eau redevient claire, ce qui ne l'empêche pas de renfermer un troisième principe, l'*albumine,* qu'on reconnaît en ajoutant de l'alcool à cette eau où se forme une matière coagulée comme le blanc d'œuf ou albumen.

De même qu'avec le suc des tiges de la canne à sucre on obtient le *rhum* et le *tafia,* on peut aussi, par la fermentation, obtenir des liqueurs alcooliques avec les grains des graminées dont la fécule se change en sucre : l'*arack* se fait avec le riz, le *genièvre* avec le seigle, la *bière* avec l'orge, etc. Vous vous rappelez la transformation qui s'opère dans le sein de la graine au moment de la germination; sous l'influence de la *diastase,* la fécule se change en *dextrine,* sirop qui peut se dissoudre dans l'eau et nourrir la plantule. L'homme a surpris le secret de la plante et il en fait son profit. Il provoque un commencement de germination en humectant les grains d'orge, afin d'y développer le principe sucré qui doit amener la fermentation et permettre de fabriquer la *bière.*

D'où vient le blé, père? demanda Marcel.

On ne le sait pas, répondit M. des Aubry. On ne l'a jamais rencontré à l'état sauvage; abandonné à lui-même, il dégénère.

Tout le monde sait, dit Jacques, que dans les mauvaises années et par les temps pluvieux, le *froment* peut se changer en *ivraie;* de même que, selon l'époque des semis, l'*avoine* peut devenir de l'*orge* ou du *seigle.*

Que dites-vous là, Jacques! s'écria Marcel. Est-ce que c'est vraiment possible? ajouta-t-il, en se tournant vers son père.

La *transmutation* des céréales est absolument niée par la plupart des savants, quoique quelques autres l'aient affirmée, répondit M. des Aubry. Ce qu'il y a de bien certain, c'est que la culture a une influence énorme sur les céréales, et que, livrées à elles-mêmes et privées de soins, elles disparaissent.

Le blé a été connu de toute antiquité; dès que les hommes ont songé à être agriculteurs, ils ont cherché à tirer parti des précieuses qualités des graminées. Ils ont compris qu'il fallait labourer le sein de la terre pour le rendre fécond; l'*araire* des Romains ressemblait à nos *charrues;* ils connaissaient la *houe,* la *pioche,* la *serpe,* la *ser-*

pette, etc. On sème, on moissonne, on fauche, on fane de nos jours à peu près comme du temps d'Hésiode ou de Virgile. Il y a eu un temps où l'on émottait la terre avec des *maillets,* au lieu d'y passer la *herse;* où l'on faisait fouler les épis sous les pieds des bœufs et des chevaux pour en faire sortir le grain; puis on s'est servi du *fléau* pour briser l'épi; et maintenant on l'abandonne pour les *machines,* mues par la vapeur ou par des animaux, qui font l'ouvrage mieux et plus vite.

Il est important que les grains soient serrés dans des endroits secs qui ne les portent pas à germer. Nous les serrons dans des *greniers;* les Arabes les mettent dans des *silos,* grands trous creusés en terre, et préparés de façon à ce que ni l'oxygène ni l'humidité n'y puissent pénétrer.

Fig. — 664.
Épillets de Fétuque
des Champs.

Que feras-tu de ces jolis grains ronds et dorés du *maïs* que tu égrènes dans des corbeilles, Claudie? demanda André; les portera-t-on au moulin comme le blé, pour faire de la farine?

Non, Monsieur André, dit Claudie; chez nous, nous n'en faisons point de pain; nous les gardons pour engraisser nos volailles; ils se conservent bien toute l'année.

Fig. 665. — Carex.

Le *maïs,* qui nous vient d'Amérique, dit M. des Aubry, est une de nos plus belles et de nos plus grandes graminées. C'est une plante *dicline-monoïque*, c'est-à-dire ayant des fleurs mâles et des fleurs femelles, mais sur le même pied. Ses fleurs staminées (fig. 666 et 667) sont placées au sommet d'une tige garnie ,de longues

Fig. 666 et 667. — Maïs.
a. Tige avec Fleurs mâles et femelles. — *f*. Grain ouvert.

et larges feuilles, à l'aisselle desquelles paraissent les fleurs pistillées, réunies en *épi serré* (fig. 668) enveloppé de grandes *bractées* membraneuses. On peut l'*écimer*, c'est-à-dire enlever le sommet de la tige portant les fleurs staminées dès que les autres ont été fécondées, et le faire manger aux bestiaux. L'épi a besoin de beaucoup de chaleur pour mûrir, et ne se cueille qu'assez tard à l'automne. On se sert des *bractées* qui l'entourent pour faire d'excellentes paillasses, se conservant longtemps fraîches et élastiques ; et avec les feuilles de cette excellente plante, dont le grain nourrit l'homme dans certains pays, on peut faire du papier.

Le *riz*, que nous ne cultivons pas sur cette propriété, est aussi une céréale précieuse ; en Chine, et dans plusieurs parties de l'Asie, de l'Amérique et de l'Afrique, on en consomme plus que de froment, quoique le froment ait des qualités nutritives bien supérieures. Il lui faut des plaines marécageuses ; aussi sa culture est-elle malsaine : elle oblige à passer bien du temps les pieds dans l'eau et à respirer des miasmes délétères. Le *millet* (fig. 669), cher aux oiseaux, sert aussi à la nourriture des races asiatiques et africaines, et servait autrefois à celle des Gaulois.

M. des Aubry se disposait à revenir vers la maison et les enfants allaient le suivre, lorsque André aperçut une colonne de fumée qui s'élevait lentement dans l'air, derrière les noyers.

Qu'y a-t-il donc là-bas ? s'écria-t-il ; serait-ce un incendie ?

Allons voir ce que c'est, dirent Marcel et Henry.

Et les trois enfants se mirent à courir dans la direction de la fumée. Ils arrivèrent dans un champ labouré où flambait un monceau d'herbes sèches et de racines arrachées par la charrue. Un jeune garçon s'occupait à en former d'autres.

Pourquoi brûlez-vous ces herbes ? lui demanda Marcel.

C'est pour en débarrasser la terre, dit le jeune garçon ; il n'y a pas d'autre moyen de détruire ce mauvais *chiendent,* qui mange la terre et qui est vivace en diable ; il repousse derrière la charrue à mesure qu'il est déraciné.

Mais on fait des tisanes douces et rafraîchissantes avec le chiendent, dit Marcel ; on pourrait le vendre.

Ah ! oui, mais il en vient plus qu'il n'en faut, dit le jeune garçon. Qui donc nous achèterait tout ça ?

Les trois amis retournèrent à la ferme, tout doucement, s'amusant des vifs mouvements des alouettes qui commençaient à se montrer nombreuses dans les champs.

Vous arrivez au bon moment, leur dit Marianne, en les voyant s'approcher; j'ai justement fini de passer ma farine au moulin pour séparer la fleur de la grosse farine et du son. Maintenant nous allons boulanger, et je vous ferai des tourteaux que vous mangerez avec le beurre frais que j'ai battu ce matin.

Ils la suivirent près de la maie où elle avait l'habitude de pétrir. Elle y avait déjà mis sa farine et le morceau de pâte aigrie, conservé depuis la dernière fournée, qui sert de *levain* et donne au pain un goût plus agréable en même temps qu'il le rend plus léger pour l'estomac. Elle fit un trou dans sa farine, y jeta quelques poignées de sel, y versa son eau chaude, et se mit à pétrir vigoureusement, tournant et retournant sa pâte. Quand elle la vit bien démêlée, bien bouffante, elle la plaça par boules dans des corbeilles pour qu'elle achevât de lever.

Pendant ce temps-là, Jacques chauffait son four; il y mettait un à un des fagots d'épines ou de brande qui pétillaient et prenaient feu aussitôt. Par la gueule du four sortaient de grandes flammes et la pierre rougissait.

Lorsque Jacques crut son four assez chaud il plaça à l'entrée, pour l'essayer, les morceaux de pâte destinés à faire les tourteaux; ils gonflèrent aussitôt comme de petits ballons.

Fig. 668. — Épi mûr du Maïs.

Jacques les retira et les distribua aux enfants; puis, avec sa grande pelle de bois, il enfourna les pains.

Quand il eut terminé et refermé son four, il se retourna vers les jeunes gens en s'essuyant le front :

On dit qu'autrefois, il n'y a pas de ça si longtemps, chacun n'avait pas le droit de cuire son pain chez soi et à sa guise. Il fallait, au jour dit, le porter au four banal du seigneur ou de la commune, et encore payer une redevance. C'est moi que ça n'aurait pas amusé! Ma foi, non! C'est plus commode de cuire chez soi, à son jour, à son heure. Il faut déjà se donner assez de peine pour l'avoir, ce pain qui est si vite mangé! Y avez-vous quelquefois pensé, mes jeunes messieurs? M'est avis que le blé à lui seul est la preuve que le bon Dieu veut que nous travaillions; car nous ne pouvons nous en passer, et lui ne veut point pousser si on ne lui prépare une bonne terre, si on ne lui donne pas tous les soins dont il a besoin. Il faut le ressemer tous les ans avant de le récolter; à peine a-t-on achevé la moisson de l'année qui finit, qu'on est déjà occupé à labourer et à ensemencer pour la récolte de l'année qui vient! Ah! le pain quotidien ne se gagne pas sans peine! labourer trois ou quatre fois son champ, le fumer, y semer du blé, le débarrasser des mauvaises herbes, le couper quand il est mûr, si toutefois il arrive à bien, car il y a de chétives années, allez! le battre et séparer le grain de la paille, le porter au moulin pour le faire moudre, passer la farine, pétrir, boulanger; tout cela n'est pas l'affaire d'un instant!... Et pourtant ce n'est pas moi qui me plaindrai! j'ai du pain à souhait pour ma famille et moi. Si je me

Fig. 669. — Millet.

donne de la peine, mes récoltes me paient de mon travail. Et puis, c'est mon métier de cultiver la terre; j'aime mes champs, j'aime mes bêtes, et je ne saurais vivre ailleurs qu'ici où je suis mon maître. Mais on dit qu'il y a des gens qui meurent de faim dans

les villes; est-ce qu'on voit de ces choses-là dans nos campagnes?
N'y a-t-il pas toujours un morceau de pain au service du malheureux, et du travail pour celui qui est fort et bien portant? Pourquoi
donc s'en va-t-on en foule dans les villes, désertant la terre qui
manque de bras, au lieu de s'attacher à son petit champ qui ferait
toujours vivre, et vivre dignement, si on l'aimait bien, si on le
cultivait sans craindre sa peine?

Maïs non écimé.

L'HIVER

CHAPITRE XX. — UN ADIEU

> *... Les fleurs se fanent, — elles passent ; — il vient*
> *un jour où ni la rosée ne les rafraîchit, ni la lumière*
> *ne les colore plus. Il n'y a sur la terre que la vertu*
> *qui jamais ne se fane ni ne passe.*
>
> LAMENNAIS.

NEIGE, gelée, pluie, se succédaient dans ces champs
si resplendissants de vie
quelques mois aupara-
vant; l'hiver froid et stérile était enfin arrivé; les
prairies n'avaient plus
d'herbes parfumées à offrir
aux troupeaux, obligés de
rester tout le jour à l'é-
table; et sous l'effort du vent les dernières feuilles s'étaient

détachées des branches. Les unes, amoncelées sous les arbres,

Fig. 674. — « La Montagne et la Forêt de Sapins doivent être belles avec leur Parure de Neige.

préservaient du froid les graines et les jeunes pousses ; les autres partout dispersées servaient d'engrais à la terre.

Malgré tout, l'activité et la gaieté régnaient encore à Roche-

:

Maure. Au moindre rayon du pâle soleil de décembre, les enfants venaient s'ébattre dans les bosquets, ou bien s'en allaient jusqu'à Vilamur où les attirait toujours l'amitié qu'ils portaient à Henry et à Mercédès. Ils aidaient Claudie à soigner les chèvres, les moutons, le lapin; ils leur portaient, à défaut d'herbes fraîches, des carottes, des betteraves, des pommes de terre coupées menu, et faisaient de fréquentes visites à un petit âne, né depuis deux mois, qui venait manger dans leur main et approchait d'eux sa tête mutine pour se faire caresser.

Jacques leur apprenait à tresser des paniers de viornes ou clématites sauvages; il liait en sens opposé deux branches souples de chêne ou de coudrier pour former l'anse et les bords, puis ajoutait quelques branches plus menues autour desquelles il passait et repassait les longs sarments des clématites. Il faisait voir aux enfants comment on pèle et on fend en plusieurs brins l'osier souple et délicat qui sert à faire d'élégants paniers et de jolies corbeilles. Mme des Aubry enseignait à Marguerite, ravie de la découverte, comment on peut faire du lilas *blanc,* du lilas de serre, avec du *lilas lilas* pris à l'arrière-saison; on laisse faner les pieds que l'on a arrachés et que l'on cultive ensuite en caisse, à l'obscurité, en terre très chaude; ils fleurissent tout l'hiver et donnent des fleurs d'un joli blanc.

La soirée réunissait toute la famille des Aubry devant la grande cheminée où flambaient le charme et l'ormeau. Et pendant que Mme des Aubry et Marguerite raccommodaient le linge, et que Marcel et André dessinaient, le père faisait une lecture à haute voix, ou les entretenait des améliorations déjà obtenues dans ses cultures et de celles qu'il projetait pour l'avenir. Marie écoutait comme les autres, jusqu'à ce que le sommeil eût penché sa tête sur les genoux de sa mère qui la prenait alors bien doucement et la portait, sans la réveiller, dans son petit lit à rideaux blancs.

La lecture des voyages, réels ou imaginaires, depuis ceux de Robinson jusqu'à ceux des derniers explorateurs de l'Afrique ou des régions polaires, enflammait l'imagination des jeunes gens; ils rêvaient de porter les bienfaits de la civilisation parmi les sauvages, ou de découvrir quelque terre inconnue et fertile où ils pourraient arborer le drapeau français.

Un soir qu'ils avaient parlé de leurs projets avec une vivacité inaccoutumée, M. des Aubry leur dit doucement :

Fig. 675. — Fougère (*Pteris tricolore*).

Avant de songer à de si grandes choses, mes chers fils, il faut augmenter votre bagage de science, de raison, de force et d'adresse. J'aime à vous voir tout animés du désir d'être utiles aux autres ; mais, sachez-le, cette noble ambition ne peut être satisfaite qu'au prix d'un grand travail et de beaucoup de sacrifices : le bien ne se fait pas aussi facilement que vous le supposez. Avant de penser à de lointains voyages entrepris dans un but de civilisation ou de patriotisme, il vous reste bien des choses à apprendre. En attendant, que diriez-vous d'une excursion en Bretagne, au bord de la mer ? Votre grand-père vous réclame; il se plaint de sa solitude; ce sera à vous de lui faire trouver votre société si aimable, et de lui dépeindre Roche-Maure sous des couleurs si attrayantes qu'il se décide à dire adieu à l'Océan et à venir habiter avec nous. Vous verrez ainsi la France, qu'il vous faudra traverser du sud-est au

Fig. 676. — Fougère (*Dicksonia*).

nord-ouest, sous différents aspects pleins d'intérêt et trop ignorés de la plupart de ses habitants.

Quel bonheur ! s'écria Marguerite. Voilà au moins un voyage dont j'aurai ma part, tandis que messieurs mes frères m'excluent invariablement de ceux qu'ils projettent pour l'avenir !

Ce n'est pas faute d'amitié, Marguerite, tu le sais bien, dit Marcel; mais que voudrais-tu que devînt une jeune fille dans un pays sauvage, sans ressources et plein de dangers ? Je ne serais pas de force à être ton protecteur.

31

C'est pourtant toi que je chargerai de veiller sur mes trésors, si ta mère et tes sœurs vont en Bretagne, dit M. des Aubry. Il ne me sera pas possible de m'éloigner de Roche-Maure lors de la saison des bains de mer, en plein été, quand les travaux des champs réclament de tous côtés la surveillance du maître. Mais nous sommes en pays civilisé : ton rôle te sera facile.

A partir de ce moment le projet de voyage en Bretagne s'empara de l'imagination des enfants, et devint un des textes favoris de leurs conversations du soir. Il fut, avec les mille incidents de l'hiver, un motif pour ne point trouver le temps long et pour passer gaiement la froide saison.

Fig. 677.
Rhizome
de Fougère.

Une neige épaisse tomba à la fin de décembre et couvrit la terre d'un beau manteau blanc; elle suspendit aux branches des arbres des franges brillantes qui s'irisaient sous les rayons du soleil. Le froid la maintint longtemps sur le sol, et les petits oiseaux, ne pouvant plus trouver de nourriture ni d'abri, vinrent tout près de la maison quêter les miettes perdues et frapper aux fenêtres. Marguerite et Marie leur donnèrent du pain pendant plusieurs jours; ils approchaient jusqu'à

Fig. 678. — Fougère (Adiante ou Capillaire).

leurs pieds, pleins de confiance, et elles restaient tranquilles pour ne pas les effrayer, admirant leurs mouvements et leur vivacité.

Marcel et André, moins touchés de pitié, s'en allaient faire des glissades sur les ruisseaux, ou construire un bonhomme de neige dont les yeux rouges, en betterave, et le gros bâton noueux faisaient la terreur de Claudie.

Allons voir notre vieil ami le solitaire, dit un jour André à son
frère ; la montagne et la forêt de sapins doivent être belles avec
cette parure de neige
(fig. 674).

Allons, dit Mar-
cel.

Depuis le jour où
le hasard les avait
conduits à la maison-
nette de l'ouvrier, ils
étaient retournés bien
des fois frapper à sa
porte. Il leur inspi-
rait du respect et sa
conversation, quoi-
que sérieuse, les in-
téressait toujours. Ils

Fig. 679. — Fougère (*Aspidium*).

se plaisaient à l'interroger sur sa vie passée, sur son art, sur la
nature qu'il avait tant étudiée. Quelquefois ils lui portaient un livre
qu'il avait paru désirer, ou quelques beaux fruits bien conservés.

Ils trouvèrent ce jour-là le vieux Maxime, non point au travail comme à l'ordinaire, mais assis près de son feu et tisonnant
d'un air pensif.

Il tressaillit à la
voix des enfants et se
leva aussitôt pour
leur souhaiter la bien-
venue.

Fig. 680. — Fougère (*Polypodium*).

Arrivez, mes chers
enfants, leur dit-il ;
vous savez que vos visites sont mes dernières joies. Ce temps
est mauvais pour les vieillards ; il me semblait tout à l'heure que
ma vie s'éteignait.

Vous sentez-vous donc malade ? demanda Marcel. Les beaux
jours reviendront et avec eux votre santé ; il faut prendre courage.

Courage, mon jeune ami! Pensez-vous donc que la mort m'ef-
fraie et qu'il me faille beaucoup de courage pour accepter sa
venue? Non, non; elle
n'inquiéte que ceux qui
s'en vont sans espérance,
laissant derrière eux une
carrière mal parcourue.
Les beaux jours ne re-
viendront plus pour moi,
je le sens; mais ils re-
viendront pour vous qui
êtes jeunes; ils revien-
dront pour cette nature
qui semble morte et qui
renaîtra au printemps.

Marcel se sentait
ému et ne savait que
répondre.

Croyez-vous, dit-il,
que les blés ne souffrent
pas sous l'épais manteau
de neige qui les cou-
vre?

Ce manteau leur tient
chaud et, en empêchant
leur évaporation, les pré-
serve du froid, répondit
l'ouvrier. La neige en-
graisse la terre.

La petite chambre de
Maxime était ornée de
corbeilles remplies de

Fig. 681. — Portion de Fronde de l'Osmonde royale.

plantes à beau feuillage. Plusieurs *fougères* (fig. 675 et 676) d'espèces différentes mêlaient leurs feuilles élégantes dans une jardi-
nière de bois rustique.

A quel moment et comment fleurissent donc les fougères? demanda Marcel.

Elles ne fleurissent jamais, répondit l'ouvrier; leur mode de reproduction diffère de celui des plantes que vous avez étudiées jusqu'à présent. Elles appartiennent à la grande division des *cryptogames,* ou plantes appelées aussi *acotylédonées* à cause de l'absence de cotylédon dans leur semence.

Les fougères ont des tiges, des racines et des feuilles. Leurs feuilles, de formes très variées et très élégantes, prennent parfois un très grand développement et atteignent à une longueur de quatre mètres. On leur donne le nom

Fig. 682.
Sporange.
(Cyathea)

de *frondes;* elles sont quelquefois entières, le plus souvent extrêmement divisées, et elles présentent ce caractère constant qu'avant leur entier développement, assez long à s'accomplir, elles sont roulées en crosse en dedans, de façon que leur face supérieure soit complètement cachée.

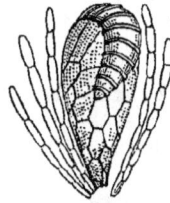

Les tiges des fougères sont formées de moelle et de vaisseaux de deux espèces : des vaisseaux sculptés pour la sève ascendante, et des tubes criblés pour la sève descendante. Elles n'ont pas de fibres, mais les cellules voisines des faisceaux vasculaires s'allongent et deviennent *scléreuses,* c'est-à-dire forment du ligneux pour les entourer d'une gaîne solide. Ces faisceaux de vaisseaux et de cellules scléreuses se disposent autour de la moelle centrale en cercle irrégulier, affectant une forme particulière, selon chaque espèce (fig. 677). Les tiges des fougères sont des tiges souterraines et rampantes, des *rhizomes,* se ramifiant par dichotomie et développant des racines adventives; ou des tiges aériennes dressées, ne se ramifiant pas, et se cou-

Fig. 683.
Sporange clos.
(Nephrodium)

Fig. 684.
Sporange déhiscent.
(Nephrodium)

· vrant de racines minces, scléreuses, parfois si abondantes qu'elles
font plus que doubler leur épaisseur. Dans les régions chaudes,
surtout dans les îles de l'Océan indien, ces fougères ligneuses
peuvent s'élever à plus
de dix mètres; leur tronc
non rameux, couronné
d'une touffe de belles
feuilles, rappelle le stype
élancé des palmiers et n'a
pour écorce que la base
persisante des feuilles.

Les rhizomes des
fougères, remarquable-
ment amers, sont em-
ployés comme anthel-
mintiques, et plusieurs
variétés de feuilles ven-

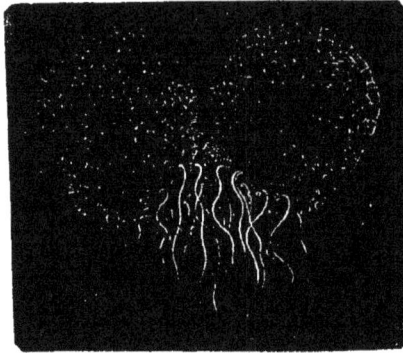

Fig. 685. — Prathalle de Fougère.

dues sous le nom de *capillaires* ont des qualités béchiques et adoucissantes.

Les fougères peuvent se reproduire par bourgeonnement, un
bourgeon adventif se formant à la
base du pétiole, ou même sur le
limbe de la feuille. Mais la reproduction normale et constante se
fait par des *spores* et des *œufs*,
comme je vais vous l'expliquer.
Regardez les feuilles de ces jolies
adiantes (fig. 678), dont les pétioles
minces et grêles soutiennent des
folioles élargies et mobiles appelées
pinnules; vous verrez sous le repli
du bord de chaque pinnule des amas

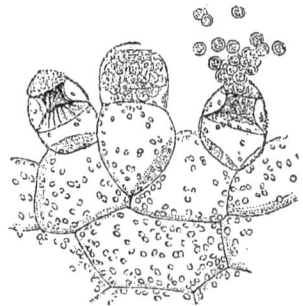

Fig. 686.
Anthéridies et Anthérozoïdes.
(Pteris aquilina.)

de petits corps jaunâtres, que vous retrouvez sur la feuille d'*aspidium* (fig. 679) et sur la feuille du *polypodium* (fig. 680) réunies
le long des nervures par groupes appelés *spores*. Ces petits corps

sont des capsules, ou *sporanges*, qui se disposent de différentes
façons, selon les espèces de fougère, mais toujours à la face
inférieure des feuilles, excepté chez les *osmondes* (fig. 681), où le
limbe de la feuille disparaît pour laisser les sporanges s'agglomérer
en épi autour du pétiole. Quelquefois un repli de l'épiderme de
la feuille se dispose en loge, appelée *indusium*, pour protéger les
sporanges. Chaque sporange (fig. 682, 683 et 684) renferme de
nombreuses cellules reproductrices ou *spores*, et est entouré par
un anneau élastique dont la rupture projette les spores sur le sol.
Elles ne tardent pas à germer et produisent, non point une nouvelle fougère, mais une petite lame de cellules vertes appelée *prothalle* (fig. 685). Sur ce prothalle vont se former les *œufs;* dans
des protubérances de cellules mucilagineuses, appelées *anthéridies,*
se développent de petits corps, comme des fils plats et spiralés
munis de cils ; ce sont les *anthérozoïdes* (fig. 686) destinés à jouer
le rôle du pollen mais d'un pollen doué de spontanéité. Ils s'échappent de l'anthéridie et se dirigent d'un mouvement rapide vers
les *archégones,* urnes celluleuses tenant la place des ovules, qui se
sont préparées dans le voisinage des anthéridies. Il suffit qu'un
anthérozoïde pénètre par le col de l'archégone pour le féconder ;
l'œuf se forme, et sans se séparer du prothalle qui tient lieu de
cotylédon, il se divise en quatre cellules, dont l'une s'enfonce dans
le prothalle et sert de pied, une autre forme la tige, et les deux
autres la racine et la feuille d'une nouvelle fougère identique à la
première : il y a donc viviparité.

Les *lycopodiacées,* famille voisine des fougères, renferment les
lycopodes (fig. 687), et les sélaginelles (fig. 688), qui forment de
beaux tapis verts dans les serres, et peuvent prendre, dans les
régions chaudes et humides, un développement considérable. Les
tiges des lycopodes sont rameuses par dichotomie, ainsi que les
racines, et supportent un grand nombre de petites feuilles triangulaires peu développées, placées en spirale, et qui servent moins à
l'assimilation que la tige verte elle-même. Ces feuilles se serrent
pour former des épis terminaux où se développent les sporanges,
petits sacs où paraissent des spores, remplies d'huile, que l'on

emploie dans les feux d'artifice pour produire des flammes subites, et que l'on appelle *poudre de lycopode* ou *soufre végétal*. Ces spores, en germant, donnent un prothalle souterrain, sorte de petit tubercule sans chlorophylle, avec des poils pour absorber l'humidité, où se forment des anthéridies, et des archégones qui, fécondés

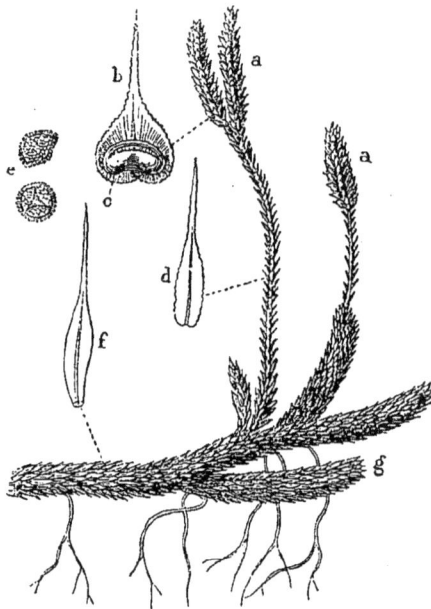

Fig. 687. — Lycopodium.
a. Rameaux fructifères. — *b.* Feuille sporangiale. — *c.* Sporange. — *d.* Feuille raméale.
e. Spores. — *f.* Feuille de la fronde. — *g.* Rameau végétatif.

par la pénétration d'un anthérozoïde, donnent naissance à l'œuf d'où sort un nouveau lycopode. La plante peut se multiplier sans le secours des spores, par suite de la ramification indéfinie de la tige garnie de racines adventives. Les lycopodes rappellent les calamites fossiles du terrain houiller.

Les sélaginelles ont des sporanges *dimorphes;* les uns (microsporanges) (fig. 689) contiennent de nombreux petits corps, microspores ou anthéridies d'où sortent des anthérozoïdes; les autres (macrosporanges) contiennent seulement trois ou quatre corps plus gros qui sont les véritables spores germinatrices (fig. 690).

Les *équisélacées* ou *prêles* (fig. 691) sont aussi des plantes vasculaires se reproduisant à deux degrés à l'aide de spores et d'œufs. Elles ont des rhizomes feutrés abondants garnis de racines adventives, des tiges aériennes creuses, fermées de distance en distance par des cloisons qui répondent extérieurement à des nœuds entourés de petites feuilles membraneuses, dépourvues de chlorophylle, d'où partent des rameaux en verticille ayant une plus grande puissance d'assimilation. Les sporanges se développent au sommet de la tige, à la base de feuilles transformées en tête de clou et disposées en verticilles plus rapprochés.

Fig. 688. — Sélaginelle.

Ils renferment des spores hygrométriques entourées d'une spirale formée par quatre filaments attachés à leur partie inférieure et servant d'élatères. Lorsque l'humidité de ces spores s'est évaporée, leurs élatères se déroulent et les font rebondir, puis s'appliquent sur le sol pour les immobiliser et leur permettre de germer. Elles développent un tube incolore d'où part un prothalle lobé et dioïque, c'est-à-dire qui ne donnera que des anthéridies ou des archégones, et non les deux comme le prothalle monoïque des fougères.

Les *fougères*, les *lycopodiacées*, les *équisélacées*, appartiennent à la classe supérieure du monde des cryptogames ; elles ont des racines, des tiges, des feuilles, un axe ; leurs tissus sont formés de moelle et de vaisseaux ; elles constituent l'embranchement des *rhizophytes*.

Les *characées* et les *muscinées,* dont le tissu est purement cellu-

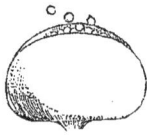

Fig. 689.— Sélaginella Microsporange.

laire et qui n'ont point de racines, tout en ayant un axe, une tige et des feuilles, constituent l'embranchement des cryptogames *phyllophytes.*

Les *characées* (fig. 692 et 693) vivent dans l'eau douce, s'enracinent par des crampons, restent grêles tout en se développant assez en hauteur, et se recouvrent de carbonate de chaux qui leur donne de la solidité et les fait appeler « herbes à écurer », parce qu'elles peuvent servir à fourbir la vaisselle. Leur tige est composée alternativement de longues cellules simples, et de cellules courtes qui forment des disques ou nœuds d'où partent les feuilles en verticille ; ces feuilles émettent un talon ascendant et un talon descendant qui se trouvent former une écorce enveloppante à la grande cellule de la tige. C'est dans les charas que l'on a découvert pour la première fois le mouvement autrefois contesté aux plantes ; les petits granules verts qui flottent dans le liquide qui remplit les cellules suivent leurs contours en produisant un courant assez rapide, une rotation toujours dans le même sens, que le microscope permet d'apercevoir lorsque l'on a dépouillé la tige de

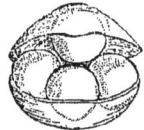

Fig. 690.— Sélaginella Oophoridie du Macrosporange.

la croûte calcaire qui empêchait sa transparence. Les charas se reproduisent par rameaux qui conservent aux nœuds leur vitalité, et par des œufs abondants qui se forment près des feuilles, l'anthéridie se place en dessous, l'oogone ou archégone au-dessus de la feuille. Lorsque la fécondation est opérée, l'œuf prend une couleur orangée ; il germe sans rien demander à la plante mère ; il n'y a donc plus viviparité, ni deux degrés dans la reproduction comme chez les fougères.

Les *mousses* (fig. 694 à 702) sont des plantes cellulaires à tiges
dressées avec des feuilles sessiles alternes ; elles peuvent se reproduire par propagules, et par des tu-
bercules qui se forment sur les racines souterraines et aériennes et
à l'aisselle des feuilles et se com-
portent comme des spores. Quant
au véritable appareil reproducteur, il se prépare
au sommet de la tige, dans des coupes terminales formées par les feuilles qui se rapprochent ;
dans ces coupes se disposent les anthéridies ou
les archégones, ou même les deux à la fois, au
milieu de filaments de cellules appelés *paraphyses*.
Un des anthérozoïdes spiralés, mobiles et filiformes, entre dans l'archégone en forme de bouteille, par son col, et se noie dans son protoplasma. L'œuf se forme et l'embryon se développe
aux dépens de la plante-mère, car les mousses
sont vivipares ; il s'enracine par une pointe dans
l'archégone qu'il rompt en grossissant, et dont
la partie supérieure forme une coiffe ou *calyptra*
par dessus le fruit qui ressemble à une petite
urne au bout d'un pédicelle ou *soie*. Cette urne
est souvent munie d'un couvercle qui, détaché,
laisse voir un orifice entouré d'un rebord appelé
péristome ; elle contient un sporange d'où les
spores tombent sur le sol. Elles y développent
un système filamenteux appelé *protonéma* d'où
partent les nouvelles tiges de mousse.

Les *sphaignes,* les *hépathiques* constituent,
avec les *mousses,* la famille des *muscinées*.

Ce sont les sphaignes qui convertissent les

Fig. 691.
Equisetum (Prèle).

marais en tourbières ; leurs cellules poreuses absorbent, comme
des éponges, l'humidité du sol et celle de l'atmosphère, et arrivent
à dessécher les terrains inondés. Elles se reproduisent les unes

par dessus les autres, exhaussant le sol d'une couche nouvelle
chaque année ; et elles finissent par former un sol d'une nature
particulière où des mousses, des fougères, des graminées et même
quelques arbustes aiment à pousser. Les débris de tous ces végétaux constituent la tourbe qui brûle en donnant une fumée épaisse.
Des tourbières subsistent depuis des siècles, d'autres sont en voie
de formation ; il y en a qui se couvrent
de pâturages où les troupeaux viennent
brouter, végétation vivante au-dessus
d'une végétation morte.

Le vieillard, prenant la main de ses
jeunes amis, se dirigea avec eux vers la
forêt ; en écartant la neige il mit à découvert de jolies mousses d'un vert brillant.

Voyez, leur dit-il, comme ces chères
petites plantes supportent bien le froid
sans s'altérer ; elles conservent à la terre
une parure pendant les hivers les plus
rigoureux. Elles sont, avec les lichens,
la consolation des pays condamnés aux
neiges éternelles. Ne dirait-on pas de
petits arbres en miniature ? La chlorophylle que renferme leur tissu cellulaire
leur permet de décomposer l'acide carbonique et d'assainir l'air, et pour bien
remplir ce rôle bienfaisant elles étendent

Fig. 692. — Chara.

partout leurs tapis verts : sur la terre, sur les pierres, sur les
arbres. Les ours et les Lapons s'en font des lits ; on les emploie
pour couvrir les chaumières, abriter les plantes frileuses, emballer
des fruits, etc.

Les grands arbres de la forêt détachaient leur tronc noir sur un
fond d'une blancheur éblouissante ; les branches des cèdres, affais-
sées par la neige, laissaient parfois glisser les flocons blancs sous l'influence d'un rayon de soleil, et dégageaient leur verdure sombre.

Maxime contemplait avec une mélancolie sereine la morne beauté de ce paysage d'hiver.

Tout à coup il frissonna et dit aux enfants :

Hâtons-nous de rentrer; j'ai trop causé peut-être, ou le froid m'a saisi ; je sens ma tête lourde et mes jambes refusent presque de me soutenir.

Donnez-moi le bras et appuyez-vous bien sur moi, dit Marcel.

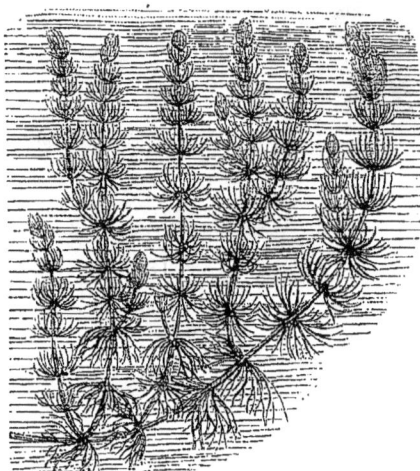

Fig. 693. — Chara.

En revenant à sa maisonnette, le vieillard s'arrêta plusieurs fois comme oppressé; pourtant son front restait serein et ses regards se portaient avec une sorte d'amour vers le ciel, vers l'horizon infini.

Nous avons eu tort de vous laisser sortir aujourd'hui, dit André.

Eh! mes chers enfants, où pourrais-je être mieux qu'au milieu de cette nature dont la contemplation fait ma vie depuis tant d'années, et près de vous, dont l'amitié me reste après tant d'affections disparues? Si un jour, en venant frapper à ma porte, vous ne retrouvez plus le vieux solitaire, vous vous souviendrez qu'il vous a aimés et vous planterez quelques fleurs sur sa tombe.

Maxime reconduisait ordinairement ses jeunes amis jusqu'à mi-route; ce jour-là il les laissa partir seuls, et, sans trop com-

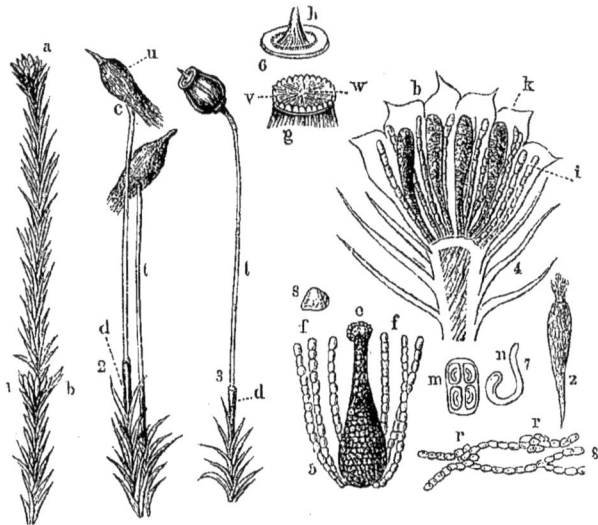

Fig. 694 à 702. — Mousse Polytrichum.
1. Tige. — 2. Urne, coiffe et soie. — 3. Urne dépourvue de coiffe.
4. Anthéridies et Paraphyses. — 5. Archégone. — 6. Couvercle de l'Urne et Péristome.
7. Protonéma.

prendre pourquoi, Marcel et André revinrent préoccupés à Roche-Maure. Ils firent part de leurs inquiétudes à leur père.

Nous retournerons demain à la montagne, dit M. des Aubry; votre ami ne réclamera aucun secours, même s'il est malade; il faut lui en porter malgré lui.

Lorsque M. des Aubry et ses fils arrivèrent le lendemain à la porte de la cabane de Maxime, ils la trouvèrent fermée contre l'habitude. Ils frappèrent, point de réponse. Ils tournèrent la clef

et virent l'ouvrier étendu sur sa couche, pâle et les yeux fermés.
Il semblait dormir d'un sommeil paisible. M. des Aubry lui toucha
le front ; il était glacé.

Mes chers enfants, dit-il à Marcel et à André, votre ami est
retourné dans le sein de Dieu !

Et tous trois se mirent à genoux et prièrent ; mais tout en ver-
sant des larmes, les enfants sentirent qu'il n'y a rien d'effrayant
dans la mort et que, pour l'homme de bien, c'est un passage facile
et sans épouvante que celui de ce monde à l'autre !

CHAPITRE XXI. — VOYAGE AU BORD DE LA MER

SOMMAIRE : Embranchement des Acotylédonées Cellulaires, Amphygènes ou Thallophytes : Famille des Lichens, des Champignons, des Algues.

La mer contient dans son sein une exubé-
rance de vie dont aucune autre région du
globe ne pourrait donner l'idée.

DE HUMBOLDT.

ORT souvent après la mort de leur vieil ami, dont la dernière conversation avait éveillé leur curiosité, les enfants de M. des Aubry passèrent leurs récréations à étudier les organes de la fructification des cryptogames. Ils tâchaient, à l'aide du microscope, de découvrir les anthérozoïdes filiformes des charas et des mousses et s'amusaient à voir danser les spores hygrométriques des équisétacées, détendant brusquement leurs élatères à la sécheresse, et les enroulant de nouveau à la moindre humidité.

Le monde des cryptogames, leur disait M. des Aubry, est resté
longtemps plein de mystères;
grâce aux grossissements du
microscope et aux persévé-
rantes investigations des savants, il commence à nous être
mieux connu. Les végétaux
cryptogames *inférieurs* eux-
mêmes, *algues* et *champignons,*
quoique souvent sans beauté,
offrent une étude pleine d'intérêt à cause de leur nombre
incommensurable et du rôle
important qu'ils ont joué dans
la création. Ce sont les misé-
rables du règne végétal ; ils

Fig. 706. — Lichen de Laponie.

vivent de peu de chose, se développent avec rapidité, s'attachent
aux êtres en décomposition
pour en tirer des éléments de
vie, et prospèrent sur des terrains infertiles, sur la roche
même qu'ils désagrègent, créant
ainsi un sol plus riche pour les
plantes supérieures qui, sans
eux, n'auraient pu exister. Ils
constituent le dernier embranchement des cryptogames, celui des *thallophytes,* qui n'ont
pour tout appareil végétatif
qu'une expansion de tissu cellulaire où l'on ne peut reconnaître ni axe, ni tige, ni feuilles,
ni racines, et que l'on nomme
thalle. Il faut y rattacher les

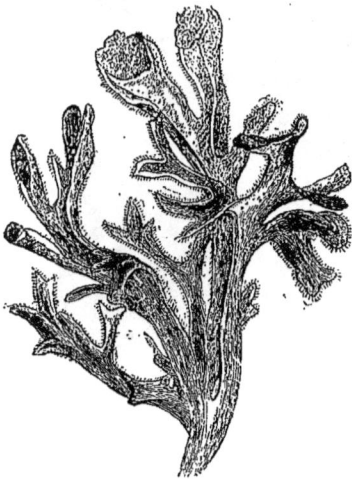

Fig. 707. — Lichen d'Islande.

lichens, que l'on commence à ne plus regarder comme une famille

32

distincte, mais comme une association d'algues et de champignons ayant des affinités les uns pour les autres, prospérant mieux quand ils sont réunis, et pouvant vivre et se reproduire séparément.

Fig. 608. — Champignons.

Les lichens ont aidé à former le sol végétal; ils vivent presque de rien et tirent surtout leur nourriture de l'air ambiant. Ils adoptent les formes les plus diverses, poussent jusque sous la glace, et étendent leurs couches membraneuses sur la terre, les

pierres, les arbres, les os, les vieux fers, les vieilles vitres pour
les décomposer.

Dans nos pays où peut réussir toute espèce de culture, nous
considérons les lichens comme
une lèpre et nous les détruisons.
Mais le renne, et l'homme lui-
même, sont bien heureux d'en
trouver là où n'existe nulle autre
végétation, dans ces régions gla-
cées où les pauvres habitants vivent sous terre et sans soleil pendant une partie de l'année (fig.
706). En Islande on en compose
des bouillies et une sorte de pain

Fig. 709. — Mycélium de Champignon.

après les avoir fait tremper pour leur ôter leur amertume (fig. 707).
Certains lichens communs sur les vieux arbres sont employés par
nous pour faire des tisanes adoucissantes.

Quelques-uns ne tiennent à rien; on a constaté en Perse, en
1828, une sorte de pluie d'un lichen arrondi en petites mottes
grises, poussé par le vent, et qui couvrit
la terre à une hauteur de deux déci-
mètres; les indigènes recueillirent cette
espèce de *manne* pour en faire du pain
et en donner à manger aux animaux.

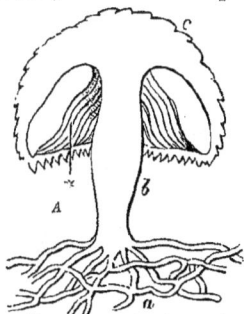

Fig. 710. — Agaric coupé.
*. Lamelles ou feuilles. — *a*. mycélium. — *b* Pédicule ou Stipe.
c. Chapeau.

Les champignons sont des végétaux
quelquefois *hypogés*, c'est-à-dire vivant
sous terre, comme la truffe, le plus souvent *épigés*, recherchant l'ombre et affectant des formes très variées. Ils revêtent
parfois des couleurs très vives (fig. 708);
quelques-uns dégagent une lueur phos-
phorescente dans l'obscurité; ils sont toujours dépourvus de chlorophylle et par suite d'un voisinage malsain; ne pouvant décomposer
l'acide carbonique ils vivent en parasites sur d'autres végétaux où
se nourrissent de matières déjà organisées. Ils sont composés d'un

appareil végétatif filamenteux, souvent souterrain, appelé *mycélium* (fig. 709), et d'un appareil de fructification qui se développe avec une grande rapidité et qui constitue ce que l'on appelle généralement « le champignon ». C'est sur cet appareil de fructification, de forme très variée, que se développe une couche fructifère, appelée *hyménium,* qui donne naissance soit à de petits supports appelés *basides* soutenant des spores dans les lames ou feuillets des agarics au chapeau lisse (fig. 710 et 711), dans les tubes serrés des bolets (fig. 712), dans les petits rameaux des clavaires (fig. 713),

Fig. 711. — Chanterelles.

tribu des *basidiosporés;* soit à des capsules ou *thèques,* comme chez les truffes, les morilles (fig. 714), tribu des *thécasporés.* A cette dernière tribu se rattachent les *hyphosporés* ou *moisissures,* d'une odeur si caractéristique, qui sont des thécasporés à l'état de premier développement, tels que l'oïdium, le botrytis (fig. 715), les aspergillus, le saccharomyces ou levûre de bière, etc. Les *mygsosporés* ont un mycélium nu, constitué par des filaments de protoplasma mobile non revêtu de cellulose.

Les champignons se reproduisent par des *spores*

Fig. 712. — Bolets.

d'une extrême ténuité, ou par des *zoospores* ou spores mobiles. Dans la tribu des *oosporés,* il se forme de véritables œufs *(oospores)* par la fécondation d'une *oosphère* que pénètre une anthérozoïde, ou qui reçoit le protoplasma d'une branche voisine jouant le rôle d'anthéridie, comme dans les saprolegniées (fig. 716 et 717) ou les mucorinés (fig. 718 à 720). Les spores et les zoospores donnent naissance soit à un mycélium, soit directement à l'appareil reproducteur.

Le muguet qui paraît dans la bouche des petits enfants, la teigne qui ronge le cuir chevelu malpropre, les fleurs du vin, la mère du vinaigre, l'ergot du seigle, la rouille des céréales, etc., sont des champignons. C'est un champignon qui cause le charbon; il se nourrit de l'oxygène du sang qui de rouge devient noir, et amène l'asphyxie de l'animal.

Les champignons renferment beaucoup d'azote, ceux qui sont comestibles sont très nutritifs; mais il y a peu de champignons dont on puisse affirmer qu'ils ne sont pas malsains, et beaucoup possèdent des propriétés très vénéneuses.

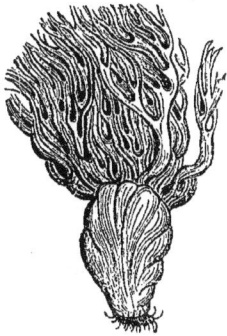

Fig. 713. — Clavaires.

On détruit en partie leur principe malfaisant en les faisant sécher, saler ou infuser dans du vinaigre. Il faut donc bien se garder, en cas d'empoisonnement, de faire emploi de sel ou de vinaigre dont l'effet serait de dissoudre le principe vénéneux et de le répandre avec plus de rapidité dans tout le corps.

Les *algues,* végétaux aussi primitifs que les champignons, n'ont qu'un tissu cellulaire sans épiderme, et point d'organes distincts pour les fonctions de nutrition et de reproduction. Elles croissent partout, dans la mer, dans l'eau douce, sur les vieux murs, les écorces d'arbres, mais ne peuvent se passer de lumière, leur protoplasma étant toujours mêlé de chlorophylle. Leurs thalles affectent des formes et des dimensions très variables; il y en a d'invisibles à l'œil nu, d'autres atteignent un immense développement. Les unes sont libres et

Fig. 714. — Morille.

flottantes, elles ne tiennent à rien ; d'autres se cramponnent aux rochers, mais n'en tirent point de nourriture. Elles se reproduisent par des spores douées de motilité, et par des œufs.

La neige fondit enfin, et dès la fin de janvier on put bêcher les vignes et préparer l'ensemencement de mars. Un soleil plus chaud vint peu à peu ranimer la terre ; en février passèrent les *cigognes* revenant de l'Égypte ; en mars, les *grives ;* en avril reparurent les *hirondelles :* le printemps revenait !

Quel bonheur que les mauvais jours soient passés, disaient les enfants de M. des Aubry en sentant un air tiède entrer par la fenêtre ouverte ; que c'est bon de voir reverdir les champs et bourgeonner les arbres, de sentir des rayons plus chauds et de recommencer ces mois d'été qui ont été si charmants pour nous !

Avril et *mai* vinrent développer tous les bourgeons et entr'ouvrir toutes les corolles ; en *juin* les fraises, les cerises et les groseilles se mirent encore une fois à rougir sous les feuilles et les blés à former leurs épis.

La saison des bains de mer approchait. Le jour tant souhaité du départ pour la Bretagne arriva enfin ; mais il fallut dire adieu à ce père qui ne pouvait quitter Roche-Maure, et les enfants se sentirent le cœur si gros au moment de la séparation qu'ils ne crurent plus au plaisir qu'ils s'étaient promis. Pourtant le mouvement, les changements de décors du paysage, les mille incidents du voyage eurent bientôt dissipé cette impression de tristesse.

La route est longue de Gap à Nantes ; nos voyageurs purent se rendre compte de l'heureuse diversité du sol de la France, de ses montagnes aux flancs escarpés ou aux pentes douces, de ses riches vallées, de ses plaines fertiles ; ils admirèrent la variété de ses cultures, la beauté de ses bois, de ses jardins, de ses prairies où paissent de vaillantes races de bœufs, de chevaux, de moutons.

Malgré le très vif intérêt que nos jeunes agriculteurs prenaient à tout ce qui s'offrait à leurs yeux il leur tardait de voir la mer, cette grande inconnnue qu'on leur avait dépeinte si belle.

Aussi n'eurent-ils aucun regret lorsque, à Saint-Nazaire, il leur fallut quitter le chemin de fer et se serrer dans l'étroit omnibus que deux petits chevaux bretons, maigres et la tête basse, se mirent à traîner courageusement, sous l'ardent soleil, au premier coup de fouet du postillon. La route poudreuse montait et descendait à travers des champs de pommes de terre et de blé noir d'un aspect monotone, où s'agitaient les grandes ailes de nombreux moulins à vent.

Que cette campagne ressemble peu à celle du Dauphiné ! dit André. Où sont nos vignes, nos beaux arbres ?

Le ciel breton ne convient pas au raisin, dit Mme des Aubry, et les grands arbres redoutent les vents qui soufflent sans cesse près de la mer. Ses bords sablonneux sont en général assez arides ; ils ont cependant une flore qui leur est propre, et dans le sein même de la mer se développent, en quantité innombrable des plantes qui forment des forêts (fig. 721).

Nous voici arrivés au nouveau village d'Escoublac, cria le cocher. On peut y dormir en paix maintenant qu'on ne risque plus d'y être englouti par la mer.

Que voulez-vous dire ? lui demanda André.

Voyez-vous cette forêt de pins qui forme une ligne de verdure, là-bas à l'horizon ? C'est là qu'était l'ancien village d'Escoublac ; mais il y avait entre lui et la mer des dunes de sable mouvant apporté par la mer, et que le vent poussait, poussait sans cesse vers le village. Un soir, des nuages noirs couraient dans le ciel, et le vent soufflait avec violence. Un vieillard et une jeune femme, accablés de fatigue et les vêtements déchirés, se présentèrent à toutes les portes d'Escoublac en demandant un abri pour la nuit ; partout ils furent repoussés sans pitié. En s'éloignant le vieillard leva les bras vers le ciel et ensuite les abaissa sur le village inhospitalier, comme pour attirer sur lui la vengeance céleste. Le lendemain, à la place du village, il n'y avait plus qu'une montagne de sable. Une partie des habitants s'étaient sauvés avec ce qu'ils avaient pu emporter. C'est ici qu'ils ont rebâti leur village.

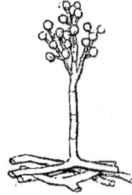
Fig. 715.— Botrytis.

Fig. 716.
Mouche couverte de Saprolegna ferax.

Et qu'est devenue la montagne de sable ? reprit André.

Elle est devenue une forêt, répondit Mme des Aubry. L'homme est arrivé à triompher de la nature par ses soins et son intelligence. Pour immobiliser ces sables envahissants que l'Océan apporte sans cesse sur le rivage, on vit bien qu'il n'y avait qu'un moyen : c'était de les planter. Mais quels arbres auraient pu y vivre! Il fallait avant tout les fertiliser. On y sema des genêts, des cypéracées, ou des graminées, dont les longues racines traçantes sont bonnes pour fixer les sols mouvants; l'herbe la plus humble n'a-t-elle pas son utilité? En se décomposant, elles ont formé une légère couche d'humus qui a permis à des ajoncs épineux d'y pouvoir pousser. Alors on a pu songer peu à peu à y semer ou planter de véritables arbres, des pins maritimes, des peupliers nains, des trembles, des tamarix, etc., etc. Et la montagne de sable s'est trouvée immobilisée, les feuillages verts ont assaini l'air, et la forêt qu'on peut déjà exploiter fournit du bois de chauffage aux habitants qui en manquaient, et qui brûlaient de la tourbe et même de la bouse de vache séchée au soleil. C'est par ces procédés que Brémontier a su assainir les landes et transformer un désert malsain en un pays boisé et habitable.

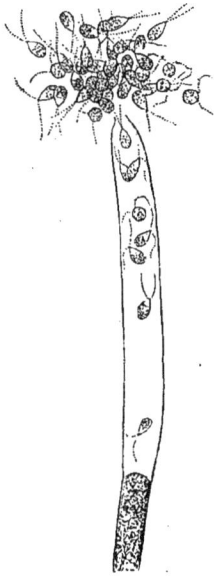

Fig. 717. — Filament émettant des Zoospores (*Saprolegnia ferax.*)

Lorsque la voiture fut arrivée au Pouliguen elle s'arrêta, et la portière fut aussitôt ouverte par un vieillard à cheveux blancs qui reçut nos voyageurs dans ses bras. Le père de Mme des Aubry était un ancien marin qui, au moment de sa retraite, s'était établi dans ce petit coin de la Bretagne afin de contempler encore cette mer sur laquelle il avait passé la plus grande partie de sa vie. Il habitait un chalet adossé à un petit bois de chênes et de sapins qui s'élevait à peu de distance de la plage, n'offrant en ce moment qu'une vaste nappe

de sable humide. De l'autre côté, la vue s'étendait au delà du
petit bois et des marais salants jusqu'au bourg de Batz, dont les
maisons se groupaient autour d'un haut clocher carré qui profilait
sa silhouette un peu massive sur le ciel transparent.

Mais, grand-père, où donc est ta mer qui vient, nous écrivais-tu,
jusqu'au pied de ton chalet? demanda André.

Fig. 718. — Mucor mucedo.

Elle est couchée ce soir, répondit le grand-père, et vous ferez
bien de faire comme elle quand vous aurez dîné. Mais dès demain
matin nous irons lui rendre visite et chercher sur la côte un point
d'où l'on puisse comprendre son immensité.

Tout le monde était prêt de bonne heure le lendemain, et le
grand-père, accompagné de sa fille et de ses petits-enfants, se
dirigea du côté des marais salants qu'il fallait traverser pour arriver
à la grande côte. La brise de mer, si fortifiante et si saine et qui

met un goût salé sur les lèvres, tempérait seule l'ardeur du soleil. Pas un arbre n'ombrageait la route blanche et poudreuse. De petits murs en pierre toute brillante de mica formaient d'étroits enclos où quelques vaches maigres, le dos tourné au vent, broutaient patiemment l'herbe rare et sèche; et au pied de ces murs s'abritaient quelques arroches frutescentes aux feuilles nacrées, des scolymes d'un beau jaune, des euphorbes, des asters, des soudes, des salicornes charnues (chénopodées). Près des marais salants quelques plantes grasses poussaient, le pied dans l'eau, à côté de jolies statices (primulacées) aux fleurs d'un lilas rose qui de loin rappellent la bruyère et qui, comme elle, se conservent longtemps sans se faner.

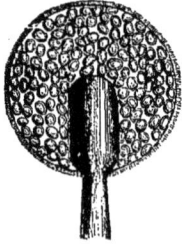

Fig. 719. — Mucor.
Corps fructifère.

Ces marais s'étendaient à droite et à gauche de la route. De grands réservoirs d'eau salée alimentaient de petits compartiments placés plus bas qu'eux, entourés de terre glaise et formant un immense damier; c'est là que le sel se cristallisait à la surface d'une couche d'eau de mer peu épaisse. Sur les bords de terre glaise formant d'étroits sentiers, des femmes et des jeunes filles allaient et venaient lestement, pieds nus, avec le grand tablier blanc autour de la taille et le petit bonnet à deux ailes abritant le cou. Les paludiers avec le large chapeau de feutre noir, la veste blanche et les trois étages de gilets blancs, la culotte, les longues guêtres et jusqu'aux souliers de toile blanche, réunissaient avec leurs longues pelles recourbées le sel cristallisé à la surface de l'eau, et en formaient sur le bord de chaque compartiment de petits tas où les femmes venaient emplir leurs corbeilles. Les posant ensuite sur leur tête, elles s'en allaient verser le sel un peu plus loin, là où pouvaient arriver les charrettes, sur de grands tas en cône qui sentaient la violette et brillaient au soleil comme l'arc-en-ciel.

Fig. 720.— Mucor.
Corps fructifère
dépourvu de son
Enveloppe.

Malgré l'aridité du sol l'animation et la vie régnaient partout;
les enfants étaient ravis de ce spectacle tout nouveau pour eux.
Voilà déjà un des bienfaits de *ma* mer, dit le vieux marin; c'est

Fig. 721. — Forêts de la Mer.

elle qui nous donne ce sel si utile à notre vie et qui, mêlé à nos
aliments et à ceux des animaux, les rend plus agréables et plus
sains.

Pourquoi les petites cases de ce grand damier ont-elles des couleurs différentes? demanda Marcel; dans les unes l'eau paraît verte,
et dans les autres, d'un rouge violet.

Ces différentes nuances, répondit le grand-père, proviennent des plantes qui tapissent le fond de la case. La nuance rouge est donnée par le *protococcus salinus* ou des marais, une plante si petite qu'il en faut trente à quarante mille pour couvrir un millimètre carré. Elle est formée d'une seule cellule microscopique et n'a ni racines, ni tiges, ni feuilles, ni fleurs : c'est une *algue.* La mer *Rouge,* la mer des Indes, que les anciens appelaient *Érythrée,* c'est-à-dire rouge, ont dû leurs noms à la présence de petites algues microscopiques du même genre qui, sur une étendue de plusieurs lieues, développaient à leur surface leurs filaments rouges. De même, sur des sommets couverts de neige, on voit un petit point rose se former, puis grandir, et finir par rougir tout un coin de la montagne; c'est le *protococcus nivalis* (fig. 722) qui vient consoler les neiges de leur stérilité.

Fig. 722. — Protococcus nivalis.

Tout en causant on approchait de la mer; une ligne bleue continue formait un demi-cercle à l'horizon. A mesure qu'on avançait elle devenait plus large et absorba bientôt tous les regards et toutes les pensées des enfants. Un petit sentier, après quelques sinuosités, les amena enfin sur le haut de rochers qui s'avançaient dans la mer (fig. 723) et d'où la vue s'étendait à l'infini. C'était bien là l'Océan immense, avec ses flots bleus toujours agités, tel que Marguerite, Marcel et André l'avaient rêvé. Le sommet des vagues s'irisait sous le soleil; elles venaient se dresser en mugissant contre les rochers comme si elles eussent voulu les renverser; puis elles s'y brisaient et retombaient impuissantes en formant une poussière lumineuse.

Les enfants regardaient en silence; ils étaient dominés par cette impression solennelle que cause la vue de la mer; ils se sentaient faibles et comme des atomes près de ce grand Océan. Involontairement Marie se serra contre sa mère.

Asseyons-nous un moment ici, dit le vieux marin. La mer commence déjà à se retirer; nous descendrons sur la plage lorsque

la marée sera plus basse. Laissons ces flots s'agiter à nos pieds ;
j'aime à les dominer ainsi, à les voir dans leur mouvement sans
trêve apporter une vague qui se fond en écume puis se reforme
aussitôt ; il me semble encore être sur mon vaisseau.

Que cette agitation incessante est bien l'image de la vie ! dit
Mme des Aubry. Ici-bas toujours la lutte ! Nous recommençons
chaque jour le travail de la veille, et pour voir si souvent nos

Fig. 723. — Rochers près de la Mer.

projets et nos espérances, comme ces vagues, se réduire en poussière !

Mais nous, dit le vieux marin, nous savons où nous allons et
quelle main nous conduit ; et cette mer orgueilleuse, cette mer
capricieuse et profonde, qui recèle dans son sein tout un monde
d'animaux et de végétaux, qui reçoit tous les fleuves de la terre,
mine les rochers et engloutit en un instant des vaisseaux grands
comme des villes, cette mer puissante ne le sait pas !

Elle nous aide à comprendre Dieu pourtant, reprit Mme des
Aubry. Près de la mer, comme sur une haute montagne ou dans

une grande forêt, les voiles qui couvrent le Tout-Puissant semblent se déchirer; je ne sais quelle lumière se fait dans notre âme
avide de clartés; nous nous sentons attirés vers l'infini, et tout
pleins du besoin d'adorer et de comprendre nous nous écrions :
des ailes! des ailes! et plus de lumière encore!

Grand-père, dit Marie, vois donc ces jolis morceaux de velours
rouge qui couvrent le rocher!

Ce velours est formé par de petites *algues*,
répondit le grand-père. Nous sommes entourés
de ces *plantes* de la *mer* qui prennent toutes sortes
de formes et de couleurs. Ces longs et larges
rubans rouges et *bruns* que la vague laisse à nos
pieds sur le sable; ces jolies *herbes vertes* qui
ressemblent à un fin gazon; ces *buissons verdâtres* comme du gui qui garnissent les roches
que la mer vient d'abandonner, sont des algues
tout comme cette touffe de *chevelu* qui ressemble
à une vieille perruque défrisée, et ces petits *rubans roses* et *blancs* qui pourraient servir à garnir
un bonnet.

Comment donne-t-on le même nom à des
plantes qui se ressemblent si peu? dit Marcel.

Elles ont toutes la même organisation élé-
mentaire et vivent également d'air et d'eau, répondit le grand-père; on en a formé plusieurs

Fig. 724.— Floridée.
(Rameau fructifère
de Corallina).

tribus, celles des *floridées* (fig. 724 et 725), algues marines
rouges qui sentent quelquefois la violette; celles des *fucacées*
(fig. 726), algues marines vertes ou brunes renfermant les *lami-
nariées* aux longues et larges frondes, comme le macrocystis
(fig. 727) qui peut atteindre à trois cents mètres de long, et les
varechs qui abondent dans certaines parties de la mer et y forment
des forêts impénétrables. Entre l'Europe et l'Amérique centrale se
trouvent encore des mers de sargasses, des prairies flottantes de
varech, là où Christophe Colomb les a rencontrées il y a quatre
cents ans entravant la marche de ses vaisseaux. Les marins appel-

lent ces algues raisins des tropiques (fig. 728) à cause des vésicules
d'air qu'elles forment pour pouvoir flotter sur l'eau, et qui leur
donnent un peu l'apparence d'une grappe de raisin.

La tribu des *conferves* ou *chlorosporées* (fig. 729 et 730), algues
vertes marines ou d'eau douce d'une seule cellule plus ou moins
développée, ou de plusieurs, disposées en filaments, en réseaux,
en mousse, est une des plus intéressantes à étudier sous le rapport
de la reproduction qui peut s'opérer par *zoospores, oospores* et
zygospores. Dans la même espèce la reproduction peut se faire
par une *spore mobile* : la matière verte protoplasmique se concentre
en boule dans le centre d'une cellule qui se déboîte et laisse sortir

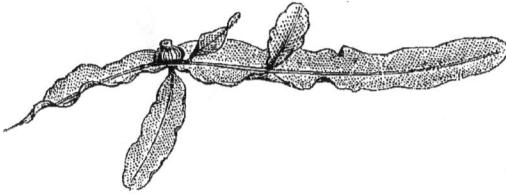

Fig. 725. — Floridée (*Delesseria* avec un organe reproducteur).

les zoospores couronnées de cils qui après une période d'agitation
se fixent par leur rostre ou partie blanche amincie, pour s'allonger
en filaments de cellules ; ou bien par *fécondation sexuée* : une
cellule quelconque, car il n'y a pas de corps déterminé pour la
reproduction, devient un *anthéridie ;* elle change d'aspect, un
petit fourmillement s'y produit et des corpuscules verts avec un
point rouge et deux cils s'en échappent : ces sont les anthérozoïdes. En même temps une des cellules terminales s'est constituée
en *oogone* renfermant une *oosphère* blanche ; une ouverture circu-
laire permet à un anthérozoïde d'y pénétrer par son rostre, et l'on
peut voir au microscope sa masse verte se fusionner avec la masse
blanche de l'oosphère qui s'enveloppe de cellulose et forme
l'*oospore*.

Dans d'autres espèces d'algues, des tubes de cellules se rapprochent deux par deux, se gonflent et se soudent en certains endroits, et la matière verte de l'un se déverse dans l'autre, s'y fusionne et donne naissance à une *zygospore*, ou œuf formé par deux corps semblables non sexués.

Le protococcus qui vit dans l'air et dans l'eau se reproduit, dans l'air, par simple bipartition : la cellule isolée se dédouble et

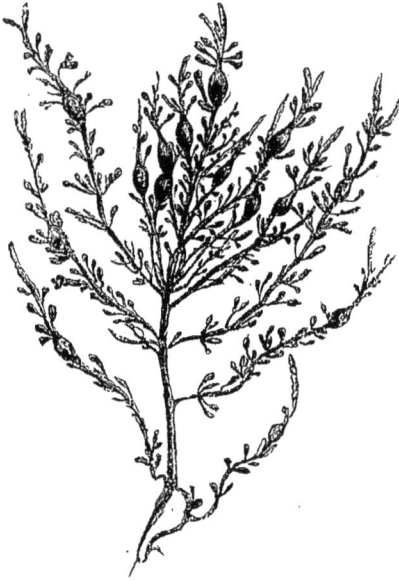

Fig. 726. — Fucacée (*Fucus vésiculeux*).

un nouvel individu se trouve formé ; dans l'eau la cellule éclate en répandant une centaine de petits corps à deux cils qui se meuvent rapidement avant de s'envelopper de cellulose pour devenir de nouveaux protococcus.

La tribu des *diatomées*, petites algues d'un vert jaunâtre répandues dans les eaux vives, sur le sol, les rochers, le bord des fontaines, offre aussi deux genres de reproduction. L'algue est formée de filaments de cellules qui se dissocient, de sorte que la plante ne semble faite que de cellules isolées. Chacune de ces cellules se revêt de deux coques siliceuses qui s'entr'ouvrent pour laisser sortir une petite masse de protoplasma; cette masse, tantôt se divise en deux parties qui se couvrent chacune de silice pour former deux nouveaux êtres; tantôt va se fusionner avec une autre et forme une zygospore qui s'allonge en filament de cellules.

Les diatomées fossiles ont aidé à former la croûte terrestre; leurs petites coques siliceuses indestructibles constituent encore les roches de tripoli. De même les polypes ont élevé de fortes assises qui soutiennent des continents; les règnes de la nature qui semblent si éloignés les uns des autres par leur sommet, se touchent en réalité par leur base, par leurs plus petits êtres! Les anthérozoïdes circulent dans l'eau avec les infusoires, et il faut un œil exercé pour distin-

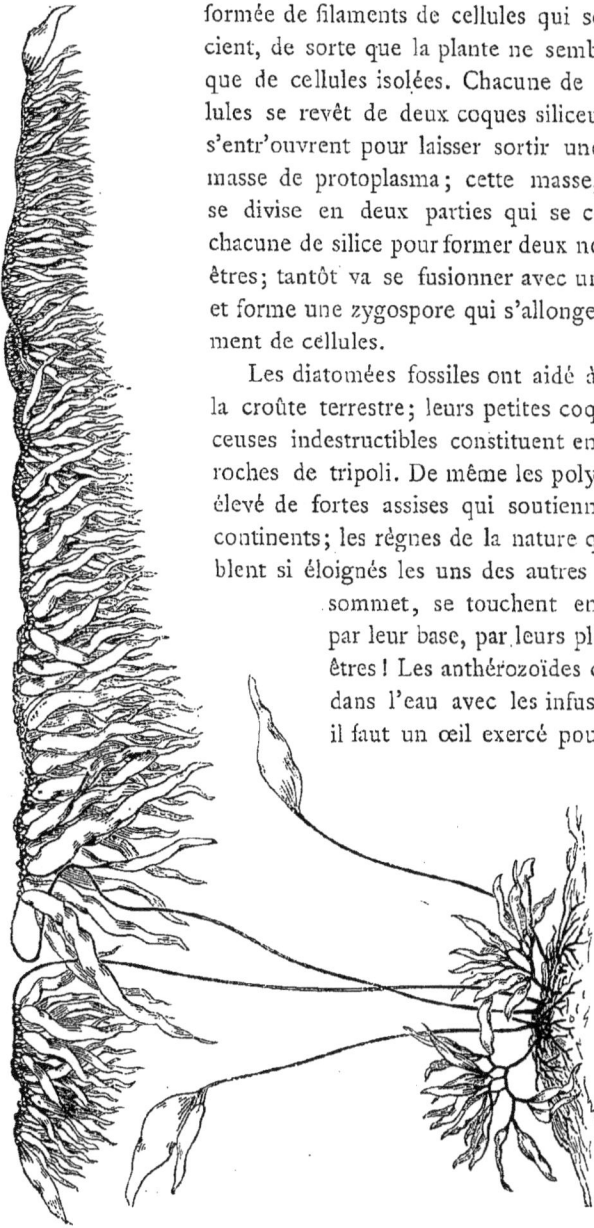

Fig. 727. — Fucacée (*Macrocystis*, algue de 200 à 300 mètres).

guer la cellule végétale, douée de mouvement, de la cellule animale. L'éponge attachée au rocher est cependant considérée
comme un animal, tandis que les diatomées flottantes, longtemps
classées parmi les animaux, sont regardées maintenant comme des
végétaux.

Fig. 728. — Fucacée (Sargasse ou Raisin des Tropiques).

Vous avez peut-être trouvé quelquefois sur le sable humide de
votre jardin ou sur les murs, des masses gélatineuses verdâtres ou
bleuâtres ou comme du sang caillé que l'on appelle vulgairement
crachats de la lune, les croyant tombées de l'atmosphère ; ce sont
encore des algues formées de filaments simples ou rameux s'entourant de mucilage et appartenant à la tribu des *nostochinées*.

La mer continuait à se retirer et laissait à découvert une large

bande de sable au-dessous des rochers ; les vagues faisaient de
vains efforts pour y atteindre encore : une force supérieure semblait les refouler toujours plus loin.

Descendez maintenant sur les sables et les rochers que la mer

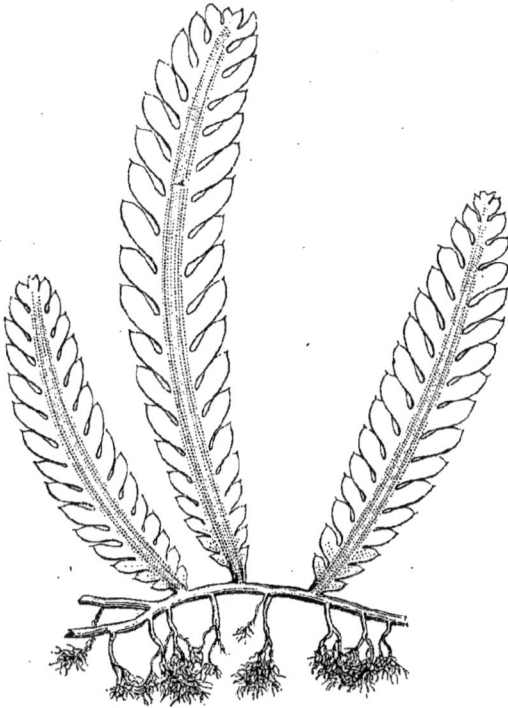

Fig. 729. — Conferve (*Colerpa taxifolia*).

nous laisse, mes enfants, dit le grand-père ; vous trouverez des
crevettes dans les flaques d'eau et des moules attachées le long des
roches.

Les enfants s'amusèrent à marcher nu-pieds sur le sable
humide réchauffé par le soleil, pendant que de petites crabes verts
couraient devant eux. Des hommes s'occupaient à détacher du

rocher et à placer en tas sur le rivage ces algues appelées en Bretagne *varec* ou *goémon* (fig. 731), mises en coupe réglée et récoltées deux fois par an.

Que fera-t-on de toutes ces herbes mortes? demanda Marcel.

Les unes, souples et moelleuses, dit le grand-père, serviront à faire des matelas; d'autres seront étendues dans les champs pour les fumer : elles constituent un excellent engrais; d'autres, portées dans des fabriques, seront brûlées pour qu'on en puisse retirer la soude qu'elles contiennent, car les cendres des plantes marines nous donnent de la *soude,* de même que les cendres des plantes terrestres nous donnent de la *potasse;* on en retirera encore de l'*iode,* du *brome,* matières minérales utiles à la médecine et aux arts : les trésors de la mer sont inépuisables !

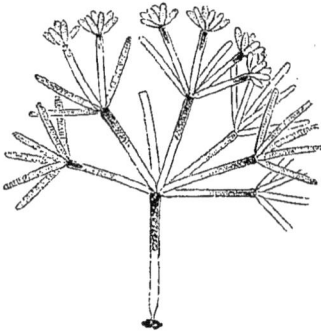

Fig. 730. — Conferve (*Sciadium arbuscula*).

Les animaux peuvent se nourrir d'algues; certaines variétés cuites dans du lait composent une bonne bouillie, même pour l'homme; on dit que les Chinois en sont friands.

On retourna au chalet pour déjeuner et le soir on revint près de la mer ; elle est si belle, lorsque le soleil couchant met des étoiles au sommet de chaque vague! (fig. 732) et pleine d'une si mystérieuse poésie lorsque la lumière du jour s'est éteinte, et que ses flots d'un bleu sombre ondoient dans une demi-obscurité! Parfois des lueurs courent sur la nappe ondulée et font penser à des abimes de feu : elles sont causées par les animalcules phosphorescents qui pullulent dans les mers.

Le lendemain la jolie barque du capitaine du port (fig. 733) transporta les heureux enfants jusqu'au Croisic. Un autre jour ils s'en allèrent à pied jusqu'au bourg de Batz où de jeunes mariés, vêtus de leurs beaux costumes traditionnels, dansaient avec leurs amis la ronde sans fin qu'ils continuent sur un chant monotone tant que le jour dure. Puis ils allèrent visiter Guérande, ses tours et ses belles murailles si bien conservées, et sa double rangée d'ormes séculaires qui lui font une verte ceinture. Il y a tant à voir dans ce joli coin de la Bretagne! Le paysage, les mœurs, les costumes ont une physionomie à part et intéressante qui amenait

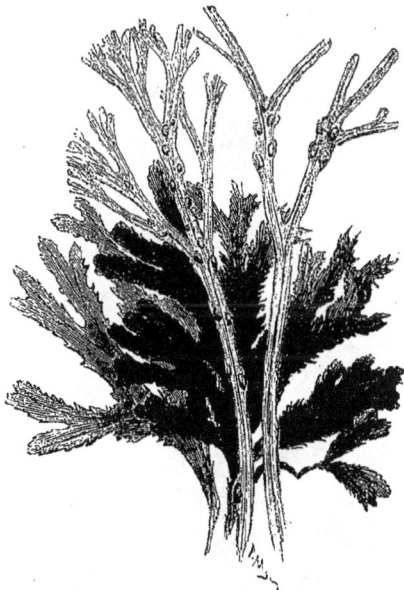

Fig. 731. — Goémon ou Varech.

à chaque instant l'étonnement dans les yeux des enfants et une question sur leurs lèvres.

Et puis la mer, cette mer dont on ne se lasse point, était toujours là devant eux ; ils en subissaient l'attrait, ils aimaient à s'y plonger, à jouer ou à s'asseoir sur ses bords en écoutant leur grand-père raconter quelque incident de ses nombreux voyages.

Quelle vie laborieuse, courageuse tu as eue, grand-père! lui disaient Marcel et André.

Comme sera la vôtre, je l'espère, répondait le grand-père. il
ne faut pas, mes petits-enfants, rassembler à l'algue ballottée des
flots, qui ne tient à rien et se laisse emporter par tous les courants.
L'homme, qui a une destinée plus haute, doit de bonne heure se

Fig. 732. — « Elle est si belle lorsque le Soleil couchant met des Étoiles
au Sommet de chaque Vague ! »

donner un but et y marcher avec assurance. Vous avez une
famille, une patrie, dont il faut apprendre à être des membres
actifs et utiles. La société humaine est comme une mer dont les
flots se renouvellent sans cesse ; les générations se succèdent, mais

chacune doit accomplir l'œuvre de l'heure présente et marquer sa
trace, afin de mériter que celle qui lui succède et qui doit continuer sa tâche puisse lui rendre ce témoignage qu'elle a bien rempli sa mission.

Le temps marchait cependant ; six semaines s'étaient écoulées ;
il fallait dire adieu aux bords de la mer. Les prières de Mme des
Aubry et de ses enfants décidèrent le vieux marin à quitter sa
chère Bretagne et à venir prendre sa place au foyer de Roche-
Maure. Aussi le départ se fit-il sans tristesse. Il fut convenu que

Fig. 733. — Navire arrivant au Port.

tous les ans on reviendrait faire une visite à l'Océan, et le grand-
père, la mère et les quatre enfants prirent gaiement la route du
Dauphiné.

Ils furent bien heureux de revoir ce père chéri qui les attendait avec impatience et tous ces amis, animés ou inanimés, qui
peuplent les lieux où ont coulé des jours de bonheur ! Il leur semblait que chaque arbre, chaque brin d'herbe, chaque petit caillou
leur souriait à leur arrivée, sans parler de Bas-Rouge qui fut le
premier, je n'ose dire dans les bras, mais aux pieds de Marcel et
d'André. Les amis de Vilamur étaient là aussi pour leur souhaiter
la bienvenue. Ce jour de retour fut bien beau !

Et, dès le lendemain, la douce vie de l'année passée reprit son cours.

Les jeunes des Aubry furent-ils toujours aussi heureux ? Non ; il n'y a point de vie sans difficultés et sans douleurs. Mais ils conservèrent au milieu de leurs peines ce cœur honnête et vaillant que leurs parents avaient tâché de former en eux.

Et que devint Roche-Maure ?

Quelques années après l'acquisition du domaine, au moment où les récoltes s'achevaient, M. des Aubry dit un jour à ses fils :

Savez-vous que notre propriété rapporte aujourd'hui à peu près dix fois plus qu'à notre arrivée ?

Ta peine est bien récompensée, père, s'écrièrent Marcel et André, et tu dois être fier d'un pareil résultat, car tu nous le disais autrefois : c'est déjà bien mériter de l'humanité que de faire venir deux brins d'herbe là où il n'en poussait qu'un seul.

TABLE ALPHABÉTIQUE

DES MATIÈRES ET DES FIGURES

L'auteur a cru devoir mentionner dans cette table, avec l'indication de la page où ils se trouvent expliqués, tous les termes techniques dont le sens pourrait embarrasser le lecteur; de cette façon un Glossaire se trouve inutile.

Les Numéros à la droite des noms désignent les pages; ceux qui se trouvent à la gauche, indiquent les vignettes.